高等院校土建类专业“互联网+”创新规划教材

建筑公共安全技术与设计

陈继斌　曹祥红
张　华　吴艳敏　等　编著

内容简介

本书共分三篇，第一篇为火灾自动报警系统，内容包括概论、火灾探测器及系统附件、火灾报警控制器、消防联动控制设施、火灾自动报警系统设计；第二篇为安全技术防范系统，内容包括安全技术防范系统概述、入侵报警系统、视频安防监控系统、出入口控制系统、电子巡查管理和访客对讲系统、停车库（场）管理系统、安全防范工程设计、安全技术防范系统设计流程与深度；第三篇为应急联动系统，内容包括建筑物应急联动系统、城市消防远程监控系统、城市监控报警联网系统。本书紧密结合国家相关规范，全面系统地介绍了建筑公共安全技术与设计及系统应用实例。

本书可作为高等院校建筑电气与智能化、安全工程、电气工程及其自动化、建筑环境与能源应用工程和消防工程等本科专业及相近专业的教材和教学参考用书，也可作为职业院校相关专业的教学用书，还可作为从事建筑电气与智能化工程设计、安装、监理和运行的技术人员、注册消防工程师、注册电气工程师的培训和参考用书。

图书在版编目(CIP)数据

建筑公共安全技术与设计/陈继斌等编著．—北京：北京大学出版社，2017.2
(高等院校土建类专业“互联网+”创新规划教材)
ISBN 978-7-301-28001-0

Ⅰ ①建…　Ⅱ ①陈…　Ⅲ. ①建筑工程—安全技术—高等学校—教材　Ⅳ. ①TU714

中国版本图书馆 CIP 数据核字(2017)第 012999 号

书　　名　建筑公共安全技术与设计
JIANZHU GONGGONG ANQUAN JISHU YU SHEJI
著作责任者　陈继斌　曹祥红　张　华　吴艳敏　等　编著
策划编辑　童君鑫
责任编辑　伍大维
数字编辑　孟　雅
标准书号　ISBN 978-7-301-28001-0
出版发行　北京大学出版社
地　　址　北京市海淀区成府路 205 号　100871
网　　址　http://www.pup.cn　新浪微博：@北京大学出版社
电子信箱　pup_6@163.com
电　　话　邮购部 62752015　发行部 62750672　编辑部 62750667
印 刷 者　北京虎彩文化传播有限公司
经 销 者　新华书店
787 毫米×1092 毫米　16 开本　19.25 印张　445 千字
2017 年 2 月第 1 版　2021 年 7 月第 3 次印刷
定　　价　49.00 元

前　　言

建筑公共安全系统一般包括火灾自动报警系统、安全技术防范系统和应急联动系统，是建立建筑物安全运营环境整体化、系统化、专项化的重要防护设施，是智能建筑的主要子系统。

我们编写本书的主要目的是使学生在熟悉建筑公共安全各子系统的组成及工作原理的基础上，进一步掌握各子系统的工程设计。

本书为创新性教材，其内容丰富、层次分明，具有新颖性、工程性、实用性、生动性等特点，可读性强。本书首先介绍建筑公共安全各子系统的组成及工作原理，然后结合规范及工程实例阐述系统设计。每章章首设置有“本章教学要点”模块，学生可了解学习重点及对知识点要求掌握的程度；每章还设有生动活泼的“导入案例”，可以引导学生进入知识点的学习；此外，文中还穿插有相关的阅读材料，重在拓展学生的知识面，并激发学生的学习兴趣。

本书紧跟信息时代的步伐，以“互联网＋”思维在相关知识点旁边通过二维码的形式增加了一些视频、图文、动画等资源，读者可以通过扫描书中的二维码来阅读更多的学习资料。

参与本书编写的有郑州轻工业学院陈继斌、曹祥红、吴艳敏、李森、魏晓鸽、任静，河南工业大学张华，浙江宇视科技有限公司叶剑云。本书具体的编写分工为：第1章、第2章、第4章、附录3由陈继斌编写，第3章、第6章、第7章由曹祥红编写，第5章、第12章、第13章由张华编写，第9章、第10章、第11章由吴艳敏编写，第14章、第15章、第16章、二维码素材由魏晓鸽编写，第8章由叶剑云编写，本章教学要点、导入案例、阅读材料由李森编写，综合习题、附录1、附录2、附录4由任静编写。全书由陈继斌统稿。

郑州轻工业学院宋寅卯教授担任本书主审，并提出了不少改进意见，对此我们表示衷心的感谢。广东技术师范学院武银波、海南省技师学院杨录田、郑州市天友建筑设计有限公司李跃龙等对本书提出了许多建设性意见，在此深表感谢。

本书虽然经过反复修改，但限于作者的水平，书中难免还会有一些不足和疏漏之处，恳请广大读者批评指正。

编　者

2016年10月

目　　录

【资源索引】

第一篇

火灾自动报警系统

第1章

概　　论

本章教学要点

知识要点	掌握程度	相关知识
燃烧与火灾	掌握燃烧的必要条件和充分条件； 熟悉火灾的分类	燃烧的定义，燃烧的必要条件和充分条件； 火灾的定义，火灾的分类
火灾的发展过程及灭火	掌握室内火灾的发展过程； 熟悉建筑火灾的烟气蔓延； 掌握灭火基本原理及基本方法	室内火灾的发展过程； 烟气的扩散路线和蔓延途径； 灭火的基本原理和基本方法
火灾自动报警系统的发展	了解火灾自动报警系统的发展	火灾自动报警系统的发展过程

导入案例

美国高楼消防：从逃生警报做起

【参考图文】

1980年11月21日，美国拉斯维加斯的米高梅大饭店餐厅发生火灾，由于没有报警系统，客房没有及时发现火灾，许多人直到闻到焦臭味，见到浓烟或听到敲门声、玻璃破碎声和直升机声后才知道旅馆发生了火灾。

这座26层楼的赌城饭店共有2000余个房间，时值早上7点多，整个饭店内约有5000人，很多人都还没起床，这场大火直接造成84人死亡、650余人受伤。

大火以后，这座饭店重新装修时，添加了火灾自动报警系统。

很大程度上，这场大火也促进了美国消防规范和标准的提升，火灾自动报警系统和自动洒水灭火装置在美国开始普及。在这之后的30年间，美国因高楼火灾引发的群死群伤事件，便很少发生了。

1.1 燃烧与火灾

火给人类带来了文明进步、光明和温暖，但同时也带来了巨大的灾难。火灾是常发性灾害中发生频率较高的灾害之一。人们对火灾危害的认识由来已久，如何运用消防技术措施防止火灾发生、迅速扑灭已发生的火灾，一直是人们研究的一个重要课题。

燃烧，是指可燃物与氧化剂作用发生的放热反应，通常伴有火焰、发光和（或）发烟现象。燃烧过程中，燃烧区的温度较高，使其中白炽的固体粒子和某些不稳定（或受激发）的中间物质分子内电子发生能级跃迁，从而发出各种波长的光。发光的气相燃烧区就是火焰，它是燃烧过程中最明显的标志。由于燃烧不完全等原因，会使产物中产生一些小颗粒，这样就形成了烟。

【参考视频】

燃烧可分为有焰燃烧和无焰燃烧。通常看到的明火都是有焰燃烧；有些固体发生表面燃烧时，有发光、发热的现象，但是没有火焰产生，这种燃烧方式则是无焰燃烧。

燃烧的发生和发展，必须具备三个必要条件，即可燃物、助燃物（氧化剂）和引火源（温度）。当燃烧发生时，上述三个条件必须同时具备，如果有一个条件不具备，那么燃烧就不会发生。

具备了燃烧的必要条件，并不等于燃烧就必然发生。在各种必要条件中，还有一个“量”的要求，并且存在相互作用的过程，这就是燃烧的充分条件。

研究表明，大部分燃烧的发生和发展除了具备上述三个必要条件以外，其燃烧过程中还存在未受抑制的自由基作中间体。多数燃烧反应不是直接进行的，而是通过自由基团和原子这些中间产物瞬间进行的循环链式反应。因此，大部分燃烧的发生和发展需要四个必要条件，即可燃物、助燃物（氧化剂）、引火源（温度）和链式反应自由基。

阅读材料 1-1

燃烧类型

1. 燃烧的分类

按照燃烧形成的条件和发生瞬间的特点，燃烧可分为着火和爆炸。

1）着火

可燃物在与空气共存的条件下，当达到某一温度时，与引火源接触即能引起燃烧，并在引火源离开后仍能持续燃烧，这种持续燃烧的现象称为着火。

2）爆炸

爆炸是指物质由一种状态迅速地转变成另一种状态，并在瞬间以机械功的形式释放出巨大的能量，或是气体、蒸气瞬间发生剧烈膨胀等现象。

2. 闪点、燃点、自燃点的概念

1）闪点的定义

在规定的试验条件下，液体挥发的蒸气与空气形成的混合物，遇火源能够闪燃的液体最低温度（采用闭杯法测定），称为闪点。

【参考视频】

2）燃点的定义

在规定的试验条件下，应用外部热源使物质表面起火并持续燃烧一定时间所需的最低温度，称为燃点。

3）自燃点的定义

在规定的条件下，可燃物质产生自燃的最低温度，称为自燃点。

火灾是指在时间或空间上失去控制的燃烧所造成的灾害。火灾危害生命安全、造成经济损失、破坏文明成果、影响社会稳定和破坏生态环境。

按照国家标准《火灾分类》（GB/T 4968）的规定，火灾分为A、B、C、D、E、F六类。

A类火灾：固体物质火灾。这种物质通常具有有机物性质，一般在燃烧时能产生灼热的余烬。如木材、棉、毛、麻、纸张火灾等。

B类火灾：液体或可熔化固体物质火灾。如汽油、煤油、原油、甲醇、乙醇、沥青、石蜡火灾等。

C类火灾：气体火灾。如煤气、天然气、甲烷、乙烷、氢气、乙炔火灾等。

D类火灾：金属火灾。如钾、钠、镁、钛、锆、锂火灾等。

E类火灾：带电火灾。物体带电燃烧的火灾，如变压器等设备的电气火灾等。

F类火灾：烹饪器具内的烹饪物火灾。如动物油脂或植物油脂火灾等。

阅读材料1-2

这些火灾不能用水扑救

【参考视频】

电器发生火灾时，首先要切断电源。在无法断电的情况下千万不能用水和泡沫扑救，因为水和泡沫都能导电。应选用二氧化碳、干粉灭火器或者干沙土进行扑救，而且要与电器设备和电线保持2m以上的距离。

油锅起火时，千万不能用水浇。因为水遇到热油会形成“炸锅”，使油火到处飞溅。正确的扑救方法是，迅速将切好的冷菜沿边倒入锅内，火就自动熄灭了。还可以用锅盖或能遮住油锅的大块湿布遮盖到起火的油锅上，使燃烧的油火接触不到空气而缺氧窒息。

家中储存的燃料油或油漆起火千万不能用水浇，而应用泡沫、干粉或干沙土进行扑救。

电脑着火应马上拔下电源，使用干粉或二氧化碳灭火器扑救。如果发现及时，也可以拔下电源后迅速用湿地毯或棉被等覆盖电脑，切勿向失火电脑泼水。因为温度突然下降，也会使电脑发生爆炸。

在学校实验室常存有一定量的硫酸、硝酸、盐酸，碱金属钾、钠、锂，易燃金属铝粉、镁粉等化学危险物品，这些物品遇水后极易发生反应或燃烧，是绝不能用水扑救的。

1.2 火灾的发展过程及灭火

火灾的发生和发展、蔓延，关键在于热量的传递。传热学表明，热量一般以传导、辐射和对流三种途径传播。灭火的实质也可理解为切断火场上热量传播的途径。

1.2.1 室内火灾的发展过程

【参考视频】

建筑火灾最初发生在建筑物内的某个房间或局部区域，然后蔓延到相邻房间或区域，最后扩展到整个建筑物和相邻建筑物。图1.1所示为建筑室内火灾温度-时间曲线。曲线A表示可燃固体的火灾温度-时间曲线，曲线B表示可燃液体的火灾温度-时间曲线。根据室内火灾温度随时间变化的特点，将火灾发展过程分为三个阶段：初起阶段、发展阶段和衰减阶段。在前面两个阶段之间，有一个温度急剧上升的狭窄区，通常称为轰燃区，它是火灾发展的重要转折区。

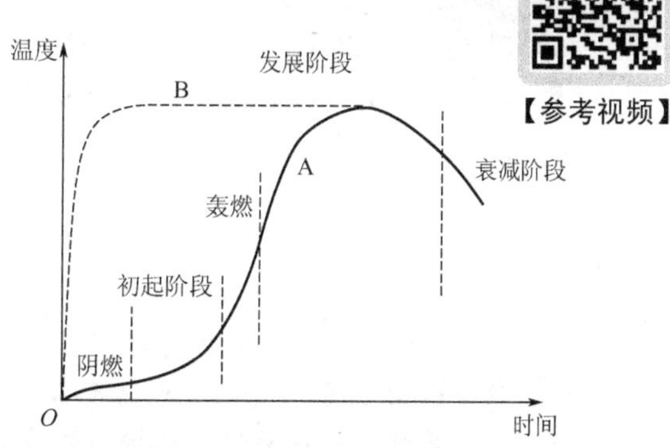

图1.1 室内火灾温度-时间曲线

1. 初起阶段

室内发生火灾后，最初只是起火部位及其周围可燃物着火燃烧。初起阶段的特点是火灾燃烧范围较小，燃烧强度弱，火场温度和辐射热较低，火灾蔓延速度较慢。此时是灭火的最有利时机，应争取在此期间内，尽早发现火灾，及时扑灭火灾，达到起火不成灾的目的。一般来说，油气类火灾的初起阶段都极为短暂。

2. 发展阶段

在火灾初起阶段后期，火灾范围迅速扩大，当火灾房间温度达到一定值时，积聚在房间内的可燃性气体突然起火，会使整个房间都充满火焰，房间内所有可燃物表面部分都卷入燃烧之中，燃烧很猛烈，温度升高很快。这种房间内由局部燃烧向全室性燃烧过渡的现象称为轰燃。轰燃是室内火灾最显著的特征之一，它标志火灾发展阶段的开始。轰燃发生后，房间内所有可燃物都在猛烈燃烧，放热速度很快，室内温度急剧上升，并保持持续高温。火焰、高温烟气从房间的开口大量喷出，把火灾蔓延到建筑物的其他部分。室内高温还会对建筑物构件产生热作用，使建筑物构件的承载能力下降，甚至造成建筑物局部或整体倒塌的现象。

【参考视频】

3. 衰减阶段

在火灾发展阶段后期，随着可燃物的不断减少，其挥发物质也不断减少，火灾的燃烧速度递减，直至逐渐熄灭，火灾结束。当室内平均温度降到最高温度值的80%时，则认为火灾进入熄灭阶段。

图1.1中曲线B表明可燃液体（及热融塑料）火灾的温升速率很快，在相当短的时间内，温度可达到1000℃左右。这种火灾几乎没有多少探测时间，供初期灭火的时间也很有限，加上室内迅速出现高温，极易对人和建筑物造成严重危害。

阅读材料 1－3

小小粉尘不容小觑

【参考图文】

2015年6月27日晚8点40分左右，台湾新北市八仙水上乐园在派对活动最后5分钟发生粉尘爆炸意外，新北市卫生局28日上午10点公布八仙乐园受伤的516人名单，其中重伤达194人。因身着泳衣，伤者中很多属于大面积烧烫伤。

据统计，截至2015年7月30日，有316人继续留院治疗，其中171人在加护病房，116人病危，9人死亡。

粉尘爆炸，指粉尘在爆炸极限范围内，遇到热源（明火或温度），火焰瞬间传播于整个混合粉尘空间，化学反应速度极快，同时释放大量的热，形成很高的温度和很大的压力，系统的能量转化为机械功以及光和热的辐射，具有很强的破坏力。

粉尘爆炸多在伴有铝粉、锌粉、铝材加工研磨粉、各种塑料粉末、有机合成药品的中间体、小麦粉、糖、木屑、染料、胶木灰、奶粉、茶叶粉末、烟草粉末、煤尘、植物纤维尘等产生的生产加工场所。

1.2.2 建筑火灾的烟气蔓延

烟气是指燃烧过程的一种产物，是由燃烧或热分解作用所产生的含有悬浮在气相中的可见固体和液体微粒组成。建筑发生火灾时，烟气流动的方向通常是火势蔓延的一个主要方向。一般，500℃以上热烟所到之处，遇到的可燃物都有可能被引燃起火。

阅读材料 1－4

浓烟为什么是火场第一“杀手”

【参考视频】

浓烟致人死亡的最主要原因是一氧化碳中毒。在一氧化碳浓度达1.3%的空气中，人呼吸两三口气就会失去知觉，呼吸13min就会死亡。据了解，常用的建筑材料燃烧时所产生的烟气中，一氧化碳的含量高达2.5%。此外，火灾中的烟气里还含有大量的二氧化碳。在通常的情况下，二氧化碳在空气中约占0.06%，当其浓度达到2%时，人就会感到呼吸困难，达到6%～7%时，人就会窒息死亡。另外，还有一些材料，如聚氯乙烯、尼龙、羊毛、丝绸等纤维类物品燃烧时能产生剧毒气体，对人的威胁更大。

在火灾发生时，烟的蔓延速度超过火的速度5倍，其产生的能量超过火产生能量的5倍，甚至6倍，烟气的流动方向就是火势蔓延的途径。温度极高的浓烟，在2min内就可形成烈火，而且对相距很远的人也能构成威胁。在美国发生的某次高层建筑火灾中，虽然大火只烧到5层，但是由于浓烟升腾，21层楼上也有人窒息死亡。

除此之外，浓烟的出现，会严重影响人们的视线，使人看不清逃离的方向而陷入困境。

1. 烟气的扩散路线

建筑火灾中产生的高温烟气，其密度比冷空气小，由于浮力作用向上升起，遇到水平楼板或顶棚时，改为水平方向继续流动，这就形成了烟气的水平扩散。烟气在流动扩散过程中，一方面有冷空气掺混，另一方面受到楼板、顶棚、建筑围护结构等的冷却，温度逐渐下降。沿水平方向流动扩散的烟气碰到四周围护结构时，进一步被冷却并向下流动。逐渐冷却的烟气和冷空气流向燃烧区，形成了室内的自然对流，火会越烧越旺。

烟气扩散流动速度与烟气温度和流动方向有关。在火灾初期，烟气在水平方向的扩散流动速度为0.1～0.3m/s，在火灾中期可达0.5～0.8m/s。烟气在垂直方向的扩散流动速度可达1～5m/s。在楼梯间或管道竖井中，由于烟囱效应产生的抽力，烟气上升速度很快，可达到6～8m/s，甚至更快。

当高层建筑发生火灾时，烟气在其内的流动扩散一般有三条路线。第一条（也是最主要的一条）是：着火房间—走廊—楼梯间—上部各楼层—室外；第二条是：着火房间—室外；第三条是：着火房间—相邻上层房间—室外。

2. 烟气蔓延的途径

火灾时，建筑内烟气呈水平流动和垂直流动。蔓延的途径主要有：内墙门、洞口，外墙门、窗口，房间隔墙，空心结构，闷顶，楼梯间，各种竖井管道，楼板上的孔洞及穿越楼板、墙壁的管线和缝隙等。

对主体为耐火结构的建筑来说，造成蔓延的主要原因有：未设有效的防火分区，火灾在未受限制的条件下蔓延；洞口处的分隔处理不完善，火灾穿越防火分隔区域蔓延；防火隔墙和房间隔墙未砌至顶板，火灾在吊顶内部空间蔓延；采用可燃构件与装饰物，火灾通过可燃的隔墙、吊顶、地毯等蔓延。

1.2.3 灭火的基本原理及基本方法

灭火的基本原理就是在发生火灾后，通过采取一定的措施，把维持燃烧所必须具备的条件之一破坏，使燃烧不能继续进行，火就会熄灭。因此，采取降低着火系统温度、断绝可燃物、稀释空气中的氧浓度、抑制着火区内的链式反应等措施，都可达到灭火的目的。

灭火的基本方法主要有四种，冷却、窒息、隔离和化学抑制。前三种方法是通过物理过程进行灭火，后一种方法则是通过化学过程灭火。

（1）冷却灭火法是根据可燃物质发生燃烧时必须达到一定温度这个条件，将灭火剂直接喷洒在燃烧着的物体上，使可燃物质的温度降到燃点以下，而停止燃烧。如用大量的水冲泼火区来降温，或用二氧化碳灭火剂灭火等。

（2）窒息灭火法是根据可燃物质燃烧需要足够的助燃物质（空气、氧）这个条件，采取阻止空气进入燃烧区的措施，或断绝氧气而使燃烧物质熄火。

在火场上运用窒息的方法扑灭火灾时，可采用石棉被、浸湿的棉被、帆布、灭火毯等不燃或难燃材料，覆盖燃烧物或封闭孔洞灭火；利用建筑物上原有的门、窗及生产储运设备上的部件，封闭燃烧区，阻止新鲜空气流入，以降低燃烧区氧气的含量，从而达到窒息灭火的目的。

(3) 隔离灭火法是根据发生燃烧必须具备可燃物质这一条件，将燃烧物质与附近的可燃物隔离或疏散，中断可燃物的供应，使燃烧停止。

(4) 化学抑制灭火法就是使灭火剂参与燃烧的链式反应，使燃烧过程中产生的自由基消失，形成稳定分子或活性低的自由基，从而使燃烧反应停止。

具体灭火中采用哪种方法，应根据燃烧物质的性质、燃烧特点、火场的具体情况及消防技术装备的性能来选择。

1.3 火灾自动报警系统的发展

【参考视频】

火灾发生时会产生烟雾，释放燃烧气体，形成火焰，导致环境温度升高，形成燃烧。要减少火灾危害，必须在火灾发生早期甚至极早期发现并将其扑灭，由此产生了火灾自动报警系统。

人们通过对燃烧过程中产生的气（燃烧气体）、烟（烟雾粒子）、热（温度）、光（火焰）等进行探测，来确定是否存在火情。火灾自动报警系统是人们同火灾做斗争的有力工具。

人类开发火灾自动报警系统这一段历史过程大致可以分为五代。

第一代，1847 年美国牙科医生 Channing 和缅因大学教授 Farmer 研究出了世界上第一台用于城镇火灾报警的发送装置，1890 年英国最早利用金属受热膨胀的原理研制成功了第一个感温式火灾探测器，从此，人类开创了历史上火灾探测技术的先例。

从 19 世纪 40 年代至 20 世纪 40 年代，这漫长的 100 年，感温探测器一直占主导地位，火灾自动报警系统的发展处于初级阶段。

第二代，20 世纪 50 年代至 70 年代，这 30 年中，感烟火灾探测器登上舞台，将感温火灾探测器排挤到次要地位。火灾信号传输的导线为多线制，包括 $N+1$ 线和更多的线。

20 世纪 40 年代末，瑞士的耶格（W. C. Jaeger）和梅利（E. Meili）等人根据电离后的离子受烟雾粒子影响会使电离电流减小的原理，发明了离子烟雾探测器，极大地推动了火灾探测技术的发展，并在此基础上建立了完整的火灾自动报警系统。国际消防界普遍以此作为火灾自动报警系统的新起点，火灾探测技术进入了一个崭新的阶段。

随着半导体器件的发展，20 世纪 70 年代末期，为了扩大探测火灾的范围并针对离子感烟探测器抗干扰能力及稳定性差、误报率高等不足，人们根据烟雾颗粒对光产生散射效应和衰减效应发明了光电烟雾探测技术。由于光电烟雾探测器具有无放射性污染、受风流和环境湿度变化影响小、成本低、高可靠性等优点，光电烟雾探测技术逐渐取代离子烟雾探测技术，打破了离子感烟探测器垄断市场长达 20 年的局面。

第三代，从 20 世纪 80 年代初开始至今，总线制火灾自动报警系统蓬勃兴起。

随着电子技术的发展，人们开发出总线制火灾自动报警系统。人们为每个探测点设置单独的地址编码，火灾报警控制器通过巡检方式，分别采集各探测点的信息，从而把以前的多线制改成少线制系统，也就是人们一般所称的总线制系统。总线制系统在经济方面能节省布线费用，但总线制的最大优点是施工开通简单且能精确确定报警部位。在这个阶段，瑞士 Cerberus 公司首先推出离子感烟探测器总线制产品，以后各国相继研制出多种地址编码总线制系统。

第四代，从 20 世纪 80 年代后期开始，火灾探测技术与其他技术开始了更广泛的交叉和结合，使火灾探测技术进入了一个全新的发展时期，与信号处理技术、人工智能技术和自动控制技术更紧密地联系在一起。

由于模拟量可寻址技术的出现，给火灾探测技术带来了一场革命，从而进入了智能化时代。这种技术为各种火灾探测器的改进和发展注入新的活力，模拟量系统中的火灾探测器处理信号的方式是模拟量式而不是开关量式。

20 世纪 90 年代，一种全新的“人工神经网络”算法诞生。它是现代神经生物学和信息处理技术、信息存储技术的结晶，其系统具有很强的适应性、学习能力、容错能力和并行处理能力，近乎人类的神经思维。从而可用全方位的方法判断火灾信号的真假，为火灾信号探测技术开辟了崭新的发展途径。与此同时，出现了一种分布式智能系统，这种系统除了控制机带有前述的智能外，每一个探测器也具有智能功能，也就是说，在探测器内设置了具有“人工神经网络”的微处理器。探测器与控制机进行双向智能信息交流，使整个系统的响应速度及运行能力大大提高，确保了系统的可靠性。

第五代，20 世纪 90 年代以来，欧美出现了无线火灾自动报警系统。它是利用无线信道传送火灾探头发出的火警信号和故障信号，并记录发出这些信号的地点和时间的火灾自动报警专用设备。同时还出现了空气样本分析系统，从而使火灾探测技术发生了一场革命。

在国外，许多发达国家火灾自动报警系统的应用相当普遍，在我国，火灾自动报警系统的研究、生产和应用起步较晚，20 世纪五六十年代基本上是空白。70 年代开始创建，并逐步有所发展。进入 80 年代以来，随着我国建设的迅速发展和消防工作的不断加强，火灾自动报警系统的应用有了较大发展。

综合习题

一、填空题

1. 燃烧的发生和发展，必须具备________、________和________三个必要条件。

2. 根据室内火灾温度随时间变化的特点，将火灾发展过程分为________、________和________三个阶段。

3. 灭火的基本方法主要有________、________、________和________四种。

二、名词解释

1. 燃烧；

2. 火灾；

3. 轰燃；
4. 烟气；
5. 防火墙。

三、简答题

1. 按照国家标准《火灾分类》(GB/T 4968) 的规定，火灾分为哪几类？
2. 当高层建筑发生火灾时，烟气在其内的流动扩散一般有哪几条路线？
3. 火灾时，建筑内烟气蔓延的途径有哪些？
4. 对主体为耐火结构的建筑来说，造成烟气蔓延的主要原因有哪些？
5. 简述灭火的基本原理。
6. 火灾自动报警系统大致可以分为哪几代？
7. 举例说明燃烧产物（包括烟）有哪些毒害作用。其危害性主要体现在哪几个方面？

第2章

火灾探测器及系统附件

本章教学要点

知识要点	掌握程度	相关知识
火灾探测器的分类	了解火灾探测器的分类； 熟悉火灾探测器的性能指标	火灾探测器的分类； 火灾探测器的性能指标
火灾探测器的原理	掌握常用火灾探测器的工作原理	感烟火灾探测器； 感温火灾探测器； 感光火灾探测器； 可燃气体探测器； 电气火灾监控探测器
火灾探测新技术	了解火灾探测新技术的原理及发展方向	火灾探测技术的最新发展
系统附件	掌握火灾自动报警系统主要附件的作用	手动报警按钮； 消火栓报警按钮； 声光报警器； 单输入模块； 单输入/单输出模块； 二输入/二输出模块； 总线隔离器； 火灾显示盘

导入案例

美国广泛推广使用烟感报警器

来自美国国家消防协会的报告显示，在20世纪80年代初美国只有约40%的住宅安装了烟感报警器，但在整个20世纪80年代，烟感报警器在美国的普及非常迅速，到80年代末已达到了80%。1997年，美国在用的烟感报警器超过2.3亿只，也就是相当于94%的民用住宅装有一个以上的烟感器。

作为火灾自动报警系统最重要的组成部分，烟感报警器能在还没有看到火苗或闻到烟味的火灾初燃

阶段，发现灾情并自动发出尖啸刺耳的火灾报警信号，以便人们在第一时间发现灾情，对于救灾或逃生都更有机会。

美国国家消防协会指出，火灾意外死亡80%都发生在住宅中。安装了推荐数目的烟感报警器的住宅一旦发生火灾，住宅内人员的逃生机会将比未安装的住宅多出50%。每年有2/3的发生火灾意外死亡的住宅内没有安装烟感报警器或者烟感报警器没有正常工作。

事实上，在火灾死亡率上，美国很长时间内一直位居所有工业化国家之首。但是随着火灾报警系统尤其是低成本的烟感报警器的广泛推广，美国火灾的死亡率正在逐步降低。

2.1 火灾探测器的分类和性能指标

火灾探测器是组成各种火灾自动报警系统的重要组件，是消防报警系统的“感觉器官”。它的作用是监视环境中有没有火灾发生。一旦发生了火情，便将火灾的特征物理量（如烟雾浓度、温度、气体和辐射光强等特征）转换成电信号，并向火灾报警控制器发送及报警。

2.1.1 火灾探测器的分类

1. 根据探测火灾参量的不同分类

根据探测火灾参量的不同，火灾探测器可分为感烟、感温、感光、复合和可燃气体五种类型，每种类型又根据其工作原理的不同而分为若干种。其具体分类如图2.1所示。

此外，还有一些特殊类型的火灾探测器，包括：使用摄像机、红外热成像器件等视频设备或它们的组合方式获取监控现场视频信息，进行火灾探测的图像型火灾探测器；探测泄漏电流大小的漏电流感应型火灾探测器；探测静电电位高低的静电感应型火灾探测器；还有在一些特殊场合使用的，要求探测极其灵敏、动作极为迅速，通过探测爆炸产生的参数变化（如压力的变化）信号来抑制、消灭爆炸事故发生的微压差型火灾探测器；利用超声原理探测火灾的超声波火灾探测器等。

2. 根据监视范围的不同分类

根据监视范围的不同，可将火灾探测器分为：

（1）点型火灾探测器。对监视范围中某一点周围的火灾特征参数做出响应。

（2）线型火灾探测器。对监视范围中某一线路周围的火灾特征参数做出响应。

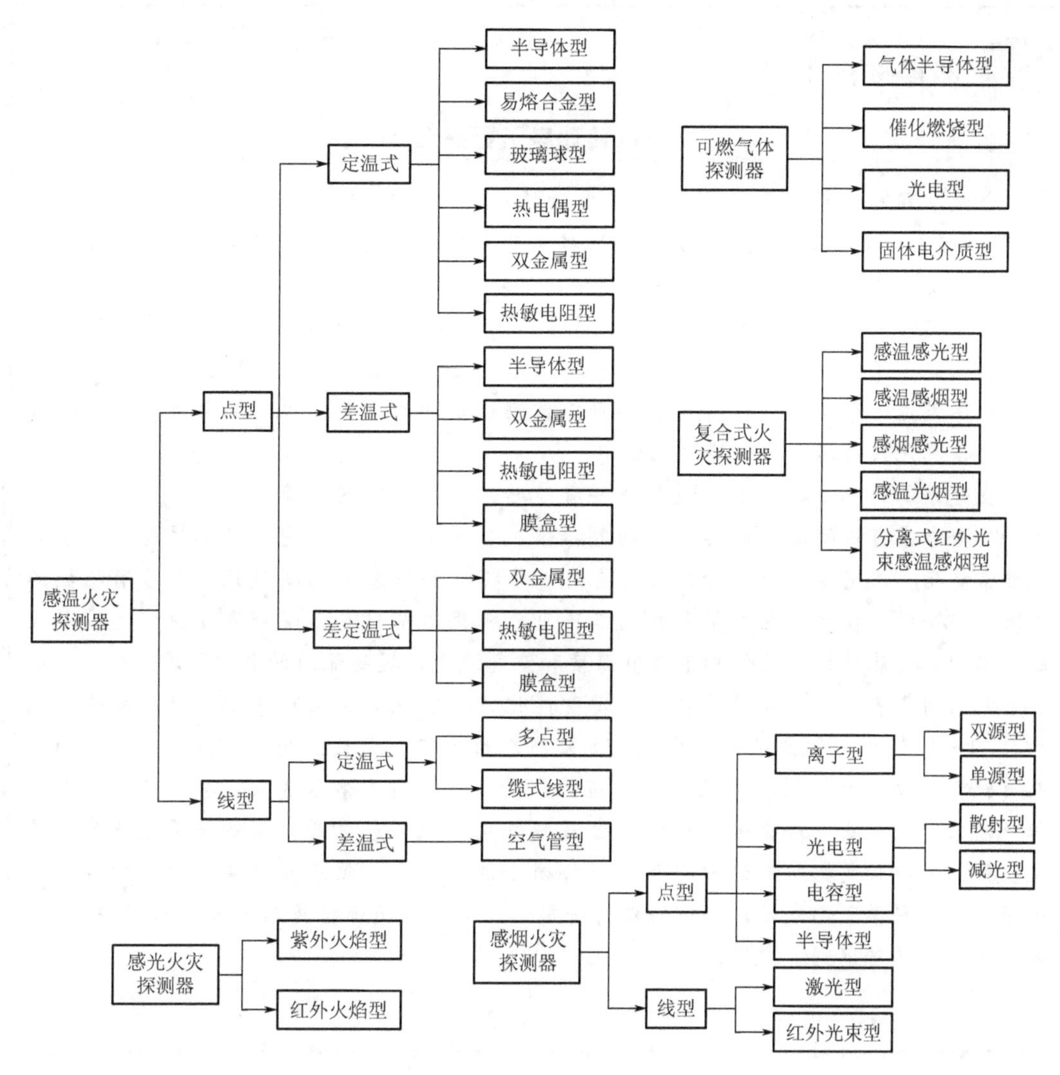

图2.1 火灾探测器类型

3. 根据操作后是否能复位分类

根据操作后是否能复位，可将火灾探测器分为：

（1）可复位火灾探测器。在响应后和在引起响应的条件终止时，不更换任何组件即可从报警状态恢复到监视状态的探测器。根据复位的方式不同，又可分为自动复位火灾探测器、遥控复位火灾探测器及手动复位火灾探测器。

（2）不可复位火灾探测器。在响应后不能恢复到正常监视状态的探测器。

4. 根据维修和保养时是否具有可拆卸性分类

根据火灾探测器维修和保养时是否具有可拆卸性，将其分为可拆卸探测器和不可拆卸探测器两种类型。

阅读材料 2-1

智能砖让房子更安全

今天，智能化产品早已成为我们生活的一部分。现在，连造房子用的砖也变得“聪明”起来。美国伊利诺伊州大学纳米技术研究中心的刘昌和他的同事们，向外界展示了他们发明的新型智能砖，这种砖能使建筑物更加安全。

智能砖和普通砖的最大区别在于，智能砖上有一个电子箱，电子箱内装备了一些先进的无线电子器材——传感器、信号处理器、无线通信线路等，所有这些器材都被紧紧地压缩成一个整体。这些传感器可以监测建筑物的温度、振动和移动的情况，并将这些信息无线传送到一个终端电脑中。

在建筑物的几个特殊位置放置一些智能砖，可以起到网络连接的作用。通过计算机，安全专家可以随时了解建筑物的整体情况。发生火灾时，这些信息对消防人员来说非常重要。遭遇地震后，营救人员也可以依据这些信息来判断建筑物是否有坍塌的危险。在平时，楼房管理人员和楼内居民可以根据这些信息来管理和维护楼房。居民还可以利用智能砖提供的信息来调节温度和空气流通，提高能源的利用效率。

刘昌博士表示，如果楼房也能实现智能化，人们就会生活得更加舒适、安全。例如，“9·11”恐怖袭击事件发生时，如果纽约世贸中心大楼采用了智能砖技术，消防人员就可以改变营救策略，减少人员伤亡。参与研究的艾格尔透露，尽管整个微电子传感器只有7根头发那么粗，但镀上金属膜并用硅材料包装后，体积还是显得有些庞大。他们的目标是把所有的材料放在一块微小的芯片上，然后把这块芯片安装在一个塑料板上。科学家们表示，目前的硅材料柔韧性欠佳，而弹性更好的塑料板不仅耐用，还可以使智能砖得到更广泛的应用。

2.1.2 火灾探测器的性能指标

火灾探测器作为火灾自动报警系统中的火灾现象探测装置，其本身长期处于监测工作状态，因此，火灾探测器的灵敏度、稳定性、维修性和长期工作的可靠性是衡量火灾探测器质量优劣的主要技术指标，也是确保火灾监控系统长期处于最佳工作状态的重要指标。

1. 火灾探测器的灵敏度

火灾探测器的灵敏度通常使用下列几种概念来表示。

(1) 灵敏度指火灾探测器响应某些火灾参数的相对敏感程度。灵敏度有时也指火灾灵敏度。由于火灾探测器的作用原理和结构设计不同，各类火灾探测器对于不同火灾的灵敏度差异很大。所以，火灾探测器一般不单纯用某一火灾参数的灵敏度来衡量。

各种不同的火灾探测器对各种类型火灾的灵敏度，大致如表2-1所列。

表 2-1 火灾探测器的灵敏度

火灾探测器类型	A 类火灾	B 类火灾	C 类火灾
定温	低	高	低
差温	中等	高	低
差定温	中等	高	低
离子感烟	高	高	中等
光电感烟	高	低	中等
紫外火焰	低	高	高
红外火焰	低	高	低

(2) 火灾灵敏度级别指火灾探测器响应几种不同的标准试验火时，火灾参数的不同的响应范围，分为Ⅰ级、Ⅱ级和Ⅲ级三个级别。

(3) 感烟灵敏度指感烟火灾探测器响应烟粒子密度（L/cm^3）的相对敏感程度，也可称作响应灵敏度。一般在生成的烟相同的条件下，高的感烟灵敏度意味着可对较低的烟粒子密度响应。

(4) 感烟灵敏度档次指采用标准烟（或试验气溶胶）在烟箱中标定的感烟探测器几个（一般为 3 个）不同的响应阈值的范围，也可称作响应灵敏度档次。

显然，由于感烟式火灾探测器可以探测 70%以上的火灾，因此，火灾探测器的灵敏度指标更多的是针对感烟式火灾探测器而规定的。在火灾探测器生产和消防工程中，通常所指的火灾探测器灵敏度，实际上指的是火灾探测器的灵敏度级别。

2. 火灾探测器的稳定性

火灾探测器的稳定性是指在一个预定的周期内，以不变的灵敏度重复感受火灾的能力。为了防止稳定性降低，定期检验所有带电子元件的火灾探测器是十分重要的。

3. 火灾探测器的维修性

火灾探测器的维修性是指对可以维修的探测器产品进行修复的难易程度或性质。感烟式火灾探测器和电子感温式火灾探测器要求定期检查和维修，以确保火灾探测器敏感元件和电子线路处于正常工作状态。

4. 火灾探测器的可靠性

火灾探测器的可靠性是指在适当的环境条件下，火灾探测器长期不间断运行期间随时能够执行其预定功能的能力。在严酷的环境条件下，使用寿命长的火灾探测器可靠性高。一般感烟式火灾探测器使用的电子元器件多，长期不间断使用期间电子元器件的失效率较高，因此，其长期运行的可靠性相对较低，探测器运行期间的维护、保养十分重要。

应指出，上述四项火灾探测器的主要技术指标一般不能精确测定，只能给出一般性的估计，所以，通常采用灵敏度级别作为火灾探测器的主要性能指标。

2.2 火灾探测器的原理

2.2.1 感烟火灾探测器

【参考视频】

感烟火灾探测器是一种感知燃烧或热解产生的固体或液体微粒的火灾探测器。它用于探测火灾初期的烟雾，并发出火灾报警信号。

感烟火灾探测器对燃烧中产生的固体或液体微粒予以响应，从而可以探测物质初期燃烧所产生的气溶胶或烟雾粒子浓度。它具有能早期发现火灾、灵敏度高、响应速度快等特点。感烟火灾探测器是目前世界上应用较普及、数量较多的一种火灾探测器。

感烟火灾探测器分为点型感烟火灾探测器和线型感烟火灾探测器。

1. 点型感烟火灾探测器

点型感烟火灾探测器是对警戒范围中某一点周围的烟参数响应的火灾探测器，分为离子感烟火灾探测器和光电感烟火灾探测器两种。离子感烟火灾探测器对黑烟的灵敏度非常高，特别是能对早期火警反应特别快。但由于其内必须装设放射性元素，特别是在制造、运输及弃置等方面对环境会造成污染，威胁着人的生命安全，目前已禁止使用这种产品。目前广泛使用的是光电感烟火灾探测器。

1）点型光电感烟火灾探测器（图 2.2）

点型光电感烟火灾探测器根据烟雾粒子对光的吸收和散射作用，可分为减光式和散射光式两种类型。

（1）减光式光电感烟火灾探测器。

减光式光电感烟探测器的受光管安装在与发光管正对的位置上，如图 2.3 所示。进入光电检测暗室内的烟雾粒子对光源发出的光产生吸收和散射作用，使通过烟雾后的光通量减少，从而使受光元件上产生的光电流降低。光电流相对于初始标定值的变化量大小，反映了烟雾的浓度，据此可通过电子线路对火灾信息进行阈值比较放大、判断、数据处理或数据对比计算，以发出相应的火灾信号。

图 2.2　点型光电感烟火灾探测器

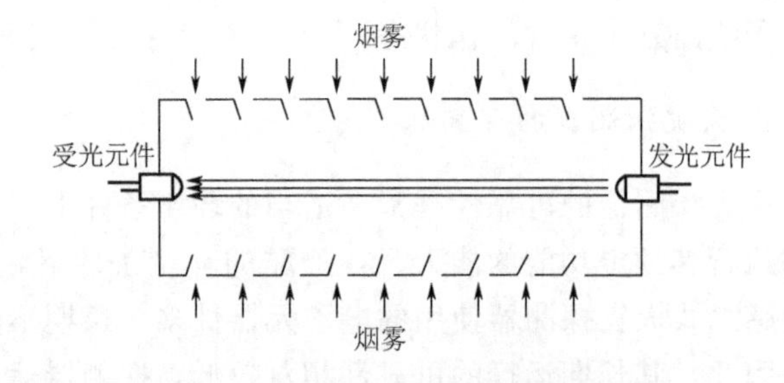

图 2.3　减光式光电感烟探测器原理图

（2）散射光式光电感烟火灾探测器。

图 2.4 为散射光式光电感烟探测原理图。当无烟雾时，发光元件发射的一定波长的光

线直射在发光原件对应的暗室壁上，而安装在侧壁上的受光元件不能感受到光线。当有烟雾进入遮光暗室时，烟雾颗粒对发光元件发出的红外光产生散射作用，使一部分散射光照射在受光元件上。显然烟雾粒子越多，受光元件收到的散射光就越强，产生的光电信号也越强，当烟雾粒子浓度达到一定值时，散射光的能量就足以产生一定大小的激励电流，可用于激励外电路发出火灾信号。

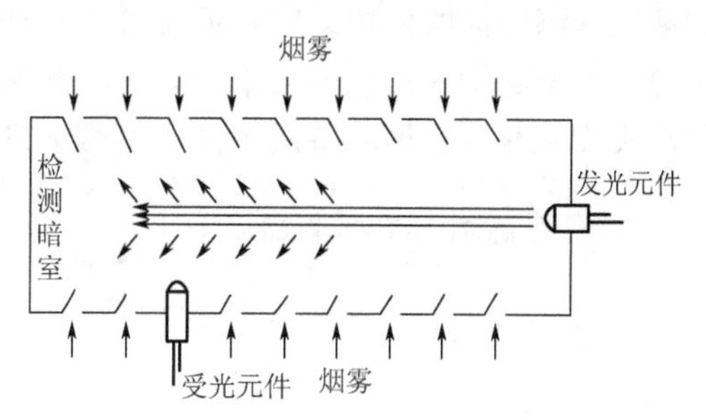

图 2.4 散射光式光电感烟探测原理图

散射光式烟雾探测器只适用于点型探测器结构，其遮光暗室中发光元件与受光元件的夹角在 90°～135°之间，夹角越大，灵敏度越高。不难看出，散射光式光电感烟的实质是用一套光系统作为传感器，将火灾产生的烟雾对光特性的影响，用电的形式表示出来并加以利用。

2）感烟探测器的响应

感烟探测器的响应行为基本上是由它的工作原理决定的。不同烟粒径、烟的颜色和不同可燃物产生的烟对探测器适用性是不一样的。从理论上讲，离子感烟探测器可以探测任何一种烟，对粒子尺寸无特殊限制，只存在响应行为的数值差异。而光电感烟探测器对粒径小于 0.4μm 的粒子的响应较差。三种感烟探测器对不同烟粒径的响应特性，如图 2.5 所示。图 2.6 给出了点型感烟探测器对不同颜色的烟的响应。

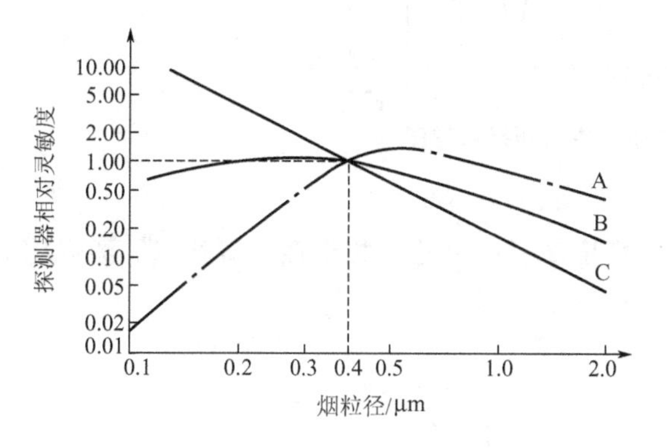

图 2.5 感烟探测器对不同烟粒径的响应

A—散射型光电感烟探测器；

B—减光型光电感烟探测器；

C—离子感烟探测器

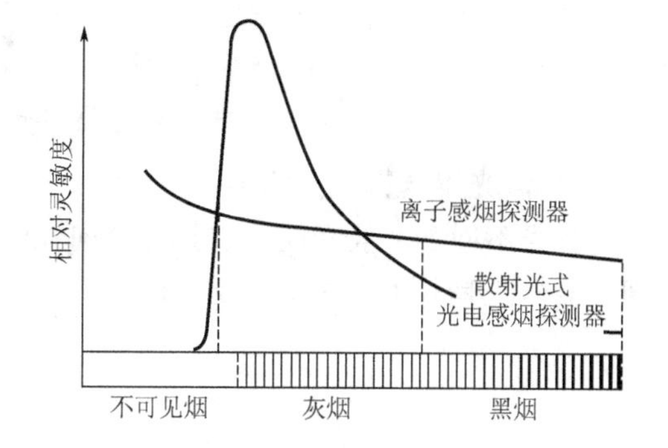

图 2.6 两种点型感烟探测器对不同颜色烟的响应

传统光电式感烟火灾探测器有一个很大的缺点就是对黑烟灵敏度很低，对白烟灵敏度较高，因此，这种探测器适用于火情中所发出的烟为白烟的情况，而大部分的火情早期所发出的烟都为黑烟，所以便大大地限制了这种探测器的使用范围。从 20 世纪 90 年代开始，科学家们对光电式感烟火灾探测器进行了研究及改进，使之能对黑烟有足够的灵敏度。

新型光电式感烟火灾探测器主要是从光学的原理上提高探测器的灵敏度，如发光二极管与接收极间的角度从传统式的 180°改为 120°，最重要的是装设了迷宫式光栅，它可增加烟雾在探测器内的停留时间，而且可防止外界光线对它的干扰；另外，探测器内装设了优质的放大电路来提高它的灵敏度，这种新型光电式感烟火灾探测器目前已成功地替代离子感烟火灾探测器，彻底解决了离子感烟火灾探测器对环境污染的问题。

2. 线型感烟火灾探测器

线型感烟火灾探测器实物图如图 2.7 所示。

图 2.7 线型感烟火灾探测器实物图

1）红外光束感烟火灾探测器

线型光电感烟探测器的发光元件与受光元件分别作为两个独立的器件，发光元件安装在探测区的某个位置，受光元件安装在探测区中与发光管有一定距离的对应位置。在探测区无烟时，发射器发出的红外光束被接收器接收到，产生正常的光电信号。当有火情，烟雾扩散到探测区时，烟雾粒子对红外光线的吸收和散射作用，会使到达接收器的光信号减弱，接收器产生的光电信号也减少，对其分析判断后可产生火灾报警信号。图 2.8 为红外光束感烟火灾探测器的原理图。

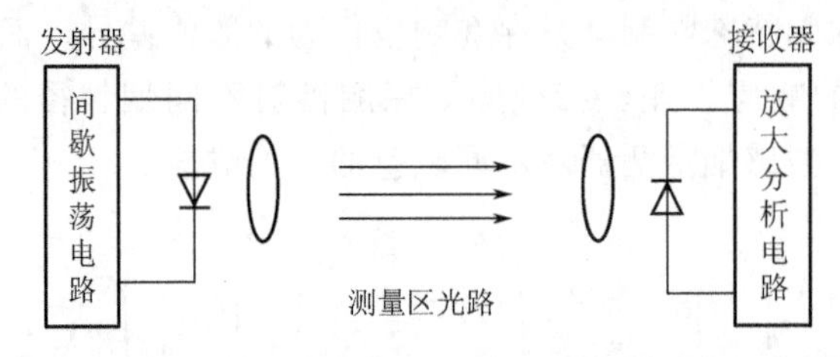

图 2.8 红外光束感烟火灾探测器原理图

2）激光感烟火灾探测器

激光不同于一般光线，它具有方向性强、亮度高、单色性和相干性好等优点。激光感烟探测器正是利用这些优点制成的，它的结构如图 2.9 所示。

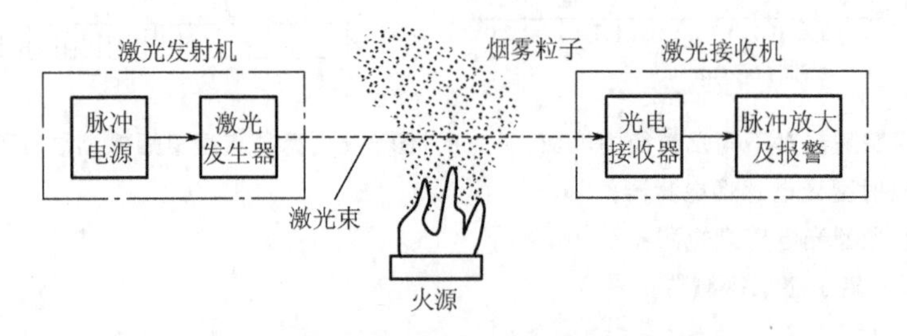

图 2.9 激光感烟火灾探测器结构示意图

由于激光束的直线特性，激光感烟火灾探测器的实际监测区域为一线状的狭窄带。激光发生器在脉冲电源激励下，发出一束脉冲激光，投射到激光接收部分的光电接收器上，转换成为电信号，经放大电路放大后，给出正常状态信号（即不报警信号）。在火灾情况下，激光束被大量烟雾粒子遮挡而能量减弱，当激光能量减弱到一定程度时，光电接收器信号通过放大电路给出报警信号。

2.2.2 感温火灾探测器

在火灾初起阶段，使用热敏元件来探测火灾的发生是一种有效的手段，特别是那些经常存在大量粉尘、油雾、水蒸气的场所，无法使用感烟式火灾探测器，只有用感温火灾探测器才比较合适。在某些重要的场所，为了提高火灾自动报警系统的功能和可靠性，或保证自动灭火系统动作的准确性，也要求同时使用感烟和感温火灾探测器。

感温火灾探测器是对警戒范围中的温度进行监测的一种探测器。物质在燃烧过程中释放大量的热，使环境温度升高，探测器中的热敏元件随之发生物理变化，从而将温度转变成为电信号，传送到控制器上，发出火警信号。感温火灾探测器使用的敏感元件主要有热敏电阻、热电偶、双金属片、易熔金属、膜盒和半导体材料等。如图 2.10 所示为感温火灾探测器实物图。

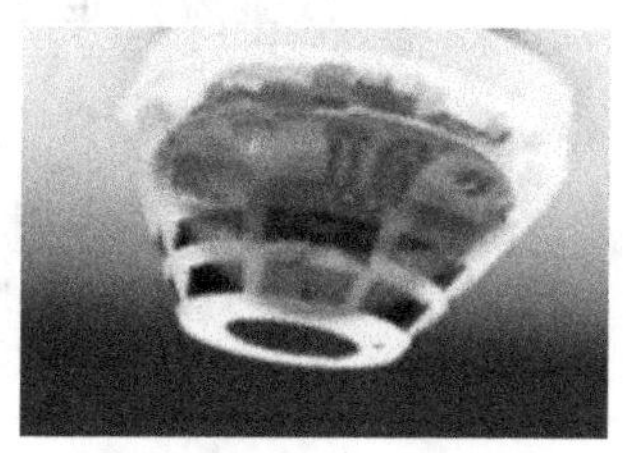

图 2.10 感温火灾探测器实物图

感温火灾探测器响应异常温度、温升速率和温差等火灾信号，与其他类型的探测器相比，其结构简单，可靠性高，但灵敏度较低。感温火灾探测器按其感温效果和结构形式可分为点型和线型两类。点型又分为定温、差温、差定温三种，而线型分为缆式定温和空气管式差温两种。

1. 点型感温火灾探测器

1）点型定温火灾探测器

当火灾发生后，探测器的温度上升，探测器内的温度传感器感受火灾温度的变化，当温度达到报警阈值时，探测器发出报警信号，这种形式的探测器即为定温火灾探测器，其中以热敏电阻定温火灾探测器最为常用。

热敏电阻是一种半导体感温元件，其温度-电阻特性有三种：负温度系数热敏电阻（NTC）、正温度系数热敏电阻（PTC）和临界温度热敏电阻（CTR）。它们的特性曲线如图 2.11 所示。

从图 2.11 中可以看到用临界温度热敏电阻与正温度系数热敏电阻构成的热控开关较为理想，而负温度系数热敏电阻的线性度更好一些。

热敏电阻定温火灾探测器的电路原理如图 2.12 所示。

当温度升高时，热敏电阻 R_T（负温度系数）随温度的升高电阻值变小，A 点电位升高，当温度达到或超过预定值时，即 A 点电位升高到高于 B 点电位时，电压比较器输出高电位，经信号处理后输出火灾报警信号。

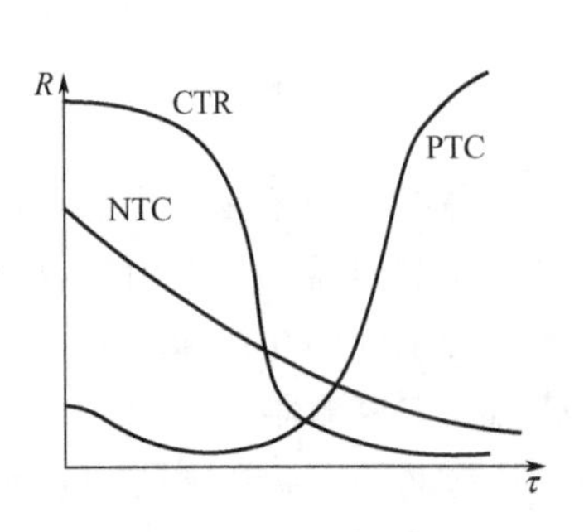

图 2.11　各种热敏电阻的温度特性

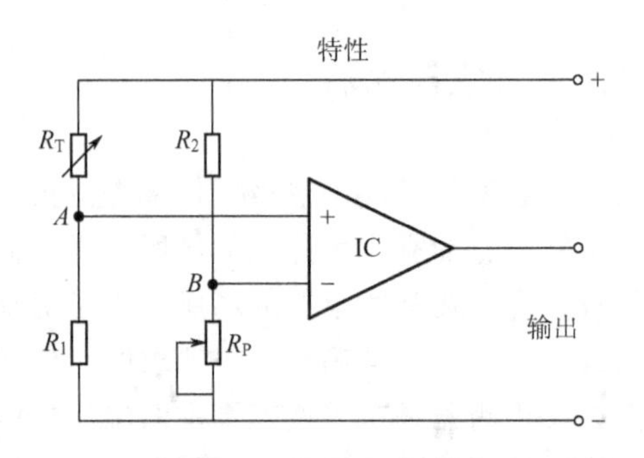

图 2.12　热敏电阻定温火灾探测器电路原理图

阅读材料 2－2

双金属片定温探测器原理

双金属片定温探测器由热膨胀系数不同的双金属片和固定触点组成。当环境温度升高时，双金属片受热膨胀向上弯曲，使触点闭合，输出报警信号。当环境温度下降后，双金属片复位，探测器状态复原。下图为双金属片定温探测器结构图。

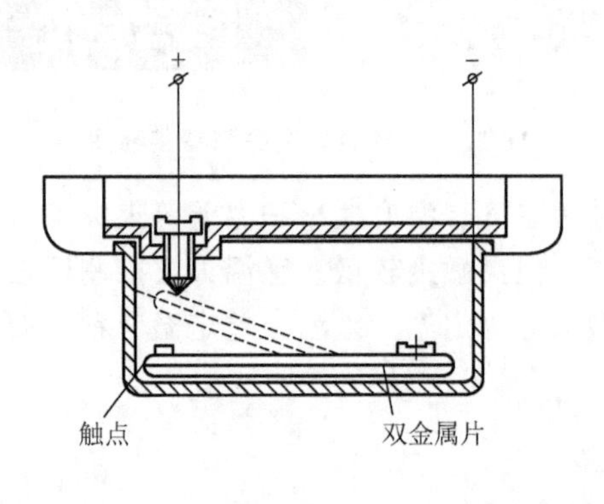

2）点型差温火灾探测器

正常时室内温度变化率很小，火灾发生时，有一个温度迅速升高的过程。所谓差温是指一定时间内的温度变化量，即温度的变化速率。差温火灾探测器是在规定时间内，火灾引起的温度上升速率超过某个规定值时启动报警的火灾探测器。

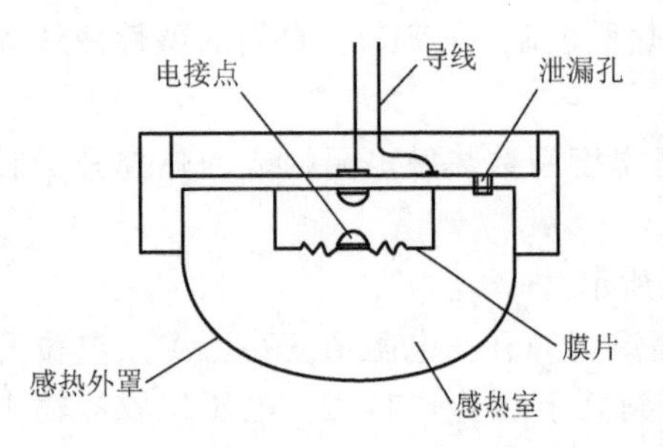

图 2.13　膜盒式差温探测器结构图

膜盒式差温火灾探测器就是利用这种异常速率产生感应并输出火灾报警信号。图 2.13 为膜盒式差温探测器的结构图，它由感热室、膜片、泄漏孔及电接点等构成。它的感热外罩与底座形成密闭的气室，只有一个很小的泄漏孔能与大气相通。如果环境温度缓慢变化，空气膨胀缓慢，则由于泄漏孔的作用使感温气室内的空气压力变化不大，膜片基本不变形，电接点不闭合。当火灾发生时，空气室内的空气随周围温度急剧升高而迅速膨胀，因为这个过程的时间很短，泄漏孔来不及将膨胀气体泄出，致使空气室内的空气压力增高，膜盒受压产生变形，使电接点闭合产生报警信号。

2. 线型感温火灾探测器

1）线型定温火灾探测器

线型定温火灾探测器由感温电缆和终端盒组成。感温电缆线是温度敏感元件，热敏元件是沿着一条线连续分布的，只要在线段上某局部的温度出现异常，就能探测到并发出报警信号。常用的线型定温火灾探测器有热敏电缆型、同轴电缆型及可恢复式缆式几种。

热敏电缆型线型定温火灾探测器的构造是，在两根钢丝导线外面各罩上一层热敏绝缘材料后拧在一起，置于编织电缆的外皮内，如图 2.14 所示。热敏绝缘材料能在预定的温度下熔化，造成两条导线短路，使报警装置发出火灾报警信号。

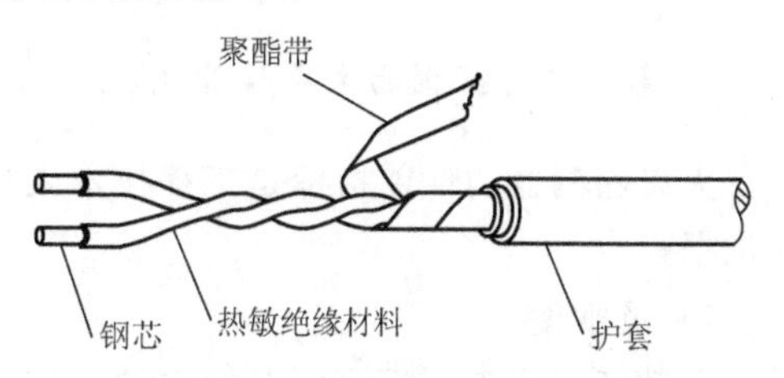

图 2.14 热敏电缆型线型定温火灾探测器结构

同轴电缆型线型定温火灾探测器的构造是，在金属丝编织的网状导体中放置一根导线，在内外导体之间采用一种特殊绝缘物充填隔绝。这种绝缘物在常温下呈绝缘体特性，一旦遇热且达到预定温度则变成导体特性，于是造成内外导体之间的短路，使报警装置发出报警信号。

可恢复式缆式线型定温火灾探测器的构造是，采用四根导线两两短接构成两个互相比较的监测回路，四根导线的外层涂有特殊的具有负温度系数物质制成的绝缘体，如图 2.15 所示。当感温电缆所保护场所的温度发生变化时，两个监测回路的电阻值会发生明显的变化，达到预定的报警值时产生报警信号输出。这种感温电缆的特点是非破坏性报警，即发出报警信号是在感温元件的常态下产生出来的，除非电缆工作现场温度过高，同时感温电缆暴露在高温下的时间过久（直接接触温度高于 250℃），否则它在报警过后仍能恢复正常工作状态。

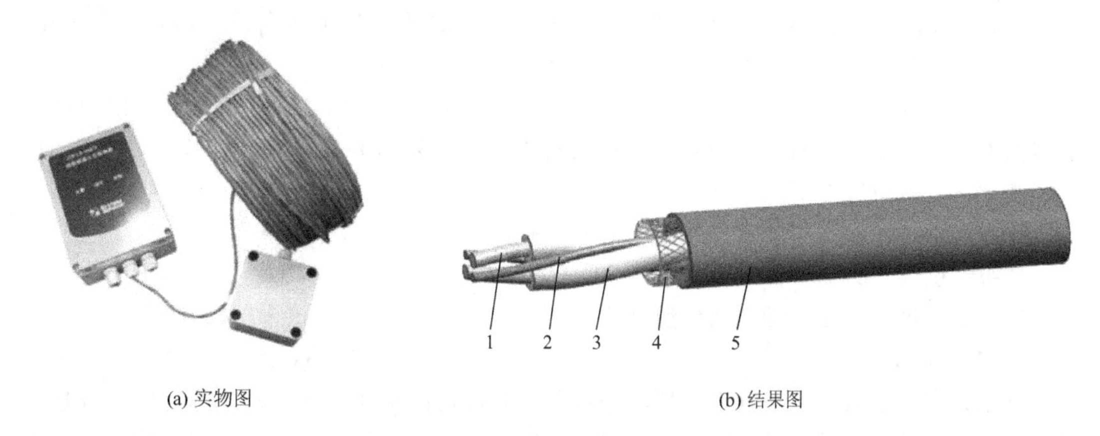

(a) 实物图　　(b) 结果图

图 2.15 可恢复式缆式线型定温火灾探测器

1—导体；2—补偿线；3—负温度系数材料；4—金属屏蔽层；5—外护套

2）空气管式线型差温探测器

它是一种感受温升速率的火灾探测器，由敏感元件空气管（为 ϕ3mm×0.5mm 纯铜管，安装于要保护的场所）、传感元件膜盒和电路部分（安装在保护现场或保护现场之外）组成，如图 2.16 所示。

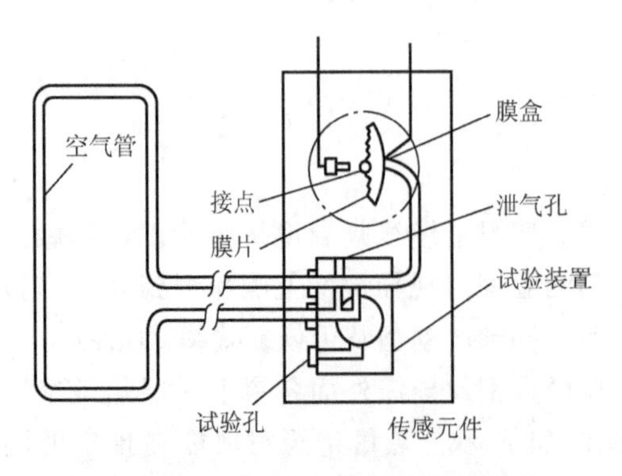

图 2.16　空气管式线型差温探测器

工作原理：当正常时，气温正常，受热膨胀的气体能从传感元件泄气孔排出，不推动膜盒片，动、静接点不闭合；当发生火灾时，火灾区温度快速升高，使空气管感受到温度变化，管内的空气受热膨胀，泄气孔无法立即排出，膜盒内压力增加推动膜片，使之产生位移，动、静接点闭合，接通电路，输出报警信号。

3. 感温火灾探测器主要性能指标

火灾探测器的性能指标是工程技术人员在设计、安装、使用、维护探测器时的主要参考依据。

1）灵敏度

灵敏度表示感温探测器对标定的温度值（定温火灾探测器）或对标定的温升速率（差温火灾探测器）的敏感程度（敏感程度以动作时间值表示）。一般将感温火灾探测器的灵敏度标定为三个等级，即一级、二级、三级，并分别用绿色、黄色和红色三种色点标记表示。

2）标定值

标定值是指规定感温火灾探测器动作的动作温度值（定温火灾探测器）或动作温升速率值（差温火灾探测器）。

对于定温火灾探测器，其标定动作温度值一般有 60℃、65℃、70℃、75℃、80℃、90℃、100℃、110℃、120℃、130℃、140℃、150℃等，其误差均限定为±5%之内。

对于差温火灾探测器，其标定动作温升速率值一般有 1℃/min、3℃/min、5℃/min、10℃/min、20℃/min、30℃/min 等。

对于差定温火灾探测器，其中差温部分与差温火灾探测器标定动作值相同，定温部分与定温火灾探测器基本相同，而唯一不同之处是，定温部分在温升速率小于 1℃/min 时，其标定动作温度值以上下限值给出，即

一级灵敏度：54℃＜标定动作温度值＜62℃；

二级灵敏度：54℃＜标定动作温度值＜70℃；

三级灵敏度：54℃＜标定动作温度值＜78℃。

3）动作时间

感温火灾探测器在某一设定的环境条件下，对标定的温度（定温）或标定的温升速率（差温），由不动作到动作所需时间的上限值被定为动作时间值。显然，对于相同标定值而言，探测器灵敏度越高，则动作时间值越小。

2.2.3　感光火灾探测器

感光火灾探测器又叫火焰探测器。发生火灾时，除产生大量的热和烟雾外，还有火焰。火焰中辐射出大量的辐射光，其中有可见光和不可见的红外光、紫外光。感光火灾探测器就是检测火焰中的红外光和紫外光来探测火灾发生的探测器，如图 2.17 所示。

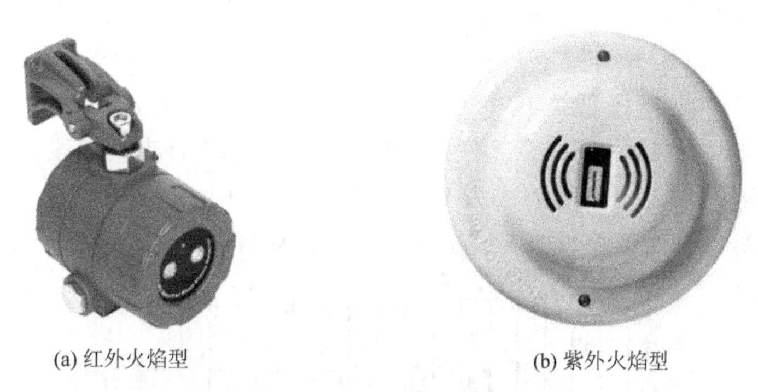
(a) 红外火焰型　　(b) 紫外火焰型

图 2.17　感光火灾探测器

阅读材料 2－3

红外线和紫外线有什么区别？

红外线与紫外线主要的区别是波长不同。红外线是太阳光线中众多不可见光线中的一种，由英国科学家霍胥尔于1800年发现，又称为红外热辐射。霍胥尔将太阳光用三棱镜分解开，在各种不同颜色的色带位置上放置了温度计，试图测量各种颜色的光的加热效应，结果发现，位于红光外侧的那支温度计升温最快。因此得到结论：太阳光谱中，红光的外侧必定存在看不见的光线，这就是红外线。

紫外线是电磁波谱中波长从 0.01～0.40μm 辐射的总称，不能引起人们的视觉。1801年德国物理学家里特发现在日光光谱的紫光端外侧一段能够使含有溴化银的照相底片感光，因而发现了紫外线的存在。自然界的主要紫外线光源是太阳，人工的紫外线光源有多种气体的电弧（如低压汞弧、高压汞弧），紫外线的粒子性较强，能使各种金属产生光电效应。

光谱

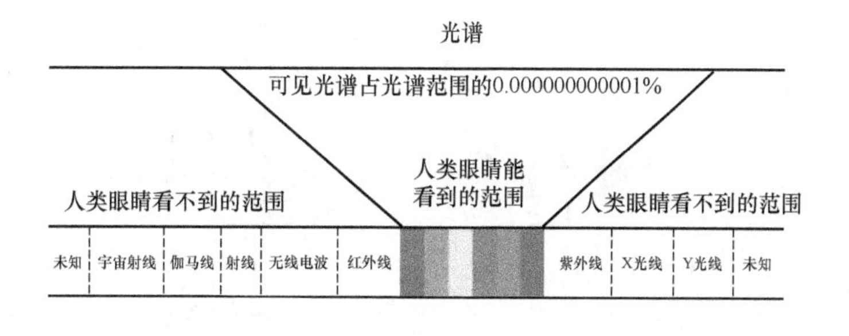

感光探测器比感温、感烟火灾探测器响应速度快，其传感器件在受到光辐射后几毫秒，甚至几微秒内即发出信号，因此特别适用于突然起火而无烟雾的易燃易爆场所的保护。它不受气流扰动影响，是能在室外使用的火灾探测器。

1. 红外火焰探测器

红外火焰探测器是利用红外光敏元件（硫化铅、硒化铅、硅光敏元件）的光电导或光伏效应来敏感地探测低温产生的红外辐射的。发生火灾时，火焰辐射的红外光具有特定的波长范围，在近红外区分布在 1.4μm（1.3～1.5μm）、1.9μm（1.8～2.0μm）、2.7μm（2.4～3.0μm）三个波长区段。在中远红外区，分布在 4.4μm（4.2～4.7μm）、6.5μm（5.5～7.5μm）、15μm（14～16μm）、17μm（16～30μm）四个波长区段。另外，物质燃烧时火焰有间歇性闪烁现象，闪烁频率为 3～30Hz。

红外火焰探测器通常的电路方框图，如图 2.18 所示。

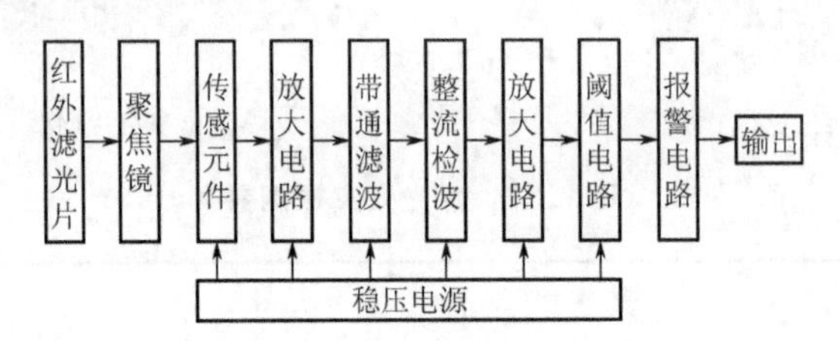

图 2.18　红外火焰探测器电路方框图

2. 紫外火焰探测器

当有机化合物燃烧时，其氢氧根在氧化反应中会辐射出强烈的波长为 2500Å 的紫外光。紫外火焰探测器就是利用火焰产生的强烈紫外辐射光来探测火灾的。

紫外火焰探测器的敏感元件是紫外光敏管，如图 2.19 所示。它是在玻璃外壳内装置两根高纯度的钨或银丝制成的电极。当电极接收到紫外光辐射时立即发射出电子，并在两极间的电场作用被加速。由于管内充有一定量的氢气和氦气，所以，当这些被加速而具有较大动能的电子同气体分子碰撞时，将使气体分子电离，电离后产生的正负离子又被加速，它们又会使更多的气体分子电离。于是在极短的时间内，造成“雪崩”式的放电过程，从而使紫外光敏管由截止状态变成导通状态，驱动电路发出报警信号。

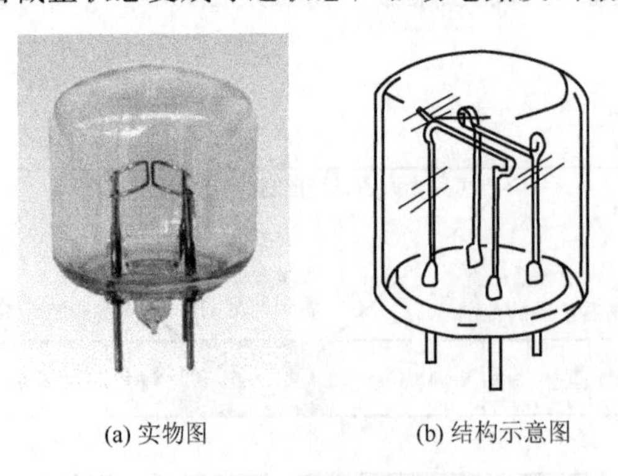

(a) 实物图　　(b) 结构示意图

图 2.19　紫外光敏管

一般紫外光敏管只对1900～2900Å的紫外光起感应。因此，它能有效地探测出火焰而又不受可见光和红外辐射的影响，采用紫外光敏管探测火灾有较高的可靠性。此外，紫外光敏管具有输出功率大、耐高温、寿命长、反应快速等特点，可在交直流电压下工作，因而已被广泛用于探测火灾引起的波长在0.2～0.3μm以下的紫外辐射和作为大型锅炉火焰状态的监视元件。它特别适用于火灾初期不产生烟雾的场所（如生产、储存酒精和石油等的场所），也适用于电力装置火灾监控和探测快速火焰及易爆的场所。

2.2.4 可燃气体探测器

可燃气体探测器是能对泄漏可燃气体响应，自动产生报警信号并向可燃气体报警控制器传输报警信号及泄漏可燃气体浓度信息的器件。

日常生活中使用的煤气、石油气，在工业生产中产生的氢、氧、烷（甲烷、丙烷等）、醇（乙醇、甲醇等）、醛（丙醛等）、苯（甲苯、二甲苯等）、一氧化碳、硫化氢等的气体一旦泄漏可能会引起爆炸，可燃气体探测器就是用来对其进行检测，及时发出警告或报警，以保障人民生命财产安全。如图2.20所示为可燃气体探测器实物图。

可燃气体的探测原理，按照使用的气敏元件或传感器的不同分为热催化原理、热导原理、气敏原理和三端电化学原理四种。

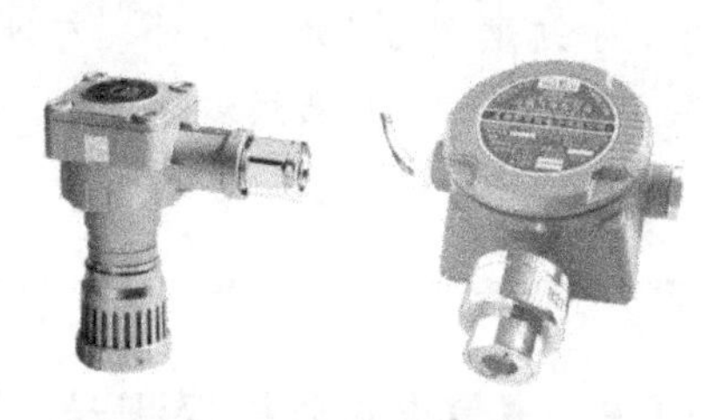

图2.20 可燃气体探测器实物图

(1) 热催化原理是利用可燃气体在有足够氧气和一定高温条件下，发生在铂丝催化元件表面的无焰燃烧，放出热量并引起铂丝元件电阻的变化，从而达到可燃气体浓度探测的目的。

(2) 热导原理是利用被测气体与纯净空气导热性的差异和在金属氧化物表面燃烧的特性，将被测气体浓度转换成热丝温度或电阻的变化，从而达到测定气体浓度的目的。

(3) 气敏原理是利用灵敏度较高的气敏半导体元件吸附可燃气体后电阻变化的特性，来达到测量和探测目的。

(4) 三端电化学原理是利用恒电位电解法，在电解池内安置三个电极并施加一定的极化电压，以透气薄膜将电解池同外部隔开，被测气体透过此薄膜达到工作电极，发生氧化还原反应，从而使得传感器产生与气体浓度成正比的输出电流，从而达到探测目的。

采用热催化原理和热导原理测量可燃气体时，不具有气体选择性，通常以体积百分比表示气体浓度。采用气敏原理和三端电化学原理测量可燃气体时，具有气体选择性，适用于气体成分检测和低浓度测量，通常以ppm（1ppm=10）表示气体浓度。

在实际应用中，一般多采用微功耗热催化元件来实现可燃气体浓度检测，采用三端电化学元件来实现可燃气体成分和有害气体成分检测。

可燃气体探测器主要用于易燃易爆场所探测可燃气体、粉尘的浓度，一般调整在爆炸浓度下限的1/6～1/5时动作报警。

可燃气体探测器主要有7个品种，即：测量范围为0～100% LEL的点型可燃气体探测器；测量范围为0～100% LEL的独立式可燃气体探测器；测量范围为0～100% LEL

的便携式可燃气体探测器；测量人工煤气的点型可燃气体探测器；测量人工煤气的独立式可燃气体探测器；测量人工煤气的便携式可燃气体探测器；线型可燃气体探测器。

阅读材料 2－4

测量范围 0～100% LEL 是什么意思?

“LEL”是指爆炸下限。可燃气体在空气中遇明火种爆炸的最低浓度，称为爆炸下限，英文为 Lower Explosion Limited，简称%LEL。可燃气体在空气中遇明火种爆炸的最高浓度，称为爆炸上限，英文为 Upper Explosion Limited，简称%UEL。

可燃性气体的浓度过低或过高其实是没有危险的，它只有与空气混合形成混合气或更确切地说遇到氧气形成一定比例的混合气才会发生燃烧或爆炸。

有关权威部门和专家已经对目前发现的可燃气做了燃烧爆炸分析，制定出了可燃性气体的爆炸极限，它分为爆炸上限和爆炸下限。低于爆炸下限，混合气中的可燃气的含量不足，不能引起燃烧或爆炸；高于爆炸上限，混合气中的氧气的含量不足，也不能引起燃烧或爆炸。另外，可燃气的燃烧与爆炸还与气体的压力、温度、点火能量等因素有关。在进行爆炸测量时，报警浓度一般设定在 25% LEL 以下。

2.2.5 电气火灾监控探测器

【参考视频】

电气火灾监控探测器是能够对保护线路中的剩余电流、温度等电气故障参数响应，自动产生报警信号并向电气火灾监控器传输报警信号的器件，包括剩余电流式电气火灾监控探测器、测温式电气火灾监控探测器等。

1. 剩余电流式电气火灾监控探测器

剩余电流式电气火灾监控探测器采集监测回路各线缆电流信号并通过系统总线将信号发送给电气火灾监控器的装置，如图 2.21 所示。

(a) 传感器　　(b) 传感器探测器连接图

图 2.21 剩余电流式电气火灾监控探测器

所谓剩余电流是指低压配电线路中三相电流（含中性线）电流矢量和不为零的电流，也称漏电流。电气装置都会产生剩余电流，很小的剩余电流也会导致极大的危害，引起严重的后果。

探测器的传感器为剩余电流互感器，剩余电流互感器探测剩余电流的基本原理是基于基尔霍夫电流定律，即对于电路中任一节点，在任意时刻流入节点电流的代数和等于零。在测量时，三相线 L1、L2、L3 与中性线 N 一起穿过剩余电流互感器，通过检测三相的电流矢量和，即零序电流 I_0，$I_0=I_{L1}+I_{L2}+I_{L3}$。在线路与电气设备正常的情况下（对零序电流保护假定不考虑不平衡电流，无接地故障，且不考虑线路、电器设备正常工作的泄漏电流)，理论上各相电流的矢量和等于零，剩余电流互感器二次侧绕组无电压信号输出。当发生绝缘下降或接地故障时的各相电流的矢量和不为零，故障电流使剩余电流互感器的环形铁心中产生磁通，二次侧绕组感应电压并输出电压信号，从而测出剩余电流。考虑电气线路的不平衡电流、线路和电气设备正常的泄漏电流，实际的电气线路都存在正常的剩余电流，只有检测到剩余电流达到报警值时才报警。

常见的相与相间发生短路可以产生很大电流采用开关保护，而发生人体触电、线路老化而导致的电泄漏产生的火灾以及设备的接地故障都是由于漏电流所造成，一般都在30mA～3A，这些值很小，传统开关无法进行保护，必须采用对剩余电流进行监测并进行保护动作的装置来进行。

2. 测温式电气火灾监控探测器

测温式电气火灾监控探测器采集监测回路线缆温度并通过系统总线将信号发送给电气火灾监控器的装置，用以保障用电安全和防止电气火灾的发生，如图 2.22 所示。温度传感器为一负温度系数热敏电阻，它提供 0～120℃的温度监控基准，可以用来监测线缆或配电箱体的温度，提供温度保护。

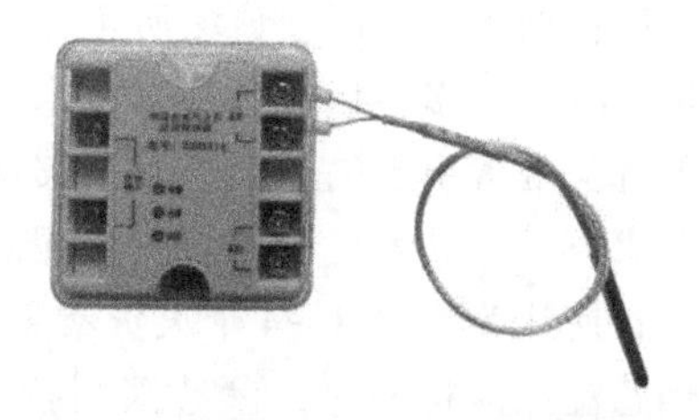

图 2.22 测温式电气火灾监控探测器

阅读材料 2－5

【参考视频】

电表箱着火，电气线路检查维护应重视

2015 年 6 月 25 日凌晨，河南省郑州市金水区关虎屯居民小区一座 7 层居民楼发生火灾，过火面积约 $4m^2$。火灾造成 13 人遇难、3 人重伤，1 人轻伤。此次火灾原因系电表箱着火，从这次火灾造成的严重后果来看，住宅小区的电气线路问题应该得到重视。

2.3 火灾探测新技术

火灾探测技术可以说是将传感技术和火灾探测算法结合的产物，其实质是将火灾中出现的物理特征，利用传感器进行接收，将其变为易于处理的物理量，通过火灾探测算法判断火灾的有无。

20世纪末，火灾探测技术与其他技术开始了广泛的交叉和结合，智能探测、智能监控、抗干扰算法、信号处理技术、人工智能技术和自动控制技术在火灾探测技术中逐步得到应用，火灾探测技术进入了一个全新的发展时期。

2.3.1 复合探测技术

火灾过程是一个极其复杂的物理化学过程，而且与环境的相关性很强，不同的环境和不同的燃烧物质的火灾生成物，如气体成分、烟雾粒径、温度场分布及光谱构成均有不同，因此很难用一种火灾参量探测变化莫测的各类火灾。此外，非火灾信号如灰尘、水气、香烟烟雾等都会引起误报。

火灾发生的情况是多种多样的，现在还没有哪一种火灾探测器能有效、全面地探测各类火情。单一参数火灾探测器对火灾特征信号响应灵敏度不均匀而导致其探测能力受限，它只能根据不同场所及该场所可能发生的火灾类型来选用探测器，一旦选择不当便会造成误报、漏报。多参量复合探测技术可以从根本上识别由于非火灾信号导致的误报和由于电子干扰信号等引起的单一参量火灾探测器的误报，使得火灾的误报率大大降低。多参量多判据火灾探测技术还可以使火灾探测的时间缩短，达到早期预报的目的。

目前认为测量3～4个火灾参量构成的复合探测性能最佳。目前我国主要是采用光电感烟感温探测构成的二参量探测技术来改善火灾探测效果。常见的复合型探测器有下列几种。

1. 差定温复合探测器

差定温复合探测器是将定温探测器和差温探测器两套机构并在一个探测器中，兼有差温和定温两种功能，对温度慢慢升到某一定值或急剧上升时都能响应报警。若其中的某一功能失效，另一种功能仍能起作用，因而提高了工作的可靠性。

2. 光电感烟感温复合探测器

这种探测器是将光电感烟感温两套机构构造在一个探测器中，既可以对以烟雾为特征的早期火情予以监视，又可以对以高温为特征的后期火情予以探测。此类探测器对缓燃、阴燃和明火产生的火灾现象能够做到较好的探测，综合了光电式感烟和感温两种探测器的长处，弥补了各自的不足。

3. 光电、感温、电离式复合探测器

这种探测器的一个探头中装有3只传感器：光电型、感温型和电离型。它可以用在环境复杂的场合，适用于各种区域和可能发生的火灾特性的变化，提高了探测器的可靠性。

2.3.2　智能型火灾探测技术

误报现象是火灾报警系统中一个十分令人头痛的问题。一般探测器是由传感器和电子电路构成的，周围环境的干扰可能引起传感器误动作或电子元件误动作，从而在不应报警时发出了报警信号。这十分容易产生“狼来了”效应。

智能型火灾探测器有两种，常见的是将原来在设定值时才发出开关型报警信号的方式改为经常性向火灾报警控制器发出现场探测参数的模拟信号，一般是将其转为数字信号进行传输，由控制器根据其他探测器的现实情况和历史情况进行综合分析，以判断是否有火灾发生。这就极大地减少了因周围环境干扰引起系统误报的可能性。

另一种智能型火灾探测器自身带有微处理器系统，并设置了一些针对常规的、个别区域的和不同用途的火灾灾情判定计算规则，对检测信号不断地进行分析、判断和处理，不再只是简单地根据阈值判断火灾是否发生，而是同时考虑到其他中间值。如“火势很弱—弱—适中—强—很强”，再根据预设的有关规则把这些判断信息转化为相应的报警信号，如“烟不多，但温度快速上升—发出警报”“烟不多，且温度没有上升—发出预警报”等。

这种具有微处理器的探测器具有自学功能，可以将已累积的经验分类记忆，设下特定的响应程式，当日后类似的现象再发生时，可以根据特定的响应程式进行处理。这就要求探测系统不为环境的干扰所误导，并能在异常情况发生的初期，根据有限而时有矛盾的信息预测将要发生的现象，及时发出相应程度的警报，故而称作智能探测器。

2.3.3　高灵敏度吸气式火灾探测技术

【参考视频】

高灵敏度吸气式火灾探测技术是采用激光扫描吸入的空气样本来判断火灾。这种技术可以使得火灾探测灵敏度比普通的感烟火灾探测器高1000倍，报警时间提早30～120min，且可有效消除电磁、强光、脉冲干扰等引起的误报。这种探测器特别适合安装在超净的环境中进行早期火灾探测。吸气导管的水平布置形式如图2.23所示，计算机系统吸气导管的布置形式如图2.24所示。

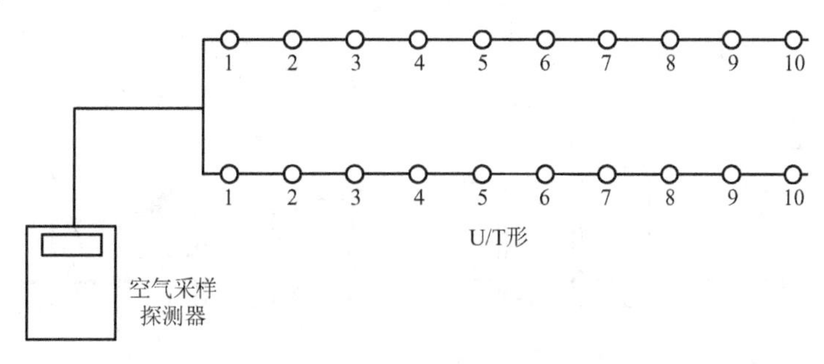

图2.23　吸气导管的水平布置形式

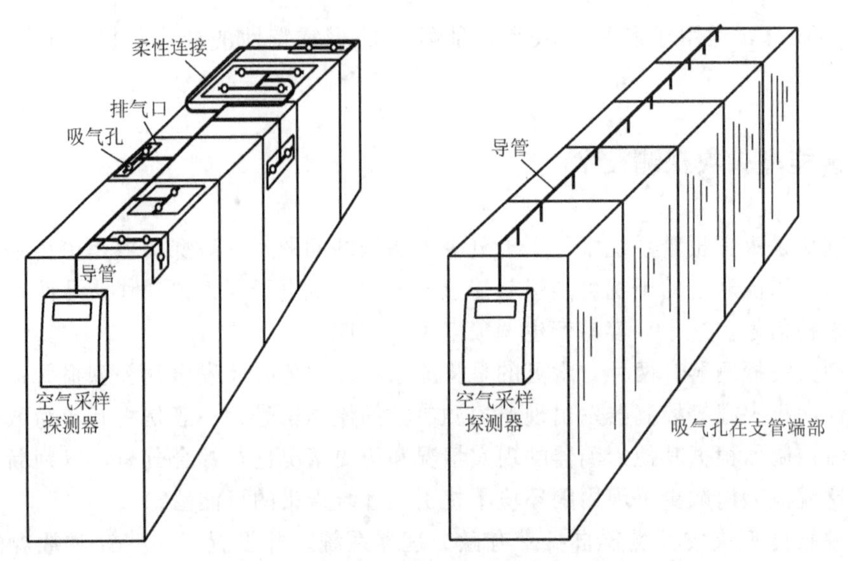

图 2.24 计算机系统吸气导管的布置形式

2.3.4 光纤探温技术

分布式光纤温度测量系统由测温主机和光纤组成，光纤既做传感器，又做信号通路。

根据光纤的光时域反射（Optical Time Domain Reflectometry，OTDR）原理进行分布式温度探测和跟踪。该系统工作原理为光纤温度激光雷达中采用的雷达技术，激光光源沿着光纤注入光脉冲，脉冲大部分能传到光纤末端并消失，但一小部分拉曼散射（Raman Scattering）光会沿着光纤反射回来，对这一后向散射光进行信号采集，并在光电装置中经波分复用器、光电检测器等对采集的温度信息进行放大、信号处理分析，从而输出整条光纤有关温度的信息，如图 2.25 所示。

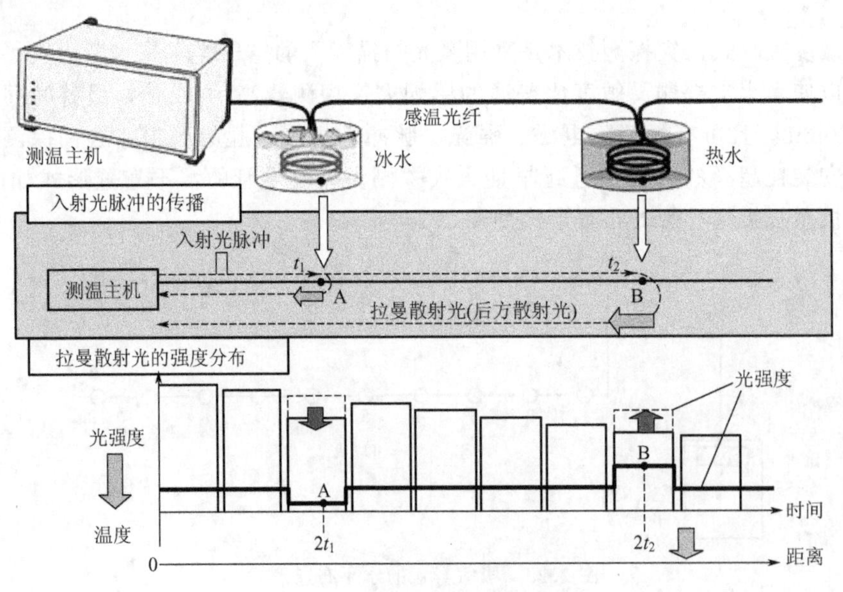

图 2.25 光纤探温技术原理图

分布式光纤温度测量系统能够进行长距离、大范围、分布式温度监测。它对传感光纤一次扫描，即可完成光纤上成千上万采集点的温度测量及数据保存。报警功能可以提前发现潜在于监测对象中的事故隐患，并对之定位和分析，尤其是对温度变化过程的分析。

目前使用的光纤可达4000m，测温范围为－300～＋900℃，最高达60000℃，定位精度为1.5m。此技术特别适用于不易接近的地方，具有无静电、无辐射、防燃、防爆、抗电磁干扰、抗腐蚀等优点，特别适用于隧道、输送管、核电站等一般火灾探测技术难以胜任的场所。

2.3.5 模糊神经网络对火灾信号处理技术

1. 模糊推理方法

环境变化如气候、电子噪声等引起传感器采样信号变化常与火灾参数变化特征相似，且火灾事件的偶然性及外界干扰不确定性等使火灾信号探测十分困难。它要求信号处理算法能适应环境变化自动调整参数以达到探测快速性及低误报率的目的。采用模糊推理算法可较好地解决实现这一要求。输入信号以温度、温度变化率、CO、CO变化率及风速五个变量为例。由传感器传来的信号经预处理，进入模糊系统转化为模糊量，根据推理规则推出火灾发生的分布函数，经去模糊处理，输出火灾或非火灾结果。其中推理规则主要是根据经验和实际观察所得。

2. 神经网络（ANN）方法

对火灾探测这种非结构性问题，人的识别能力最强，故采用类似人的、具有很强自适应、自学习、高容错、并行处理能力的神经网络方法来处理更接近人的思维。输入和输出之间通过连接权值W_{ik}和V_{kj}建立某种关系。网络经过训练，进入工作状态。信号经预处理，送入网络，经计算得输出值——火灾或非火灾概率，由门限法判断为火灾或非火灾结果。采用此方法关键在于选择合适的网络结构、网络参数及有代表性的模式对。

3. 模糊神经网络方法

上述两种方法均不需精确的数学模型，但都有一定缺点：如模糊推理方法自动调整隶属函数和推理规则较难；而神经网络则采用黑匣子式的方法，且输出采用简单的门限方法，很难准确判断。两种方法的融合是一种较好的发展趋势，这样既能增强神经网络处理信息的可理解性，又能自动生成模糊隶属函数，提高模糊规则的精度和火灾探测系统的智能化程度。

2.3.6 火灾图像探测技术

1. 图像感焰火灾探测技术

图像感焰火灾探测技术是利用摄像头对现场进行监视，并对摄得的连续图像采集卡转换为数字图像输入计算机，不断地进行图像处理、分析，通过早期火灾火焰的形体特征来探测。该技术较好地解决了多信号同步和匹配问题，与神经网络方法结合，会进一步提高系统的可靠性和实用性。

2. 光截面图像感烟火灾探测技术

光截面图像感烟火灾探测技术以主动红外光源为目标，结合红外面阵接收器形成多光束红外光截面，通过成像和图像处理方式，测量烟雾穿过红外光截面对光的散射、反射及吸收情况。利用各种算法可有效解决由于烟雾颜色、大小、空间高度、气流和振动等引起的误报和迟报问题。它具有智能化程度高、应用范围广、探测距离超常、获取信息成本低、对焰火和阴燃火响应灵敏度高、误报率低、抗干扰和适应性强等优点，代表火灾探测技术的较高水平。

2.3.7 CO气体探测技术

由于人们认识的不足及早期CO传感器探测灵敏度低、功耗高、成本高等缺点限制了CO气体探测技术的应用，近年来，CO传感技术有了一定突破，功耗显著降低，灵敏度及寿命都有所提高。为尽早报警及适应特殊环境要求，应尽量采用CO作为火灾探测参数；同时CO与其他参数的综合会进一步增加报警的可靠性及灵敏性。它的应用对火灾探测的可靠性提高具有深远意义。

2.3.8 非火灾条件探测算法

典型的火灾探测器都是由试验火或模拟火信号来确定其探测能力的，在实际运行环境中也是检测信号是否达到这种试验值，为适应不同的环境，只能靠设置不同的灵敏级别并用各种算法来适应环境或电路参数变化以满足要求，但实际上靠这些方法还无法完全满足环境变化要求。“非火灾探测”的思想是使探测器在其安装环境中估计被观察的火灾参数是否属于正常燃烧条件，当被观察的情况与探测器经验差别巨大时发出火警，这种方法要求探测器在其运行期间不断收集、存储非燃烧条件的经验参数，根据被观察情况属于正常环境的可能性大小来探测火情。由于它基于不断检测环境变化如有异常就报警的原理，故可满足各种环境要求，避开误报，是一种十分新的思想。

阅读材料 2-6

Nest 推出智能烟雾探测器

【参考图文】

美国 Nest 公司推出了一款名为 Nest Protect 的智能烟雾探测器，其中集成了光电烟雾传感器、热传感器、光传感器、超声波传感器、CO传感器、WiFi通信、报警扬声器等。

此款智能烟雾探测器在探测到烟雾或火灾时，不仅会发出刺耳的警报声，还能在警报声发出前，用极有礼貌的机器合成音提醒你将火扑灭。当传感器检测到一氧化碳超标时，它能给你降低一氧化碳的建议。而如果你不在家，它也能给你的智能手机发送报警信息，而当它探测到你回家时，则会自动点亮房间中的电灯。

此款智能烟雾探测器是Nest公司推出的第二款产品，其传承了第一款恒温器所有的技术特点，应用传感器检测周围环境并与用户互动，如采用运动探测传感器判断你是否在家；运用光电烟雾传感器也能检测你是否进出房间，从而自动点亮或关闭照明；或者和恒温器一起协调工作，调整房间的温度。

Nest Protect智能烟雾探测器集成了Nest公司互连与智慧的自动化家居理念，不同的智能烟雾探测器之间也能通过WiFi实现数据通信，当你的厨房着火了，而你却在卧室，你卧室的烟雾探测器也能发出警报，告知厨房出事了。当然前提条件是你要在不同的房间都安装此类探测器。

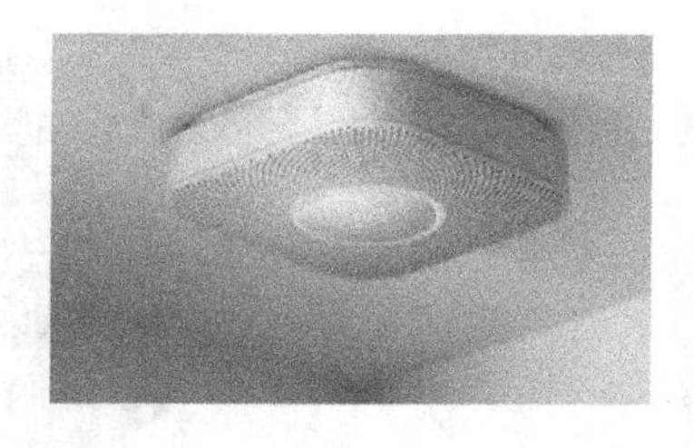

2.4 系统附件

火灾自动报警系统附件包括手动报警按钮、消火栓报警按钮及各类功能模块等。

2.4.1 手动报警按钮

手动报警按钮安装在公共场所，当人工确认火灾发生后按下按钮上的有机玻璃片，可向控制器发出火灾报警信号，控制器接收到报警信号后，显示出报警按钮的编号或位置并发出报警音响。手动报警按钮外形如图2.26所示。

考虑到现场实际安装调试的方便性，将手动报警按钮与消防电话插座设计成一体，构成一体化手动报警按钮。手动报警按钮和各类探测器一样，可直接接到控制器总线上。

手动报警按钮分为地址型与非地址型两种，地址型可直接接入火灾报警控制器的信号二总线，非地址型只能通过输入模块接入火灾报警控制器的信号二总线。

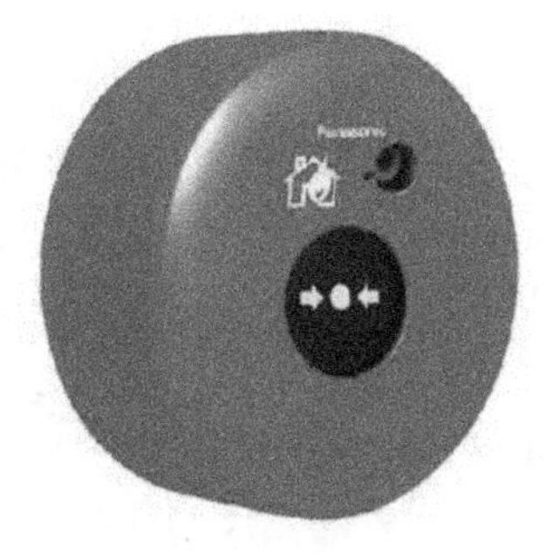

图2.26 手动报警按钮实物图

2.4.2　消火栓报警按钮

地址型消火栓报警按钮直接接入报警总线。当确认发生火灾后，按下表面玻璃片，触点动作，向火灾报警控制器发出报警信号，火灾报警控制器接收到报警信号，将显示出报警按钮的具体位置，并发出报警声响。如图 2.27 所示为地址型消火栓报警按钮实物图。

图 2.27　地址型消火栓报警按钮实物图

2.4.3　声光报警器

声光报警器是一种安装在现场的声光报警设备，当现场发生火灾并确认后，安装在现场的声光报警器可由消防控制室的火灾报警控制器启动，发生强烈的声光报警信号，以达到提醒现场人员注意的目的。声光报警器实物如图 2.28 所示。

图 2.28　声光报警器实物图

声光报警器分地址型与非地址型两种。地址型可直接接入火灾报警控制器的信号二总线，需接直流 24V 电源；非地址型不含编码电路，不能接入火灾报警控制器的信号二总线，可直接由有源直流 24V 常开触点进行控制，如用输出模块或手动报警按钮的输出触点控制等。

2.4.4　输入模块

输入模块的作用是接收现场的报警信号，实现信号向报警控制器的传输。通过此模块，可将现场各种主动型设备如水流指示器、压力开关及信号阀等接入报警总线，这些设备动作后，输出的动作开关信号可由模块送入控制器，产生报警，并可通过控制器来联动其他相关设备。

该模块与控制器采用信号二总线连接，与现场设备接线如图 2.29 所示。有些厂家的输入模块需接直流 24V 电源。

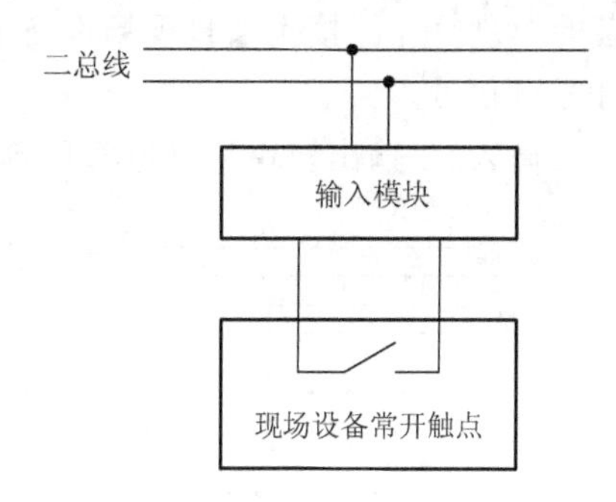

图 2.29 输入模块与现场设备接线示意图

2.4.5 输入/输出模块

输入/输出模块用于现场各种一次动作并有动作信号输出的被动型设备，如排烟口、送风口、防火阀等。

该模块内有一对常开触点和一对常闭触点，用来对现场设备进行控制。另外，该模块还设有开关信号输入端，用来和现场设备的开关触点连接，以便确认现场设备是否动作。

该模块与控制器采用信号二总线连接，需接直流 24V 电源。直接驱动直流 24V 现场设备，如一台排烟口或防火阀等（电动脱扣式）设备，接线如图 2.30 所示。需要注意，不能将该模块触点直接接入交流控制回路，以防强交流干扰信号损坏模块或控制设备。

若该模块输出的是直流 24V 电压，可以直接驱动直流 24V 现场设备。该模块与中间继电器相配合，也可以用来间接控制现场各种设备，实现模块与被控设备之间交流、直流隔离，以满足现场的不同需求。该模块驱动现场设备交流控制回路的接线如图 2.31 所示。

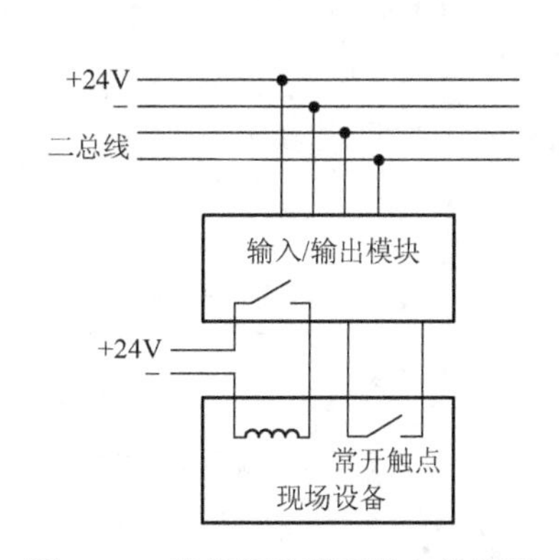

图 2.30 直接驱动现场设备接线图

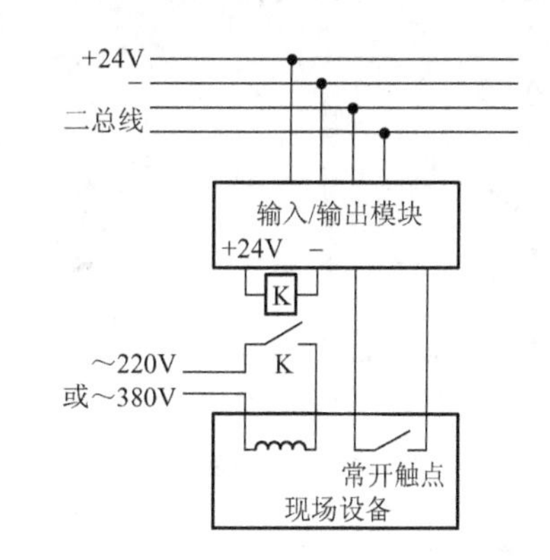

图 2.31 驱动现场设备交流控制回路接线图

2.4.6 二输入/二输出模块

二输入/二输出模块是一种总线制控制接口，具有两个不同控制输出和确认两个不同输入回答信号功能，可用于完成对二步降下防火卷帘门、消防水泵、防排烟风机等双动作设备的控制，并能接收来自现场设备的两个不同动作的命令，输入信号为现场设备的无源常开触点信号。

二输入/二输出模块控制电气原理图如图 2.32 所示。

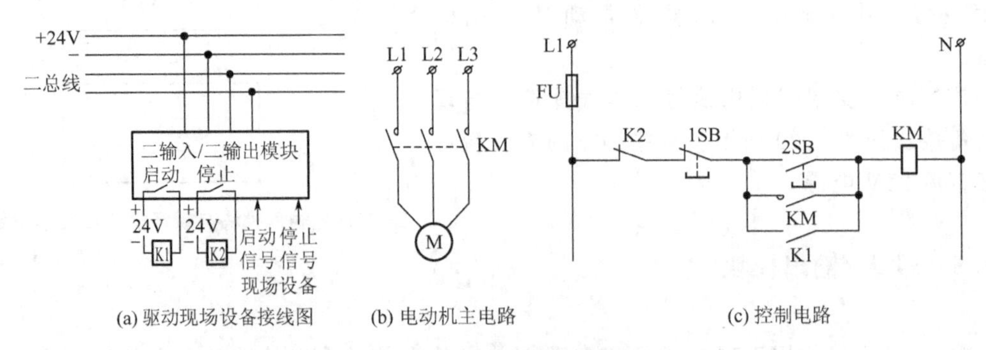

(a) 驱动现场设备接线图 (b) 电动机主电路 (c) 控制电路

图 2.32 控制电气原理简图

2.4.7 总线短路隔离器

在总线制火灾自动报警系统中，往往会某一局部总线出现故障（如短路），造成整个报警系统无法正常工作的情况。总线短路隔离器的作用是当总线发生故障时，将发生故障的总线部分与整个系统隔离开，以保证系统的其他部分能够正常工作，同时便于确定出发生故障的总线部位。当故障部分的总线修复后，总线短路隔离器可自行恢复工作，将被隔离出去的部分重新纳入系统。

总线短路隔离器既可以单独接在总线上，也可以模块式安装在探测器底座或输入输出模块内，如图 2.33 所示。总线包括报警总线和电源线，总线短路隔离器应能隔离故障的报警总线和电源线，如图 2.34 所示。

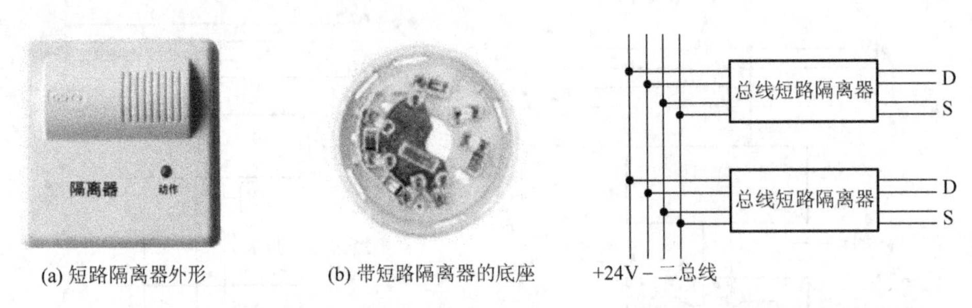

(a) 短路隔离器外形 (b) 带短路隔离器的底座

图 2.33 短路隔离器实物 **图 2.34 总线隔离器接线图**

2.4.8 区域显示器

区域显示器（火灾显示盘）是一种用单片机设计开发的可以安装在楼层或独立防火区内的火灾报警显示装置。它通过总线与火灾报警控制器相连，处理并显示控制器传送过来的数据，如图 2.35 所示。当建筑物内发生火灾后，消防控制室的火灾报警控制器产生报警，同时把报警信号传输到失火区域的区域显示器上，区域显示器将报警的探测器地址及相关信息显示出来，同时发出声光报警信号，以通知失火区域的人员。

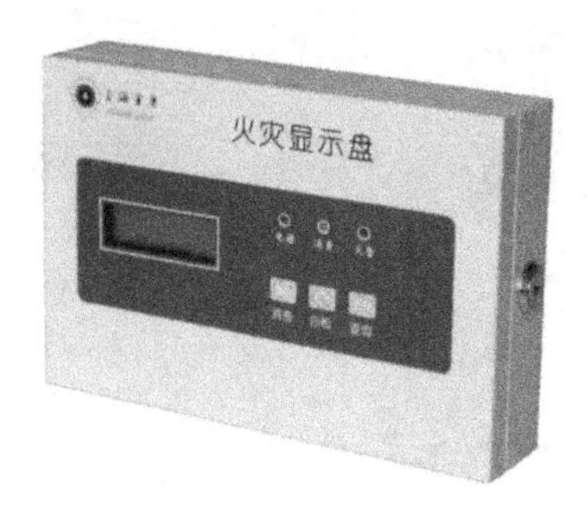

图 2.35　区域显示器（火灾显示盘）实物图

综合习题

一、填空题

1. 按照探测火灾参量的不同，火灾探测器可分为________、________、________、________和________五种类型。

2. 根据监视范围的不同，火灾探测器可分为________和________。

3. 电气火灾监控探测器主要包括________和________两种。

二、名词解释

1. 火灾探测器灵敏度；

2. 感烟火灾探测器；

3. 感温火灾探测器；

4. 剩余电流传感器。

三、简答题

1. 火灾探测器的主要性能指标有哪些？

2. 简述点型光电感烟探测器的基本工作原理。

3. 简述红外光束感烟火灾探测器的基本工作原理。

4. 简述热敏电阻定温火灾探测器的基本工作原理。

5. 简述可燃气体探测器的基本工作原理。

6. 简述火灾探测技术的发展。

7. 火灾自动报警系统的附件有哪些？其作用分别是什么？

第3章

火灾报警控制器

知识要点	掌握程度	相关知识
火灾报警控制器的分类	了解火灾报警控制器的分类	火灾报警控制器的分类
火灾报警控制器的工作原理和线制	了解火灾报警控制器的工作原理； 掌握火灾报警控制器的线制	电源部分； 主机部分的主要功能； 多线制系统结构； 总线制系统结构
火灾报警控制器的技术性能	熟悉火灾报警控制器的主要技术性能	技术性能及指标； 树形回路； 环形回路
可燃气体报警控制器	熟悉可燃气体报警控制器的工作原理	工作原理
电气火灾监控器	熟悉电气火灾监控器的工作原理； 掌握不同接地方式电气火灾监控的接线	工作原理； 电气火灾监控接线

导入案例

【参考图文】

维也纳将建世界最高木结构大楼，令消防队挠头

奥地利首都维也纳计划建造世界最高的木结构大楼。这座24层、约84m高的木建筑集酒店、公寓、健身中心于一体，总面积超过1.8万m^2，或将成为维也纳又一地标建筑。

英国《每日邮报》报道，该项目名为HOHO，由吕迪格-莱纳合伙人公司的建筑师设计，造价6500万欧元，位于维也纳东北部，预计2017年建成。根据设计方案，HOHO大楼是一个混合构造体，75%为木制，大楼中心为混凝土，周围是木制外壳。建筑设计公司的图纸显示，大楼房间里的木质天花板、木质圆柱和木质墙体将营造出一种自然氛围。之所以选用木头作原料，是因为这种在奥地利受欢迎的建筑材料便宜实惠、品质高且环保。因为大楼75%为木制，预计将减少2800t碳排放。

不过，待在这个“木头”大楼里，恐怕你连点火柴都得小心。当地消防部门担心，如此高的木结构大楼存在严重的火灾隐患。维也纳消防部门发言人克里斯蒂安·韦格纳说，必须对这个木结构大楼及它的自动防故障洒水装置进行特别测试。

这座木结构大楼的设计师辩称，木结构隔热性好，不易着火，木制外壳能很好地支撑中央的混凝土结构，并延伸至大楼边。

3.1 火灾报警控制器分类

火灾报警控制器按其技术性能和使用要求进行分类，是多种多样的，如图3.1所示。火灾报警控制器外形如图3.2所示。

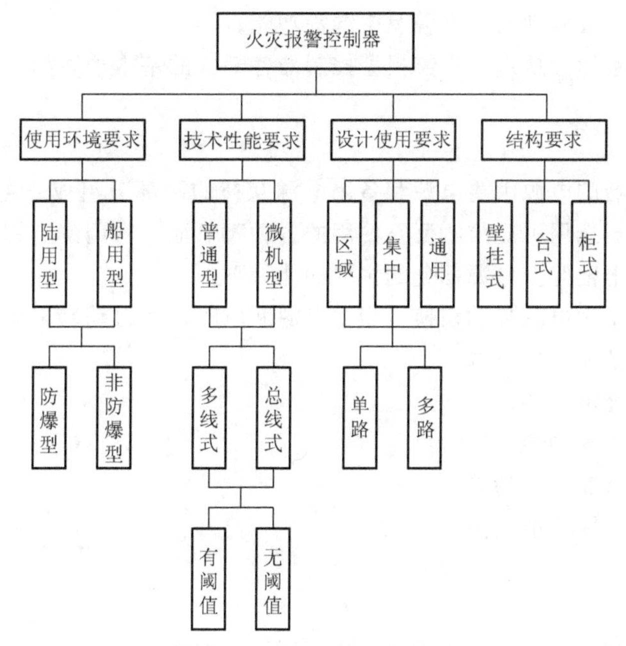

图3.1 火灾报警控制器分类

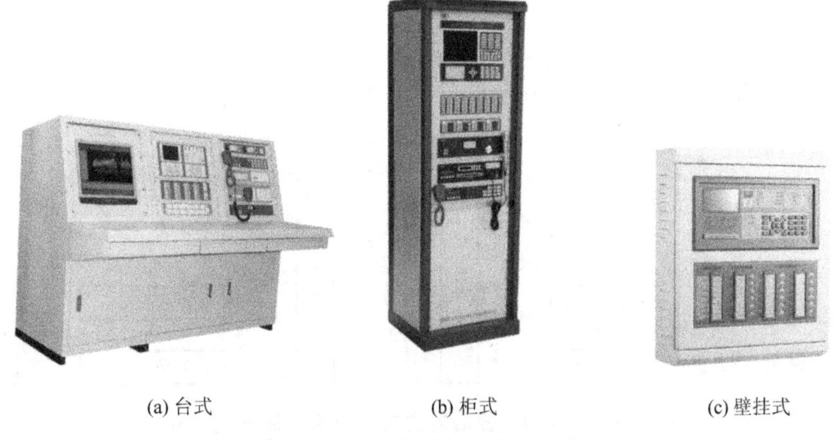

(a) 台式 (b) 柜式 (c) 壁挂式

图3.2 火灾报警控制器实物图

3.2 火灾报警控制器的工作原理和线制

火灾报警控制器是火灾信息数据处理、火灾识别、报警判断和设备控制的核心，最终通过消防联动控制设备实施对消防设备及系统的联动控制和灭火操作。

3.2.1 工作原理

火灾报警控制器主要包括电源部分和主机部分。目前大多数火灾报警控制器的电源设计采用线性调节稳压电路，同时在输出部分增加相应的过压、过流保护环节。通常，火灾报警控制器电源的首选模式是开关型稳压电路。主机部分承担着对火灾探测器输出信号的采集、处理、火警判断、报警及中继等功能。

【参考视频】

根据国家标准规定，火灾报警控制器各部分的基本功能如下。

1. 电源部分

火灾报警控制器的电源由主电源和备用电源互补的两部分组成。主电源为220V交流市电，备用电源一般选用可充放电反复使用的各种蓄电池，常用的有镍镉电池、免维护碱性蓄电池、铅酸蓄电池等。电源部分的主要功能如下。

(1) 主电源、备用电源自动切换。当主电源断电时，能自动转换到备用电源；当主电源恢复时，能自动转换到主电源。

(2) 备用电源充电功能。

(3) 电源故障监测功能。

(4) 电源工作状态指示功能。

(5) 为探测器回路供电功能。

2. 主机部分

火灾报警控制器主机部分承担着对火灾探测源传来的信号进行处理、报警并中继的作用。火灾报警控制器的基本工作原理如图3.3所示。

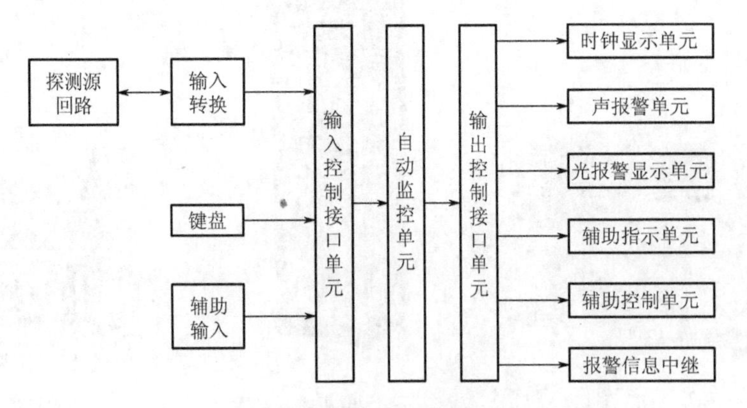

图3.3 火灾报警控制器主机部分基本原理方框图

主机部分常态监视探测器回路变化情况，遇有报警信号时，执行相应的操作，其功能如下。

（1）火灾报警功能。控制器应能直接或间接地接收来自火灾探测器及其他火灾报警触发器件的火灾报警信号，发出火灾报警声、光信号，指示火灾发生部位，记录火灾报警时间，并予以保持，直至手动复位。火灾警报信号应能手动消除，当再有火灾报警信号输入时，应能再次启动。

（2）火灾报警控制功能。控制器在火灾报警状态下应有火灾声和/或光警报器控制输出。控制器可设置其他控制输出（应少于6点），用于火灾报警传输设备和消防联动设备等设备控制，每一控制输出有对应的手动直接控制按钮（键）。

（3）故障报警功能。控制器应设专用故障总指示灯（器），无论控制器处于何种状态，只要有故障信号存在，该故障总指示灯（器）应点亮。控制器应能显示故障的部位、故障的类型。控制器应能显示所有故障信息，在不能同时显示所有故障信息时，未显示的故障信息应手动可查。

（4）火灾报警优先功能。控制器在报故障时，如出现火灾报警信号，应能自动切换到火灾声光报警状态。若故障信号依然存在，只有在火情被排除，人工进行火灾信号复位后，控制器才能转换到故障报警状态。

（5）自检功能。控制器应能检查本机的火灾报警功能（以下称自检），控制器在执行自检功能期间，受其控制的外接设备和输出接点均不应动作。

（6）信息显示与查询功能。控制器信息显示按火灾报警、监管报警及其他状态顺序由高至低排列信息显示等级，高等级的状态信息应优先显示，低等级的状态信息显示不应影响高等级的状态信息显示，显示的信息应与对应的状态一致且易于辨识。当控制器处于某一高等级的状态显示时，应能通过手动操作查询其他低等级的状态信息，各状态信息不应交替显示。

【参考视频】

（7）电源功能。控制器的电源部分应具有主电源和备用电源转换装置。当主电源断电时，能自动转换到备用电源；主电源恢复时，能自动转换到主电源；应有主电源、备用电源工作状态指示，主电源应有过流保护措施；主电源、备用电源的转换不应使控制器产生误动作。

（8）时钟单元功能。控制器本身应提供一个工作时钟，用于对工作状态提供监视参考。当火灾报警时，时钟应能指示并记录准确的报警时间。

3.2.2 线制

火灾报警控制器由于其传输特性不同，输入单元的接口电路也不同，有多线制传输方式接口电路和总线制传输方式接口电路两种。

总线制传输方式接口电路工作原理：通过监控单元将要巡检的地址（部位）信号发送到总线上，经过一定时序，监控单元从总线上读回信息，执行相应报警处理功能。时序要求严格，每个时序都有其固定含义。其时序要求为：发地址—等待—读信息—等待。控制器周而复始地执行上述时序，完成整个探测源的巡检。

1. 多线制系统结构

多线制系统结构形式与早期的火灾探测器设计、火灾探测器与火灾报警控制器的连接等有关。一般要求每个火灾探测器采用两条或更多条导线与火灾报警控制器相连接，以确保从每个火灾探测点发出火灾报警信号。多线制系统结构设计、施工与维护复杂，已逐步被淘汰。

2. 总线制系统结构

总线制系统结构形式是在多线制基础上发展起来的。随着微电子器件、数字脉冲电路及计算机应用技术用于火灾自动报警系统，它改变了以往多线制结构系统的直流巡检和硬线对应连接方式，代之以数字脉冲信号巡检和信息压缩传输，采用大量编码、译码电路和微处理机实现火灾探测器与火灾报警控制器的协议通信和系统监测控制，大大减少了系统线制，使工程布线更灵活。

目前的火灾报警控制器几乎都已采用了二总线制。由控制器到探测器只需接出两条线，既作为探测器的电源线，又作为信号传输线，它是将信号加载在电源上进行传输的。

二总线有树形回路和环形回路两种结构方式。树形回路结构如图 3.4 所示，环形回路结构如图 3.5 所示。

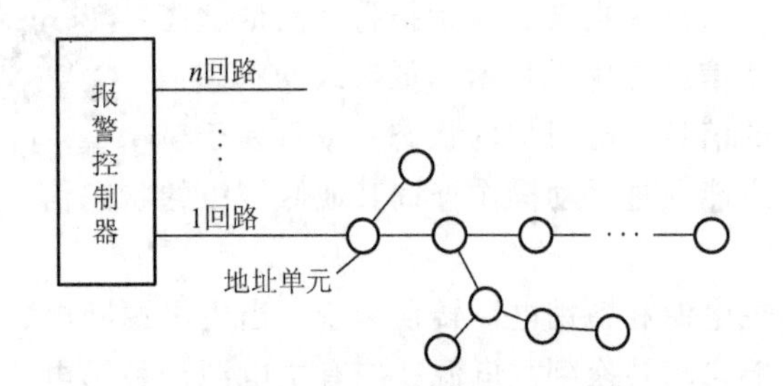

图 3.4　树形回路结构示意图

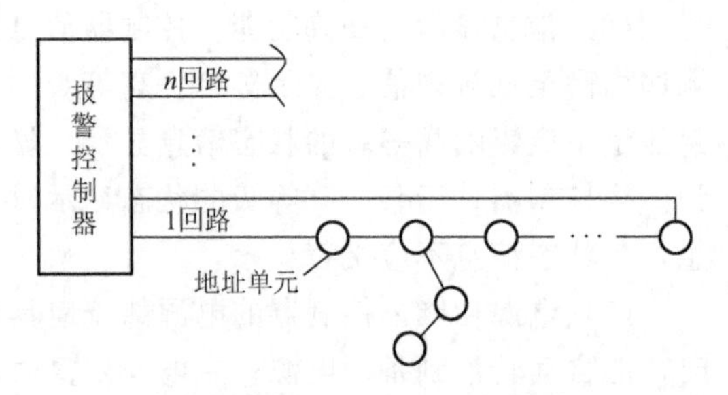

图 3.5　环形回路结构示意图

环形回路在开路时可通过另一侧与节点进行通信，防止通信中断，能使系统受故障影响的程度降低到最小范围，如图 3.6 所示。

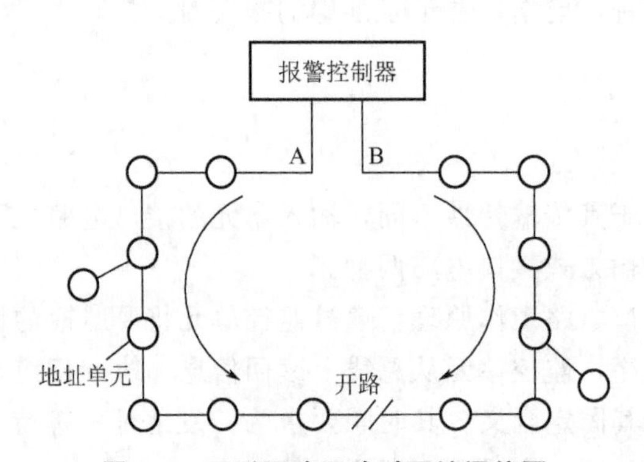

图 3.6　环形回路开路时两端通信图

3.3 火灾报警控制器实例

火灾报警控制器种类繁多，下面通过两种典型的实例产品，介绍树形回路和环形回路火灾报警控制器的主要性能。

3.3.1 树形回路火灾报警控制器

我国生产的火灾报警控制器大多采用树形回路。下面是国产某联动型火灾报警控制器的特性和主要技术指标。

1. 特性

(1) 控制器采用柜式结构，各信号总线回路板采用插拔式设计，系统容量扩充简单、方便。

(2) 可配置多块手动消防启动盘，完成对总线制外控设备的手动控制，并可配置多块直接控制盘，完成对消防控制系统中重要设备的控制，加强了火灾报警控制器的消防联动控制功能。

(3) 控制器可加配联动控制用电源系统，标准电源盘可提供DC24V、6A电源。

(4) 控制器可扩充消防广播控制盘和消防电话控制盘，组成火灾应急广播和消防专用电话系统。

2. 主要技术指标

(1) 控制器容量。

① 最多可带20个回路，每个回路有200地址点。

② 可外接64台火灾显示盘；支持多级联网，每级最多可接32台其他类型控制器。

③ 直接控制点及手动操作总线制控制点可按要求配置。

(2) 线制：二总线。

(3) 使用环境。

温度：0～40℃。

相对湿度≤95%，不结露。

(4) 电源。

主电：交流220（1±10%）V。

控制器备电：DC24V/24A·h密封铅电池。

联动备电：DC24V/38A·h密封铅电池。

(5) 功耗≤150W。

3. 功能模块

功能模块包括单输入模块、输入/输出模块、二输入/二输出模块等，连接在报警回路总线上，具有独立地址，用于监视和控制有关消防设备。

3.3.2 环形回路火灾报警控制器

下面是欧洲产某型（环形回路）火灾报警控制器的特性和主要技术指标。

1. 特性

（1）火灾报警控制器通过回路线连接系统元件（火灾探测器与功能模块），监视系统元件和外部消防设备的运作状态，显示、记录系统元件和外部消防设备的运作信息，向消防设备发出联动控制信号，是报警信息的处理中心。

（2）壁挂式设计。

（3）配备微型内置式自动卷纸打印机，自动记录/打印系统运行信息或历史资料。

（4）控制器可配置RS232通信接口卡，以连接其他相关的楼宇管理系统，构成集中管理网络。

（5）控制器负责信号采集，根据预定程式对信息做出反应。控制器之间网络线断开，该控制器仍然可以监控相应区域，并单独完成有关设备的自动联动功能。

2. 主要技术指标

（1）系统容量：每个系统可以配置最多31台火灾报警控制器组成网络。

（2）控制器容量：每台最多5个报警回路。

（3）回路容量：每个报警回路有127个地址点。

（4）网络线：可采用普通双绞线、屏蔽双绞线或光纤作控制器之间的网络线。

（5）回路线：采用普通双绞线作回路线，每个总线回路距离可达2000m。

（6）除了在回路第一个及最后一个设备外，在回路的任何地方都可作分支连接。分支后不能再连接分支。

（7）每个回路模块总数不能超过31个。

（8）每台控制器最多可带100个模块。

（9）所有模块均需外接直流24V电源。

（10）供电电源：独立电源AC220～240V/50～60Hz。

（11）备用电源：12V/24A·h×2免维护密封式蓄电池。

（12）工作温度：0～50℃。

3. 功能模块

功能模块包括输入模块、输入/输出模块、四输入/二输出模块、十二继电器输出模块及发光二极管模块等，连接在报警回路总线上，具备独立地址的信号输入端口和信号输出端口，用于监视和控制有关消防设备。

3.4 可燃气体报警控制器

可燃气体报警控制器是用于为所连接的可燃气体探测器的供电，接收来自可燃气体探测器的报警信号，发出声、光报警信号和控制信号，指示报警部位，记录并保存报警信息的装置。

可燃气体报警控制器按系统连线方式分为多线制和总线制两种。

【参考视频】

可燃气体探测报警系统是火灾自动报警系统的独立子系统，属于火灾预警系统。发生可燃气体泄漏时，安装在保护区域现场的可燃气体探测器，将泄漏可燃气体的浓度参数转变为电信号，经数据处理后，将可燃气体浓度参数信息传输至可燃气体报警控制器；或直接由可燃气体探测器做出泄漏可燃气体浓度超限报警判断，将报警信息传输到可燃气体报警控制器。可燃气体报警控制器在接收到探测器的可燃气体浓度参数信息或报警信息后，经报警确认判断，显示泄漏报警探测器的部位并发出泄漏可燃气体浓度信息，记录探测器报警的时间，同时驱动安装在保护区域现场的声光警报装置，发出声光警报，警示人员采取相应的处置措施，并驱动排风、控制系统，必要时可以控制并关断燃气的阀门，防止燃气的进一步泄漏，防止发生爆炸、火灾、中毒事故，从而保障安全生产。

可燃气体报警控制器广泛用于化工、石油、冶金、油库、液化气站、喷漆作业、燃气输配等可燃气体产生、储存、使用等室内外易泄漏危险场所。可燃气体报警控制器接线示意图如图 3.7 所示。

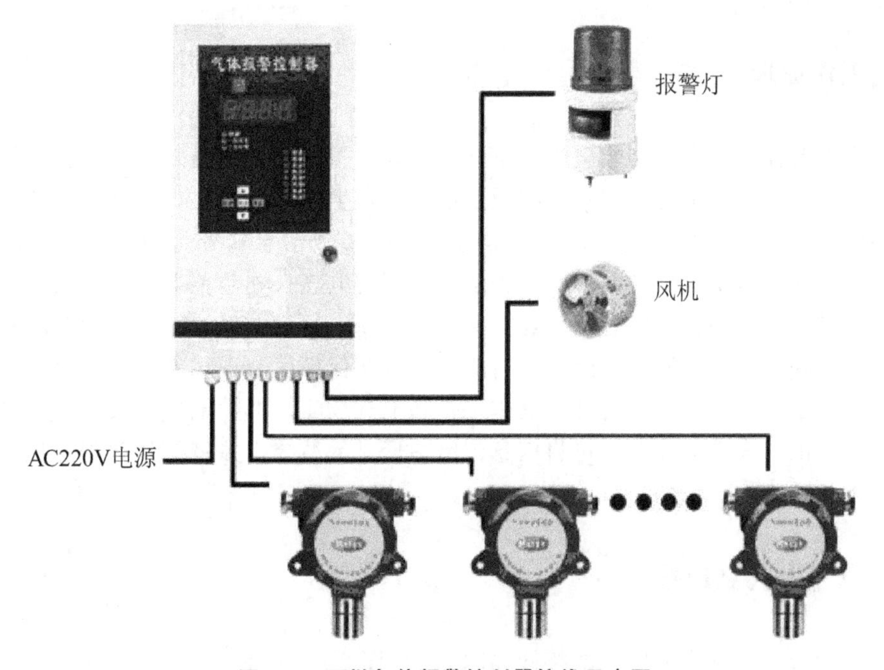

图 3.7 可燃气体报警控制器接线示意图

3.5 电气火灾监控器

随着建筑物内电气设备和用电容量的增多，发生电气火灾的危险性也在逐渐增大。电气线路或用电设备引起的火灾主要是由于线路漏电、短路、过电流、接触电阻过大或绝缘击穿造成高温、电火花和电弧等所造成的。因此，电气火灾监控系统近年来得到了越来越多的重视。

阅读材料 3-1

接触电阻过大引起火灾

众所周知：凡是导线与导线、导线与开关、熔断器、仪表、电气设备等连接的地方都有接头，在接头的接触面上形成的电阻称为接触电阻。当有电流通过接头时会发热，这是正常现象。如果接头处理良好，接触电阻不大，则接头点的发热就很少，可以保持正常温度。如果接头中有杂质、连接不牢靠或其他原因使接头接触不良，造成接触部位的局部电阻过大，当电流通过接头时，就会在此处产生大量的热，形成高温，这种现象就是接触电阻过大。

在有较大电流通过的电气线路上，如果在某处出现接触电阻过大这种现象时，就会在接触电阻过大的局部范围内产生极大的热量，使金属变色甚至熔化，引起导线的绝缘层发生燃烧，并引燃附近的可燃物或导线上积落的粉尘、纤维等，从而造成火灾。

3.5.1 工作原理

电气火灾监控器与多个剩余电流式电气火灾监控探测器和测温式电气火灾监控探测器通过二总线构成一个完整的数字化总线通信系统。发生电气故障时，电气火灾监控探测器将保护线路中的剩余电流、温度等电气故障参数信息转变为电信号，经数据处理后，探测器做出报警判断，将报警信息传输到电气火灾监控器。电气火灾监控器在接收到探测器的报警信息后，经报警确认判断，显示电气故障报警探测器的部位信息，记录探测器报警的时间，同时驱动安装在保护区域现场的声光警报装置，发出声光警报，警示人员采取相应的处置措施，排除电气故障，消除电气火灾隐患，防止电气火灾的发生。电气火灾监控器还可将信息传给图形显示系统，并将信息数据存储在其数据库中，以备日后查询。

【参考视频】

3.5.2 电气火灾监控接线

不同接地方式电气火灾监控的接线如图 3.8～图 3.10 所示。

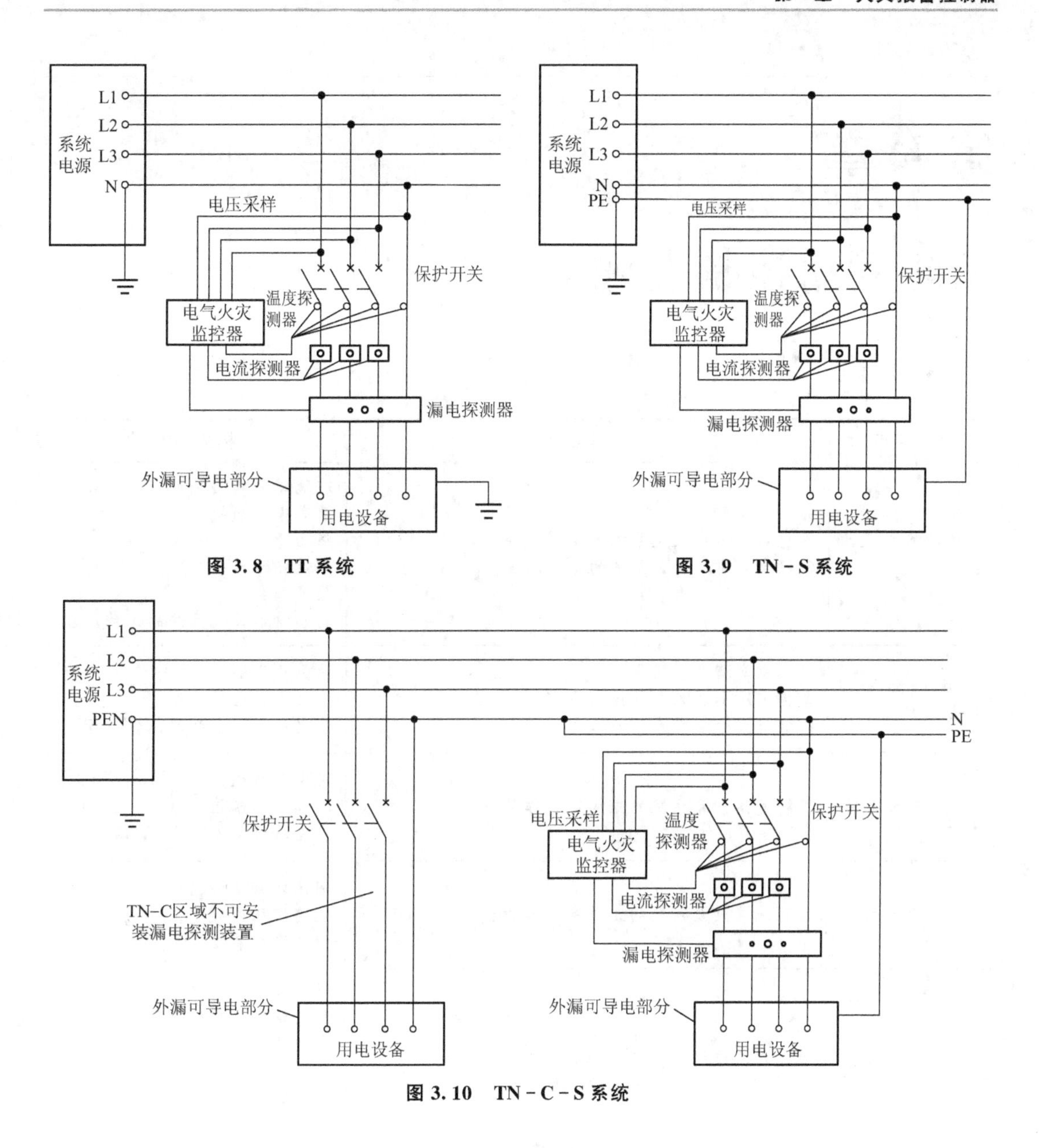

图 3.8　TT 系统

图 3.9　TN-S 系统

图 3.10　TN-C-S 系统

综 合 习 题

简答题

1. 简述火灾报警控制器的分类。
2. 简述火灾报警控制器的工作原理和线制。
3. 简述二总线有树形回路和环形回路两种结构方式各自的优、缺点。
4. 火灾报警控制器的主要技术性能有哪些？
5. 简述可燃气体探测报警系统的工作原理。
6. 简述电气火灾监控系统的工作原理。
7. 画出不同接地方式电气火灾监控的接线图。

第4章

消防联动控制设施

本章教学要点

知识要点	掌握程度	相关知识
自动喷水灭火系统	熟悉自动喷水灭火系统的主要组件； 掌握自动喷水灭火系统的工作原理	玻璃球闭式喷头； 湿式报警阀组； 压力开关； 水流指示器； 信号阀； 自动喷水灭火系统的工作原理
消火栓给水系统	熟悉室内消火栓设备； 掌握消防水泵的电气控制原理； 掌握消火栓给水系统的工作原理	消火栓设备； 消防水泵电气控制； 消火栓给水系统的工作原理
气体灭火系统	了解气体灭火系统的组成及工作原理	灭火剂瓶组； 驱动气体瓶组； 安全泄放装置
泡沫灭火系统	了解泡沫灭火系统的组成及工作原理	泡沫比例混合器； 泡沫液压力储罐； 泡沫产生装置
防烟排烟系统	熟悉建筑防烟排烟系统的主要组件； 掌握建筑防烟排烟系统的工作原理	防烟分区； 防排烟风机控制电路； 防火阀； 送风口； 排烟防火阀及排烟口； 挡烟垂壁； 防烟排烟系统的工作原理
防火门及防火卷帘系统	熟悉防火门及防火卷帘系统的组成及功能	防火分区； 防火门； 防火卷帘
消防应急广播系统和消防专用电话	掌握消防应急广播系统组成； 掌握消防专用电话系统组成	总线制消防应急广播系统； 多线制消防应急广播系统； 总线制消防专用电话系统； 多线制消防专用电话系统
消防应急照明和疏散指示系统	熟悉消防应急照明和疏散指示系统的主要组件； 熟悉消防应急照明和疏散指示系统的分类与组成； 熟悉消防应急照明和疏散指示系统的工作原理	自带电源非集中控制型； 自带电源集中控制型； 集中电源非集中控制型； 集中电源集中控制型

导入案例

美新型灭火机器人

【参考图文】

北京时间2015年2月7日消息，据英国《每日邮报》报道，美国海军正在开发一款新型灭火机器人。这款机器人身高约5英尺10英寸（约合1.778m），重约143磅（约合64.85kg），未来不久，它或许就将加入美国海军序列并在舰船上服役。近日在华盛顿举行的“海军未来军备科学与技术展”上，这款机器人对外做了展示。

在模拟的火灾场景中，这款机器人展示了穿越复杂地形，借助热成像技术识别过热设备并使用软管浇灭小型火灾的能力。

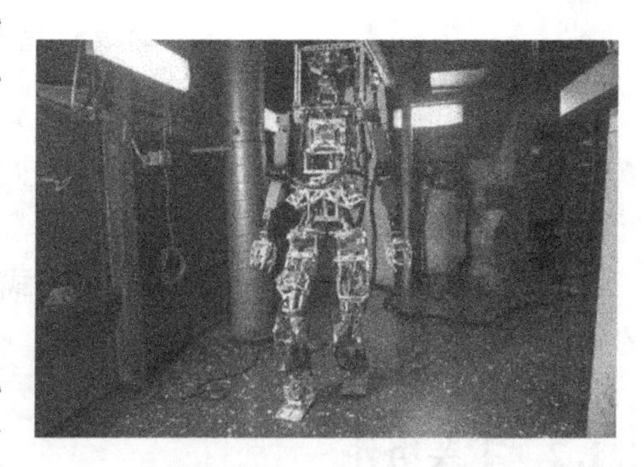

托马斯·麦克坎纳（Thomas McKenna）博士是美国海军研究办公室（ONR）下属“类人机器人互动与识别神经科学项目组”的主管。他说：“我们在这里展示一种类人机器人，其可以在船舶上运动，操作开关门或使用水管并借助感受器的帮助在浓烟中搜寻和导航。这种机器人设计的长远目标是使其能够提供帮助，让海上的船员们远离火灾的危险。”

这种先进的机器人是由弗吉尼亚理工学院研发的，是一种具有两足的类人型机器人。其身上安装有多种感受器，包括红外立体视野及可旋转的激光探测和测距系统，使得这款机器人可以在浓烟中行动自如。另外，它还经过专门设计，可以抵达指定的位置并自行使用水管。但在目前阶段这款机器人还必须依靠研制人员从计算机控制台发送全部指令。

麦克坎纳还在计划资助一项更加先进的机器人设计方案，作为其长期研究资助计划的一部分。大致的蓝图包括为机器人升级经过强化的智能、通信能力、速度、计算机能力及电池续航能力等。

4.1 自动喷水灭火系统

自动喷水灭火系统是在火灾情况下，能自动启动喷头洒水灭火，保障人身和财产安全的一种控火、灭火系统。

自动喷水灭火系统发展迄今已有100多年的历史，最早是以“钻孔管式喷水灭火系统”的形式出现，经过发展逐渐成为现代的自动喷水灭火系统。自动喷水灭火系统是当今世界上公认的最为有效的自救灭火设施，是应用最广泛、用量最大的自动灭火系统。国内外应用实践证明，该系统具有安全可靠、经济实用、灭火成功率高等优点。

4.1.1 自动喷水灭火系统分类

自动喷水灭火系统的类型较多，基本类型包括湿式、干式、预作用及雨淋自动喷水灭火系统和水幕系统等，用量最多的是湿式系统。

自动喷水灭火系统根据所使用喷头的形式，分为闭式自动喷水灭火系统和开式自动喷水灭火系统两大类，如图 4.1 所示。

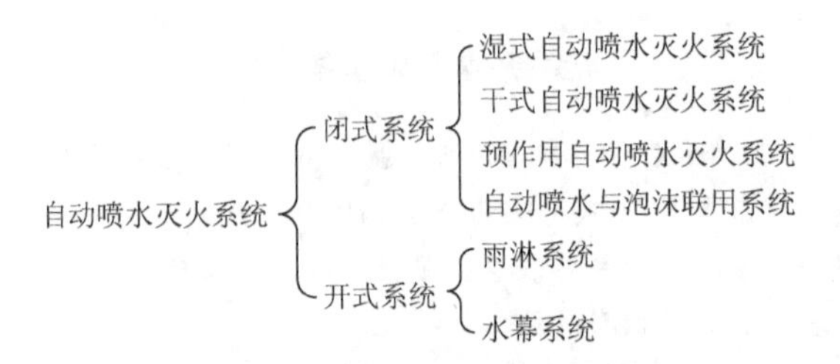

图 4.1　自动喷水灭火系统分类

闭式自动喷水灭火系统采用闭式喷头，喷头的感温、闭锁装置只有在预定的温度环境下才会脱落和开启喷头。因此，在发生火灾时，这种喷水灭火系统只有处于火焰之中或临近火源的喷头才会开启灭火。

开式自动喷水灭火系统采用的是开式喷头。发生火灾时，火灾所处的系统保护区域内的所有开式喷头一起出水灭火。

4.1.2　主要组件

1. 玻璃球闭式喷头

玻璃球闭式喷头是最常用的一种喷头，是自动喷水灭火系统中最关键的组成部件。闭式喷头是一种由感温元件控制开启的喷头，担负着探测火灾、启动系统和喷水灭火的任务。它在火灾的热气流中能自动启动，启动后不能恢复原状。在不同的环境温度场所使用的喷头，对其公称动作温度有不同的要求。规范要求，在选择喷头时，喷头的公称动作温度应比环境最高温度高 30℃左右。

玻璃球喷头结构如图 4.2 所示。溅水盘的作用是使喷头按设计要求进行均匀布水，以利于灭火。

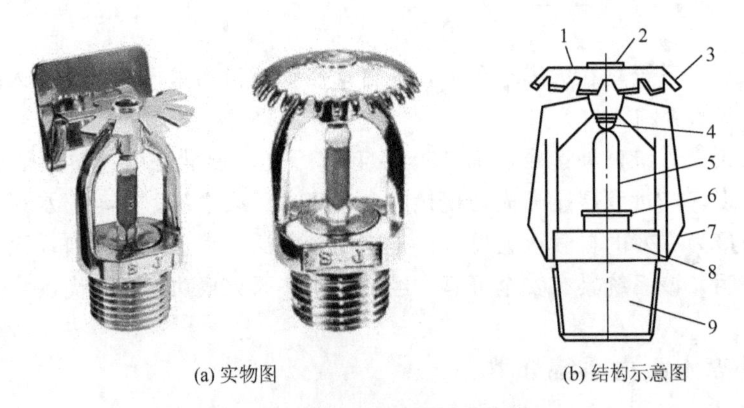

(a) 实物图　　(b) 结构示意图

图 4.2　玻璃球闭式喷头结构图

1—溅水盘；2—螺钉孔；3—齿棱；4—紧固螺钉；5—玻璃体；6—密封垫及封堵；7—轭臂架；8—轭臂座；9—接管螺纹

工作原理：以充有热膨胀系数较高的有机溶液的玻璃体作为热敏感元件。在常温下，其玻璃球外壳可承受一定的支撑力，保证喷嘴的密封。当火灾发生时温度升高，玻璃球内的有机溶液发生热膨胀而产生很大的内压力，直到玻璃球外壳发生破碎，使喷头密封件失去支撑，从而开启喷头喷水灭火。

为了更好、更清楚地区分不同动作温度的喷头，将玻璃球中的液体以不同的颜色加以区分。喷头的公称动作温度和色标见表4－1，最常用的是68℃喷头。

表4－1　喷头的公称动作温度和色标

公称动作温度/℃	最高环境温度/℃	玻璃球充满颜色
57	27	橙
68	38	红
79	49	黄
93	63	绿
141	111	蓝
182	152	紫

2. 湿式报警阀组

1）结构

湿式报警阀组由湿式报警阀、延迟器、水力警铃、压力开关、排水阀、过滤器、压力表等组成。湿式报警阀组实物及结构示意图如图4.3所示。

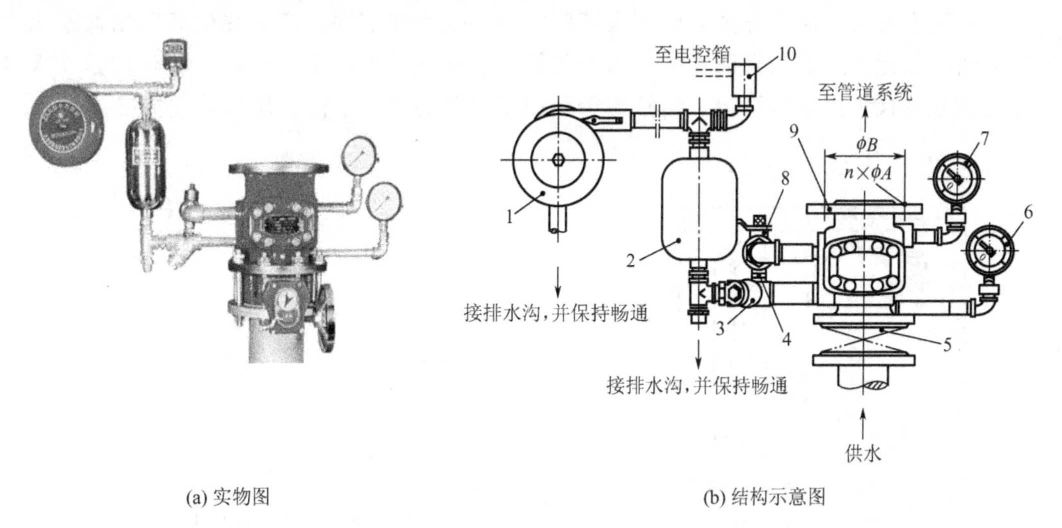

(a) 实物图　　(b) 结构示意图

图4.3　湿式报警阀组实物及结构示意图

1—水力警铃；2—延迟器；3—过滤器；4—试验球阀；5—水源控制阀；6—进水侧压力表；7—出水侧压力表；8—排水球阀；9—报警阀；10—压力开关

(1) 湿式报警阀。湿式报警阀是湿式报警阀组的一个主要部件，安装在总供水干管上，起连接供水设备与配水管网的作用，是一种只允许水流单方向流入配水管网，并在规定流量下报警的止回型阀门。报警阀具有两个基本作用：首先，在系统动作前，它将管网与水流隔开，当系统开启时，报警阀打开，接通水源和配水管；其次，在报警阀开启的同时，部分水流通过阀座上的环形槽，经信号管道送至水力警铃，发出音响报警信号。

湿式报警阀组中报警阀的结构有两种，即隔板座圈型和导阀型。隔板座圈型湿式报警阀的结构如图 4.4 所示。整个阀体被阀瓣分成上、下两个腔，上腔（系统侧）与系统管网相通，下腔（供水侧）与水源相通。

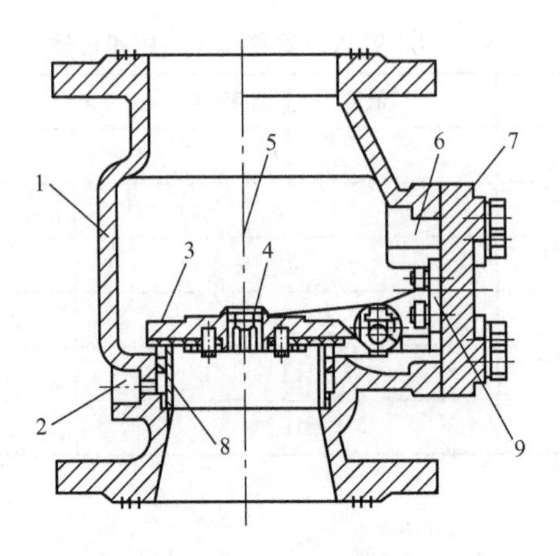

图 4.4　隔板座圈型湿式报警阀

1—阀体；2—报警口；3—阀瓣；4—补水单向阀；5—测试口；
6—检修口；7—阀盖；8—座圈；9—支架

（2）压力开关。压力开关是湿式报警阀组的一个重要部件，安装在延迟器出口至水力警铃之间，邻近延迟器的管路上。压力开关结构及接线图如图 4.5 所示。其作用是将系统的压力信号转换为电信号输出，监控报警阀的工作状态及管道内的压力变化情况。

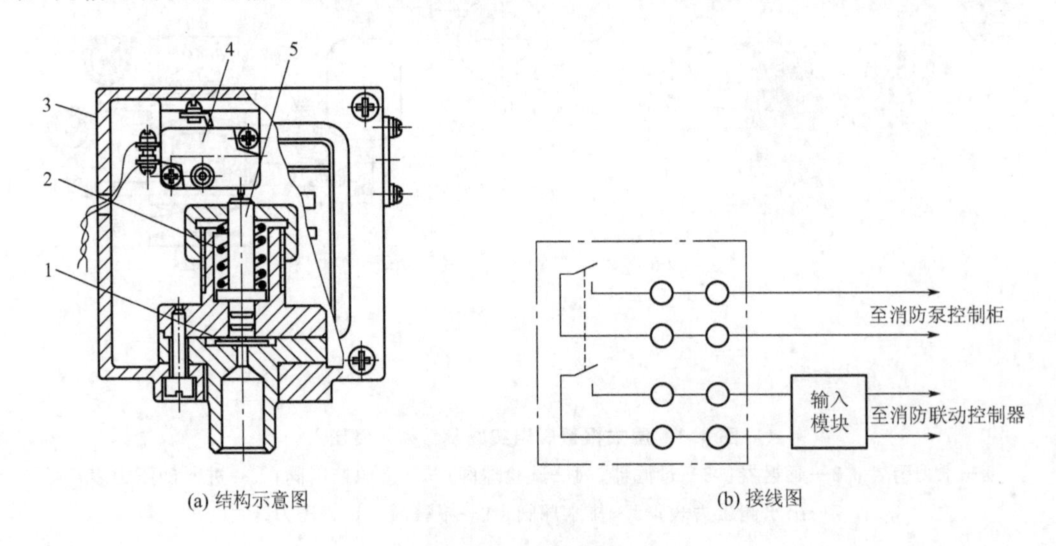

图 4.5　压力开关结构

1—膜片；2—弹簧；3—壳体；4—微动开关；5—推杆

当湿式报警阀阀板开启后，其中一部分压力水流通过报警管道进入延迟器后，再进入安装于水力警铃前的压力开关的阀体内，当水压达到规定值时，压力开关膜片受压后，开关触点闭合，发出电信号报警，并启动喷淋水泵。

2）工作原理

湿式报警阀组长期处于伺应状态，系统侧充满工作压力的水，阀座上的沟槽小孔被阀板盖住封闭，通往水力警铃的报警水道被堵死。当系统侧压力下降，在压差的作用下，阀板自动开启，供水侧的水流入系统侧对管网进行补水。同时，少部分水通过阀座上的小孔流向延迟器、压力开关和水力警铃，在一定压力和流量的情况下，水力警铃发出报警声响，压力开关将压力信号转换成电信号，启动喷淋水泵和辅助灭火设备进行补水灭火。

3. 水流指示器

水流指示器是以水流推动机械装置发出电信号，用来监视管道内水的流动状况。

水流指示器由壳体、接线盒、微动开关、桨片等组成，实物如图4.6所示，安装在管道上，如图4.7所示。当管道内有水流流动时，水流推动桨片，使常开触点接通，输出报警电信号。通常水流指示器设在自动喷水灭火系统的分区配水管上，当喷头开启时，向消防值班室指示开启喷头所在的位置分区。

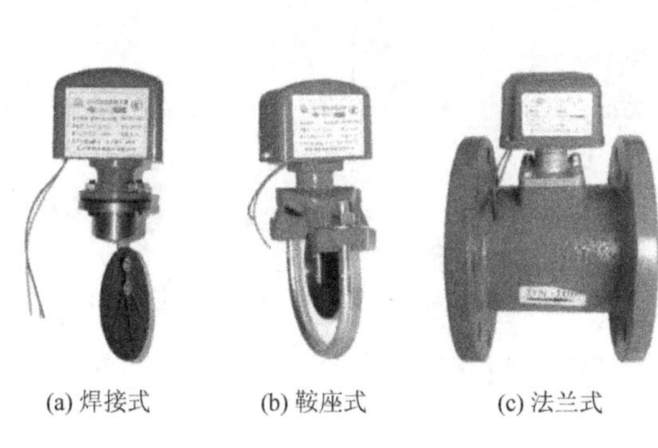

(a) 焊接式　(b) 鞍座式　(c) 法兰式

图4.6 水流指示器

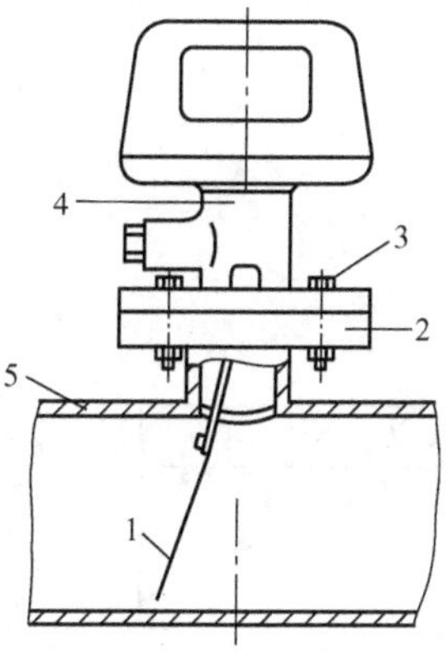

图4.7 水流指示器安装示意图

1—桨片；2—法兰底座；3—螺栓；4—本体；5—管道

4. 信号阀

为了让消防控制室及时了解系统中阀门的关闭情况，在每一层和每个分区的水流指示器前安装一个信号阀。信号阀由闸阀或蝶阀与行程开关组成，当阀门打开3/4时，才有信号输出，表明此阀门打开；当阀门关上1/4时，就有信号输出，表明此阀门关闭。消防信号阀实物如图4.8所示。

(a) 信号闸阀　(b) 信号蝶阀

图4.8 消防信号阀

【参考视频】

4.1.3 系统的组成及工作原理

湿式自动喷水灭火系统能广泛应用于环境温度不低于4℃、不高于70℃的建筑物或场所。

1. 基本组成

湿式自动喷水灭火系统由闭式洒水喷头、水流指示器、湿式报警阀组，以及管道和供水设施等组成，并且管道内始终充满有压水。其系统示意图如图4.9所示。

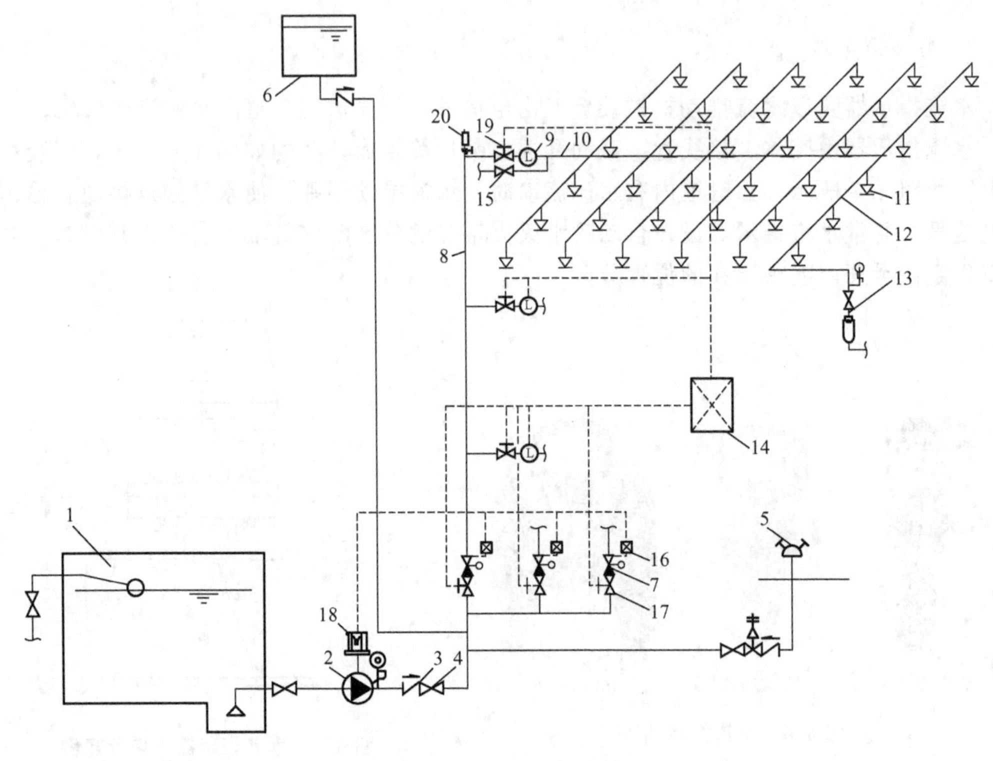

图4.9 湿式系统示意图

1—消防水池；2—水泵；3—止回阀；4—闸阀；5—水泵接合器；6—消防水箱；
7—湿式报警阀组；8—配水干管；9—水流指示器；10—配水管；11—闭式喷头；
12—配水支管；13—末端试水装置；14—报警控制器；15—泄水阀；16—压力开关；
17—信号阀；18—驱动电动机；19—信号阀；20—排气阀

2. 工作原理

湿式自动喷水灭火系统长期处于伺应工作状态，消防水箱、稳压泵或气压给水设备等稳压设施维持管道内充水的压力。当保护区域内某处发生火灾时，区域内环境温度升高到规定值时，火源上方的喷头玻璃球破碎，开启喷水。此时，管网中的水由静止变为流动，着火区域的水流指示器动作，输出报警电信号至消防控制室，在报警控制器上显示火灾发生区域。由于持续喷水泄压造成湿式报警阀的上部水压低于下部水压，在压力差的作用下，原来处于关闭状态的湿式报警阀自动开启。此时压力水通过湿式报警阀流向管网，屋顶高位水箱提供初期火灾灭火供水。同时打开通向水力警铃的通道，延迟器充满水后，水力警铃发出声响警报，压力开关动作，启动喷淋水泵进行补水灭火。喷淋水泵投入运行后，完成系统的启动过程。

湿式自动喷水灭火系统的工作原理图如图 4.10 所示。

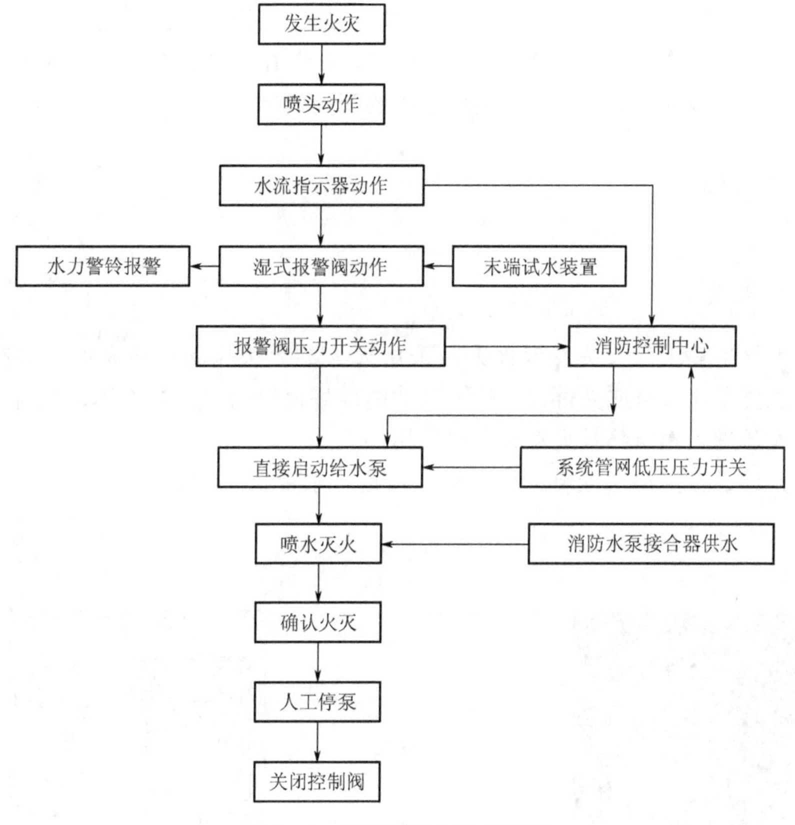

图 4.10　湿式系统工作原理图

阅读材料 4－1

美国高楼强制安装自动灭火装置

美国多年来扑救高楼火灾的经验表明，真正能为商用或住宅用高楼提供一个安全保障的措施，就是安装自动喷水灭火装置，以及一个供及时排走自动灭火装置灭火时产生的烟雾的排烟系统。因此，美国防火法规规定：凡是高层民用建筑都必须安装火灾自动报警系统、自动灭火装置、紧急照明设备、紧急排烟设备和安全疏散设施。

4.2 消火栓给水系统

消火栓给水系统是建筑物的主要灭火设备。消火栓给水系统包括室外消火栓给水系统和室内消火栓给水系统。

【参考视频】

(1) 室外消火栓给水系统是设置在建筑物外部的消防给水工程设施，主要任务是通过室外消火栓为消防车等消防设备提供消防用水。

(2) 室内消火栓给水系统是建筑物应用最广泛的一种消防设施，由消防给水基础设施、消防给水管网、室内消火栓设备、报警控制设备及系统附件等组成。只有通过这些设施有机协调的工作，才能确保系统的灭火效果。

4.2.1 主要组件

1. 室内消火栓设备

室内消火栓是建筑内人员发现火灾后采用灭火器无法控制初期火灾时的有效灭火设备，但一般需要专业人员或受过训练的人员才能较好地使用和发挥作用。同时，室内消火栓也是消防人员进入建筑扑救火灾时需要使用的设备。

室内消火栓设备由消火栓箱、消火栓、水枪、水带、水喉（软管卷盘）、报警按钮等组成，如图 4.11 所示。

(a) 实物图

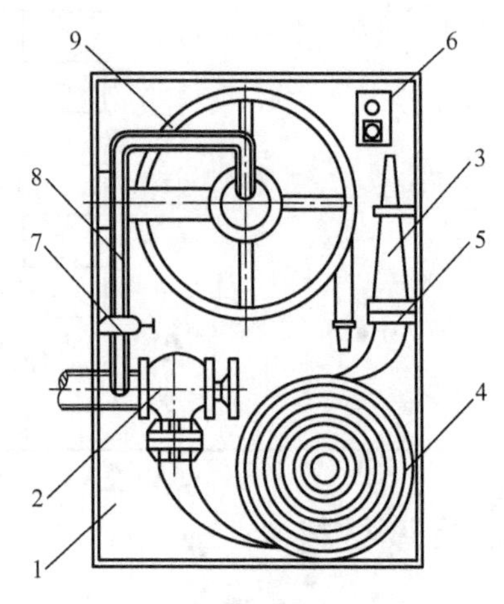

(b) 内部结构图

图 4.11 消火栓箱

1—消火栓箱；2—消火栓；3—水枪；4—水带；5—水带接口；6—报警按钮；
7—闸阀；8—软管或锌镀钢管；9—水喉（软管卷盘）

消火栓是消防管网向火场供水的带有阀门的接口，进水端与管道固定连接，出水端可接水带，如图 4.12 所示。消火栓有直角出口型和 45°出口型，有双出口和单出口，口径有 *DN*65mm 和 *DN*50mm 两种。常用的为 *DN*65mm，当每支水枪流量小于 3L/s 时，可选用 *DN*50mm。

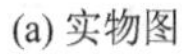

(a) 实物图

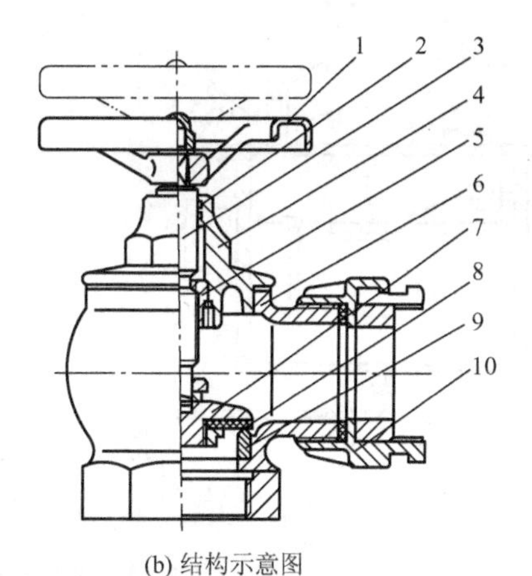

(b) 结构示意图

图 4.12　室内消火栓

1—手轮；2—O 形密封圈；3—阀杆；4—阀盖；5—阀杆螺母；6—阀体；7—阀瓣；
8—密封垫；9—阀座；10—固定接口

2. 管网设备和消防水箱

消火栓给水系统的消防用水是通过管网输送至消火栓的。管网设备包括进水管、消防竖管、水平管、控制阀门等。

消防水箱的作用在于满足扑救初期火灾的用水量和水压的要求。消防水箱一方面提供火灾初期临时高压给水系统消防泵启动前的用水量和水压，也可在消防泵出现故障的紧急情况下应急供水；另一方面利用高位差为系统提供准工作状态下所需的水压，以达到管道内充水并保持一定压力的目的。

消防水箱包括高位消防水箱和中间消防水箱。高位消防水箱设在建筑物最高部位，中间消防水箱是为满足高层建筑消防给水系统垂直分区的需要而设置的串联转输水箱。消防水箱的实物图如图 4.13 所示。消防水箱的配管、附件示意图如图 4.14 所示。

图 4.13　消防水箱的实物图

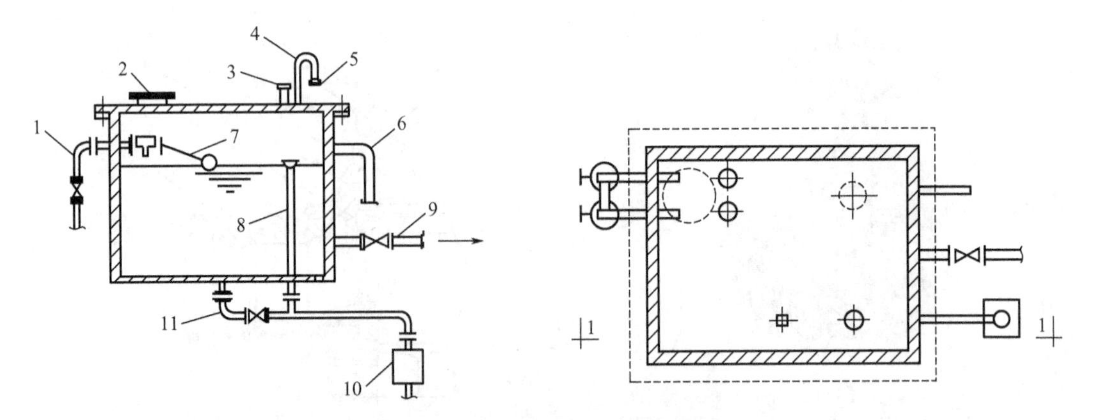

图 4.14　消防水箱的配管、附件示意图

1—进水管；2—人孔；3—仪表孔；4—通气孔；5—防虫网；6—信号管；7—浮球阀；
8—溢流管；9—出水管；10—受水器；11—泄水管

3. 消防水泵

消防水泵是给水系统中的主要升压设备。在建筑内部的给水系统中一般采用离心式水泵，它是给水系统的心脏。在选择水泵时，要满足系统流量和压力的要求。为了保证在扑救火灾时能坚持不间断地供水，措施之一是必须设置备用水泵。消防水泵的实物及泵房安装图如图 4.15 所示，消防水泵结构图如图 4.16 所示。

(a) 实物图

(b) 泵房安装图

图 4.15　消防水泵

1）主要性能参数

水泵的性能参数有流量、扬程、轴功率、效率、转速、允许吸上真空高度等，这些参数反映了水泵的工作特性。

2）工作原理

水泵的工作过程是靠离心力来完成的。水泵在启动前泵壳及吸水管内必须充满水，将叶轮淹没，然后启动电动机，使泵轴带动叶轮和水做高速旋转运动，水受到离心力的作用被甩向外圈并以高速从叶轮飞出，而后抛入出水管中。此时，叶轮中心形成稀薄空间，使吸水管内造成负压形成真空，吸水池的水在大气压作用下经吸水管进入稀薄空间，被抛入出水管，形成连续的水流输送。

3）电气控制

消防水泵一般有两台，一用一备，并装设自动切换装置。

如图 4.17 所示为消防水泵互为备用的全电压启动消火栓水泵主电路。主回路 L1、L2、L3 取自变电站的消防电源，该电源为 1 类负荷电源，应设有备用电源自投装置。消火栓水泵控制装置主要电器元件见表 4－2，其控制电路如图 4.18 所示。

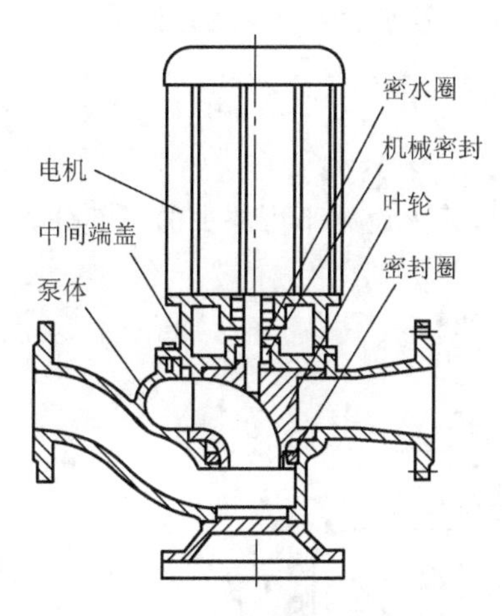

图 4.16　消防水泵结构图

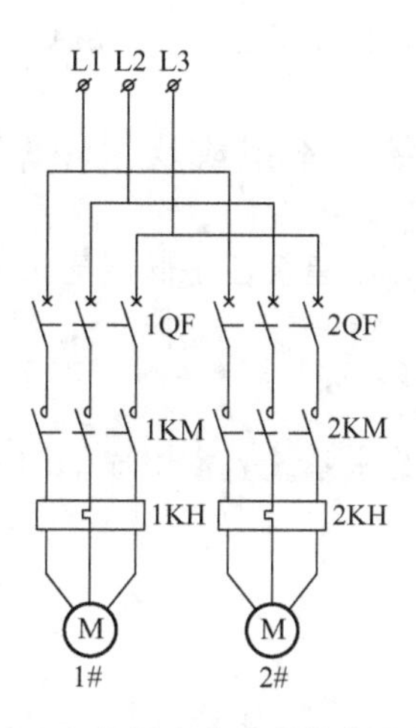

图 4.17　全电压启动消火栓水泵主电路

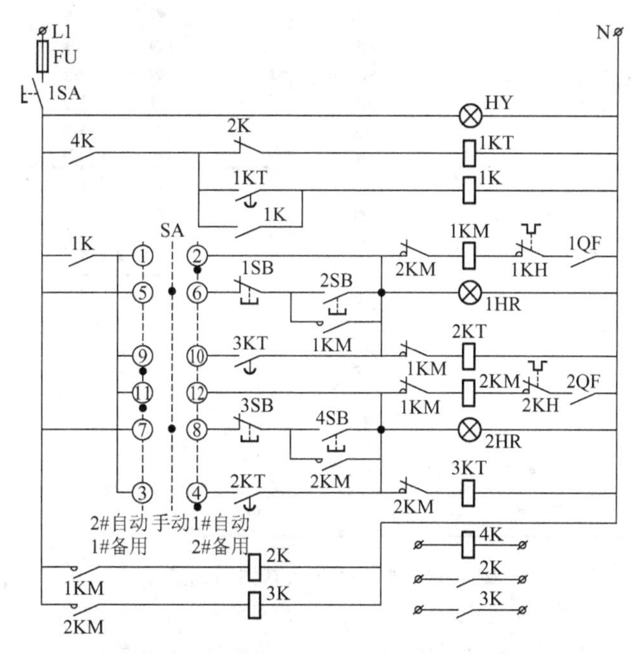

图 4.18　全电压启动消火栓水泵控制电路

表 4-2 消火栓水泵控制装置主要电器元件

符 号	名 称	符 号	名 称
1QF、2QF	断路器	4K	24V 控制水泵中间继电器
1KM、2KM	交流接触器	1KT～3KT	时间继电器
1KH、2KH	热继电器	2SB、4SB	控制按钮（绿）
FU	熔断器	1SB、3SB	控制按钮（红）
1SA	旋钮开关	HY	指示灯（黄）
SA	转换开关	HR	指示灯（红）
1K～3K	220V 中间继电器		

2K、3K 中间继电器常开触点至消防中心分别显示 1 号泵、2 号泵运行信号。

4.2.2 系统基本组成及工作原理

无论是高层建筑还是低层建筑消火栓给水系统都是灭火设施不可缺少的一部分。

1. 系统组成

消火栓给水系统基本组成如图 4.19 所示。

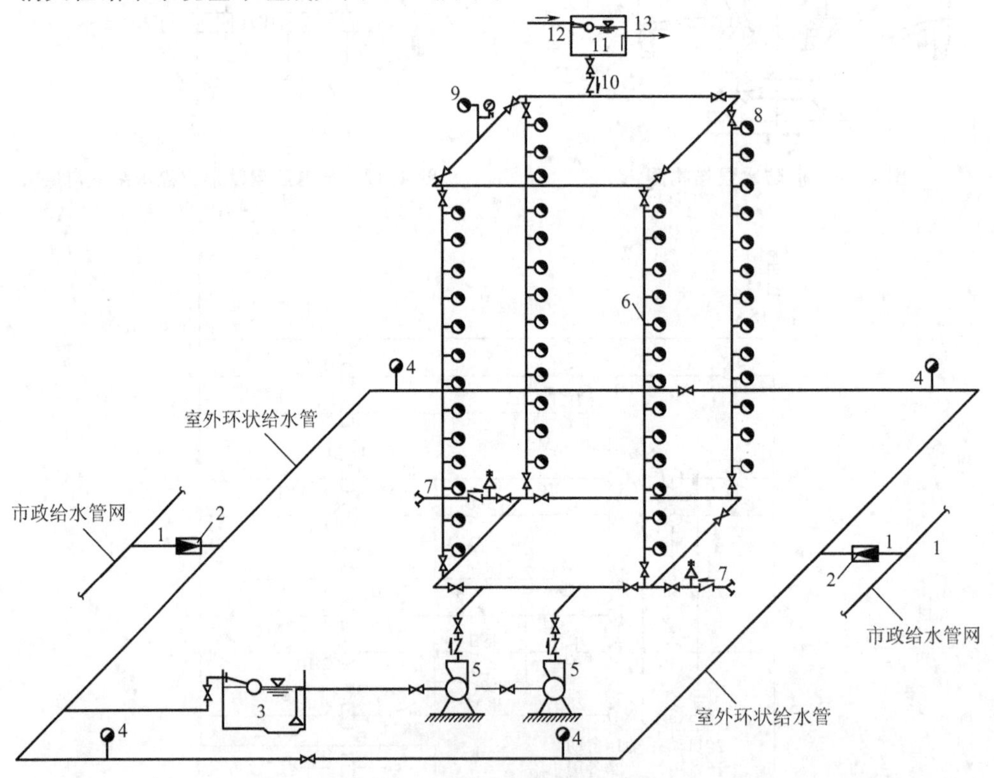

图 4.19 消火栓给水系统基本组成

1—引入管；2—水表井；3—消防贮水池；4—室外消火栓；5—消防泵；6—消防管网；7—水泵接合器；8—室内消火栓；9—屋顶试验用消火栓；10—止回阀；11—屋顶水箱；12—水箱进水管；13—生活用水出水管

2. 工作原理

火灾发生时，打开消火栓箱，按动消火栓报警按钮，报警并启动消火栓泵，迅速拉出水带，打开消火栓的阀门，紧握水枪，通过水枪产生的射流，将水射向着火点实施灭火。在系统工作的初期，由于消火栓泵的启动有一定的时间，其初期供水由高位消防水箱来供水（储存10min的消防水量），随着消火栓泵的正常启动运行，以后的消防用水将由水泵从消防贮水池抽水加压提供。若发生较大面积火灾，消防车还可利用水泵接合器向室内消火栓给水系统补充消防用水。

阅读材料4-2

消防演习烧真飞机

2012年8月8日，在圣迭戈，美国海军两栖攻击舰LHD 4（USS Boxer）上的水兵们进行了一场甲板消防训练。训练中，甲板上摆放着一架被大火烧坏的AV-8B型双座教练机，这可是一架货真价实的飞机。美军为了保证训练更接近实战，拿出真飞机来烧，可谓是下了血本搞训练。

【参考图文】

4.3 气体灭火系统

气体灭火系统是以一种或多种气体作为灭火介质，通过这些气体在整个防护区内或保护对象周围的局部区域建立起灭火浓度实现灭火。气体灭火系统具有灭火效率高、灭火速度快、保护对象无污损等优点。气体灭火系统是根据灭火介质而命名的，目前比较常用的气体灭火系统有二氧化碳灭火系统、七氟丙烷灭火系统、IG-541混合气体灭火系统、热气溶胶灭火系统等几种。各类灭火剂的化学组成、物理性质、灭火机理及灭火效果等方面虽不尽相同，但在灭火应用中却具有很多相同之处，主要体现在：化学稳定性好、耐储存、腐蚀性小、不导电、毒性低、蒸发后不留痕迹、适用于扑救多种类型火灾等方面。因此，气体灭火系统具有相似的适用范围和应用限制。

阅读材料 4-3

日本研制出“无水消防车”

2014 年 9 月 11 日，日本最大的消防车制造商森田集团发表消息称，已研发出一款不使用水的消防车。据悉，这款消防车可利用火灾现场的空气【参考图文】制造氮气浓度较高的气体并实现灭火。而这款消防车的价格约为 2.7 亿日元（约合人民币 1544 万元）。

报道称，这款消防车通过薄膜分离空气中的氮气和氧气，从而制成大量氮气浓度较高的气体。之后将这种气体喷入需灭火的设施内部，达到减弱火势的目的。此类灭火设备已经安装在美术馆等场所，但应用在消防车上，在日本国内尚属首次。

核电相关设施等在灭火时有必要避免喷水带来的损害，因此这款消防车预计可得到核电设施的订单。目前，从事核电行业的日本原燃公司已经引进第一辆此款消防车。

4.3.1 系统分类和组成

气体灭火系统一般由灭火剂储存装置、启动分配装置、输送释放装置、监控装置等组成。为满足各种保护对象的需要，最大限度地降低火灾损失，根据其充装的灭火剂种类的不同、采用的增压方式的不同等，气体灭火系统具有多种应用形式。

1. 气体灭火系统的分类

气体灭火系统按使用的灭火剂分类可分为二氧化碳灭火系统、七氟丙烷灭火系统和惰性气体灭火系统；按系统的结构特点分类可分为管网灭火系统和无管网灭火系统，管网系统又可分为组合分配系统和单元独立系统；按应用方式分类可分为全淹没灭火系统和局部应用灭火系统；按加压方式分类可分为自压式气体灭火系统、内储压式气体灭火系统及外储压式气体灭火系统等。

2. 系统的组成

气体灭火系统由灭火剂瓶组、驱动气体瓶组、单向阀、选择阀、减压装置、驱动装置、集流管、连接管、喷头、信号反馈装置、安全泄放装置、控制盘、检漏装置、管路管件及吊钩支架等组成。不同的气体灭火系统其结构形式和组成部件数量多少也不完全相同，气体灭火系统组成示意图如图 4.20 所示。

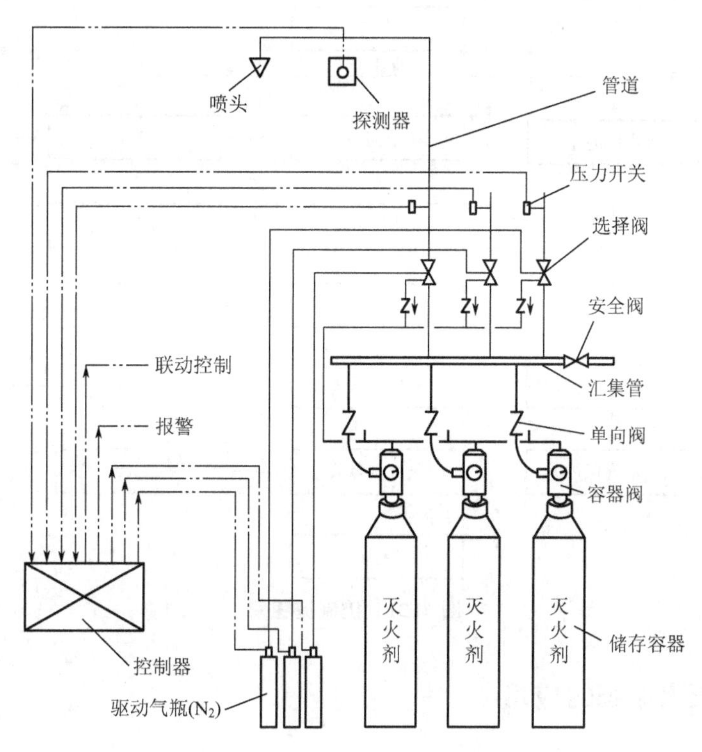

图 4.20 气体灭火系统组成示意图

4.3.2 系统工作原理及控制方式

1. 系统工作原理

防护区一旦发生火灾，火灾探测器将燃烧产生的温、烟、光等变化的火灾信号输送到火灾报警控制器，报警控制设备对火灾信号进行判别，若是一种火灾信号，则发出火灾警报；若是两个独立的火灾信号，则向联动控制器发出启动指令，启动联动装置，关闭防护区的开口、停止空调等，同时发出火灾声光警报，延时约 30s 后，打开启动气瓶的瓶头阀，利用启动气瓶中的高压氮气将灭火剂储存容器上的容器阀打开，灭火剂经过管道输送到喷头喷出实施灭火，此时设置在防护区外明显位置的灭火剂喷放指示灯点亮，同时灭火管道上的压力开关动作将喷射信号返送回消防控制室。若启动指令发出，而压力开关的信号未反馈，则说明系统存在故障，值班人员应在听到事故报警后尽快到储瓶间，手动开启储存容器上的容器阀，实施人工启动灭火。中间的延时是考虑防护区内人员的疏散。

【参考视频】

2. 系统控制方式

气体灭火系统主要有自动、手动、机械应急手动和紧急启动/停止四种控制方式，如图 4.21 所示。

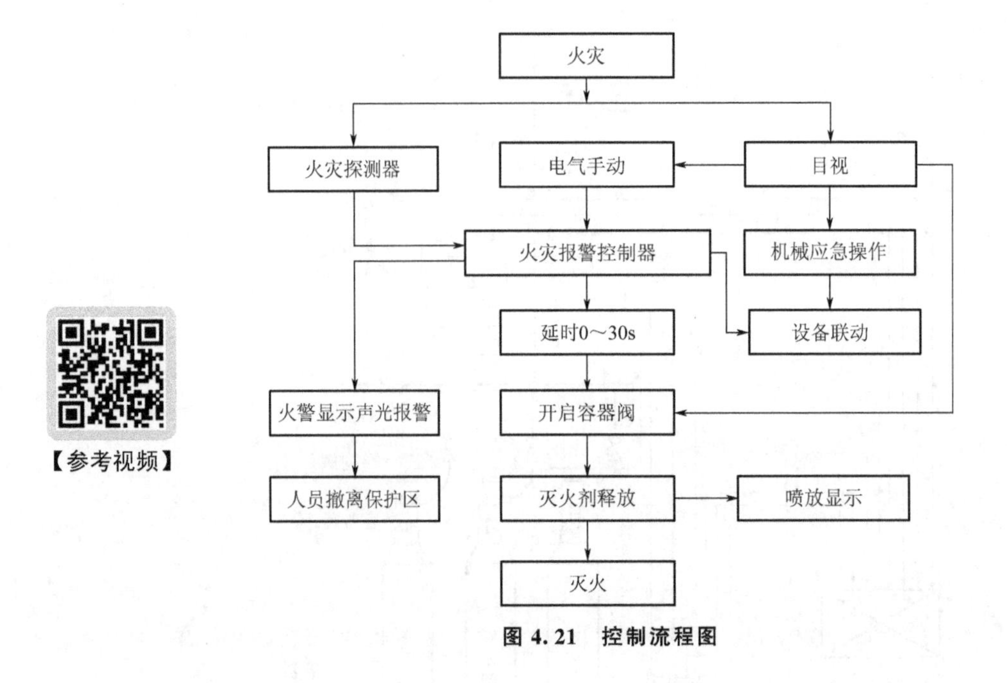

图 4.21　控制流程图

4.3.3　气体灭火系统的应用

在选择使用气体灭火系统时要注意，有些火灾适宜用气体灭火系统扑救，如液体和气体火灾、固体物质的表面火灾、电气设备火灾等；而有些火灾则不宜用气体灭火系统扑救，如本身能供氧物质（像炸药）的火灾、金属火灾、有机过氧化物火灾、固体的深位火灾等。

气体灭火系统最大的优点是灭火剂清洁，灭火后不会对保护对象产生危害，对于那些比较重要需要消防保护但又怕灭火剂污染的场合特别合适。常用的具体场合有：大中型电子计算机房、图书馆的珍藏室、中央及省市级文物资料档案室、广播电视发射塔楼内的重要设备室、程控交换机房、国家及省级有关调度指挥中心的通信机房和控制室等。

4.4　泡沫灭火系统

【参考视频】

泡沫灭火系统是通过机械作用将泡沫灭火剂、水与空气充分混合并产生泡沫，通过隔氧窒息、辐射热阻隔和吸热冷却等作用实施灭火，具有安全可靠、经济实用、灭火效率高、无毒性等优点。随着泡沫灭火技术的发展，泡沫灭火系统的应用领域更加广泛。

4.4.1　系统的分类和组成

1. 系统的分类

泡沫灭火系统由于其保护对象储存或生产使用的甲、乙、丙类液体的特性或储罐形式的特殊要求，其分类有多种形式，但其系统组成大致是相同的。

泡沫灭火系统按喷射方式可分为液上喷射、液下喷射、半液下喷射；按系统结构可分为固定式、半固定式和移动式；按发泡倍数可分为低倍数泡沫灭火系统、中倍数泡沫灭火系统、高倍数泡沫灭火系统；按系统形式可分为全淹没式泡沫灭火系统、局部应用式泡沫灭火系统、移动式泡沫灭火系统、泡沫-水喷淋系统和泡沫喷雾系统。

2. 系统的组成

泡沫灭火系统一般由泡沫液、泡沫消防水泵、泡沫混合液泵、泡沫液泵、泡沫比例混合器（装置）、泡沫液压力储罐、泡沫产生装置、火灾探测与启动控制装置、控制阀门及管道等系统组件组成。

液上喷射系统是泡沫从液面上喷入被保护储罐内的灭火系统，这种系统具有泡沫不易受油的污染，可以使用廉价的普通蛋白泡沫等优点。它有固定式、半固定式、移动式三种应用形式。固定式液上喷射泡沫灭火系统如图 4.22 所示。

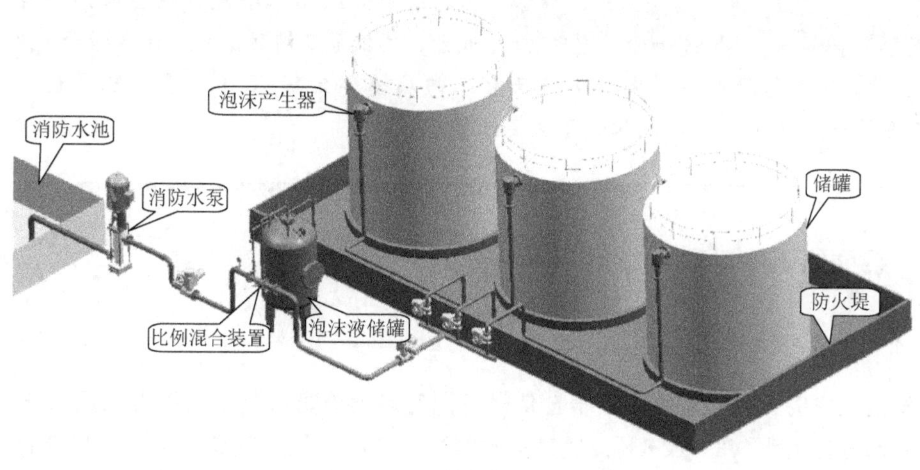

图 4.22 固定式液上喷射系统

液下喷射系统是泡沫从液面下喷入被保护储罐内的灭火系统。泡沫在注入液体燃烧层下部之后，上升至液体表面并扩散开，形成一个泡沫层的灭火系统。液下用的泡沫液必须是氟蛋白泡沫灭火液或是水成膜泡沫液。该系统通常设计为固定式和半固定式两种，如图 4.23 所示为固定式液下喷射泡沫灭火系统（压力式）。

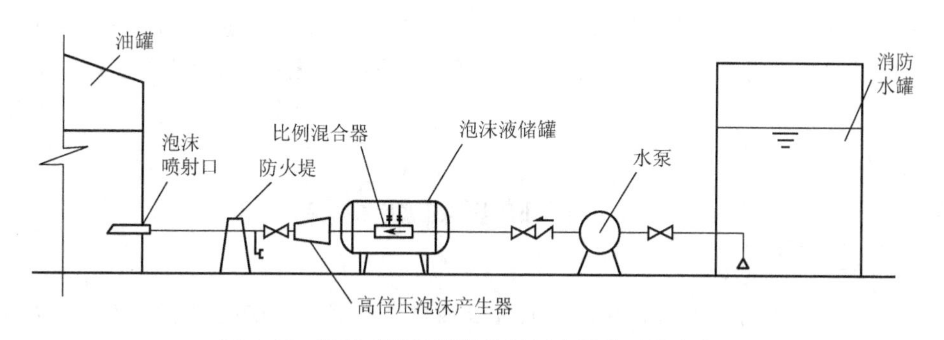

图 4.23 固定式液下喷射泡沫灭火系统（压力式）

阅读材料 4-4

温州一网球厂起火，水枪搞不定，动用泡沫装置灭火

2015 年 1 月 26 日 20 时许，位于温州龙湾状元街道的温州天龙网球厂一简易棚起火，由于简易棚堆积了较多的废弃橡胶和网球半成品，导致火势扑救困难。火灾发生后，温州消防支队先后调动 8 个消防中队共 30 多辆消防车到场扑救。在经过 2 个小时奋战后，现场大火被扑灭。此次火灾过火面积 $600m^2$，无人员伤亡。

在这场火灾中，温州消防队动用了不常用的泡沫灭火装置，其主要原理：一是冷却，二是隔绝空气，使大火因缺氧而完全熄灭。一位消防队员告诉记者："这次火灾有大量橡胶制品着火，在高温下会很快熔化，熔化的橡胶溶液如果用水去浇，就会像油一样四处溅开，不仅危及消防队员，还会增大火势。"

"当时，火烧得很厉害，火苗蹿起来有三四层楼那么高。"这名消防队员说，他们将泡沫直接喷到起火点上，泡沫铺了近 1m 厚。

4.4.2 系统的工作原理及应用

1. 系统的工作原理

当发生火灾时，报警系统发出报警信号，同时启动消防水泵，当压力水进入比例混合器后，一部分压力水（3%或6%）通过进水管进入罐内，挤压胶囊，将胶囊等量的泡沫液从出液管内挤出，通过进液管进入比例混合器，与另一部分水混合形成泡沫混合液，再经泡沫产生装置生成泡沫，施加到着火对象上实施灭火。

2. 系统的应用

泡沫灭火系统主要适用于提炼和加工生产甲、乙、丙类液体的炼油厂、化工厂、油田、油库，为铁路油槽车装卸油品的鹤管栈桥、码头、飞机库、机场及燃油锅炉房、大型汽车库等。在火灾危险性大的甲、乙、丙类液体储罐区和其他危险场所，灭火优越性非常明显。

4.5 防烟排烟系统

【参考视频】

建筑内发生火灾时，会产生大量浓烟和有毒烟气，致使烟气和毒气成为人员死亡的首要原因。建筑中设置防烟排烟系统的作用是将火灾产生的烟气及时排除，防止和延缓烟气扩散，保证疏散通道不受烟气侵害，确保建筑物内人员顺利疏散、安全避难；同时将火灾现场的烟和热量及时排除，减弱火势的蔓延，为火灾扑救创造有利条件。建筑火灾烟气控制分为防烟和排烟两个方面。防烟采取自然通风和机械加压送风的形式，排烟则包括自然排烟和机械排烟的形式。

【参考视频】

4.5.1　防烟分区

防烟分区是在建筑内部采用挡烟设施分隔而成，能在一定时间内防止火灾烟气向同一防火分区的其余部分蔓延的局部空间。

划分防烟分区的目的：一是为了在火灾时，将烟气控制在一定范围内；二是为了提高排烟口的排烟效果。

4.5.2　主要组件

机械防烟排烟系统主要由风机、管道、阀门、送风口、防火阀、排烟防火阀、排烟（阀）口、挡烟垂壁及风机、阀门与送风口或排烟口的联动装置等组成。机械防烟排烟系统结构图如图 4.24 所示。

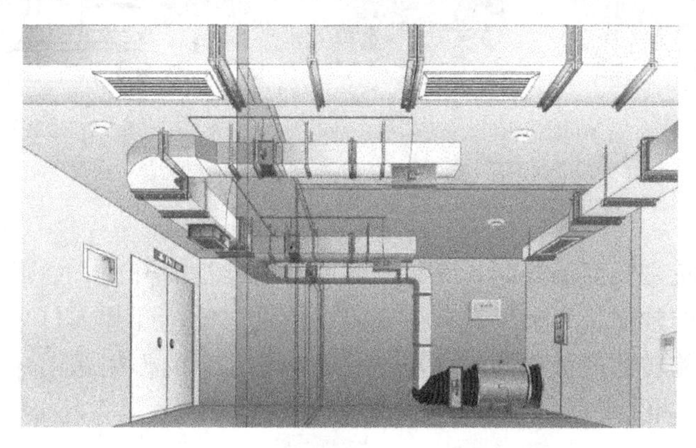

图 4.24　机械防烟排烟系统结构图

1. 风机

防烟排烟系统中所使用的风机按用途分有送风机和排烟风机两种；按其工作原理分有离心式风机和轴流式风机两种。

1）离心式风机

（1）结构。

离心式风机的结构如图 4.25 所示。

（2）工作原理。

当叶轮在机壳中旋转时，叶轮叶片间隙中的气体被带动旋转而获得离心力，气体由于离心力作用被径向地甩向机壳的周缘，并产生一定的正压力，由蜗壳形机壳汇集沿切向引至排气口排出；叶轮中则由于气体被甩离而形成了负压，气体因而源源不断地由进风口轴向地被吸入，从而形成了气体被连续地吸入、加压、排出的流动过程。在离心式风机中，实现了电能转换为机械能，然后转换为气体的压能的过程。

(a) 实物图

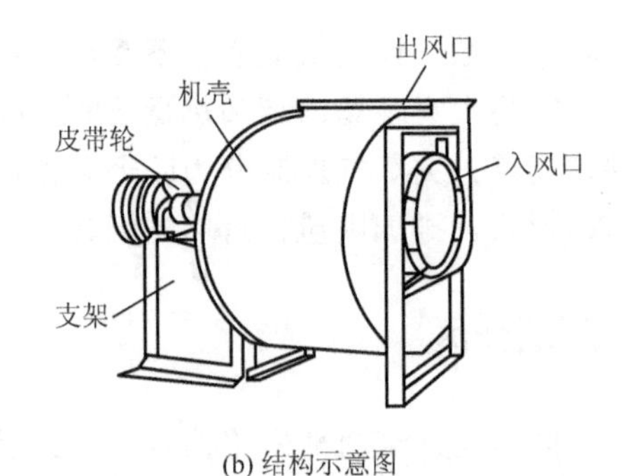

(b) 结构示意图

图 4.25　离心式风机

2）轴流式风机

（1）结构。

轴流式风机的结构如图 4.26 所示。

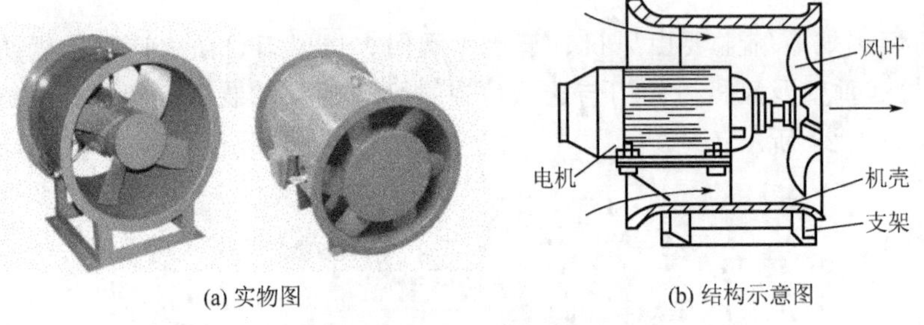

(a) 实物图　　(b) 结构示意图

图 4.26　轴流式风机

（2）工作原理。

当叶轮由电动机带动而旋转时，气体受到叶片的推挤而升压，并形成轴向流动。入口导向叶片的作用是使轴向进入的气流产生预旋，使之与叶轮叶片入口角相适应；而出口导向叶片的作用是使旋转的气流变为轴向流动。前后整流罩的作用是引导进出气流，使其适应流通截面的突然变化。

3）控制电路

防烟排烟系统风机主电路及控制电路如图 4.27 所示，其控制装置主要电器元件见表 4 - 3。

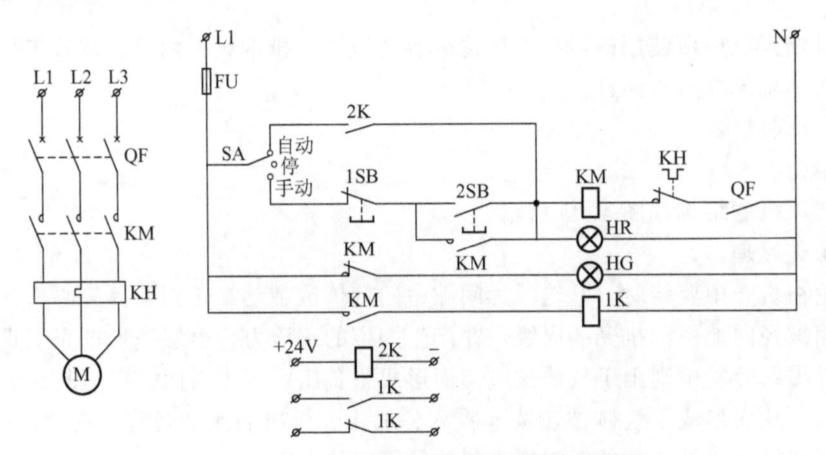

图 4.27　防排烟系统风机主电路及控制电路图

1K中间继电器常开触点或常闭触点至消防中心分别显示风机运行信号。

表4-3 防排烟系统风机控制装置主要电器元件

符　号	名　称	符　号	名　称
QF	断路器	2K	24V控制风机中间继电器
KM	交流接触器	2SB	控制按钮（绿）
KH	热继电器	1SB	控制按钮（红）
FU	熔断器	HG	指示灯（绿）
SA	转换开关	HR	指示灯（红）
1K	220V中间继电器		

2. 防火阀

防火阀是指在一定时间内能满足耐火稳定性和完整性要求，安装在通风、空调系统的送、回风管路上，用于通风、空调管道内阻火的活动式封闭装置。该类阀门一般常用于通风空调管道穿越防火分区处。防火阀平时呈开启状态，不影响通风空调系统的正常工作。当火灾发生时，通过消防中心消防联动控制系统遥控使其关闭，或当管道内气体温度达到70℃左右时通过阀上的易熔金属丝熔断引起机械连锁机构动作而使风阀关闭，起隔烟阻火的作用，这样使风路断开，以防止烟、火沿通风空调管道向其他防火分区蔓延成灾。阀门关闭后可通过动作反馈信号向消防中心返回阀已关闭的信号或对其他装置进行连锁控制。

1）结构

防火阀的结构图如图4.28所示，主要由阀体和执行机构组成。阀体由壳体、法兰、叶片及叶片联动机构等组成。执行机构由外壳、叶片调节机构、离合器、温度熔断器等组成。防火阀的执行机构是通过金属易熔片和离合器机构来控制叶片的转动。

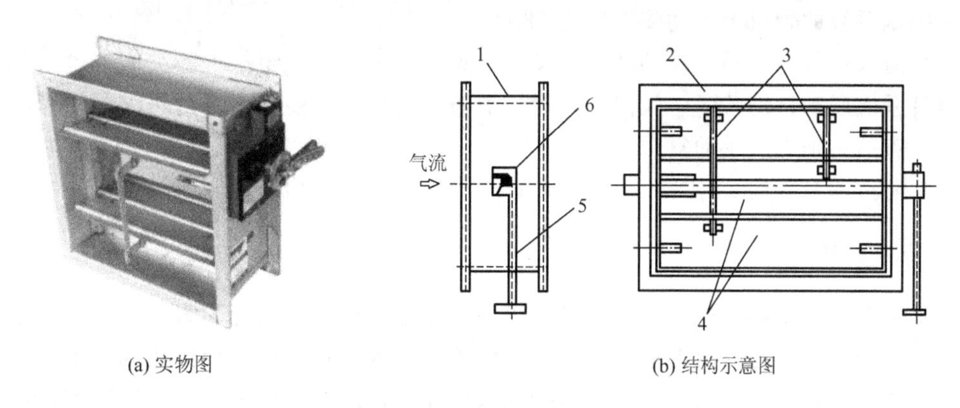

(a) 实物图　　(b) 结构示意图

图4.28 防火阀的结构图

1—壳体；2—法兰；3—连杆；4—叶片；5—开启执行机构；6—手柄

2）工作原理

当管道内所输送的气体温度达到易熔金属片的熔化温度时，易熔片熔断，或使记忆合金产生形变，其芯轴上的压缩弹簧和弹簧销钉迅速打下离合器垫板，这时，离合器和叶片调节机构脱开，由于阀体上装有两个扭转弹簧，使叶片受到扭力而发生转动。由此可见，防火阀的执行机构采用机械传动原理，不需电、气及其他能源，因而可保证在任何情况下均能起到防火作用。防火阀的通断根据系统的要求，系统停用与正常运行时是位于开启状态的，如管内输送气体温度低于所选定的金属易熔片的熔点时，属正常运行状态，阀门是敞开的。只有当运行工况超过正常使用的状态，阀门才自动关闭，达到保安的作用。

图 4.29　送风口（排烟口）

防火阀具有手动、自动功能。发生火灾后，可手动关闭防火阀，也可与火灾自动报警系统联动自动关闭，阀门关闭后，消防控制室应能接收到防火阀动作的反馈信号。火灾后，须人工手动复位。

防火阀与普通百叶风口或板式风口组合，可构成送风口，如图 4.29 所示。

送风口分为常开式、常闭式和自垂百叶式。常开式即普通的固定叶片式百叶风口；常闭式采用手动或电动开启，常用于前室或合用前室；自垂百叶式平时靠百叶重力自行关闭，加压时自行开启，常用于防烟楼梯间。

3. 排烟防火阀及排烟口

排烟防火阀是指在一定时间内能满足耐火稳定性和完整性要求，安装在排烟系统管道上，用于排烟系统管道内阻火的活动式封闭装置。排烟防火阀平时一般呈开启状态，火灾时当管道内气体温度达到或超过 280℃时，阀上的熔断片会熔断，阀门自动关闭，起隔烟阻火的作用，以防止烟、火沿排烟系统管道向其他部位的蔓延扩大，同时发出信号，排烟风机停止运行。

排烟防火阀的组成、形状和工作原理与防火阀相似，其不同之处主要是安装管道和动作温度不同，防火阀安装在通风、空调系统的管道上，动作温度宜为 70℃，而排烟防火阀安装在排烟系统的管道上，动作温度为 280℃。

排烟防火阀具有手动、自动功能。发生火灾后，可手动关闭排烟防火阀，也可与火灾自动报警系统联动自动关闭，阀门关闭后，消防控制室应能接收到排烟防火阀动作的反馈信号。火灾后，须人工手动复位。

排烟防火阀与普通百叶风口或板式风口组合，可构成排烟口。

4. 挡烟垂壁

挡烟垂壁在民用建筑内大空间排烟系统中用作烟区分隔的装置。为了防止火灾中的烟热气流在天花板下迅速蔓延扩散，越来越广泛地采用挡烟垂壁作为现代建筑内部防烟分区的活动型垂直防烟分隔。挡烟垂壁起阻挡烟气的作用，同时可提高防烟分区排烟口的吸烟效果。挡烟垂壁应用非燃材料制作，如钢板、夹丝玻璃、钢化玻璃等，结构有固定式挡烟垂壁和活动式挡烟垂壁两种。当建筑物净空较高时可采用固定式的，将挡烟垂壁长期固定在顶棚面上；当建筑物净空较低时，宜采用活动式挡烟垂壁。挡烟垂壁实例如图 4.30 所示。

活动式挡烟垂壁结构示意图如图 4.31 所示。平时将挡烟垂壁锁住，一旦火灾发生便可自动或手动使其垂落。

图 4.30 挡烟垂壁

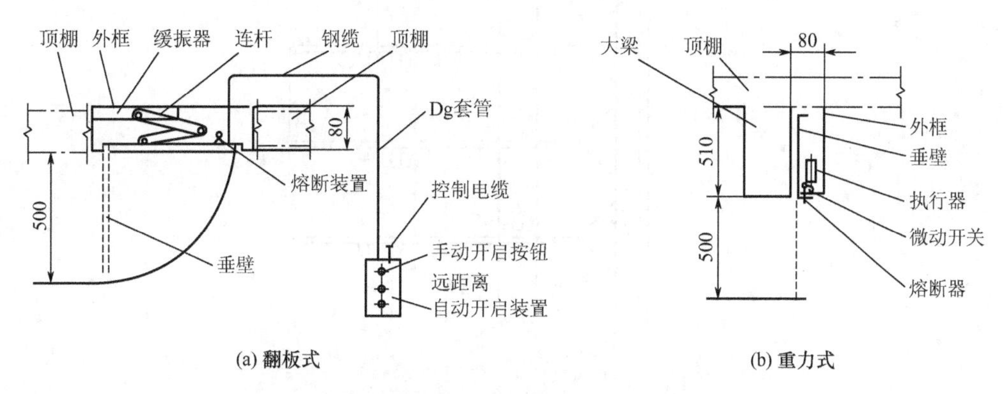

(a) 翻板式　(b) 重力式

图 4.31 活动式挡烟垂壁结构示意图（单位：mm）

活动式挡烟垂壁应由烟感探测器控制，或与排烟口联动，或受消防控制中心控制，但同时应能就地手动控制。

4.5.3 机械加压送风系统

在不具备自然通风条件时，机械加压送风系统是确保火灾中建筑疏散楼梯间及前室（合用前室）安全的主要措施。

1. 机械加压送风系统的组成

机械加压送风系统主要由送风机、送风管道、送风口等组成。送风机一般采用中低压离心风机、混流风机或轴流风机，送风管道采用不燃材料制作。

2. 机械加压送风系统的工作原理

机械加压送风方式是通过送风机所产生的气体流动和压力差来控制烟气的流动，即在建筑内发生火灾时，对着火区以外的有关区域进行送风加压，使其保持一定正压，以防止烟气侵入的防烟方式。机械防烟排烟系统示意图如图 4.32 所示。

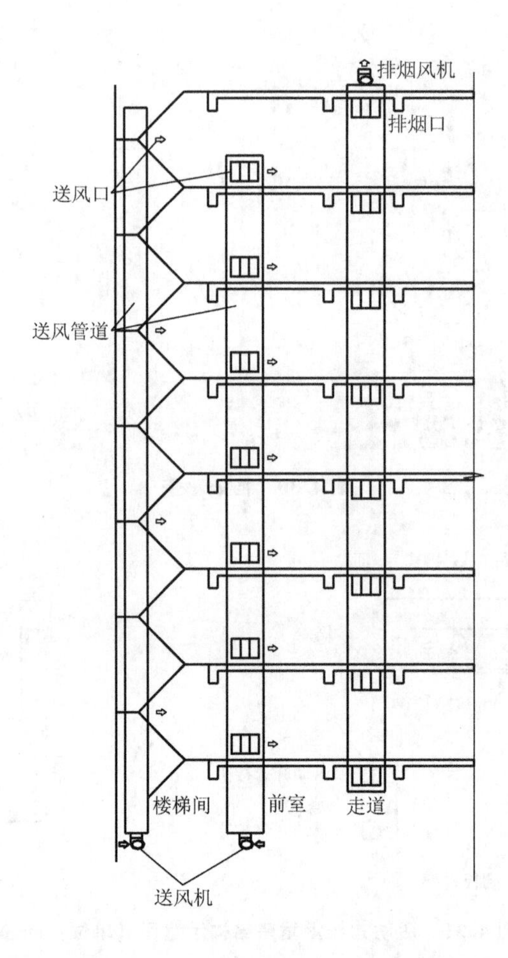

图 4.32 机械防烟排烟系统示意图

4.5.4 机械排烟系统

在不具备自然排烟条件时，机械排烟系统能将火灾中建筑房间、走道中的烟气和热量排出建筑，为人员安全疏散和灭火救援行动创造有利条件。

1. 机械排烟系统的组成

机械排烟系统包括排烟风机、排烟管道、排烟防火阀、排烟口、挡烟垂壁等。排烟风机宜设置在排烟系统的顶部，烟气出口宜朝上。

2. 机械排烟系统的工作原理

当建筑物内发生火灾时，采用机械排烟系统，将房间、走道等空间的烟气排至建筑物外。通常是由火场人员手动控制或由感烟探测器将火灾信号传递给控制器，开启活动的挡烟垂壁将烟气控制在发生火灾的防烟分区内，并打开排烟口及和排烟口联动的排烟防火阀，同时关闭空调系统和送风管道内的防火调节阀，防止烟气从空调、通风系统蔓延到其他非着火房间，最后由设置在屋顶的排烟机将烟气通过排烟管道排至室外。

阅读材料 4-5

隧道工程的防排烟系统

隧道工程的防排烟范围包括行车道、专用疏散通道及设备管理用房等。采用的排烟模式通常可分为纵向、横向（半横向）及重点模式，以及由基本模式派生的各种组合模式。

重点排烟是将烟气直接从火源附近排走的一种方式，从两端峒口自然补风，隧道内可形成一定的纵向风速。该方式在隧道纵向设置专用排烟风道，并设置一定数量的排烟口。火灾时，火源附近的排烟口开启，将烟气快速有效地排离隧道。

重点排烟适用于双向交通的隧道或交通量较大、阻塞发生率较高的隧道。

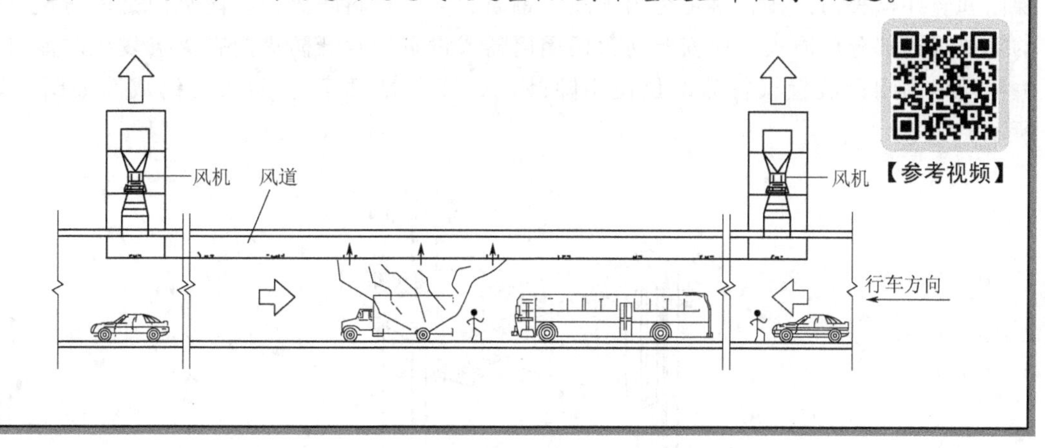

【参考视频】

4.6 防火门及防火卷帘系统

建筑物内某处失火时，火灾会通过对流热、辐射热和传导热向周围区域传播。通过防火墙、楼板，以及防火门、防火卷帘等防火分隔设施在建筑物内划分防火分区，可有效地控制火势的蔓延，有利于人员安全疏散和扑救火灾，从而达到减少火灾损失的目的。

4.6.1 防火分区

防火分区是指在建筑内部采用防火墙、楼板及其他防火分隔设施分隔而成，能在一定时间内防止火灾向同一建筑的其余部分蔓延的局部空间。

在建筑内采用划分防火分区措施，一方面通过耐火性能较好的楼板及窗间墙（含窗下墙），在建筑物的垂直方向对每个楼层进行防火分隔；另一方面利用防火墙或防火门、防火卷帘等防火分隔物将各楼层在水平方向分隔出防火区域，可以有效地将火势控制在一定的范围内。

4.6.2 防火门

防火门是指在一定时间内能满足耐火稳定性、完整性和隔热性要求的门。它是设置在防火分区间、疏散楼梯间、垂直竖井等部位，具有一定耐火性的活动防火分隔设施。

防火门除具有普通门的作用外，更具有阻止火势蔓延和烟气扩散的作用，可在一定时间内阻止火势的蔓延，确保人员疏散。

防火门由门框、门扇、控制设备和附件等组成。按耐火极限可分为甲、乙、丙三级，耐火极限分别不低于1.50h、1.00h和0.50h，对应的分别应用于防火墙、疏散楼梯门和竖井检查门。按材料可分为木质、钢质、复合材料防火门。防火门是消防设备中的重要组成部分，防火门应安装防火门闭门器或设置让常开防火门在火灾发生时能自动关闭门扇的闭门装置（特殊部位使用除外，如管道井门等）。防火门组成图如图4.33所示。

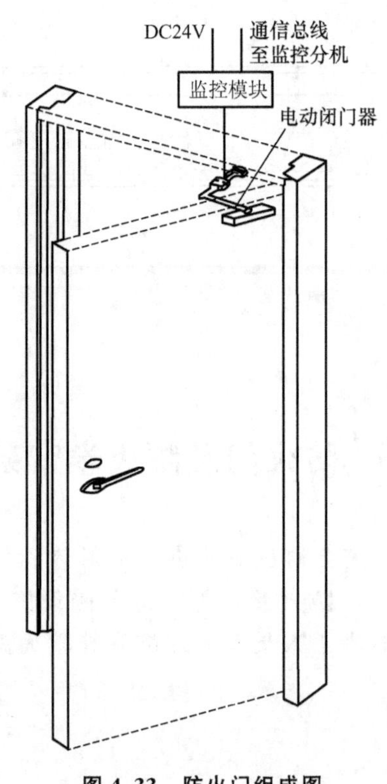

图4.33 防火门组成图

阅读材料4-6

一场改变美国的大火灾

1911年3月25日下午，位于纽约曼哈顿岛上一座大楼第八层和第九层的美国女式裙衫工厂（三角工厂）发生大火，146名女工葬身火海。这是美国历史上最严重的生产事故之一。

悲剧发生的原因，首先是防火意识淡薄，为了提高生产效率，大量的易燃废料随手堆积在裁缝师傅的桌子下面；其次是防火政策执行不力，禁烟令并未受到领导层的重视；最后就是一个烟头或者一根火柴点燃了废料，引发了大火。

起火之后暴露的问题就更多了。很多工人不是赶快逃跑，而是先去更衣室拿自己的衣服，这反映了安全教育的缺失。楼内的灭火水管失灵，关键时刻不出水，这是消防设备的问题。大火是从第八层开始烧的，第八层和第九层之间联系不畅。如果能早三分钟通知第九层，就不会有那么多人死去。这一看就是从没有开展过消防演习，没有事故预案。大楼的设计也不符合消防标准，比如逃生门是向内开的，出事的时候人们一拥而上，根本打不开门；消防通道不容易到达，而且狭窄难行，甚至没法通往地面，最后干脆被压垮了，从而造成了更大的伤亡。

火灾发生后，纽约州成立专门的工厂调查委员会，举行了长达数月的听证会，收集来自劳资双方的证词，调查了近两千家工厂。到1914年，纽约州共通过了34项改善工人工作条件和劳动安全的法律。这些法律的通过，被看做“进步时代”最重要的成果。

三角工厂火灾惨案成为立法的依据。《美国劳动法》规定，工作场所每3个月就必须进行一次防火训练。1912年，美国立法规定，在7层以上超过200名工作人员的楼层，必须安装自动防火喷淋系统。而在任何一个超过两层、雇员超过25名的工作场所，都必须安装自动报警系统。

4.6.3 防火卷帘

防火卷帘是在一定时间内，连同框架能满足耐火稳定性和完整性要求的卷帘，由门帘、卷轴、电动机、导轨和控制机构等组成。一般设置在电梯厅、自动扶梯周围，中庭与楼层走道、过厅相通的开口部位，生产车间中大面积工艺洞口及设置防火墙有困难的部位等。

【参考视频】

防火卷帘是一种活动的防火分隔设施，广泛应用于工业与民用建筑的防火分区的分隔，能有效地阻止火灾蔓延，是建筑中不可缺少的防火措施。平时卷起放在门窗上口的转轴箱中，起火时将其放开展开，用以阻止火势从门窗洞口蔓延。防火卷帘的品种较多，按安装形式可分为垂直式、平卧式、侧向式，多数情况下为垂直式。防火卷帘外形如图 4.34 所示。常见的防火卷帘有钢质、无机纤维复合防火卷帘。

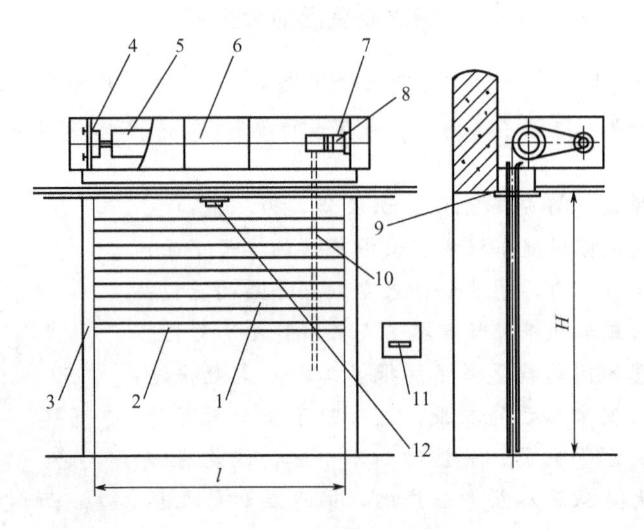

图 4.34　防火卷帘结构示意图

1—帘面；2—座板；3—导轨；4—支座；5—卷轴；6—箱体；7—限位器；8—卷门机；9—门楣；10—手动拉链；11—控制箱（按钮盒）；12—感温、感烟探测器

防火卷帘有手动、电动操作功能。当火灾发生时可根据感烟、感温探测器或消防控制中心的指令信号自动地将卷帘下降至预定位置，实现自动控制，也可手动操作。水幕同时喷洒为其降温，卷帘收到自动控制指令后并不一下落到底，而是一定时间后再落到底，以达到人员迅速疏散、控制火灾蔓延的目的。

防火卷帘除应有上述控制功能外，还应有温度（易熔金属）控制功能，以确保在火灾探测器、联动装置或消防电源发生故障时，借助易熔金属仍能发挥防火卷帘的防火分隔作用。

4.7　消防应急广播系统和消防专用电话系统

4.7.1　消防应急广播系统

【参考视频】

消防应急广播系统作为建筑物的消防指挥系统，在整个消防控制管理系统中起着极其重要的作用。

1. 主要设备

消防应急广播系统通常由以下设备构成：①主机；②播音话筒；③现场放音设备，如吸顶式扬声器、壁挂式扬声器等。如图 4.35 所示为消防应急广播系统主要设备。

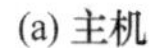

(a) 主机

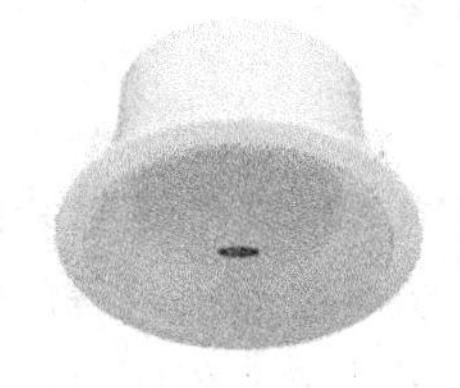

(b) 吸顶式扬声器

(c) 壁挂式扬声器

图 4.35 消防应急广播系统主要设备

根据现场实际使用的火灾应急广播扬声器数量，依据规范规定的计算标准来选择功率放大器的瓦数。在实际设计火灾应急广播系统时，有总线制及多线制两种方案可供选择，二者的区别在于总线制系统是通过控制现场专用消防广播控制模块来实现广播的切换及播音控制，而多线制系统是通过消防控制室的专用多线制火灾应急广播设备来完成播音切换控制的。

2. 总线制消防应急广播系统

1）概述

总线制消防应急广播系统由消防控制室的广播设备、配合使用的总线制火灾报警控制器，消防广播模块及现场扬声器组成。

消防应急广播设备可与其他设备一起也可单独装配在消防控制柜内，各设备的工作电源统一由消防控制系统的电源提供。

2）系统构成方式

利用消防广播控制模块，可将现场的扬声器接入控制器的总线上。由广播设备送来音频广播信号，通过广播控制模块无源常开触点（消防广播）及常闭触点（正常广播）加到扬声器上，一个广播区域可由一个广播控制模块来控制，如图 4.36 所示。

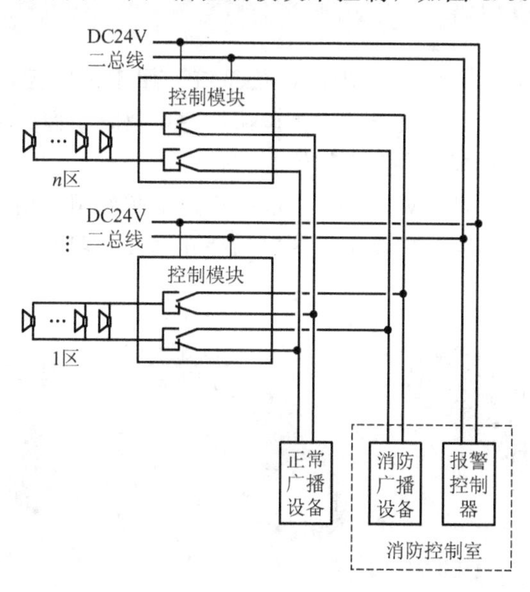

图 4.36 总线制火灾应急广播系统示意图

3. 多线制消防应急广播系统

1）概述

多线制消防应急广播系统对外输出的广播线路按广播分区来设计，每一广播分区有两根独立的广播线路与现场广播扬声器连接，各广播分区切换控制由消防控制室专用的多线制火灾应急广播设备来完成。多线制消防应急广播系统使用的播音设备与总线制消防应急广播系统内的设备相同。

2）系统构成方式

多线制消防应急广播系统的核心为多线制广播切换设备，通过此切换设备，可完成对各广播分区进行正常或消防广播的手动切换。显然，多线制消防应急广播系统最大的缺点是，n 个防火（或广播）分区，需敷设 $2n$ 条广播线路，如图 4.37 所示。

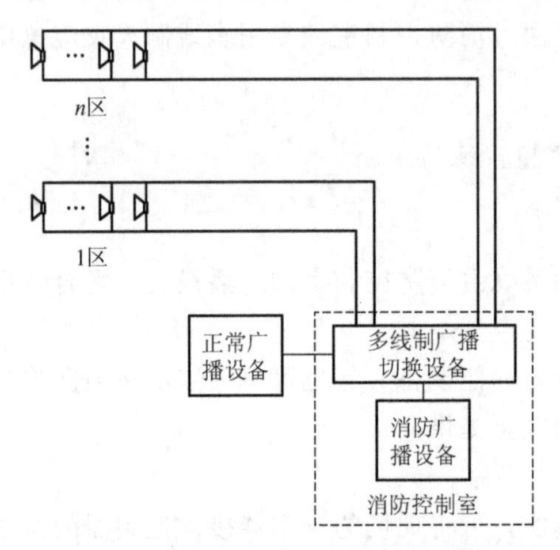

图 4.37 多线制火灾应急广播系统示意图

4.7.2 消防专用电话系统

消防专用电话系统是一种消防专用的通信系统，用于消防控制室与现场之间进行通信。通过这个系统可迅速实现对火灾的人工确认，并可及时掌握火灾现场情况及进行其他必要的通信联系，以便于指挥灭火及现场恢复工作。

值班人员在巡视过程中发现火情，可以随时通过消防专用电话分机与消防控制室取得联系，也可将电话手柄插到手动报警按钮的电话插孔内或专用的电话插孔内进行通话。消防专用电话及插孔如图 4.38 所示。

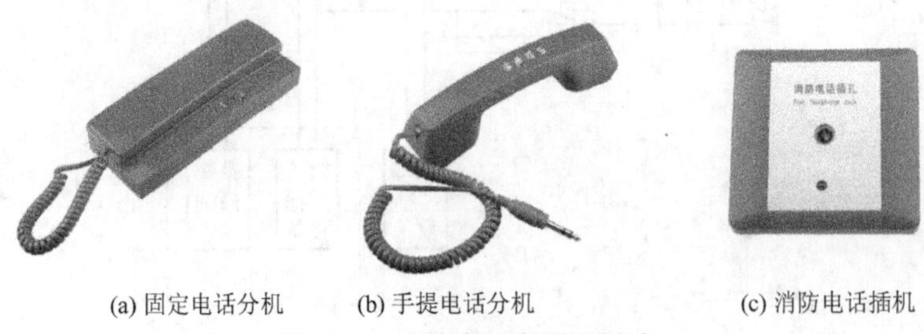

(a) 固定电话分机　(b) 手提电话分机　(c) 消防电话插机

图 4.38 消防专用电话及插孔

阅读材料4-7

忠犬拨电话报火警后将失明主人拽出

【参考图文】

2015年8月9日国际在线专稿：据《每日邮报》报道，都说狗是人类最忠实的朋友，它们不仅能给人陪伴，甚至能在关键时候救人一命。近日，费城的一只金毛犬就在发现家里着火之后及时拨打911报警电话，并把它失明的主人拽出屋外，脱离危险。

这只英雄狗名叫尤兰达，是一只专业的服务犬，负责照顾陪伴一名60多岁的失明老妇人。2015年8月6日上午，尤兰达家里发生火灾，它立即通过一个特殊的电话报警，消防员也很快赶来控制了火情，尤兰达的主人因为吸入着火产生的烟雾而被送往医院治疗。

据介绍，这甚至不是尤兰达第一次报警救人了。2014年，尤兰达的主人不慎在家里跌倒，它拨打了911电话。2013年，它在主人睡觉时听见楼下传来两个男人说话的声音，它于是关好卧室门，将两名歹徒赶出家门。尤兰达的主人被惊醒后拨打911报警，而警察告诉她，他们已经在路上了，因为尤兰达已经用特殊电话报了警。

1. 总线制消防专用电话系统

完整的总线制消防专用电话系统由设置在消防控制室的总线制消防专用电话总机和火灾报警控制器、现场的控制模块、固定消防电话分机、消防电话插孔、手提消防电话分机等设备构成。控制模块是一种地址式模块，直接与火灾报警控制器总线连接，并需要接上DC24V电源。为实现电话语音信号的传送，还需要接入消防电话总线。消防电话总机实物如图4.39所示。

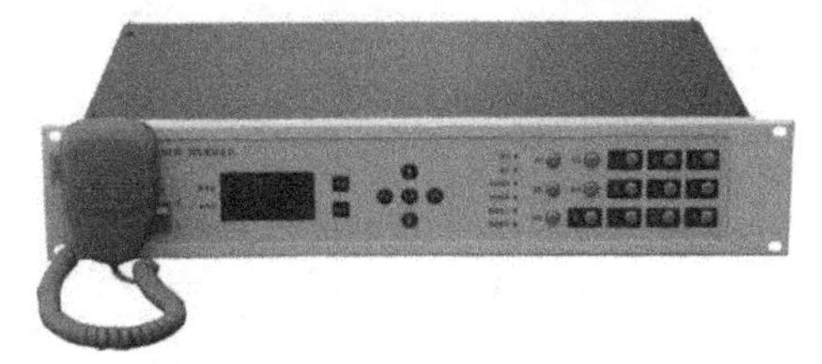

图4.39　消防专用电话总机实物

电话插孔，可直接供总线制电话分机使用。消防电话插孔、手动火灾报警按钮的电话插孔部分都是非地址的，可直接与消防电话总线连接构成非地址电话插孔，若与控制模块连接使用，可构成地址式电话插孔。

摘下固定电话分机或将电话分机插入消防电话插座、手动火灾报警按钮的电话插孔都视为分机呼叫主机。主机呼叫固定分机可通过火灾报警控制器启动相应的控制模块使分机振铃来实现。总线制消防专用电话系统如图4.40所示。

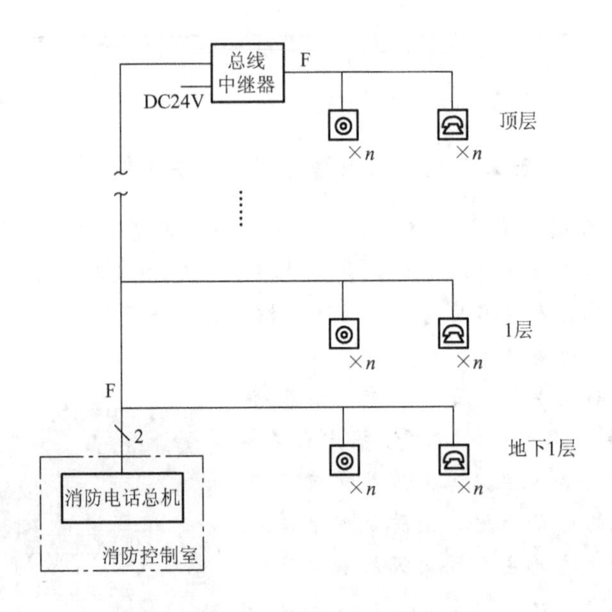

图 4.40　总线制消防专用电话系统

2. 多线制消防专用电话系统

多线制消防专用电话系统的控制核心是多线制消防电话总机。按实际需求不同，消防电话总机的容量也不相同。在多线制消防专用电话系统中，每一部固定式消防电话分机占用消防电话主机的一路，采用独立的两根线与消防电话主机连接。电话插孔可并联使用，并联的数量不限，并联的电话插孔仅占用消防电话总机的一路。多线制消防专用电话系统如图 4.41 所示。

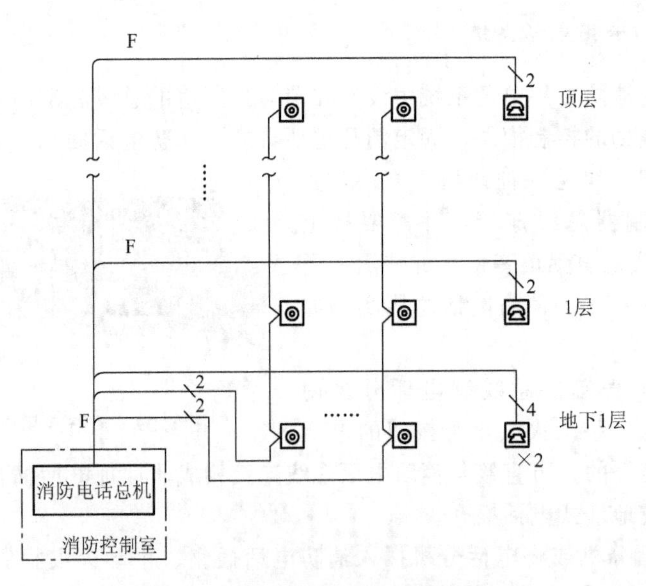

图 4.41　多线制消防专用电话系统

多线制消防专用电话系统中总机与分机、分机与分机间的呼叫、通话等均由总机自身控制完成，无须其他控制器配合。

4.8　消防应急照明和疏散指示系统

【参考视频】

火灾发生时，为了防止火灾引起照明电源短路而使火灾沿电路蔓延，事故区要由火灾报警控制器自动切断日常工作电源。消防应急照明和疏散指示系统的主要功能是在火灾事故发生时，为人员的安全疏散、逃生提供疏散路线和必要的照明，同时为灭火救援工作的持续进行提供应急照明。

消防应急照明包括火灾事故工作照明及火灾事故疏散指示照明。而疏散指示标志包括通道疏散指示灯及出入口标志灯。

4.8.1　系统主要组件

1. 消防应急照明灯具

消防应急照明灯具实物如图 4.42 所示。

2. 消防应急标志灯具

消防应急标志灯具实物如图 4.43 所示。

图 4.42　消防应急照明灯具实物

(a) 悬挂双面灯具

(b) 地埋灯具

图 4.43　消防应急标志灯具实物

3. 应急照明控制器及集中电源

应急照明集中电源实物如图 4.44 所示。

(a) 应急照明控制器

(b) 集中电源

(c) 分配电装置

图 4.44　应急照明集中电源实物

4.8.2 系统分类与组成

消防应急照明和疏散指示系统按控制方式可分为非集中控制型系统和集中控制型系统；按应急电源的实现方式可分为自带电源型系统和集中电源型系统。综合以上两种分类方式，可以将消防应急照明和疏散指示系统分为以下四种形式。

1. 自带电源非集中控制型

自带电源非集中控制系统连接的消防应急灯具均为自带电源型，灯具内部自带蓄电池，工作方式为独立控制，无集中控制功能，系统构成如图 4.45 所示。

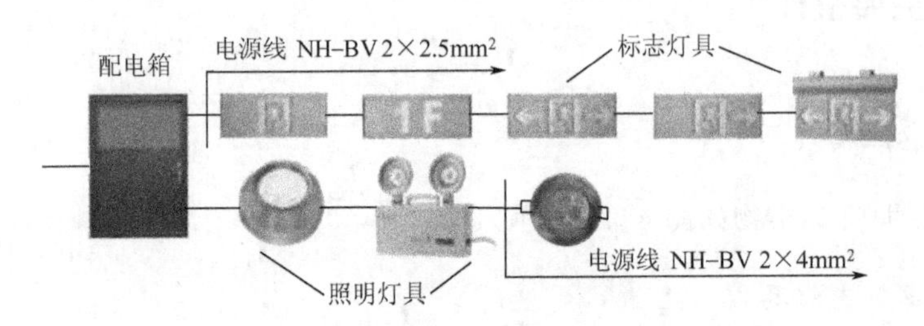

图 4.45 自带电源非集中控制型系统构成

2. 自带电源集中控制型

自带电源集中控制型系统由应急照明控制器、应急照明配电箱和消防应急灯具组成。消防应急灯具由应急照明配电箱供电，消防应急灯具的工作状态受应急照明控制器控制和管理。

自带电源集中控制型系统连接的消防应急灯具均为自带电源型，灯具内部自带蓄电池，但是消防应急灯具的应急转换由应急照明控制器控制，系统构成如图 4.46 所示。

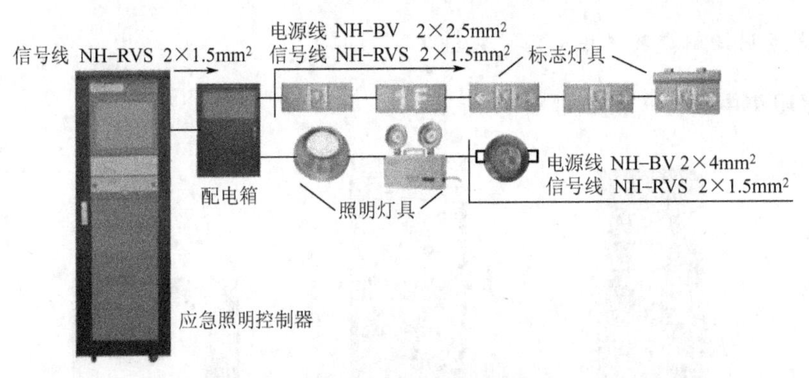

图 4.46 自带电源集中控制型系统构成

3. 集中电源非集中控制型

集中电源非集中控制型系统由应急照明集中电源、应急照明分配电装置和消防应急灯具组成。应急照明集中电源通过应急照明分配电装置为消防应急灯具供电。

集中电源非集中控制型系统连接的消防应急灯具自身不带电源，工作电源由应急照明集中电源提供，工作方式为独立控制，无集中控制功能，系统构成如图 4.47 所示。

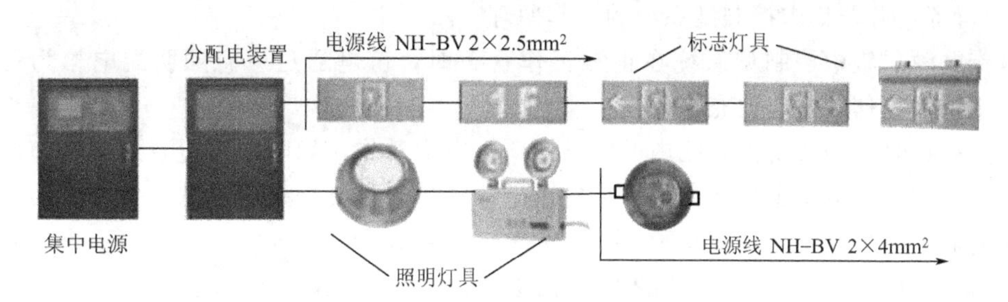

图 4.47 集中电源非集中控制型系统构成

4. 集中电源集中控制型

集中电源集中控制型系统由应急照明控制器、应急照明集中电源、应急照明分配电装置和消防应急灯具组成。应急照明集中电源通过应急照明分配电装置为消防应急灯具供电，应急照明集中电源和消防应急照明灯具的工作状态受应急照明控制器控制。

集中电源集中控制型系统连接的消防应急灯具的电源由应急照明集中电源提供，控制方式由应急照明控制器集中控制，系统构成如图 4.48 所示。

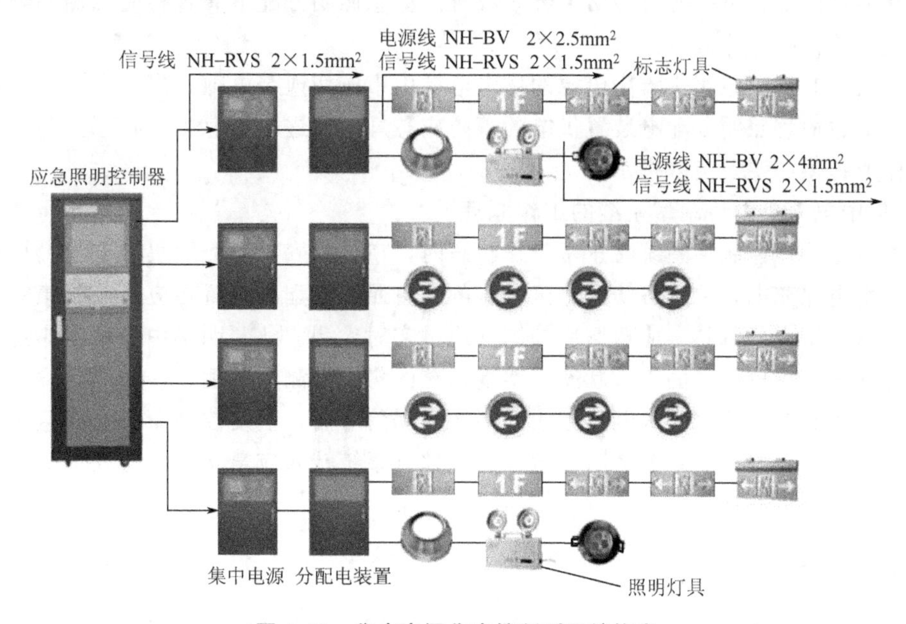

图 4.48 集中电源集中控制型系统构成

4.8.3 系统的工作原理与性能要求

自带电源非集中控制型、自带电源集中控制型、集中电源非集中控制型、集中电源集中控制型四类系统，由于供电方式和应急工作的控制方式不同，因此工作原理也存在一定的差异。

1. 系统工作原理

1）自带电源非集中控制型系统的工作原理

自带电源非集中控制型系统在正常工作状态时，市电通过应急照明配电箱为灯具供电，用于正常工作和蓄电池充电。

发生火灾时，相关防火分区内的应急照明配电箱动作，切断消防应急灯具的市电供电线路，灯具的工作电源由灯具内部自带的蓄电池提供，灯具进入应急状态，为人员疏散和消防作业提供应急照明及疏散指示。

2）自带电源集中控制型系统的工作原理

自带电源集中控制型系统在正常工作状态时，市电通过应急照明配电箱为灯具供电，用于正常工作和为蓄电池充电。应急照明控制器通过实时检测消防应急灯具的工作状态，实现灯具的集中监测和管理。

发生火灾时，应急照明控制器接收到消防联动信号后，下发控制命令至消防应急灯具，控制应急照明配电箱和消防应急灯具即转入应急状态，为人员疏散和消防作业提供照明及疏散指示。

3）集中电源非集中控制型系统的工作原理

集中电源非集中控制型系统在正常工作状态时，市电接入应急照明集中电源，用于正常工作和为蓄电池充电，通过各防火分区设置的应急照明分配电装置将应急照明集中电源的输出提供给消防应急灯具。

发生火灾时，应急照明集中电源的供电电源由市电切换至电池，集中电源进入应急工作状态，通过应急照明分配电装置供电的消防应急灯具也进入应急工作状态，为人员疏散和消防作业提供照明及疏散指示。

4）集中电源集中控制型系统的工作原理

集中电源集中控制型系统在正常工作状态时，市电接入应急照明集中电源，用于正常工作和为蓄电池充电，通过各防火分区设置的应急照明分配电装置将应急照明集中电源的输出提供给消防应急灯具。应急照明控制器通过实时检测应急照明集中电源、应急照明分配电装置和消防应急灯具的工作状态，实现系统的集中监测和管理。

发生火灾时，应急照明控制器接收到消防联动信号后，下发控制命令至应急照明集中电源、应急照明分配电装置和消防应急灯具，控制系统转入应急状态，为人员疏散和消防作业提供照明及疏散指示。

2. 系统的性能要求

消防应急照明和疏散指示系统在火灾事故状况下，所有消防应急照明和标志灯具转入应急工作状态，为人员疏散和消防作业提供必要的帮助，因此响应迅速、安全稳定是对系统的基本要求。

1）应急转换时间

系统的应急转换时间不应大于 5s；高危险区域使用系统的应急转换时间不应大于 0.25s。

2）应急转换控制

【参考视频】

在消防控制室，应设置强制使消防应急照明和疏散指示系统切换及应急投入的手自动控制装置。在设置了火灾自动报警系统的场所，消防应急照明和疏散指示系统的切换及应急投入要由火灾自动报警系统联动控制。

阅读材料4－8

火灾之后的美国政府是如何应对的？

1904年6月15日是个晴朗的夏日，“斯洛克姆将军”号游船载着一千三百多名妇女儿童，缓缓行驶在纽约曼哈顿岛和长岛之间的东河上；船上欢声笑语不断，这是一次难得的郊游机会，孩子们和他们的家长准备到长岛上去野餐。

【参考图文】

但是，几乎所有人都没有预料到，这次短暂的内河航行，会成为一段死亡之旅。开船后不到半小时，就有人发现船舱着火了，而且很快引燃了船舱里堆放的杂物和储存的汽油。更糟糕的是，船上的灭火设备根本没法用，大火一直蔓延到甲板，船上妇孺一片惊恐慌乱，尖叫求救之声不绝于耳。她们将自己的孩子放进救生圈和救生衣，推下水之后却发现，救生圈和救生衣根本浮不起来。原来，这些救生圈本来就不合格，而且在船上放了十几年，一直没用过，也没人检查，日晒雨淋，早就没法用了。她们眼睁睁地看着自己的孩子沉入水底，自己又不会游泳，没法施救。最终，“斯洛克姆将军”号因失火而倾覆，船上一千多名妇女儿童遇难，造成美国历史上极为惨痛的非自然灾难。

事故发生后，美国政府展开了详细调查，国会还为此举行过听证会，传唤相关人员到会提供证词。与此同时，美国司法机关也积极行动起来。经过法庭调查，联邦大陪审团决定起诉轮船公司老板、司库与船长。最后，船长被判刑十年。

综合习题

一、填空题

1. 湿式自动喷水灭火系统由________、________、________、________和________等组成。

2. 室内消火栓给水系统由________、________、________、________、________等组成。

3. 气体灭火系统一般由________、________、________、________等组成。

4. 机械加压送风系统主要由________、________、________等组成。

5. 机械排烟系统包括主要由________、________、________、________、________等组成。

二、名词解释

1. 闭式系统；
2. 湿式系统；
3. 防火阀；
4. 排烟防火阀。

三、单项选择题

1. 发生火灾时，湿式喷水灭火系统中由（　　）探测火灾。

A. 火灾探测器　　B. 水流指示器　　C. 闭式喷头　　D. 压力开关

2. 常用闭式喷头玻璃球的色标为红色时，其公称动作温度是（　　）。

A. 57℃　　B. 68℃　　C. 79℃　　D. 93℃

3. 自动喷水灭火系统选型中环境温度（　　）的场所应采用湿式系统。

A. 低于4℃，或高于70℃　　B. 不低于4℃且不高于70℃

C. 不低于0℃且不高于70℃　　D. 低于0℃，或高于70℃

四、简答题

1. 自动喷水灭火系统是如何分类的？
2. 压力开关、水流指示器和信号阀的作用是什么？
3. 简述湿式自动喷水灭火系统的工作原理。
4. 简述消火栓给水系统的工作原理。
5. 结合消防水泵的控制电路，简述消防水泵的控制过程。
6. 气体灭火系统有哪些类型？
7. 简述气体灭火系统的工作原理。
8. 简述泡沫灭火系统的分类、组成及工作原理。
9. 机械防烟排烟系统主要由哪些部分组成？简述其工作原理。
10. 简述防火阀、排烟防火阀的作用和工作原理。
11. 挡烟垂壁的作用是什么？
12. 结合防烟排烟系统风机的控制电路，简述防烟排烟系统风机的控制过程。
13. 防火门按耐火极限可分为几级？耐火极限分别不低于多少？
14. 火灾应急广播系统通常由哪些设备构成？
15. 总线制与多线制消防电话系统的区别是什么？
16. 消防应急照明和疏散指示系统分为哪几种形式？简述各自的工作原理。

第5章

火灾自动报警系统设计

本章教学要点

知识要点	掌握程度	相关知识
火灾自动报警系统的基本规定	掌握火灾自动报警系统的基本规定	一般规定； 系统形式的选择和设计要求； 报警区域和探测区域的划分； 消防控制室
火灾探测器的选择	掌握各种火灾探测器的选择	点型火灾探测器的选择； 线型火灾探测器的选择； 吸气式感烟火灾探测器的选择
系统设备的设置	掌握火灾报警控制器和消防联动控制器的设置； 掌握火灾探测器的设置； 掌握手动火灾报警按钮的设置； 掌握区域显示器、火灾警报器、消防应急广播、消防专用电话及模块等设备的设置	火灾报警控制器和消防联动控制器的安装位置； 火灾探测器的设置； 手动火灾报警按钮的设置； 火灾警报器、消防应急广播、消防专用电话及模块等设备的设置
消防联动控制设计	掌握消防联动控制的设计要求	一般规定； 自动喷水灭火系统、消火栓系统、气体灭火系统、泡沫灭火系统、防烟排烟系统、防火门及防火卷帘系统、电梯、火灾警报和消防应急广播系统、消防应急照明和疏散指示系统的联动控制设计
住宅建筑火灾自动报警系统	掌握住宅建筑火灾自动报警系统的设计	一般规定； 系统设计； 火灾探测器的设置； 家用火灾报警控制器的设置等； 火灾声警报器、应急广播的设置

（续）

知识要点	掌握程度	相关知识
可燃气体探测报警系统	掌握可燃气体探测报警系统的设计	一般规定； 可燃气体探测器的设置； 可燃气体报警控制器的设置
电气火灾监控系统	掌握电气火灾监控系统的设计	一般规定； 剩余电流式电气火灾监控探测器的设置； 测温式电气火灾监控探测器的设置； 独立式电气火灾监控探测器的设置； 电气火灾监控器的设置
系统供电	掌握系统供电的设计	一般规定； 系统接地
布线	掌握火灾自动报警系统的布线设计规定	一般规定； 室内布线
典型场所的火灾自动报警系统	掌握一些典型场所的火灾自动报警系统的设计	道路隧道； 油罐区； 电缆隧道； 高度大于12m的空间场所

导入案例

美国纽约：高楼设计先过消防关

在美国纽约，高楼设计图纸被通过前，纽约市消防局的技术部门要专门审查施工图纸，评估其电路、管道的设计安全性，并对消防疏散通道和消防设备设计进行严格审查。只有通过了消防局的审查，高楼的设计图纸才能送到纽约市房管部门，才能开工建设。在高楼验收时，纽约市消防局也要派专人去审查验收报告，实地考察消防设施。只有通过了纽约市消防局的评估，高楼才算验收合格，才能正式销售或居住。

由于我国经济的高速发展，人民生活水平的提高，建筑内装修越来越豪华，可燃物品增多，且用电量猛增，火灾危险性普遍增大。为了防止和减少火灾危害，保护人身和财产安全，火灾自动报警系统的设计，必须遵循国家有关方针、政策，针对保护对象的特点，做到安全适用、技术先进、经济合理及管理维护方便。火灾自动报警系统框图如图5.1所示。

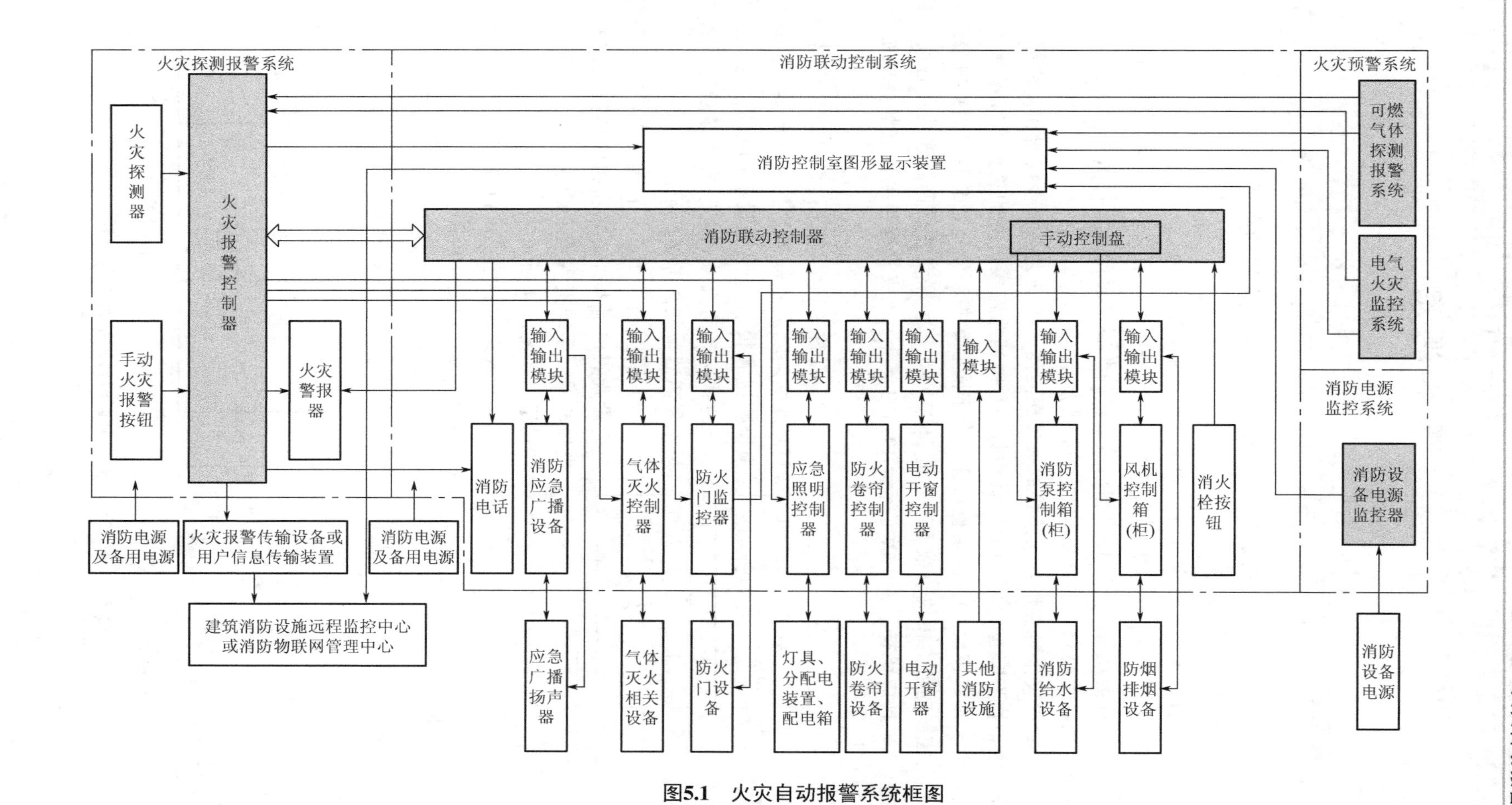

图5.1　火灾自动报警系统框图

5.1 基本规定

5.1.1 一般规定

（1）火灾自动报警系统可用于有人员居住和经常有人滞留的场所、存放重要物资或燃烧后产生严重污染需要及时报警的场所。

（2）火灾自动报警系统应设有自动和手动两种触发装置。

（3）火灾自动报警系统设备应选择符合国家有关标准和有关市场准入制度的产品。

（4）系统中各类设备之间的接口和通信协议的兼容性应符合现行国家标准《火灾自动报警系统组件兼容性要求》（GB 22134）的有关规定。

（5）任一台火灾报警控制器所连接的火灾探测器、手动火灾报警按钮和模块等设备总数和地址总数，均不应超过3200点，其中每一总线回路连接设备的总数不宜超过200点，且应留有不少于额定容量10%的余量；任一台消防联动控制器地址总数或火灾报警控制器（联动型）所控制的各类模块总数不应超过1600点，每一联动总线回路连接设备的总数不宜超过100点，且应留有不少于额定容量10%的余量。火灾报警控制器点数要求如图5.2所示。

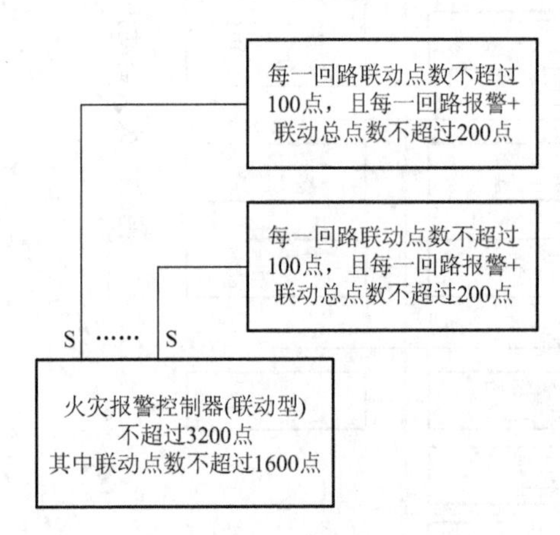

图5.2 火灾报警控制器点数要求框图

（6）系统总线上应设置总线短路隔离器，每只总线短路隔离器保护的火灾探测器、手动火灾报警按钮和模块等消防设备的总数不应超过32点；总线穿越防火分区时，应在穿越处设置总线短路隔离器，如图5.3所示。

（7）高度超过100m的建筑中，除消防控制室内设置的控制器外，每台控制器直接控制的火灾探测器、手动报警按钮和模块等设备不应跨越避难层，如图5.4所示。

（8）水泵控制柜、风机控制柜等消防电气控制装置不应采用变频启动方式。

（9）地铁列车上设置的火灾自动报警系统，应能通过无线网络等方式将列车上发生火灾的部位信息传输给消防控制室。

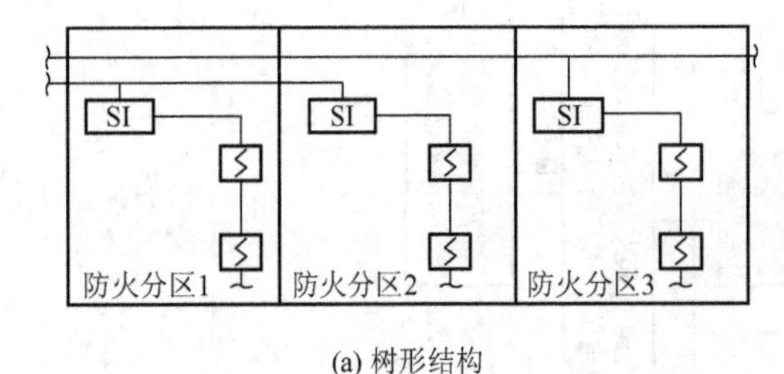

(a) 树形结构

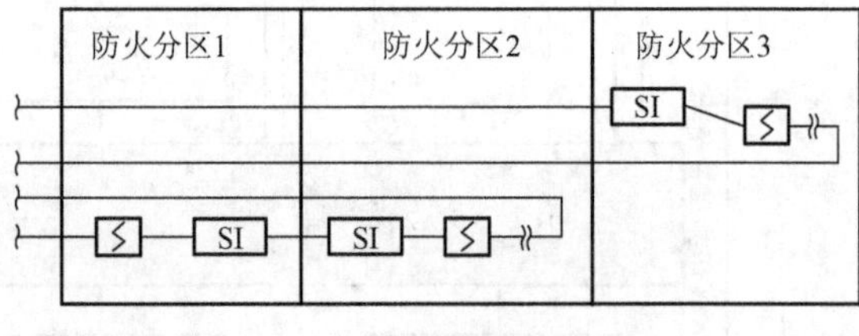

(b) 环形结构

图5.3 总线穿越防火分区时短路隔离器的设置

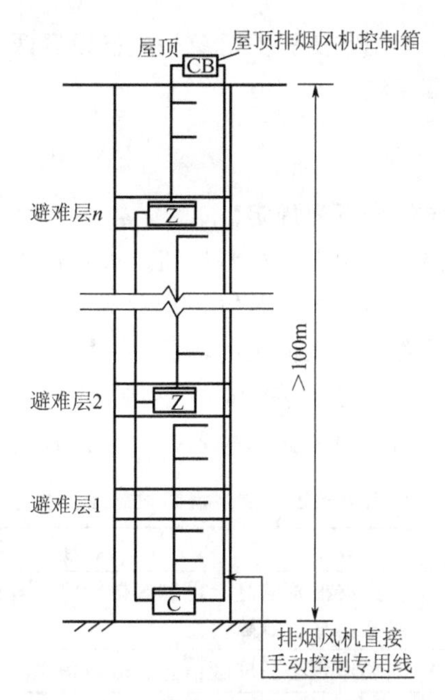

图 5.4 系统跨越避难层的设计

阅读材料 5-1

防火“从娃娃抓起”

火灾中，孩子往往是最易受害的群体。美国的消防部门十分重视对孩子的防火教育，防火做到了“从娃娃抓起”。在美国，有6岁小孩看见别人玩打火机，就会严肃地批评不要“玩火自焚”。

消防人员还会把郊区废弃的房子改造成普通民宅，然后将孩子们召集起来，用火点着房子，使它燃烧，让孩子们看到，好端端的一所民宅瞬间变成了一堆废墟，由此使孩子们认识到玩火的危害性。另外，消防部门还设计了一种给低年级学生玩的游戏，游戏双方手里有专门的卡片，上面印着一些灭火知识，使孩子们在游戏中了解基本的灭火规则。

5.1.2 系统形式的选择和设计要求

1. 火灾自动报警系统形式的选择

火灾自动报警系统形式的选择，应符合下列规定。

(1) 仅需要报警，不需要联动自动消防设备的保护对象，宜采用区域报警系统。

(2) 不仅需要报警，同时需要联动自动消防设备，且只设置一台具有集中控制功能的火灾报警控制器和消防联动控制器的保护对象，应采用集中报警系统，并应设置一个消防控制室。

(3) 设置两个及以上消防控制室的保护对象，或已设置两个及以上集中报警系统的保护对象，应采用控制中心报警系统。

2. 区域报警系统的设计

区域报警系统的设计，应符合下列规定。

(1) 系统应由火灾探测器、手动火灾报警按钮、火灾声光警报器及火灾报警控制器等组成，系统中可包括消防控制室图形显示装置和指示楼层的区域显示器。

(2) 火灾报警控制器应设置在有人值班的场所。

(3) 系统设置消防控制室图形显示装置时，该装置应具有传输表 5－1 规定的有关信息的功能。系统未设置消防控制室图形显示装置时，应设置火警传输设备。

表 5－1　火灾报警、建筑消防设施运行状态信息

<table>
<tr><th colspan="2">设施名称</th><th>内容</th></tr>
<tr><td colspan="2">火灾探测报警系统</td><td>火灾报警信息、可燃气体探测报警信息、电气火灾监控报警信息、屏蔽信息、故障信息</td></tr>
<tr><td rowspan="12">消防联动控制系统</td><td>消防联动控制器</td><td>动作状态、屏蔽信息、故障信息</td></tr>
<tr><td>消火栓系统</td><td>消防水泵电源的工作状态，消防水泵的启、停状态和故障状态，消防水箱（池）水位、管网压力报警信息及消火栓按钮的报警信息</td></tr>
<tr><td>自动喷水灭火系统、水喷雾（细水雾）灭火系统（泵供水方式）</td><td>喷淋泵电源工作状态，喷淋泵的启、停状态和故障状态，水流指示器、信号阀、报警阀、压力开关的正常工作状态和动作状态</td></tr>
<tr><td>气体灭火系统、细水雾灭火系统（压力容器供水方式）</td><td>系统的手动、自动工作状态及故障状态，阀驱动装置的正常工作状态和动作状态，防护区域中的防火门（窗）、防火阀、通风空调等设备的正常工作状态和动作状态，系统的启、停信息，紧急停止信号和管网压力信号</td></tr>
<tr><td>泡沫灭火系统</td><td>消防水泵、泡沫液泵电源的工作状态，系统的手动、自动工作状态及故障状态，消防水泵、泡沫液泵的正常工作状态和动作状态</td></tr>
<tr><td>干粉灭火系统</td><td>系统的手动、自动工作状态及故障状态，阀驱动装置的正常工作状态和动作状态，系统的启、停信息，紧急停止信号和管网压力信号</td></tr>
<tr><td>防烟排烟系统</td><td>系统的手动、自动工作状态，防烟排烟风机电源的工作状态，风机、电动防火阀、电动排烟防火阀、常闭送风口、排烟阀（口）、电动排烟窗、电动挡烟垂壁的正常工作状态和动作状态</td></tr>
<tr><td>防火门及卷帘系统</td><td>防火卷帘控制器、防火门监控器的工作状态和故障状态；卷帘门的工作状态，具有反馈信号的各类防火门、疏散门的工作状态和故障状态等动态信息</td></tr>
<tr><td>消防电梯</td><td>消防电梯的停用和故障状态</td></tr>
<tr><td>消防应急广播</td><td>消防应急广播的启动、停止和故障状态</td></tr>
<tr><td>消防应急照明和疏散指示系统</td><td>消防应急照明和疏散指示系统的故障状态和应急工作状态信息</td></tr>
<tr><td>消防电源</td><td>系统内各消防用电设备的供电电源和备用电源工作状态和欠压报警信息</td></tr>
</table>

3. 集中报警系统的设计

集中报警系统的设计，如图 5.5 所示，应符合下列规定。

（1）系统应由火灾探测器、手动火灾报警按钮、火灾声光警报器、消防应急广播、消防专用电话、消防控制室图形显示装置、火灾报警控制器、消防联动控制器等组成。

（2）系统中的火灾报警控制器、消防联动控制器和消防控制室图形显示装置、消防应急广播的控制装置、消防专用电话总机等起集中控制作用的消防设备，应设置在消防控制室内。

（3）系统设置的消防控制室图形显示装置应具有传输表 5-1 规定的有关信息的功能。

4. 控制中心报警系统的设计

控制中心报警系统的设计，应符合下列规定。

（1）有两个及以上消防控制室时，应确定一个主消防控制室。

（2）主消防控制室应能显示所有火灾报警信号和联动控制状态信号，并应能控制重要的消防设备；各分消防控制室内消防设备之间可互相传输、显示状态信息，但不应互相控制。

（3）系统设置的消防控制室图形显示装置应具有传输表 5-1 规定的有关信息的功能。

（4）其他设计应符合集中报警系统的设计规定。

5.1.3 报警区域和探测区域的划分

报警区域是将火灾自动报警系统的警戒范围按防火分区或楼层等划分的单元。探测区域是将报警区域按探测火灾的部位划分的单元。

1. 报警区域划分的规定

（1）报警区域应根据防火分区或楼层划分；可将一个防火分区或一个楼层划分为一个报警区域，也可将发生火灾时需要同时联动消防设备的相邻几个防火分区或楼层划分为一个报警区域。

（2）电缆隧道的一个报警区域宜由一个封闭长度区间组成，一个报警区域不应超过相连的 3 个封闭长度区间；道路隧道的报警区域应根据排烟系统或灭火系统的联动需要确定，且不宜超过 150m。

（3）甲、乙、丙类液体储罐区的报警区域应由一个储罐区组成，每个 50000m^3 及以上的外浮顶储罐应单独划分为一个报警区域。

（4）列车的报警区域应按车厢划分，每节车厢应划分为一个报警区域。

2. 探测区域划分的规定

（1）探测区域应按独立房（套）间划分。一个探测区域的面积不宜超过 500m^2；从主要入口能看清其内部，且面积不超过 1000m^2 的房间，也可划为一个探测区域。

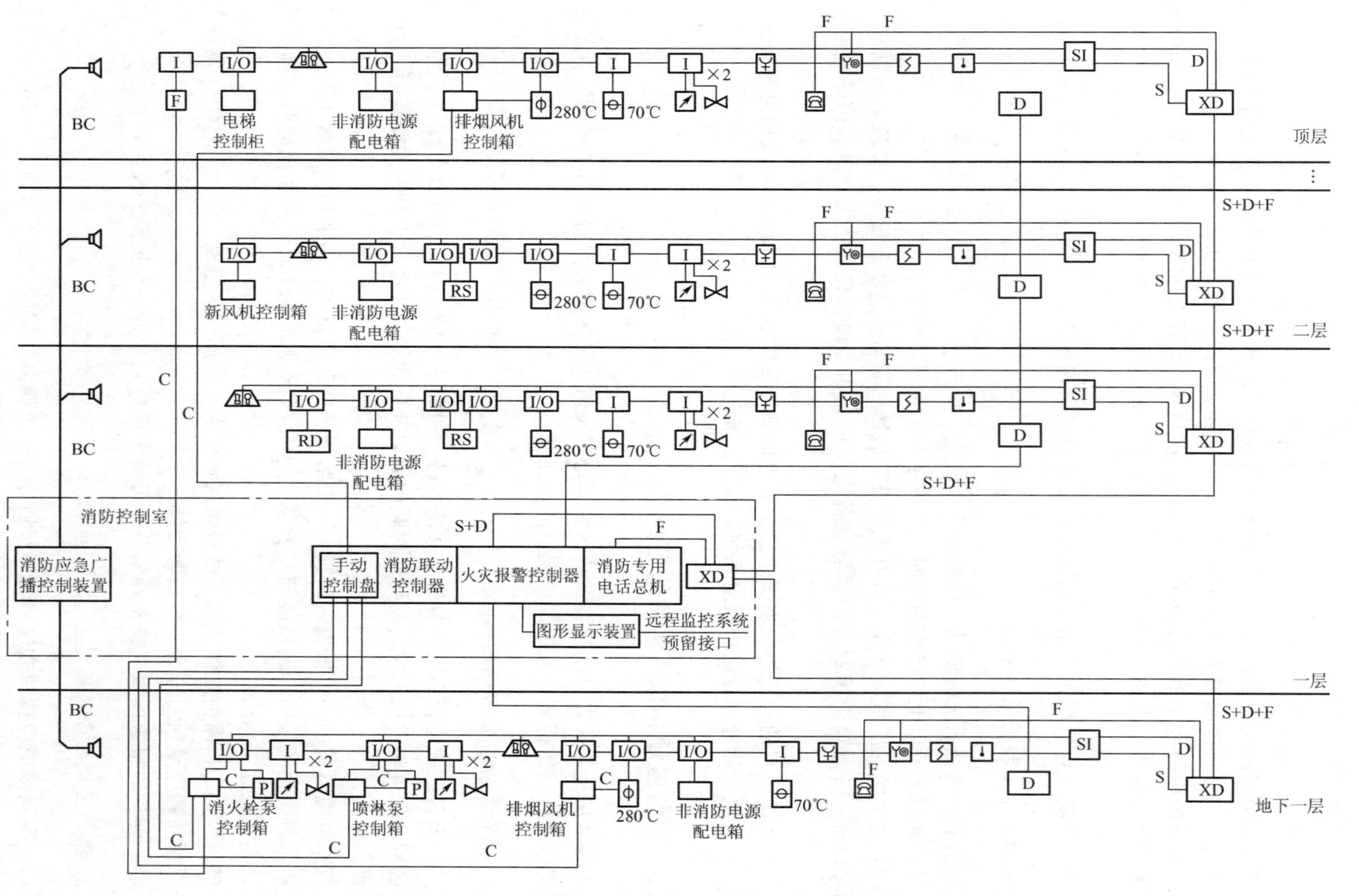

图5.5 集中报警系统示例

（2）红外光束感烟火灾探测器和缆式线型感温火灾探测器的探测区域的长度，不宜超过100m；空气管差温火灾探测器的探测区域长度宜为20～100m。

3. 应单独划分探测区域的场所

（1）敞开或封闭的楼梯间、防烟楼梯间。

（2）防烟楼梯间前室、消防电梯前室、消防电梯与防烟楼梯间合用的前室、走道、坡道。

（3）电气管道井、通信管道井、电缆隧道。

（4）建筑物闷顶、夹层。

5.1.4 消防控制室

（1）具有消防联动功能的火灾自动报警系统的保护对象中应设置消防控制室。

（2）消防控制室内设置的消防设备应包括火灾报警控制器、消防联动控制器、消防控制室图形显示装置、消防专用电话总机、消防应急广播控制装置、消防应急照明和疏散指示系统控制装置、消防电源监控器等设备或具有相应功能的组合设备。消防控制室内设置的消防控制室图形显示装置应能显示建筑物内设置的全部消防系统及相关设备的动态信息和消防安全管理信息，并应为远程监控系统预留接口，同时应具有向远程监控系统传输表5-1规定的有关信息的功能。

【参考视频】

（3）消防控制室应设有用于火灾报警的外线电话。

（4）消防控制室应有相应的竣工图纸、各分系统控制逻辑关系说明、设备使用说明书、系统操作规程、应急预案、值班制度、维护保养制度及值班记录等文件资料。

（5）消防控制室送、回风管的穿墙处应设防火阀。

（6）消防控制室内严禁穿过与消防设施无关的电气线路及管路。

（7）消防控制室不应设置在电磁场干扰较强及其他影响消防控制室设备工作的设备用房附近。

（8）消防控制室内设备的布置应符合下列规定。

① 设备面盘前的操作距离，单列布置时不应小于1.5m，双列布置时不应小于2m。

② 在值班人员经常工作的一面，设备面盘至墙的距离不应小于3m。

③ 设备面盘后的维修距离不宜小于1m。

④ 设备面盘的排列长度大于4m时，其两端应设置宽度不小于1m的通道。

⑤ 与建筑其他弱电系统合用的消防控制室内，消防设备应集中设置，并应与其他设备间有明显间隔。

（9）消防控制室的显示与控制，应符合现行国家标准《消防控制室通用技术要求》（GB 25506）的有关规定。

（10）消防控制室的信息记录、信息传输，应符合现行国家标准《消防控制室通用技术要求》（GB 25506）的有关规定。

阅读材料 5-2

消防设计不合要求，设计公司被重罚

2013年，遂宁市一建筑设计公司因未按消防设计标准强制性要求进行消防设计领到了8.5万元罚单。在此前的全面排查阶段，遂宁支队执法人员先后三次来到该公司设计的安居区五馆两中心工程，经过详细的检查，发现该工程消防控制室设计错误，且在未设计排烟设施及自动灭火系统的情况下就擅自开工了。执法人员果断责令其停止施工并立案查处。经过调查核实，该公司未按消防设计标准强制性要求进行消防设计，被依法处以人民币8.5万元的罚款。

5.2 火灾探测器的选择

5.2.1 一般规定

(1) 对火灾初期有阴燃阶段，产生大量的烟和少量的热，很少或没有火焰辐射的场所，应选择感烟火灾探测器。

(2) 对火灾发展迅速，可产生大量热、烟和火焰辐射的场所，可选择感温火灾探测器、感烟火灾探测器、火焰探测器或其组合。

(3) 对火灾发展迅速，有强烈的火焰辐射和少量烟、热的场所，应选择火焰探测器。

(4) 对火灾初期有阴燃阶段，且需要早期探测的场所，宜增设一氧化碳火灾探测器。

(5) 对使用、生产可燃气体或可燃蒸气的场所，应选择可燃气体探测器。

(6) 应根据保护场所可能发生火灾的部位和燃烧材料的分析，以及火灾探测器的类型、灵敏度和响应时间等选择相应的火灾探测器，对火灾形成特征不可预料的场所，可根据模拟试验的结果选择火灾探测器。

(7) 同一探测区域内设置多个火灾探测器时，可选择具有复合判断火灾功能的火灾探测器和火灾报警控制器。

5.2.2 点型火灾探测器的选择

(1) 对不同高度的房间，可按表5-2选择点型火灾探测器。

表5-2 对不同高度的房间点型火灾探测器的选择

房间高度 h/m	点型感烟火灾探测器	点型感温火灾探测器			火焰探测器
		A1、A2	B	C、D、E、F、G	
$12<h\leqslant 20$	不适合	不适合	不适合	不适合	适合
$8<h\leqslant 12$	适合	不适合	不适合	不适合	适合
$6<h\leqslant 8$	适合	适合	不适合	不适合	适合
$4<h\leqslant 6$	适合	适合	适合	不适合	适合
$h\leqslant 4$	适合	适合	适合	适合	适合

注：表中A1、A2、B、C、D、E、F、G为点型感温探测器的不同类别，其具体参数应符合表5-3的规定。

表5-3 点型感温火灾探测器分类

探测器类别	典型应用温度/℃	最高应用温度/℃	动作温度下限值/℃	动作温度上限值/℃
A1	25	50	54	65
A2	25	50	54	70
B	40	65	69	85
C	55	80	84	100
D	70	95	99	115
E	85	110	114	130
F	100	125	129	145
G	115	140	144	160

(2) 下列场所宜选择点型感烟火灾探测器。

① 饭店、旅馆、教学楼、办公楼的厅堂、卧室、办公室、商场、列车载客车厢等。

② 计算机房、通信机房、电影或电视放映室等。

③ 楼梯、走道、电梯机房、车库等。

④ 书库、档案库等。

(3) 符合下列条件之一的场所，不宜选择点型离子感烟火灾探测器。

① 相对湿度经常大于95%。

② 气流速度大于5m/s。

③ 有大量粉尘、水雾滞留。

④ 可能产生腐蚀性气体。

⑤ 在正常情况下有烟滞留。

⑥ 产生醇类、醚类、酮类等有机物质。

(4) 符合下列条件之一的场所，不宜选择点型光电感烟火灾探测器。

① 有大量粉尘、水雾滞留。

② 可能产生蒸气和油雾。

③ 高海拔地区。

④ 在正常情况下有烟滞留。

(5) 符合下列条件之一的场所，宜选择点型感温火灾探测器，且应根据使用场所的典型应用温度和最高应用温度选择适当类别的感温火灾探测器。

① 相对湿度经常大于95%。

② 可能发生无烟火灾。

③ 有大量粉尘。

④ 吸烟室等在正常情况下有烟或蒸气滞留的场所。

⑤ 厨房、锅炉房、发电机房、烘干车间等不宜安装感烟火灾探测器的场所。

⑥ 需要联动熄灭“安全出口”标志灯的安全出口内侧。

⑦ 其他无人滞留且不适合安装感烟火灾探测器，但发生火灾时需要及时报警的场所。

(6) 可能产生阴燃火或发生火灾不及时报警将造成重大损失的场所，不宜选择点型感温火灾探测器；温度在0℃以下的场所，不宜选择定温探测器；温度变化较大的场所，不宜选择具有差温特性的探测器。

(7) 符合下列条件之一的场所，宜选择点型火焰探测器或图像型火焰探测器。

① 火灾时有强烈的火焰辐射。

② 可能发生液体燃烧等无阴燃阶段的火灾。

③ 需要对火焰做出快速反应。

(8) 符合下列条件之一的场所，不宜选择点型火焰探测器和图像型火焰探测器。

① 在火焰出现前有浓烟扩散。

② 探测器的镜头易被污染。

③ 探测器的“视线”易被油雾、烟雾、水雾和冰雪遮挡。

④ 探测区域内的可燃物是金属和无机物。

⑤ 探测器易受阳光、白炽灯等光源直接或间接照射。

(9) 探测区域内正常情况下有高温物体的场所，不宜选择单波段红外火焰探测器。

(10) 正常情况下有明火作业，探测器易受X射线、弧光和闪电等影响的场所，不宜选择紫外火焰探测器。

(11) 下列场所宜选择可燃气体探测器。

① 使用可燃气体的场所。

② 燃气站和燃气表房，以及存储液化石油气罐的场所。

③ 其他散发可燃气体和可燃蒸气的场所。

(12) 在火灾初期产生一氧化碳的下列场所可选择点型一氧化碳火灾探测器。

① 烟不容易对流或顶棚下方有热屏障的场所。

② 在棚顶上无法安装其他点型火灾探测器的场所。

③ 需要多信号复合报警的场所。

(13) 污物较多且必须安装感烟火灾探测器的场所，应选择间断吸气的点型采样吸气式感烟火灾探测器或具有过滤网和管路自清洗功能的管路采样吸气式感烟火灾探测器。

5.2.3 线型火灾探测器的选择

(1) 无遮挡的大空间或有特殊要求的房间，宜选择线型光束感烟火灾探测器。

（2）符合下列条件之一的场所，不宜选择线型光束感烟火灾探测器。

① 有大量粉尘、水雾滞留。

② 可能产生蒸气和油雾。

③ 在正常情况下有烟滞留。

④ 固定探测器的建筑结构由于振动等原因会产生较大位移的场所。

（3）下列场所或部位，宜选择缆式线型感温火灾探测器。

① 电缆隧道、电缆竖井、电缆夹层、电缆桥架。

② 不易安装点型探测器的夹层、闷顶。

③ 各种皮带输送装置。

④ 其他环境恶劣不适合安装点型探测器的场所。

（4）下列场所或部位，宜选择线型光纤感温火灾探测器。

① 除液化石油气外的石油储罐。

② 需要设置线型感温火灾探测器的易燃易爆场所。

③ 需要监测环境温度的地下空间等场所宜设置具有实时温度监测功能的线型光纤感温火灾探测器。

④ 公路隧道、敷设动力电缆的铁路隧道和城市地铁隧道等。

（5）线型定温火灾探测器的选择，应保证其不动作温度符合设置场所的最高环境温度的要求。

5.2.4 吸气式感烟火灾探测器的选择

（1）下列场所宜选择吸气式感烟火灾探测器。

① 具有高速气流的场所。

② 点型感烟、感温火灾探测器不适宜的大空间、舞台上方、建筑高度超过 12m 或有特殊要求的场所。

③ 低温场所。

④ 需要进行隐蔽探测的场所。

⑤ 需要进行火灾早期探测的重要场所。

⑥ 人员不宜进入的场所。

（2）灰尘比较大的场所，不应选择没有过滤网和管路自清洗功能的管路采样式吸气感烟火灾探测器。

5.3 系统设备的设置

5.3.1 火灾报警控制器和消防联动控制器的设置

（1）火灾报警控制器和消防联动控制器，应设置在消防控制室内或有人值班的房间和场所。

(2) 火灾报警控制器和消防联动控制器安装在墙上时，其主显示屏高度宜为1.5～1.8m，其靠近门轴的侧面距墙不应小于0.5m，正面操作距离不应小于1.2m。

(3) 集中报警系统和控制中心报警系统中的区域火灾报警控制器在满足下列条件时，可设置在无人值班的场所。

① 本区域内没有需要手动控制的消防联动设备。

② 本火灾报警控制器的所有信息在集中火灾报警控制器上均有显示，且能接收起集中控制功能的火灾报警控制器的联动控制信号，并自动启动相应的消防设备。

③ 设置的场所只有值班人员可以进入。

5.3.2 火灾探测器的设置

(1) 火灾探测器可设置在下列部位。

① 财贸金融楼的办公室、营业厅、票证库。

② 电信楼、邮政楼的机房和办公室。

③ 商业楼、商住楼的营业厅、展览楼的展览厅和办公室。

④ 旅馆的客房和公共活动用房。

⑤ 电力调度楼、防灾指挥调度楼等的微波机房、计算机房、控制机房、动力机房和办公室。

⑥ 广播电视楼的演播室、播音室、录音室、办公室、节目播出技术用房、道具布景房。

⑦ 图书馆的书库、阅览室、办公室。

⑧ 档案楼的档案库、阅览室、办公室。

⑨ 办公楼的办公室、会议室、档案室。

⑩ 医院病房楼的病房、办公室、医疗设备室、病历档案室、药品库。

⑪ 科研楼的办公室、资料室、贵重设备室、可燃物较多的和火灾危险性较大的实验室。

⑫ 教学楼的电化教室、理化演示和实验室、贵重设备和仪器室。

⑬ 公寓（宿舍、住宅）的卧房、书房、起居室（前厅）、厨房。

⑭ 甲、乙类生产厂房及其控制室。

⑮ 甲、乙、丙类物品库房。

⑯ 设在地下室的丙、丁类生产车间和物品库房。

⑰ 堆场、堆垛、油罐等。

⑱ 地下铁道的地铁站厅、行人通道和设备间，列车车厢。

⑲ 体育馆、影剧院、会堂、礼堂的舞台、化妆室、道具室、放映室、观众厅、休息厅及其附设的一切娱乐场所。

⑳ 陈列室、展览室、营业厅、商业餐厅、观众厅等公共活动用房。

㉑ 消防电梯、防烟楼梯的前室及合用前室、走道、门厅、楼梯间。

㉒ 可燃物品库房、空调机房、配电室（间）、变压器室、自备发电机房、电梯机房。

㉓ 净高超过2.6m且可燃物较多的技术夹层。

㉔ 敷设具有可延燃绝缘层和外护层电缆的电缆竖井、电缆夹层、电缆隧道、电缆配线桥架。

㉕ 贵重设备间和火灾危险性较大的房间。

㉖ 电子计算机的主机房、控制室、纸库、光或磁记录材料库。

㉗ 经常有人停留或可燃物较多的地下室。

㉘ 歌舞娱乐场所中经常有人滞留的房间和可燃物较多的房间。

㉙ 高层汽车库，Ⅰ类汽车库，Ⅰ、Ⅱ类地下汽车库，机械立体汽车库，复式汽车库，采用升降梯作汽车疏散出口的汽车库（敞开车库可不设）。

㉚ 污衣道前室、垃圾道前室、净高超过 0.8m 的具有可燃物的闷顶、商业用或公共厨房。

㉛ 以可燃气为燃料的商业和企事业单位的公共厨房及燃气表房。

㉜ 其他经常有人停留的场所、可燃物较多的场所或燃烧后产生重大污染的场所。

㉝ 需要设置火灾探测器的其他场所。

（2）点型火灾探测器的设置应符合下列规定。

① 探测区域的每个房间应至少设置一只火灾探测器。

② 感烟火灾探测器和 A1、A2、B 型感温火灾探测器的保护面积及保护半径，应按表 5-4确定；C、D、E、F、G 型感温火灾探测器的保护面积及保护半径，应根据生产企业设计说明书确定，但不应超过表 5-4 的规定。

表 5-4　感烟火灾探测器和 A1、A2、B 型感温火灾探测器的保护面积及保护半径

火灾探测器的种类	地面面积 S/m^2	房间高度 h/m	一只探测器的保护面积 A 和保护半径 R					
			屋顶坡度 θ					
			$\theta \leqslant 15°$		$15° < \theta \leqslant 30°$		$\theta > 30°$	
			A/m^2	R/m	A/m^2	R/m	A/m^2	R/m
感烟火灾探测器	$S \leqslant 80$	$h \leqslant 12$	80	6.7	80	7.2	80	8.0
	$S > 80$	$6 < h \leqslant 12$	80	6.7	100	8.0	120	9.9
		$h \leqslant 6$	60	5.8	80	7.2	100	9.0
感温火灾探测器	$S \leqslant 30$	$h \leqslant 8$	30	4.4	30	4.9	30	5.5
	$S > 30$	$h \leqslant 8$	20	3.6	30	4.9	40	6.3

注：建筑高度不超过 14m 的封闭探测空间，且火灾初期会产生大量的烟时，可设置点型感烟火灾探测器。

③ 感烟火灾探测器、感温火灾探测器的安装间距，应根据探测器的保护面积 A 和保护半径 R 确定，并不应超过图 5.6 探测器安装间距的极限曲线 $D_1 \sim D_{11}$（含 D_9'）规定的范围。

感烟火灾探测器、感温火灾探测器的安装间距 a、b 是指图 5.7 中 1# 探测器和 2# ～5# 相邻探测器之间的距离，不是 1# 探测器与 6# ～9# 探测器之间的距离。

④ 探测区域内所需设置的探测器数量，不应小于式(5-1) 的计算值。

$$N = \frac{S}{KA} \tag{5-1}$$

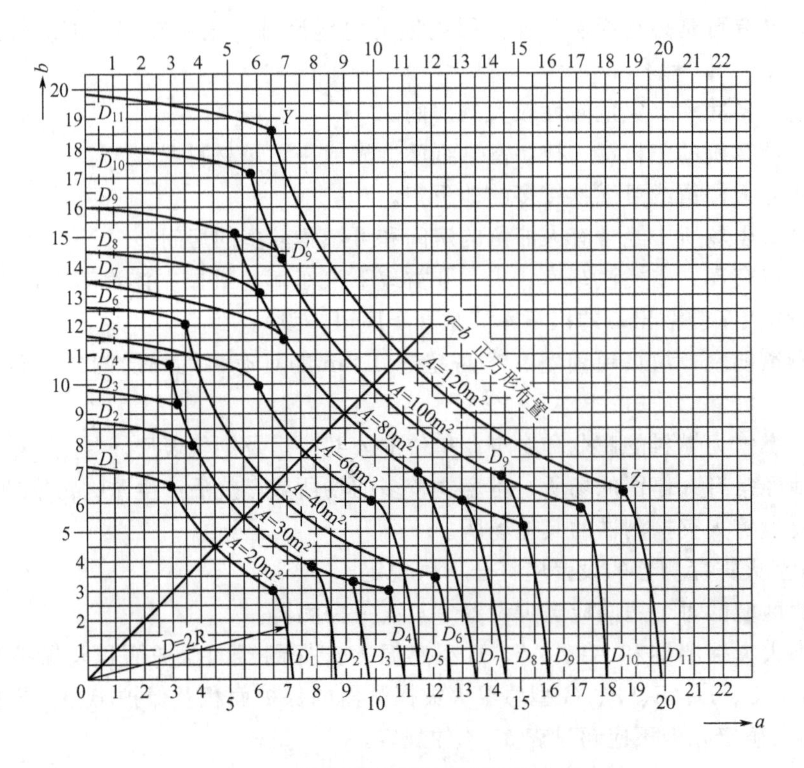

图 5.6　探测器安装间距的极限曲线

A—探测器的保护面积（m²）；a、b—探测器的安装间距（m）；

D_1～D_{11}（含 D_9'）—在不同保护面积 A 和保护半径下确定探测器安装间距 a、b 的极限曲线；

Y、Z—极限曲线的端点（在 Y 和 Z 两点间的曲线范围内，保护面积可得到充分利用）

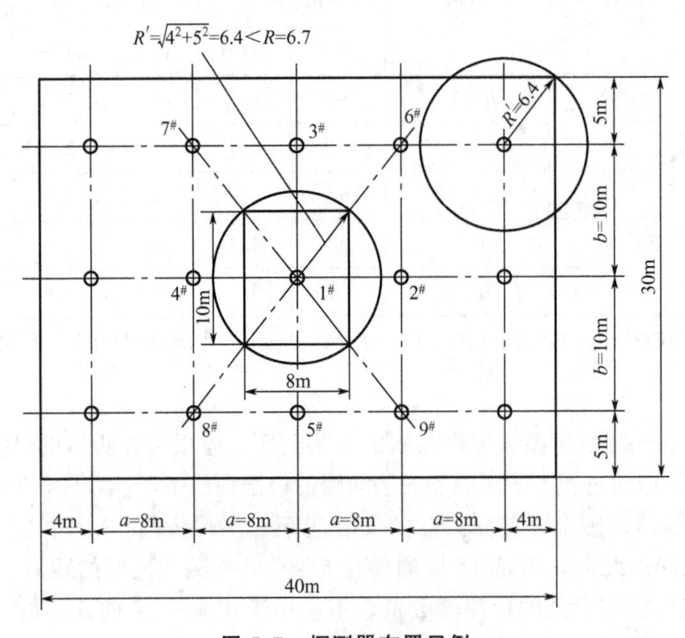

图 5.7　探测器布置示例

式中：N——探测器数量（只），N 应取整数；

S——该探测区域面积（m^2）；

K——修正系数，容纳人数超过10000人的公共场所宜取0.7～0.8，容纳人数为2000～10000人的公共场所宜取0.8～0.9，容纳人数为500～2000人的公共场所宜取0.9～1.0，其他场所可取1.0；

A——探测器的保护面积（m^2）。

例： 一个地面面积为30m×40m的生产车间，其屋顶坡度为15°，房间高度为8m，使用点型感烟火灾探测器保护。试问，应设多少只感烟火灾探测器？应如何布置这些探测器？

解： ① 确定感烟火灾探测器的保护面积 A 和保护半径 R。查表5-4，得感烟火灾探测器保护面积为 $A=80m^2$，保护半径 $R=6.7m$。

② 计算所需设置探测器数量。

选取 $K=1.0$，按有 $N=\frac{S}{KA}=\frac{1200}{1.0\times 80}=15$（只）

③ 确定探测器的安装间距 a、b。

由保护半径 R，确定保护直径 $D=2R=2\times 6.7=13.4$（m），由图5.6可确定 $D_i=D_7$，应利用 D_7 极限曲线确定 a 和 b 值。根据现场实际，选取 $a=8m$（极限曲线两端点间值），得 $b=10m$，其布置方式见图5.7。

④ 校核按安装间距 $a=8m$、$b=10m$ 布置后，探测器到最远点水平距离 R' 是否符合保护半径要求，按式(5-2)计算。

$$R'=\sqrt{\left(\frac{a}{2}\right)^2+\left(\frac{b}{2}\right)^2} \tag{5-2}$$

即 $R'=6.4m<R=6.7m$，在保护半径之内。

(3) 在有梁的顶棚上设置点型感烟火灾探测器、感温火灾探测器时，应符合下列规定。

① 当梁突出顶棚的高度小于200mm时，可不计梁对探测器保护面积的影响。

② 当梁突出顶棚的高度为200～600mm时，应按图5.8和表5-5确定梁对探测器保护面积的影响及一只探测器能够保护的梁间区域的数量。

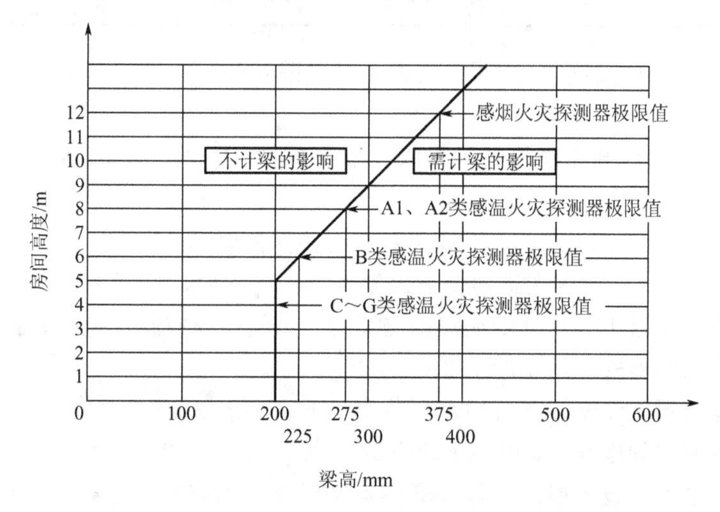

图5.8 不同高度的房间梁对探测器设置的影响

表 5-5　按梁间区域面积确定一只探测器保护的梁间区域的个数

探测器的保护面积 A/m^2		梁隔断的梁间区域面积 Q/m^2	一只探测器保护的梁间区域的个数/个
感温探测器	20	$Q>12$	1
		$8<Q\leqslant 12$	2
		$6<Q\leqslant 8$	3
		$4<Q\leqslant 6$	4
		$Q\leqslant 4$	5
	30	$Q>18$	1
		$12<Q\leqslant 18$	2
		$9<Q\leqslant 12$	3
		$6<Q\leqslant 9$	4
		$Q\leqslant 6$	5
感烟探测器	60	$Q>36$	1
		$24<Q\leqslant 36$	2
		$18<Q\leqslant 24$	3
		$12<Q\leqslant 18$	4
		$Q\leqslant 12$	5
	80	$Q>48$	1
		$32<Q\leqslant 48$	2
		$24<Q\leqslant 32$	3
		$16<Q\leqslant 24$	4
		$Q\leqslant 16$	5

③ 当梁突出顶棚的高度超过 600mm 时，被梁隔断的每个梁间区域应至少设置一只探测器。

④ 当被梁隔断的区域面积超过一只探测器的保护面积时，被隔断的区域应按规定计算探测器的设置数量。

⑤ 当梁间净距小于 1m 时，可不计梁对探测器保护面积的影响。

(4) 在宽度小于 3m 的内走道顶棚上设置点型探测器时，宜居中布置。感温火灾探测器的安装间距不应超过 10m；感烟火灾探测器的安装间距不应超过 15m；探测器至端墙的距离，不应大于探测器安装间距的 1/2。

(5) 点型探测器至墙壁、梁边的水平距离，不应小于 0.5m。

(6) 点型探测器周围 0.5m 内，不应有遮挡物。

(7) 房间被书架、设备或隔断等分隔，其顶部至顶棚或梁的距离小于房间净高的 5% 时，每个被隔开的部分应至少安装一只点型探测器。

(8) 点型探测器至空调送风口边的水平距离不应小于1.5m，并宜接近回风口安装。探测器至多孔送风顶棚孔口的水平距离不应小于0.5m。

(9) 当屋顶有热屏障时，点型感烟火灾探测器下表面至顶棚或屋顶的距离，应符合表5-6的规定。

表5-6　点型感烟火灾探测器下表面至顶棚或屋顶的距离

探测器的安装高度 h/m	点型感烟火灾探测器下表面至顶棚或屋顶的距离 d/mm					
	顶棚或屋顶坡度 θ					
	$\theta\leqslant15°$		$15°<\theta\leqslant30°$		$\theta>30°$	
	最小	最大	最小	最大	最小	最大
$h\leqslant6$	30	200	200	300	300	500
$6<h\leqslant8$	70	250	250	400	400	600
$8<h\leqslant10$	100	300	300	500	500	700
$10<h\leqslant12$	150	350	350	600	600	800

(10) 锯齿形屋顶和坡度大于15°的人字形屋顶，应在每个屋脊处设置一排点型探测器，探测器下表面至屋顶最高处的距离，应符合表5-6的规定。

(11) 点型探测器宜水平安装。当倾斜安装时，倾斜角不应大于45°。

(12) 在电梯井、升降机井设置点型探测器时，其位置宜在井道上方的机房顶棚上。

(13) 一氧化碳火灾探测器可设置在气体能够扩散到的任何部位。

(14) 火焰探测器和图像型火灾探测器的设置，应符合下列规定。

① 应计及探测器的探测视角及最大探测距离，可通过选择探测距离长、火灾报警响应时间短的火焰探测器，提高保护面积要求和报警时间要求。

② 探测器的探测视角内不应存在遮挡物。

③ 应避免光源直接照射在探测器的探测窗口。

④ 单波段的火焰探测器不应设置在平时有阳光、白炽灯等光源直接或间接照射的场所。

(15) 线型光束感烟火灾探测器的设置应符合下列规定。

① 探测器的光束轴线至顶棚的垂直距离宜为0.3～1.0m，距地高度不宜超过20m。

② 相邻两组探测器的水平距离不应大于14m，探测器至侧墙水平距离不应大于7m，且不应小于0.5m，探测器的发射器和接收器之间的距离不宜超过100m。

③ 探测器应设置在固定结构上。

④ 探测器的设置应保证其接收端避开日光和人工光源直接照射。

⑤ 选择反射式探测器时，应保证在反射板与探测器间任何部位进行模拟试验时，探测器均能正确响应。

(16) 线型感温火灾探测器的设置应符合下列规定。

① 探测器在保护电缆、堆垛等类似保护对象时，应采用接触式布置；在各种皮带输送装置上设置时，宜设置在装置的过热点附近。

② 设置在顶棚下方的线型感温火灾探测器，至顶棚的距离宜为0.1m。探测器的保护半径应符合点型感温火灾探测器的保护半径要求；探测器至墙壁的距离宜为1～1.5m。

③ 光栅光纤感温火灾探测器每个光栅的保护面积和保护半径，应符合点型感温火灾探测器的保护面积和保护半径要求。

④ 设置线型感温火灾探测器的场所有联动要求时，宜采用两只不同火灾探测器的报警信号组合。

⑤ 与线型感温火灾探测器连接的模块不宜设置在长期潮湿或温度变化较大的场所。

(17) 管路采样式吸气感烟火灾探测器的设置，应符合下列规定。

① 非高灵敏型探测器的采样管网安装高度不应超过 16m；高灵敏型探测器的采样管网安装高度可超过 16m；采样管网安装高度超过 16m 时，灵敏度可调的探测器应设置为高灵敏度，且应减小采样管长度和采样孔数量。

② 探测器的每个采样孔的保护面积、保护半径，应符合点型感烟火灾探测器的保护面积、保护半径的要求。

③ 一个探测单元的采样管总长不宜超过 200m，单管长度不宜超过 100m，同一根采样管不应穿越防火分区。采样孔总数不宜超过 100 个，单管上的采样孔数量不宜超过 25 个。

④ 当采样管道采用毛细管布置方式时，毛细管长度不宜超过 4m。

⑤ 吸气管路和采样孔应有明显的火灾探测器标识。

⑥ 在有过梁、空间支架的建筑中，采样管路应固定在过梁、空间支架上。

⑦ 当采样管道布置形式为垂直采样时，每 2℃温差间隔或 3m 间隔（取最小者）应设置一个采样孔，采样孔不应背对气流方向。

⑧ 采样管网应按经过确认的设计软件或方法进行设计。

⑨ 探测器的火灾报警信号、故障信号等信息应传给火灾报警控制器，涉及消防联动控制时，探测器的火灾报警信号还应传给消防联动控制器。

(18) 感烟火灾探测器在格栅吊顶场所的设置，应符合下列规定。

① 镂空面积与总面积的比例不大于 15%时，探测器应设置在吊顶下方。

② 镂空面积与总面积的比例大于 30%时，探测器应设置在吊顶上方。

③ 镂空面积与总面积的比例为 15%～30%时，探测器的设置部位应根据实际试验结果确定。

④ 探测器设置在吊顶上方且火警确认灯无法观察时，应在吊顶下方设置火警确认灯。

⑤ 地铁站台等有活塞风影响的场所，镂空面积与总面积的比例为 30%～70%时，探测器宜同时设置在吊顶上方和下方。

(19) 本规范未涉及的其他火灾探测器的设置应按企业提供的设计手册或使用说明书进行设置，必要时可通过模拟保护对象火灾场景等方式对探测器的设置情况进行验证。

5.3.3 手动火灾报警按钮的设置

(1) 每个防火分区应至少设置一只手动火灾报警按钮。从一个防火分区内的任何位置到最邻近的手动火灾报警按钮的步行距离不应大于 30m。手动火灾报警按钮宜设置在疏散通道或出入口处。列车上设置的手动火灾报警按钮，应设置在每节车厢的出入口和中间部位。

（2）手动火灾报警按钮应设置在明显和便于操作的部位。当采用壁挂方式安装时，其底边距地高度宜为1.3～1.5m，且应有明显的标志。

5.3.4 区域显示器的设置

（1）每个报警区域宜设置一台区域显示器（火灾显示盘）；宾馆、饭店等场所应在每个报警区域设置一台区域显示器。当一个报警区域包括多个楼层时，宜在每个楼层设置一台仅显示本楼层的区域显示器。

（2）区域显示器应设置在出入口等明显和便于操作的部位。当采用壁挂方式安装时，其底边距地高度宜为1.3～1.5m。

5.3.5 火灾警报器的设置

（1）火灾光警报器应设置在每个楼层的楼梯口、消防电梯前室、建筑内部拐角等处的明显部位，且不宜与安全出口指示标志灯具设置在同一面墙上。

（2）每个报警区域内应均匀设置火灾警报器，其声压级不应小于60dB；在环境噪声大于60dB的场所，其声压级应高于背景噪声15dB。

（3）当火灾警报器采用壁挂方式安装时，其底边距地面高度应大于2.2m。

5.3.6 消防应急广播的设置

（1）消防应急广播扬声器的设置，应符合下列规定。

① 民用建筑内扬声器应设置在走道和大厅等公共场所。每个扬声器的额定功率不应小于3W，其数量应能保证从一个防火分区内的任何部位到最近一个扬声器的直线距离不大于25m，走道末端距最近的扬声器距离不应大于12.5m。

② 在环境噪声大于60dB的场所设置的扬声器，在其播放范围内最远点的播放声压级应高于背景噪声15dB。

③ 客房设置专用扬声器时，其功率不宜小于1W。

（2）壁挂扬声器的底边距地面高度应大于2.2m。

5.3.7 消防专用电话的设置

（1）消防专用电话网络应为独立的消防通信系统。

（2）消防控制室应设置消防专用电话总机。

（3）多线制消防专用电话系统中的每个电话分机应与总机单独连接。

（4）电话分机或电话插孔的设置，应符合下列规定。

① 消防水泵房、发电机房、配变电室、计算机网络机房、主要通风和空调机房、防排烟机房、灭火控制系统操作装置处或控制室、企业消防站、消防值班室、总调度室、消防电梯机房及其他与消防联动控制有关的且经常有人值班的机房应设置消防专用电话分

机。消防专用电话分机，应固定安装在明显且便于使用的部位，并应有区别于普通电话的标识。

② 设有手动火灾报警按钮或消火栓按钮等处，宜设置电话插孔，并宜选择带电话插孔的手动火灾报警按钮。

③ 各避难层应每隔 20m 设置一个消防专用电话分机或电话插孔。

④ 电话插孔在墙上安装时，其底边距地面高度宜为 1.3～1.5m。

（5）消防控制室、消防值班室或企业消防站等处，应设置可直接报警的外线电话。

5.3.8 模块的设置

（1）每个报警区域内的模块宜相对集中设置在本报警区域内的金属模块箱中。

（2）模块严禁设置在配电（控制）柜（箱）内。

（3）本报警区域内的模块不应控制其他报警区域的设备。

（4）未集中设置的模块附近应有尺寸不小于 100mm×100mm 的标识。

5.3.9 消防控制室图形显示装置的设置

（1）消防控制室图形显示装置应设置在消防控制室内，并应符合火灾报警控制器的安装设置要求。

（2）消防控制室图形显示装置与火灾报警控制器、消防联动控制器、电气火灾监控器、可燃气体报警控制器等消防设备之间，应采用专用线路连接。

5.3.10 火灾报警传输设备或用户信息传输装置的设置

（1）火灾报警传输设备或用户信息传输装置，应设置在消防控制室内；未设置消防控制室时，应设置在火灾报警控制器附近的明显部位。

（2）火灾报警传输设备或用户信息传输装置与火灾报警控制器、消防联动控制器等设备之间，应采用专用线路连接。

（3）火灾报警传输设备或用户信息传输装置的设置，应保证有足够的操作和检修间距。

（4）火灾报警传输设备或用户信息传输装置的手动报警装置，应设置在便于操作的明显部位。

5.3.11 防火门监控器的设置

（1）防火门监控器应设置在消防控制室内，未设置消防控制室时，应设置在有人值班的场所。

（2）电动开门器的手动控制按钮应设置在防火门内侧墙面上，距门不宜超过 0.5m，底边距地面高度宜为 0.9～1.3m。

（3）防火门监控器的设置应符合火灾报警控制器的安装设置要求。

5.4 消防联动控制设计

5.4.1 一般规定

(1) 消防联动控制器应能按设定的控制逻辑向各相关的受控设备发出联动控制信号，并接受相关设备的联动反馈信号。

(2) 消防联动控制器的电压控制输出应采用直流 24V，其电源容量应满足受控消防设备同时启动且维持工作的控制容量要求。

(3) 各受控设备接口的特性参数应与消防联动控制器发出的联动控制信号相匹配。

(4) 消防水泵、防烟和排烟风机的控制设备，除应采用联动控制方式外，还应在消防控制室设置手动直接控制装置。

(5) 启动电流较大的消防设备宜分时启动。

(6) 需要火灾自动报警系统联动控制的消防设备，其联动触发信号应采用两个独立的报警触发装置报警信号的“与”逻辑组合。

5.4.2 自动喷水灭火系统的联动控制设计

(1) 湿式系统和干式系统的联动控制设计，应符合下列规定，如图 5.9 和图 5.10 所示。

① 联动控制方式，应由湿式报警阀压力开关的动作信号作为触发信号，直接控制启动喷淋消防泵，联动控制不应受消防联动控制器处于自动或手动状态影响。

② 手动控制方式，应将喷淋消防泵控制箱（柜）的启动、停止按钮用专用线路直接连接至设置在消防控制室内的消防联动控制器的手动控制盘，直接手动控制喷淋消防泵的启动、停止。

③ 水流指示器、信号阀、压力开关、喷淋消防泵的启动和停止的动作信号应反馈至消防联动控制器。

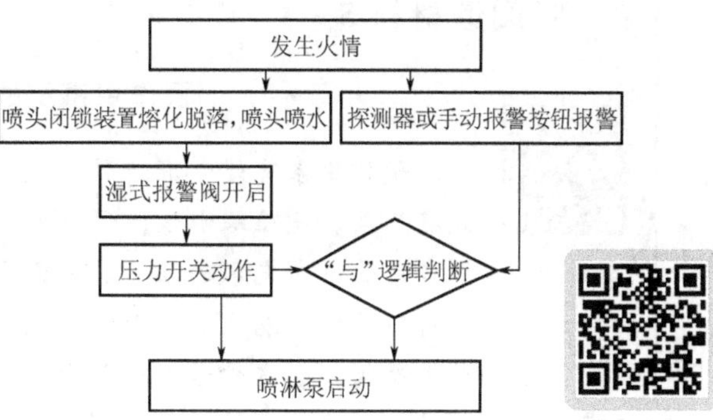

图 5.9 湿式自喷系统启泵流程图

(2) 预作用系统的联动控制设计，应符合下列规定。

① 联动控制方式，应由同一报警区域内两只及以上独立的感烟火灾探测器或一只感烟火灾探测器与一只手动火灾报警按钮的报警信号，作为预作用阀组开启的联动触发信号。由消防联动控制器控制预作用阀组的开启，使系统转变为湿式系统；当系统设有快速排气装置时，应联动控制排气阀前的电动阀的开启。湿式系统的联动控制设计应符合规范的规定。

② 手动控制方式，应将喷淋消防泵控制箱（柜）的启动和停止按钮、预作用阀组和快速排气阀入口前的电动阀的启动和停止按钮，用专用线路直接连接至设置在消防控制室内的消防联动控制器的手动控制盘，直接手动控制喷淋消防泵的启动、停止及预作用阀组

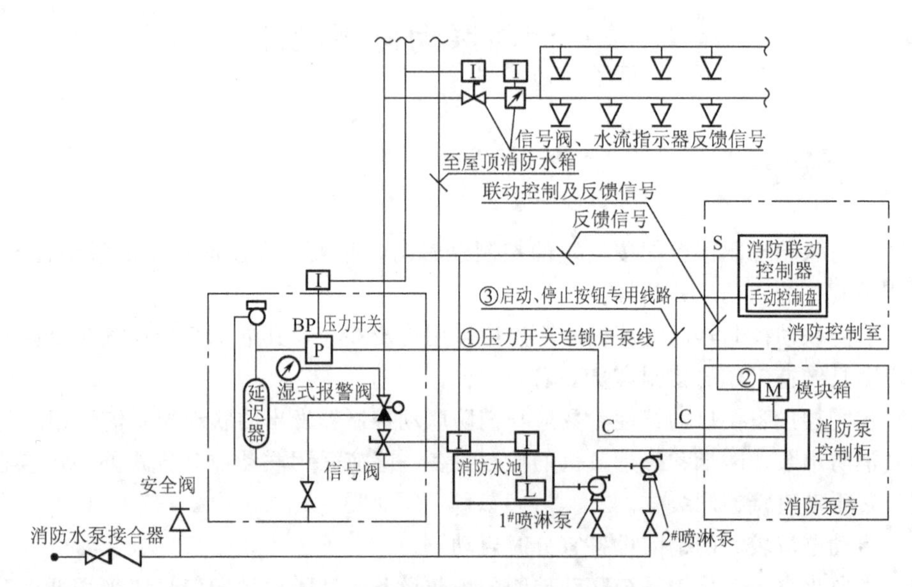

图 5.10 湿式自喷系统联动控制图

和电动阀的开启。

③ 水流指示器、信号阀、压力开关、喷淋消防泵的启动和停止的动作信号，有压气体管道气压状态信号和快速排气阀入口前电动阀的动作信号应反馈至消防联动控制器。

阅读材料 5-3

预作用系统的工作原理

【参考视频】

预作用系统处于准工作状态时，由消防水箱或稳压泵、气压给水设备等稳压设施维持雨淋阀入口前管道内充水的压力，雨淋阀后的管道内平时无水或充以有压气体。发生火灾时，由火灾自动报警系统自动开启雨淋报警阀，配水管道开始排气充水，使系统在闭式喷头动作前转换成湿式系统，并在闭式喷头开启后立即喷水。预作用报警阀如右图所示。

（3）雨淋系统的联动控制设计，应符合下列规定。

① 联动控制方式，应由同一报警区域内两只及以上独立的感温火灾探测器或一只感温火灾探测器与一只手动火灾报警按钮的报警信号，作为雨淋阀组开启的联动触发信号；应由消防联动控制器控制雨淋阀组的开启。

② 手动控制方式，应将雨淋消防泵控制箱（柜）的启动和停止按钮、雨淋阀组的启动和停止按钮，用专用线路直接连接至设置在消防控制室内的消防联动控制器的手动控制盘，直接手动控制雨淋消防泵的启动、停止及雨淋阀组的开启。

③ 水流指示器，压力开关，雨淋阀组、雨淋消防泵的启动和停止的动作信号应反馈至消防联动控制器。

阅读材料 5-4

【参考视频】

雨淋系统的工作原理

雨淋系统处于准工作状态时，由消防水箱或稳压泵、气压给水设备等稳压设施维持雨淋阀入口前管道内充水的压力。发生火灾时，由火灾自动报警系统或传动管控制，自动开启雨淋报警阀和供水泵，向系统管网供水，由雨淋阀控制的开式喷头同时喷水。

（4）自动控制的水幕系统的联动控制设计，应符合下列规定。

① 联动控制方式，当自动控制的水幕系统用于防火卷帘的保护时，应由防火卷帘下落到楼板面的动作信号与本报警区域内任一火灾探测器或手动火灾报警按钮的报警信号作为水幕阀组启动的联动触发信号，并应由消防联动控制器联动控制水幕系统相关控制阀组的启动；仅用水幕系统作为防火分隔时，应由该报警区域内两只独立的感温火灾探测器的火灾报警信号作为水幕阀组启动的联动触发信号，并应由消防联动控制器联动控制水幕系统相关控制阀组的启动。

② 手动控制方式，应将水幕系统相关控制阀组和消防泵控制箱（柜）的启动和停止按钮，用专用线路直接连接至设置在消防控制室内的消防联动控制器的手动控制盘，并应直接手动控制消防泵的启动、停止及水幕系统相关控制阀组的开启。

③ 压力开关、水幕系统相关控制阀组和消防泵的启动、停止的动作信号，应反馈至消防联动控制器。

阅读材料 5-5

【参考视频】

水幕系统的工作原理

水幕系统处于准工作状态时，由消防水箱或稳压泵、气压给水设备等稳压设施维持管道内充水的压力。发生火灾时，由火灾自动报警系统联动开启雨淋报警阀组和供水泵，向系统管网和喷头供水。右图为武汉新城国际展馆国内最长防火分隔水幕消防测试。

5.4.3 消火栓系统的联动控制设计

（1）联动控制方式，应由消火栓系统出水干管上设置的低压压力开关、高位消防水箱出水管上设置的流量开关或报警阀压力开关等信号作为触发信号，直接控制启动消火栓泵，联动控制不应受消防联动控制器处于自动或手动状态影响。当设置消火栓按钮时，消火栓按钮的动作信号应作为报警信号及启动消火栓泵的联动触发信号，由消防联动控制器联动控制消火栓泵的启动。

(2) 手动控制方式，应将消火栓泵控制箱（柜）的启动、停止按钮，用专用线路直接连接至设置在消防控制室内的消防联动控制器的手动控制盘，并应直接手动控制消火栓泵的启动、停止。

(3) 消火栓泵的动作信号应反馈至消防联动控制器，如图 5.11 和图 5.12 所示。

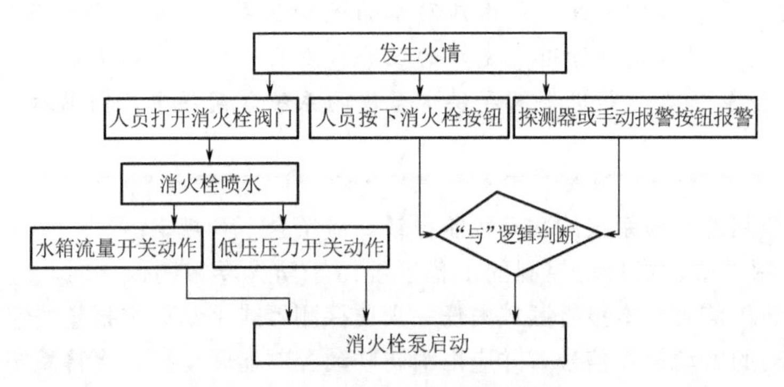

图 5.11　消火栓系统启泵流程图

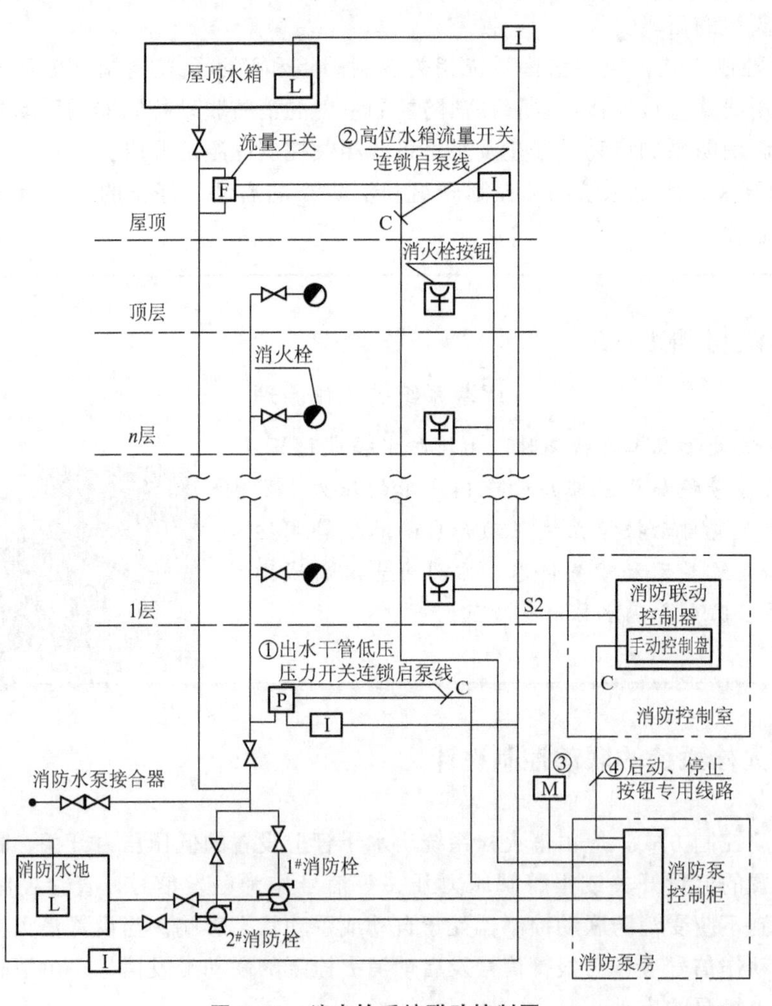

图 5.12　消火栓系统联动控制图

5.4.4 气体灭火系统、泡沫灭火系统的联动控制设计

(1) 气体灭火系统、泡沫灭火系统应分别由专用的气体灭火控制器、泡沫灭火控制器控制。

(2) 气体灭火控制器、泡沫灭火控制器直接连接火灾探测器时，气体灭火系统、泡沫灭火系统的自动控制方式应符合下列规定。

① 应由同一防护区域内两只独立的火灾探测器的报警信号、一只火灾探测器与一只手动火灾报警按钮的报警信号或防护区外的紧急启动信号，作为系统的联动触发信号。探测器的组合宜采用感烟火灾探测器和感温火灾探测器，各类探测器应按规范的规定分别计算保护面积。

② 气体灭火控制器、泡沫灭火控制器在接收到满足联动逻辑关系的首个联动触发信号后，应启动设置在该防护区内的火灾声光警报器，且联动触发信号应为任一防护区域内设置的感烟火灾探测器、其他类型火灾探测器或手动火灾报警按钮的首次报警信号；在接收到第二个联动触发信号后，应发出联动控制信号，且联动触发信号应为同一防护区域内与首次报警的火灾探测器或手动火灾报警按钮相邻的感温火灾探测器、火焰探测器或手动火灾报警按钮的报警信号。

③ 联动控制信号应包括下列内容。

a. 关闭防护区域的送（排）风机及送（排）风阀门。

b. 停止通风和空气调节系统及关闭设置在该防护区域的电动防火阀。

c. 联动控制防护区域开口封闭装置的启动，包括关闭防护区域的门、窗。

d. 启动气体灭火装置、泡沫灭火装置，气体灭火控制器、泡沫灭火控制器可设定不大于30s的延迟喷射时间。

④ 平时无人工作的防护区，可设置为无延迟的喷射，应在接收到满足联动逻辑关系的首个联动触发信号后按上面第③条联动控制信号规定执行除启动气体灭火装置、泡沫灭火装置外的联动控制；在接收到第二个联动触发信号后，应启动气体灭火装置、泡沫灭火装置。

⑤ 气体灭火防护区出口外上方应设置表示气体喷洒的火灾声光警报器，指示气体释放的声信号应与该保护对象中设置的火灾声警报器的声信号有明显区别。启动气体灭火装置、泡沫灭火装置的同时，应启动设置在防护区入口处表示气体喷洒的火灾声光警报器；组合分配系统应首先开启相应防护区域的选择阀，然后启动气体灭火装置、泡沫灭火装置。

气体灭火系统灭火流程图如图5.13所示，流程图中未表示延迟喷射时间，实际工程中应根据防护区具体情况进行设定。气体灭火系统联动控制图如图5.14所示。

(3) 气体灭火控制器、泡沫灭火控制器不直接连接火灾探测器时，气体灭火系统、泡沫灭火系统的自动控制方式应符合下列规定。

① 气体灭火系统、泡沫灭火系统的联动触发信号应由火灾报警控制器或消防联动控制器发出。

② 气体灭火系统、泡沫灭火系统的联动触发信号和联动控制均应符合规范的规定。

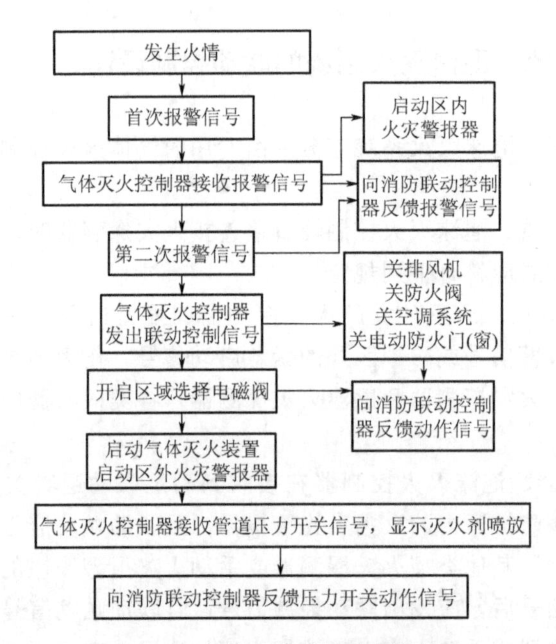

图 5.13 气体灭火系统灭火流程图

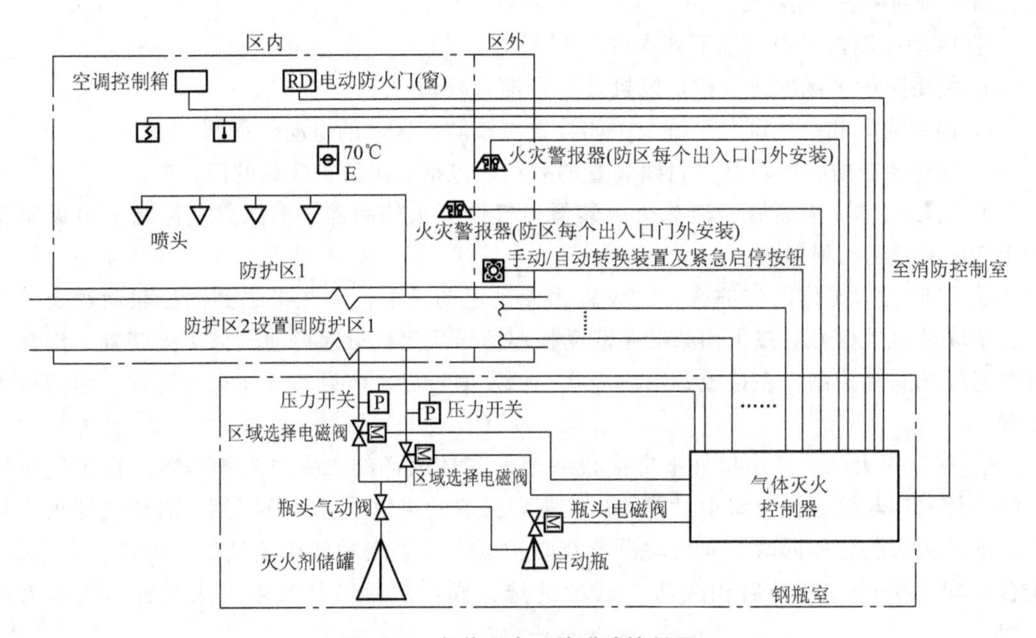

图 5.14 气体灭火系统联动控制图

（4）气体灭火系统、泡沫灭火系统的手动控制方式应符合下列规定。

① 在防护区疏散出口的门外应设置气体灭火装置、泡沫灭火装置的手动启动和停止按钮。按下手动启动按钮时，气体灭火控制器、泡沫灭火控制器应执行符合规范规定的联动操作；按下手动停止按钮时，气体灭火控制器、泡沫灭火控制器应停止正在执行的联动操作。

② 气体灭火控制器、泡沫灭火控制器上应设置对应于不同防护区的手动启动和停止

按钮。按下手动启动按钮时，气体灭火控制器、泡沫灭火控制器应执行符合规范规定的联动操作；按下手动停止按钮时，气体灭火控制器、泡沫灭火控制器应停止正在执行的联动操作。

（5）气体灭火装置、泡沫灭火装置启动及喷放各阶段的联动控制及系统的反馈信号，应反馈至消防联动控制器。系统的联动反馈信号应包括下列内容。

① 气体灭火控制器、泡沫灭火控制器直接连接的火灾探测器的报警信号。

② 选择阀的动作信号。

③ 压力开关的动作信号。

（6）在防护区域内设有手动与自动控制转换装置的系统，其手动或自动控制方式的工作状态应在防护区内外的手动和自动控制状态显示装置上显示，该状态信号应反馈至消防联动控制器。

5.4.5 防烟排烟系统的联动控制设计

（1）防烟系统的联动控制方式应符合下列规定。

① 应由加压送风口所在防火分区内的两只独立的火灾探测器或一只火灾探测器与一只手动火灾报警按钮的报警信号，作为送风口开启和加压送风机启动的联动触发信号，并应由消防联动控制器联动控制相关层前室等需要加压送风场所的加压送风口开启和加压送风机启动。

② 应由同一防烟分区内且位于电动挡烟垂壁附近的两只独立的感烟火灾探测器的报警信号，作为电动挡烟垂壁降落的联动触发信号，并应由消防联动控制器联动控制电动挡烟垂壁的降落。

（2）排烟系统的联动控制方式应符合下列规定。

① 应由同一防烟分区内的两只独立的火灾探测器的报警信号，作为排烟口、排烟窗或排烟阀开启的联动触发信号，并应由消防联动控制器联动控制排烟口、排烟窗或排烟阀的开启，同时停止该防烟分区的空气调节系统。

② 应由排烟口、排烟窗或排烟阀开启的动作信号，作为排烟风机启动的联动触发信号，并应由消防联动控制器联动控制排烟风机的启动。

（3）防烟系统、排烟系统的手动控制方式，应能在消防控制室内的消防联动控制器上手动控制送风口、电动挡烟垂壁、排烟口、排烟窗、排烟阀的开启或关闭及防烟风机、排烟风机等设备的启动或停止；防烟、排烟风机的启动和停止按钮应采用专用线路直接连接至设置在消防控制室内的消防联动控制器的手动控制盘，并应直接手动控制防烟、排烟风机的启动和停止。

（4）送风口、排烟口、排烟窗或排烟阀开启和关闭的动作信号，防烟、排烟风机启动和停止及电动防火阀关闭的动作信号，均应反馈至消防联动控制器。

（5）排烟风机入口处的总管上设置的280℃排烟防火阀在关闭后应直接联动控制风机停止，排烟防火阀及风机的动作信号应反馈至消防联动控制器。防排烟系统联动控制图如图5.15所示。

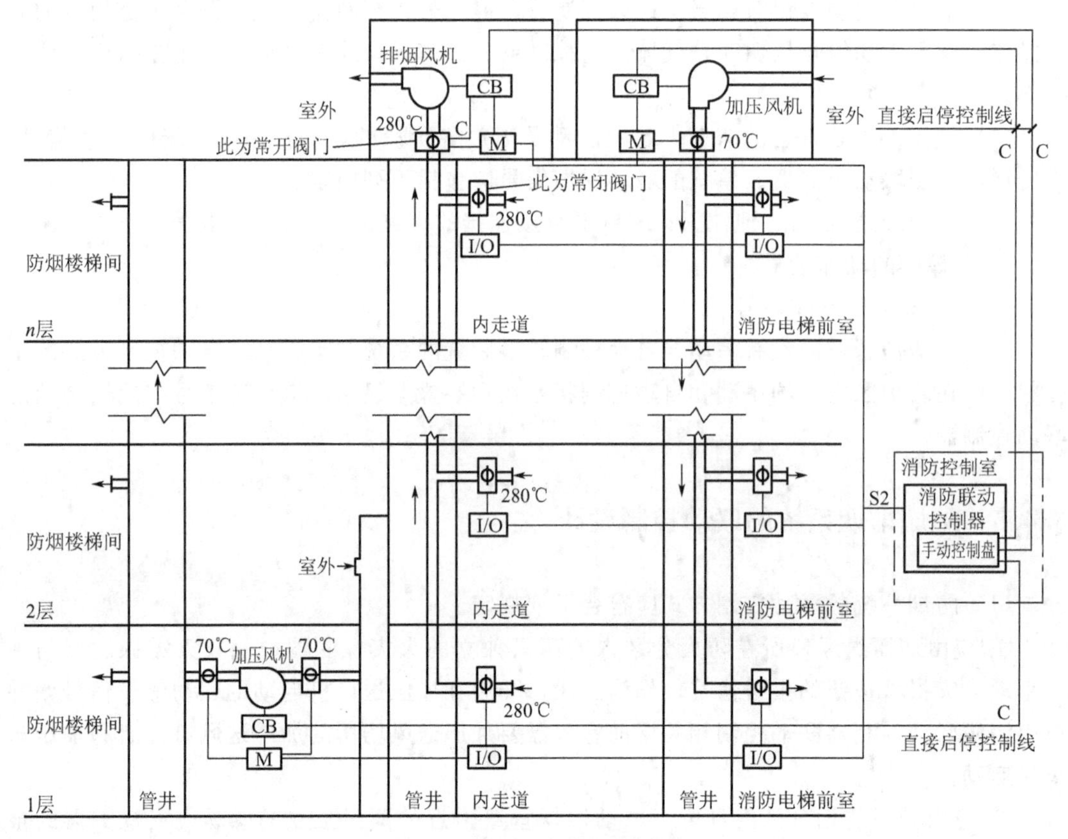

图 5.15 防排烟系统联动控制图

5.4.6 防火门及防火卷帘系统的联动控制设计

(1) 防火门系统的联动控制设计，应符合下列规定。

① 应由常开防火门所在防火分区内的两只独立的火灾探测器或一只火灾探测器与一只手动火灾报警按钮的报警信号，作为常开防火门关闭的联动触发信号，联动触发信号应由火灾报警控制器或消防联动控制器发出，并应由消防联动控制器或防火门监控器联动控制防火门关闭。

② 疏散通道上各防火门的开启、关闭及故障状态信号应反馈至防火门监控器。

(2) 防火卷帘的升降应由防火卷帘控制器控制。

(3) 疏散通道上设置的防火卷帘的联动控制设计，应符合下列规定。

① 联动控制方式，防火分区内任两只独立的感烟火灾探测器或任一只专门用于联动防火卷帘的感烟火灾探测器的报警信号应联动控制防火卷帘下降至距楼板面 1.8m 处；任一只专门用于联动防火卷帘的感温火灾探测器的报警信号应联动控制防火卷帘下降到楼板面；在卷帘的任一侧距卷帘纵深 0.5～5m 内应设置不少于两只专门用于联动防火卷帘的感温火灾探测器。

② 手动控制方式，应由防火卷帘两侧设置的手动控制按钮控制防火卷帘的升降。

（4）非疏散通道上设置的防火卷帘的联动控制设计，应符合下列规定。

① 联动控制方式，应由防火卷帘所在防火分区内任两只独立的火灾探测器的报警信号，作为防火卷帘下降的联动触发信号，并应联动控制防火卷帘直接下降到楼板面。

② 手动控制方式，应由防火卷帘两侧设置的手动控制按钮控制防火卷帘的升降，并应能在消防控制室内的消防联动控制器上手动控制防火卷帘的降落。

（5）防火卷帘下降至距楼板面1.8m处、下降到楼板面的动作信号和防火卷帘控制器直接连接的感烟、感温火灾探测器的报警信号，应反馈至消防联动控制器。

5.4.7 电梯的联动控制设计

（1）消防联动控制器应具有发出联动控制信号强制所有电梯停于首层或电梯转换层的功能。

（2）电梯运行状态信息和停于首层或转换层的反馈信号，应传送给消防控制室显示，轿厢内应设置能直接与消防控制室通话的专用电话。

阅读材料5-6

女子乘电梯被运至“火窟”

【参考图文】

据《纽约每日新闻》报道，美国芝加哥市当地时间2012年1月8日凌晨，一名32岁美国女子在不知顶楼着火的情况下，搭乘上升电梯来到起火楼层，不幸遇难。

芝加哥市消防官员称，大约凌晨2点，珊特尔·米克乘电梯准备回到她位于湖滨大道公寓12层的家，不想当电梯门一打开，1500℃的火焰迎面猛扑过来，她马上被浓烟所吞没。

消防队员表示，大火起于12层的一套公寓。《芝加哥论坛报》报道称，该楼层一房间起火后，其中的男女住户成功逃离火海，但是他们并没有把门关上，不久火苗就窜到了走廊里。消防局发言人乔·洛卡萨尔瓦称：“他们逃离火场后没有关门，于是所有的热气和浓烟就涌入整个走廊。当电梯门一打开，珊特尔·米克不幸遇害。”

5.4.8 火灾警报和消防应急广播系统的联动控制设计

（1）火灾自动报警系统应设置火灾声光警报器，并应在确认火灾后启动建筑内的所有火灾声光警报器。

(2) 未设置消防联动控制器的火灾自动报警系统，火灾声光警报器应由火灾报警控制器控制；设置消防联动控制器的火灾自动报警系统，火灾声光警报器应由火灾报警控制器或消防联动控制器控制。

(3) 公共场所宜设置具有同一种火灾变调声的火灾声警报器；具有多个报警区域的保护对象，宜选用带有语音提示的火灾声警报器；学校、工厂等各类日常使用电铃的场所，不应使用警铃作为火灾声警报器。

(4) 火灾声警报器设置带有语音提示功能时，应同时设置语音同步器。

(5) 同一建筑内设置多个火灾声警报器时，火灾自动报警系统应能同时启动和停止所有火灾声警报器工作。

(6) 火灾声警报器单次发出火灾警报时间宜为 8～20s，同时设有消防应急广播时，火灾声警报应与消防应急广播交替循环播放。

(7) 集中报警系统和控制中心报警系统应设置消防应急广播。

(8) 消防应急广播系统的联动控制信号应由消防联动控制器发出。当确认火灾后，应同时向全楼进行广播。

(9) 消防应急广播的单次语音播放时间宜为 10～30s，应与火灾声警报器分时交替工作，可采取 1 次火灾声警报器播放、1 次或 2 次消防应急广播播放的交替工作方式循环播放。

(10) 在消防控制室应能手动或按预设控制逻辑联动控制选择广播分区、启动或停止应急广播系统，并应能监听消防应急广播。在通过传声器进行应急广播时，应自动对广播内容进行录音。消防应急广播系统联动控制如图 5.16 所示。

(11) 消防控制室内应能显示消防应急广播的广播分区的工作状态。

(12) 消防应急广播与普通广播或背景音乐广播合用时，应具有强制切入消防应急广播的功能。

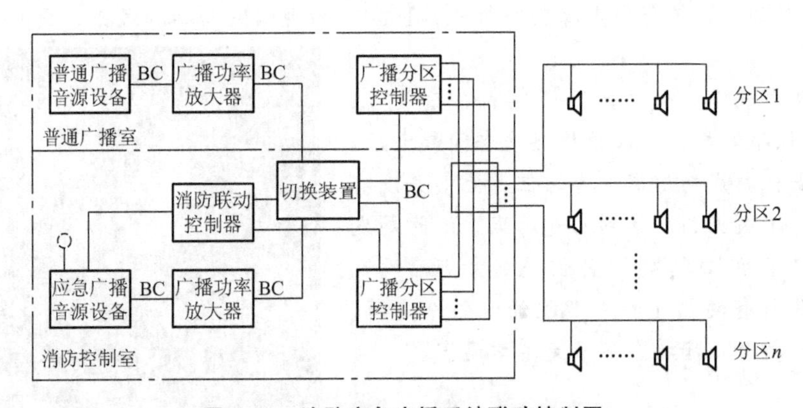

图 5.16 消防应急广播系统联动控制图

5.4.9 消防应急照明和疏散指示系统的联动控制设计

(1) 消防应急照明和疏散指示系统的联动控制设计，应符合下列规定。

① 集中控制型消防应急照明和疏散指示系统，应由火灾报警控制器或消防联动控制

器启动应急照明控制器实现。集中控制型联动控制图如图 5.17 所示。

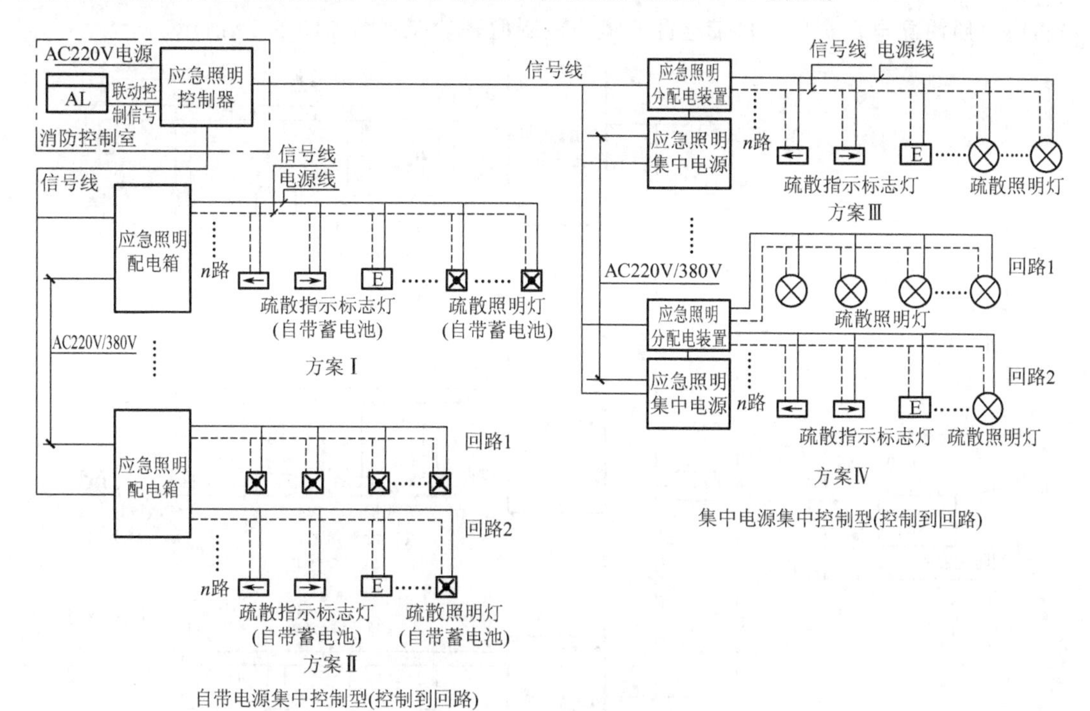

图 5.17　集中控制型联动控制图

② 集中电源非集中控制型消防应急照明和疏散指示系统，应由消防联动控制器联动应急照明集中电源和应急照明分配电装置实现。集中电源非集中控制型联动控制图如图 5.18所示。

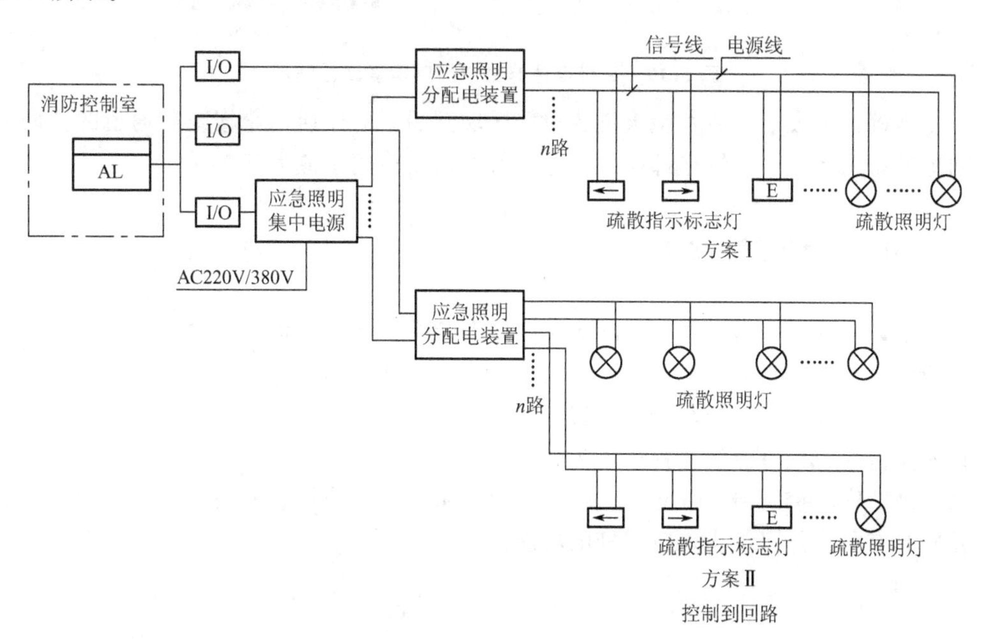

图 5.18　集中电源非集中控制型联动控制图

③ 自带电源非集中控制型消防应急照明和疏散指示系统，应由消防联动控制器联动消防应急照明配电箱实现。自带电源非集中控制型联动控制图如图 5.19 所示。

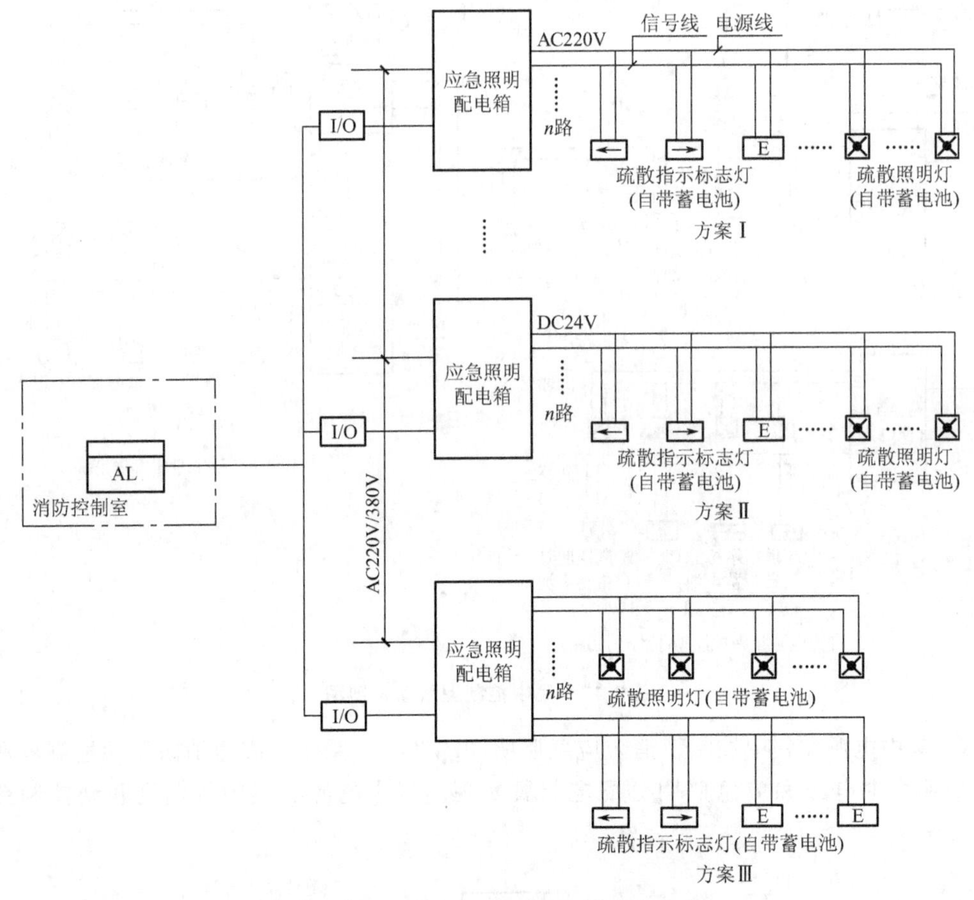

图 5.19　自带电源非集中控制型联动控制图

（2）当确认火灾后，由发生火灾的报警区域开始，顺序启动全楼疏散通道的消防应急照明和疏散指示系统，系统全部投入应急状态的启动时间不应大于 5s。

5.4.10　相关联动控制设计

（1）消防联动控制器应具有切断火灾区域及相关区域的非消防电源的功能，当需要切断正常照明时，宜在自动喷淋系统、消火栓系统动作前切断。

（2）消防联动控制器应具有自动打开涉及疏散的电动栅杆等的功能，宜开启相关区域安全技术防范系统的摄像机监视火灾现场。

（3）消防联动控制器应具有打开疏散通道上由门禁系统控制的门和庭院电动大门的功能，并应具有打开停车场出入口挡杆的功能。

5.5 住宅建筑火灾自动报警系统

5.5.1 一般规定

(1) 住宅建筑火灾自动报警系统可根据实际应用过程中保护对象的具体情况按下列分类。

① A类系统可由火灾报警控制器、手动火灾报警按钮、家用火灾探测器、火灾声警报器、应急广播等设备组成。

② B类系统可由控制中心监控设备、家用火灾报警控制器、家用火灾探测器、火灾声警报器等设备组成。

③ C类系统可由家用火灾报警控制器、家用火灾探测器、火灾声警报器等设备组成。

④ D类系统可由独立式火灾探测报警器、火灾声警报器等设备组成。

(2) 住宅建筑火灾自动报警系统的选择应符合下列规定。

① 有物业集中监控管理且设有需联动控制的消防设施的住宅建筑应选用A类系统。

② 仅有物业集中监控管理的住宅建筑宜选用A类或B类系统。

③ 没有物业集中监控管理的住宅建筑宜选用C类系统。

④ 别墅式住宅和已投入使用的住宅建筑可选用D类系统。

5.5.2 系统设计

(1) A类系统的设计应符合下列规定。

① 系统在公共部位的设计应符合规范的规定。

② 住户内设置的家用火灾探测器可接入家用火灾报警控制器，也可直接接入火灾报警控制器。

③ 设置的家用火灾报警控制器应将火灾报警信息、故障信息等相关信息传输给相连接的火灾报警控制器。

④ 建筑公共部位设置的火灾探测器应直接接入火灾报警控制器。

(2) B类和C类系统的设计应符合下列规定。

① 住户内设置的家用火灾探测器应接入家用火灾报警控制器。

② 家用火灾报警控制器应能启动设置在公共部位的火灾声警报器。

③ B类系统中，设置在每户住宅内的家用火灾报警控制器应连接到控制中心监控设备，控制中心监控设备应能显示发生火灾的住户。

(3) D类系统的设计应符合下列规定。

① 有多个起居室的住户，宜采用互连型独立式火灾探测报警器。

② 宜选择电池供电时间不少于3年的独立式火灾探测报警器。

(4) 采用无线方式将独立式火灾探测报警器组成系统时，系统设计应符合A类、B类或C类系统之一的设计要求。

阅读材料5-7

纽约消防局呼吁住宅装报警器

据美国《世界日报》报道，纽约消防局安全教育部门的两名巡官分发消防安全传单，并指出，2012年纽约市52起死亡火灾中，有46起属屋内未安装烟雾警报器或警报器失效。

巡官John Fiumano指出，对于关键时刻能救人一命的烟雾警报器和一氧化碳探测器，民众万不可掉以轻心，要定时检查是否能正常工作。民宅中，一般地库是暖气锅炉，厨房在一楼，卧室在二楼及以上，而暖气与厨房是常见着火点，若火情发生时警报没有及时响起，受困楼上的人在火势变大后将难以逃生。

据美国消防部门统计，全国超过三分之一的烟雾警报器因过于老旧或电池耗尽，无法在火灾发生时发挥其应有的作用。而统计显示，大部分造成死亡的火灾，都因烟雾警报器失效未能响起，而导致民众无法及时逃生。

5.5.3 火灾探测器的设置

(1) 每间卧室、起居室内应至少设置一只感烟火灾探测器。

(2) 可燃气体探测器在厨房设置时，应符合下列规定。

① 使用天然气的用户应选择甲烷探测器，使用液化气的用户应选择丙烷探测器，使用煤制气的用户应选择一氧化碳探测器。

② 连接燃气灶具的软管及接头在橱柜内部时，探测器宜设置在橱柜内部。

③ 甲烷探测器应设置在厨房顶部，丙烷探测器应设置在厨房下部，一氧化碳探测器可设置在厨房下部，也可设置在其他部位。

④ 可燃气体探测器不宜设置在灶具正上方。

⑤ 宜采用具有联动关断燃气关断阀功能的可燃气体探测器。

⑥ 探测器联动的燃气关断阀宜为用户可以自己复位的关断阀，并应具有胶管脱落自动保护功能。

5.5.4 家用火灾报警控制器的设置

(1) 家用火灾报警控制器应独立设置在每户内，且应设置在明显和便于操作的部位。当采用壁挂方式安装时，其底边距地高度宜为1.3～1.5m。

(2) 具有可视对讲功能的家用火灾报警控制器宜设置在进户门附近。

5.5.5 火灾声警报器的设置

(1) 住宅建筑公共部位设置的火灾声警报器应具有语音功能，且应能接受联动控制或由手动火灾报警按钮信号直接控制发出警报。

（2）每台警报器覆盖的楼层不应超过3层，且首层明显部位应设置用于直接启动火灾声警报器的手动火灾报警按钮。

5.5.6　应急广播的设置

（1）住宅建筑内设置的应急广播应能接受联动控制或由手动火灾报警按钮信号直接控制进行广播。

（2）每台扬声器覆盖的楼层不应超过3层。

（3）广播功率放大器应具有消防电话插孔，消防电话插入后应能直接讲话。

（4）广播功率放大器应配有备用电池，电池持续工作不能达到1h时，应能向消防控制室或物业值班室发送报警信息。

（5）广播功率放大器应设置在首层内走道侧面墙上，箱体面板应有防止非专业人员打开的措施。

5.6　可燃气体探测报警系统

5.6.1　一般规定

（1）可燃气体探测报警系统应由可燃气体报警控制器、可燃气体探测器和火灾声光警报器等组成。

（2）可燃气体探测报警系统应独立组成，可燃气体探测器不应接入火灾报警控制器的探测器回路；当可燃气体的报警信号需接入火灾自动报警系统时，应由可燃气体报警控制器接入。

（3）石化行业涉及过程控制的可燃气体探测器，可按现行国家标准《石油化工可燃气体和有毒气体检测报警设计规范》（GB 50493）的有关规定设置，但其报警信号应接入消防控制室。

（4）可燃气体报警控制器的报警信息和故障信息，应在消防控制室图形显示装置或起集中控制功能的火灾报警控制器上显示，但该类信息与火灾报警信息的显示应有区别。

（5）可燃气体报警控制器发出报警信号时，应能启动保护区域的火灾声光警报器。

（6）可燃气体探测报警系统保护区域内有联动和警报要求时，应由可燃气体报警控制器或消防联动控制器联动实现。

（7）可燃气体探测报警系统设置在有防爆要求的场所时，尚应符合有关防爆要求。

5.6.2　可燃气体探测器的设置

（1）探测气体密度小于空气密度的可燃气体探测器应设置在被保护空间的顶部，探测气体密度大于空气密度的可燃气体探测器应设置在被保护空间的下部，探测气体密度与空气密度相当时，可燃气体探测器可设置在被保护空间的中间部位或顶部。

（2）可燃气体探测器宜设置在可能产生可燃气体部位附近。

（3）点型可燃气体探测器的保护半径，应符合现行国家标准《石油化工可燃气体和有毒气体检测报警设计规范》（GB 50493）的有关规定。

（4）线型可燃气体探测器的保护区域长度不宜大于60m。

5.6.3 可燃气体报警控制器的设置

（1）当有消防控制室时，可燃气体报警控制器可设置在保护区域附近；当无消防控制室时，可燃气体报警控制器应设置在有人值班的场所。

（2）可燃气体报警控制器的设置应符合火灾报警控制器的安装设置要求。

5.7 电气火灾监控系统

5.7.1 一般规定

（1）电气火灾监控系统可用于具有电气火灾危险的场所。

（2）电气火灾监控系统应由下列部分或全部设备组成。

① 电气火灾监控器。

② 剩余电流式电气火灾监控探测器。

③ 测温式电气火灾监控探测器。

（3）电气火灾监控系统应根据建筑物的性质及电气火灾危险性设置，并应根据电气线路敷设和用电设备的具体情况，确定电气火灾监控探测器的形式与安装位置。在无消防控制室且电气火灾监控探测器设置数量不超过8个时，可采用独立式电气火灾监控探测器。

（4）非独立式电气火灾监控探测器不应接入火灾报警控制器的探测器回路。

（5）在设置消防控制室的场所，电气火灾监控器的报警信息和故障信息应在消防控制室图形显示装置或起集中控制功能的火灾报警控制器上显示，但该类信息与火灾报警信息的显示应有区别。

（6）电气火灾监控系统的设置不应影响供电系统的正常工作，不宜自动切断供电电源。

（7）当线型感温火灾探测器用于电气火灾监控时，可接入电气火灾监控器。

5.7.2 剩余电流式电气火灾监控探测器的设置

（1）剩余电流式电气火灾监控探测器应以设置在低压配电系统首端为基本原则，宜设置在第一级配电柜（箱）的出线端。在供电线路泄漏电流大于 500mA 时，宜在其下一级配电柜（箱）设置。剩余电流式电气火灾监控探测器系统示意图如图 5.20 所示。

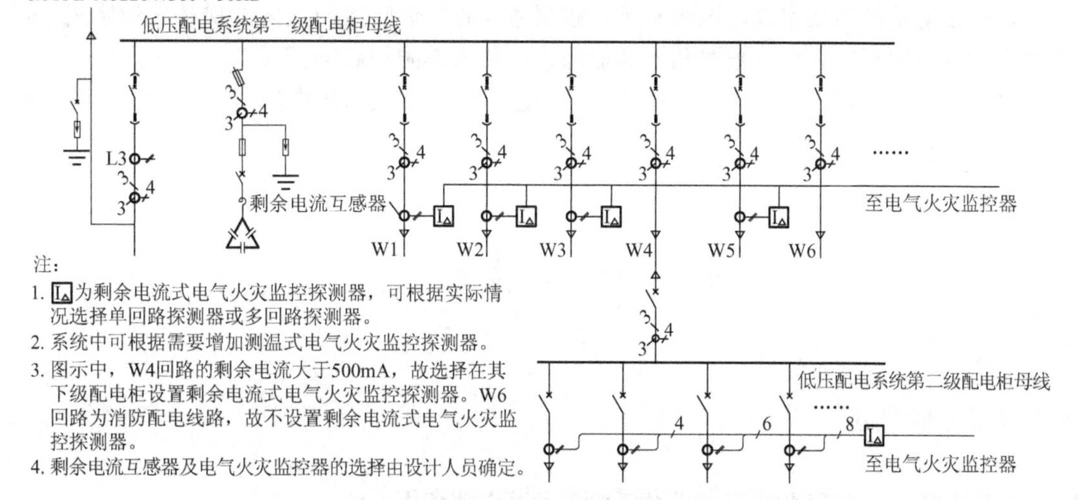

图 5.20　剩余电流式电气火灾监控探测器系统示意图

（2）剩余电流式电气火灾监控探测器不宜设置在 TT 系统的配电线路和消防配电线路中。

（3）选择剩余电流式电气火灾监控探测器时，应计及供电系统自然漏流的影响，并应选择参数合适的探测器；探测器报警值宜为 300～500mA。

（4）具有探测线路故障电弧功能的电气火灾监控探测器，其保护线路的长度不宜大于 100m。

5.7.3　测温式电气火灾监控探测器的设置

（1）测温式电气火灾监控探测器应设置在电缆接头、端子、重点发热部件等部位。

（2）保护对象为 1000V 及以下的配电线路，测温式电气火灾监控探测器应采用接触式布置。

（3）保护对象为 1000V 以上的供电线路，测温式电气火灾监控探测器宜选择光栅光纤测温式或红外测温式电气火灾监控探测器，光栅光纤测温式电气火灾监控探测器应直接设置在保护对象的表面。

5.7.4　独立式电气火灾监控探测器的设置

（1）独立式电气火灾监控探测器的设置应符合规范的规定。

（2）设有火灾自动报警系统时，独立式电气火灾监控探测器的报警信息和故障信息应在消防控制室图形显示装置或集中火灾报警控制器上显示；但该类信息与火灾报警信息的显示应有区别。

（3）未设火灾自动报警系统时，独立式电气火灾监控探测器应将报警信号传至有人值班的场所。

5.7.5 电气火灾监控器的设置

(1) 设有消防控制室时，电气火灾监控器应设置在消防控制室内或保护区域附近；设置在保护区域附近时，应将报警信息和故障信息传入消防控制室。

(2) 未设消防控制室时，电气火灾监控器应设置在有人值班的场所。

5.8 系统供电

5.8.1 一般规定

(1) 火灾自动报警系统应设置交流电源和蓄电池备用电源。

(2) 火灾自动报警系统的交流电源应采用消防电源，备用电源可采用火灾报警控制器和消防联动控制器自带的蓄电池电源或消防设备应急电源。当备用电源采用消防设备应急电源时，火灾报警控制器和消防联动控制器应采用单独的供电回路，并应保证在系统处于最大负载状态下不影响火灾报警控制器和消防联动控制器的正常工作。

(3) 消防控制室图形显示装置、消防通信设备等的电源，宜由 UPS 电源装置或消防设备应急电源供电。火灾自动报警系统供电系统框图如图 5.21 所示。

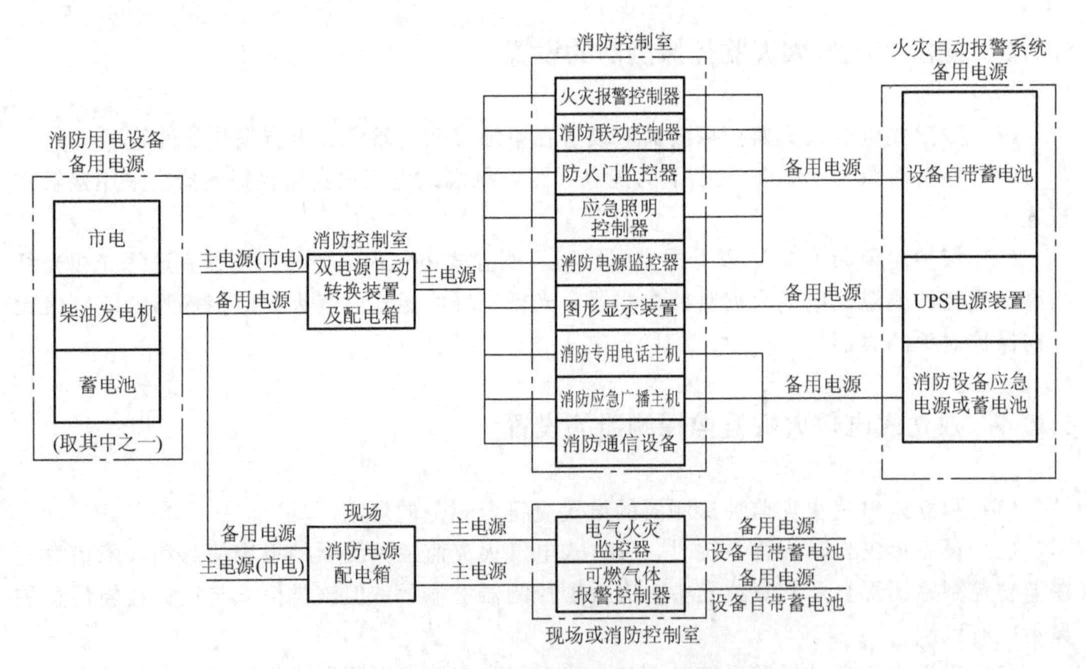

图 5.21 火灾自动报警系统供电系统框图

（4）火灾自动报警系统主电源不应设置剩余电流动作保护和过负荷保护装置。

（5）消防设备应急电源输出功率应大于火灾自动报警及联动控制系统全负荷功率的120%，蓄电池组的容量应保证火灾自动报警及联动控制系统在火灾状态同时工作负荷条件下连续工作3h以上。

（6）消防用电设备应采用专用的供电回路，其配电设备应设有明显标志。其配电线路和控制回路宜按防火分区划分。

5.8.2 系统接地

（1）火灾自动报警系统接地装置的接地电阻值应符合下列规定。

① 采用共用接地装置时，接地电阻值不应大于1Ω。

② 采用专用接地装置时，接地电阻值不应大于4Ω。

（2）消防控制室内的电气和电子设备的金属外壳、机柜、机架和金属管、槽等，应采用等电位连接。

（3）由消防控制室接地板引至各消防电子设备的专用接地线应选用铜芯绝缘导线，其线芯截面面积不应小于4mm^2。

（4）消防控制室接地板与建筑接地体之间，应采用线芯截面面积不小于25mm^2的铜芯绝缘导线连接。

5.9 布　　线

5.9.1 一般规定

（1）火灾自动报警系统的传输线路和50V以下供电的控制线路，应采用电压等级不低于交流300V/500V的铜芯绝缘导线或铜芯电缆。采用交流220V/380V的供电和控制线路，应采用电压等级不低于交流450V/750V的铜芯绝缘导线或铜芯电缆。

（2）火灾自动报警系统传输线路的线芯截面选择，除应满足自动报警装置技术条件的要求外，还应满足机械强度的要求。铜芯绝缘导线和铜芯电缆线芯的最小截面面积，不应小于表5-7的规定。

表5-7　铜芯绝缘导线和铜芯电缆线芯的最小截面面积

序　号	类　别	线芯的最小截面面积/mm^2
1	穿管敷设的绝缘导线	1.00
2	线槽内敷设的绝缘导线	0.75
3	多芯电缆	0.50

(3) 火灾自动报警系统的供电线路和传输线路设置在室外时，应埋地敷设。

(4) 火灾自动报警系统的供电线路和传输线路设置在地（水）下隧道或湿度大于90%的场所时，线路及接线处应做防水处理。

(5) 采用无线通信方式的系统设计，应符合下列规定。

① 无线通信模块的设置间距不应大于额定通信距离的75%。

② 无线通信模块应设置在明显部位，且应有明显标识。

5.9.2 室内布线

(1) 火灾自动报警系统的传输线路应采用金属管、可挠（金属）电气导管、B1级以上的刚性塑料管或封闭式线槽保护。

(2) 火灾自动报警系统的供电线路、消防联动控制线路应采用耐火铜芯电线电缆，报警总线、消防应急广播和消防专用电话等传输线路应采用阻燃或阻燃耐火电线电缆。

(3) 线路暗敷设时，应采用金属管、可挠（金属）电气导管或B1级以上的刚性塑料管保护，并应敷设在不燃烧体的结构层内，且保护层厚度不宜小于30mm；线路明敷设时，应采用金属管、可挠（金属）电气导管或金属封闭线槽保护。矿物绝缘类不燃性电缆可直接明敷。

阅读材料5-8

矿物绝缘电缆

矿物绝缘电缆（Mineral Insulated Cable），简称MI电缆。目前按结构特性可以分为刚性和柔性两种。

刚性矿物绝缘电缆发明较早，19世纪末瑞士工程师Arnold Francois Borel就提出矿物绝缘电缆的设想，并于1896年获得专利权，1934—1936年在法、英投入生产以后发展很快。我国于20世纪60年代研制刚性矿物绝缘电缆，开始用于军事领域，80年代中期开始工业化生产，并逐步被建筑领域全面接受。由于刚性矿物绝缘电缆在结构设计上的天然不足，造成其在性能、生产及敷设等方面都存在着一定的缺陷。在发达国家特别是欧盟国家中，柔性矿物绝缘防火电缆的崛起，使刚性矿物绝缘电缆已逐渐被替代。

柔性矿物绝缘电缆的发明较晚，大约是在20个世纪70年代诞生于瑞士斯图特电缆公司，国内最早的柔性矿物绝缘防火电缆于21世纪推出。

相对传统的刚性矿物绝缘电缆，柔性矿物绝缘电缆是由铜绞线、矿物化合物绝缘和铜质材料，经特殊加工而成，其有良好的弯曲特性护套并作为PE线。因为其主要材料采用无机材料，弥补了结构硬、易燃烧、有毒等缺陷，并且具有一些其他电缆不具有的优点，如耐火、载流量大、耐冲击电压、耐机械损伤、无卤无毒、防爆、耐腐蚀、寿命长、安全、耐过载、耐高温等特点。

一般的电线电缆由于绝缘使用的都是有机高分子材料，因此在火焰条件下极易碳化从而失去绝缘作用。由于柔性矿物绝缘防火电缆主要材料由无机矿物或矿物化合物组成，它本身不会引起火灾，不可能燃烧或助燃。而这些材料一般都具有1300℃以上的较高熔点（铜的熔点为1085℃），因此防火电缆即使用于火焰条件下也能发挥正常的输电功能，是一种真正意义上的防火电缆。

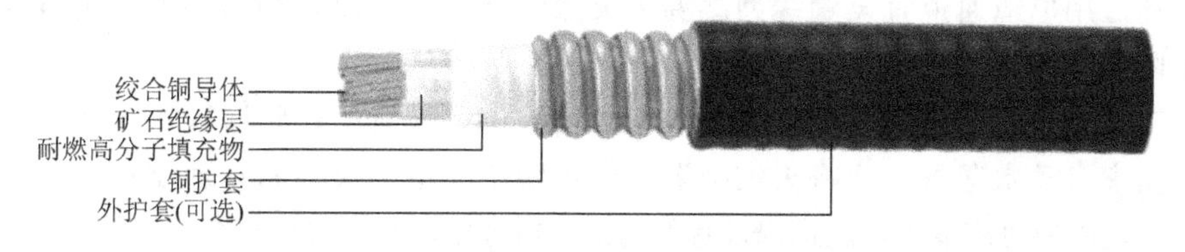

（4）火灾自动报警系统用的电缆竖井，宜与电力、照明用的低压配电线路电缆竖井分别设置。受条件限制必须合用时，应将火灾自动报警系统用的电缆和电力、照明用的低压配电线路电缆分别布置在竖井的两侧。

（5）不同电压等级的线缆不应穿入同一根保护管内，当合用同一线槽时，线槽内应有隔板分隔。

（6）采用穿管水平敷设时，除报警总线外，不同防火分区的线路不应穿入同一根管内。

（7）从接线盒、线槽等处引到探测器底座盒、控制设备盒、扬声器箱的线路，均应加金属保护管保护。

（8）火灾探测器的传输线路，宜选择不同颜色的绝缘导线或电缆。正极“+”线应为红色，负极“−”线应为蓝色或黑色。同一工程中相同用途导线的颜色应一致，接线端子应有标号。

5.10 典型场所的火灾自动报警系统

5.10.1 道路隧道

【参考视频】

（1）城市道路隧道、特长双向公路隧道和道路中的水底隧道，应同时采用线型光纤感温火灾探测器和点型红外火焰探测器（或图像型火灾探测器）；其他公路隧道应采用线型光纤感温火灾探测器或点型红外火焰探测器。

（2）线型光纤感温火灾探测器应设置在车道顶部距顶棚100～200mm处，线型光栅光纤感温火灾探测器的光栅间距不应大于10m；每根分布式线型光纤感温火灾探测器和线型光栅光纤感温火灾探测保护车道的数量不应超过2条；点型红外火焰探测器或图像型火灾探测器应设置在行车道侧面墙上距行车道地面高度2.7～3.5m处，并应保证无探测盲区；

在行车道两侧设置时，探测器应交错设置。

（3）火灾自动报警系统需联动消防设施时，其报警区域长度不宜大于150m。

（4）隧道出入口及隧道内每隔200m处应设置报警电话，每隔50m处应设置手动火灾报警按钮和闪烁红光的火灾声光警报器。隧道入口前方50～250m内应设置指示隧道内发生火灾的声光警报装置。

（5）隧道用电缆通道宜设置线型感温火灾探测器，主要设备用房内的配电线路应设置电气火灾监控探测器。

（6）隧道中设置的火灾自动报警系统宜联动隧道中设置的视频监视系统确认火灾。

（7）火灾自动报警系统应将火灾报警信号传输给隧道中央控制管理设备。

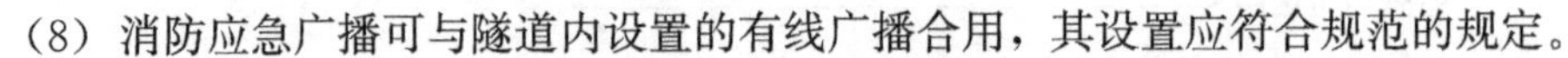

（8）消防应急广播可与隧道内设置的有线广播合用，其设置应符合规范的规定。

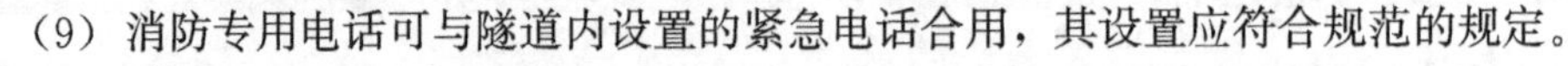

（9）消防专用电话可与隧道内设置的紧急电话合用，其设置应符合规范的规定。

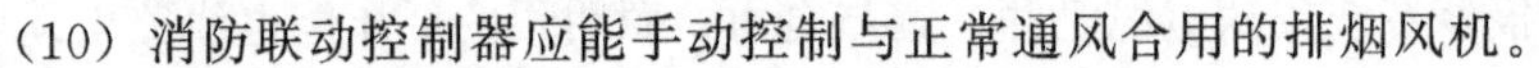

（10）消防联动控制器应能手动控制与正常通风合用的排烟风机。

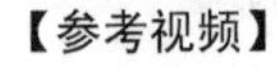

【参考视频】

（11）隧道内设置的消防设备的防护等级不应低于IP65。

5.10.2 油罐区

（1）外浮顶油罐宜采用线型光纤感温火灾探测器，且每只线型光纤感温火灾探测器应只能保护一个油罐，并应设置在浮盘的堰板上。

（2）除浮顶和卧式油罐外的其他油罐宜采用火焰探测器。

（3）采用光栅光纤感温火灾探测器保护外浮顶油罐时，两个相邻光栅间距离不应大于3m。

（4）油罐区可在高架杆等高位处设置点型红外火焰探测器或图像型火灾探测器做辅助探测。

（5）火灾报警信号宜联动报警区域内的工业视频装置确认火灾。

5.10.3 电缆隧道

（1）隧道外的电缆接头、端子等发热部位应设置测温式电气火灾监控探测器，探测器的设置应符合规范的有关规定；除隧道内所有电缆的燃烧性能均为A级外，隧道内应沿电缆设置线型感温火灾探测器，且在电缆接头、端子等发热部位应保证有效探测长度；隧道内设置的线型感温火灾探测器可接入电气火灾监控器。

（2）无外部火源进入的电缆隧道应在电缆层上表面设置线型感温火灾探测器；有外部火源进入可能的电缆隧道在电缆层上表面和隧道顶部，均应设置线型感温火灾探测器。

（3）线型感温火灾探测器采用“S”形布置或有外部火源进入可能的电缆隧道内，应采用能响应火焰规模不大于100mm的线型感温火灾探测器。

（4）线型感温火灾探测器应采用接触式的敷设方式对隧道内的所有的动力电缆进行探测；缆式线型感温火灾探测器应采用“S”形布置在每层电缆的上表面，线型光纤感温火灾探测器应采用一根感温光缆保护一根动力电缆的方式，并应沿动力电缆敷设。

（5）分布式线型光纤感温火灾探测器在电缆接头、端子等发热部位敷设时，其感温光缆的延展长度不应少于探测单元长度的1.5倍；线型光栅光纤感温火灾探测器在电缆接头、端子等发热部位应设置感温光栅。

（6）其他隧道内设置动力电缆时，除隧道顶部可不设置线型感温火灾探测器外，探测器设置均应符合本规范的规定。

5.10.4 高度大于12m的空间场所

（1）高度大于12m的空间场所宜同时选择两种及以上火灾参数的火灾探测器。

（2）火灾初期产生大量烟的场所，应选择线型光束感烟火灾探测器、管路吸气式感烟火灾探测器或图像型感烟火灾探测器。

（3）线型光束感烟火灾探测器的设置应符合下列要求。

【参考视频】

① 探测器应设置在建筑顶部。

② 探测器宜采用分层组网的探测方式。

③ 建筑高度不超过16m时，宜在6～7m增设一层探测器。

④ 建筑高度超过16m但不超过26m时，宜在6～7m和11～12m处各增设一层探测器。

⑤ 由开窗或通风空调形成的对流层为7～13m时，可将增设的一层探测器设置在对流层下面1m处。

⑥ 分层设置的探测器保护面积可按常规计算，并宜与下层探测器交错布置。

（4）管路吸气式感烟火灾探测器的设置应符合下列要求。

① 探测器的采样管宜采用水平和垂直结合的布管方式，并应保证至少有两个采样孔在16m以下，并宜有两个采样孔设置在开窗或通风空调对流层下面1m处。

② 可在回风口处设置起辅助报警作用的采样孔。

（5）火灾初期产生少量烟并产生明显火焰的场所，应选择1级灵敏度的点型红外火焰探测器或图像型火焰探测器，并应降低探测器设置高度。

（6）电气线路应设置电气火灾监控探测器，照明线路上应设置具有探测故障电弧功能的电气火灾监控探测器，如图5.22所示。

阅读材料5－9

“处方式”建筑防火规范与“以性能为基础”的建筑防火规范

所谓“处方式”建筑防火规范，一般是指根据火灾事故的发生、发展和扑救等经验教训和火灾科学研究试验等消防实践总结出来的，并经不断修改完善的一套有明确防火设计措施和各种具体的设计参数要求的设计规定。一般，设计者只要按照规范规定进行设计就认为该建筑的防火安全是符合要求的。过去大多数国家的大部分消防安全法规都是以这种“处方”的形式制定的，即建筑设计师和其他规范执行者都是依据详细的规定开展工作，对规范不能有任何偏离。这种规范清楚明了、简单易行，对设计和验收评估人员的要求不高，能够满足大多数规模或功能等要求较简单建筑的设计与设计监督需要。但易使建筑设计千篇一律，不利于新消防技术和产品的采用，很难满足技术进步的要求，并且无法确切地知道人们认为安全的具体指标到底是多少，为满足这种安全的建设投入与所能达到的安全性能水平之间具有多高的投资效益比。

而性能化规范，则是只确定建筑要达到的总体目标要求或设计性能水平，规定一系列性能目标和可以量化的性能准则及设计准则，且一般附有一个指导设计的技术文件。规范使用者可根据设计对象，按规范要求，采用“处方式”规范或性能化设计和评估方法来完成认为可以接受或能够取得最低规定安全水平的设计。在大多数情况下，规范不明确规定某项解决方案，而是确定能达到规范要求的可接受的方法。显然，这种规范可以针对不同的建筑物确定不同的安全水平，使使用者具有很大的弹性，解决“处方式”规范中存在的大部分问题，但要求规范使用者需经过专门的严格训练，并要有不同建筑物的火灾大小数据，以及大量建筑材料的燃烧特性数据、专门的设计和评估工具等作为支撑。性能化规范体系，将随着消防安全工程学的逐步建立、计算机科学与计算机火灾模化技术的发展及风险评估技术在消防安全中得到应用，而逐步建立、发展与完善。性能化建筑防火规范是社会需求和经济技术发展的结果，“处方式”建筑防火规范是对某一时间以前的相关科学技术研究成果和建筑防火历史经验教训的总结。两者相互补充，并将可能长期共存。

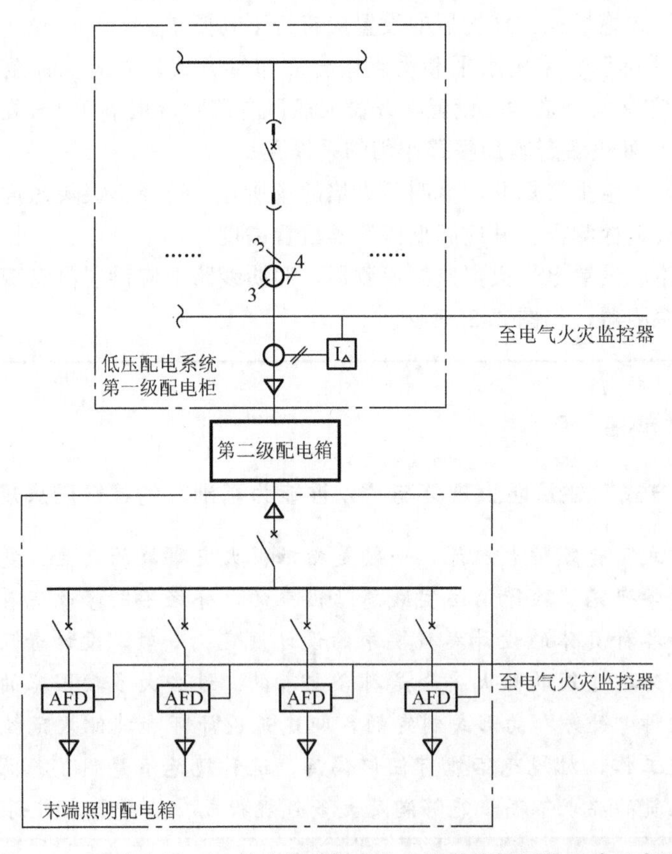

图 5.22 高度大于 12m 的空间场所电气火灾监控探测器系统示意图

综 合 习 题

一、填空题

1. 在宽度小于_______m的内走道顶棚上设置点型探测器时，宜居中布置。感温火灾探测器的安装间距不应超过_______m；感烟火灾探测器的安装间距不应超过________m；探测器至端墙的距离，不应大于探测器安装间距的________。

2. 点型探测器至空调送风口边的水平距离不应小于________m，并宜接近回风口安装。探测器至多孔送风顶棚孔口的水平距离不应小于________m。

3. 线型光束感烟火灾探测器相邻两组探测器的水平距离不应大于________m，探测器至侧墙的水平距离不应大于________m，且不应小于________m，探测器的发射器和接收器之间的距离不宜超过________m。

4. 每个防火分区应至少设置一个手动火灾报警按钮，从一个防火分区内的任何位置到最邻近的手动火灾报警按钮的步行距离不应大于________m。

5. 民用建筑内扬声器应设置在走道和大厅等公共场所。每个扬声器的额定功率不应小于________W，其数量应能保证从一个防火分区内的任何部位到最近一个扬声器的直线距离不大于________m，走道末端距最近的扬声器距离不应大于________m。

6. 疏散通道上设置的防火卷帘的联动控制设计规定：防火分区内任两只独立的感烟火灾探测器或任一只专门用于联动防火卷帘的感烟火灾探测器的报警信号应联动控制防火卷帘下降至距楼板面________处；任一只专门用于联动防火卷帘的感温火灾探测器的报警信号应联动控制防火卷帘下降到________。

7. 火灾自动报警系统接地装置的接地电阻值应符合规定：采用共用接地装置时，接地电阻值不应大于________Ω；采用专用接地装置时，接地电阻值不应大于________Ω。

二、名词解释

1. 报警区域；
2. 探测区域；
3. 保护面积；
4. 保护半径；
5. 联动控制信号；
6. 联动反馈信号。

三、单项选择题

1. 对于火灾初期有阴燃阶段，产生大量的烟和少量的热，很少或没有火焰辐射的场所，应选择（　　）。

A. 感温探测器　　　　B. 感烟探测器

C. 火焰探测器　　　　D. 感温和感烟探测器组合

2. 消防电话、电话插孔、带电话插孔的手动报警按钮宜安装在明显、便于操作的位置；当在墙面上安装时，其底边距地（楼）面高度宜为（　　）m。

A. 1.5～1.8　　B. 1.1～1.3　　C. 1.3～1.5　　D. 1.6～1.8

3. 气体灭火控制器的延时功能，其延时时间应在（　　）s 内可调。

A. 0～10　　B. 0～20　　C. 0～30　　D. 0～60

4. 消防应急广播系统的联动控制信号应由消防联动控制器发出。当确认首层发生火灾后，应同时向（　　）进行广播。

A. 本层、地下各层　　B. 本层、二层

C. 本层、二层及地下各层　　D. 全楼

5. 在有梁的顶棚上设置点型感烟火灾探测器、感温火灾探测器时，当梁突出顶棚的高度小于（　　）时，可不计梁对探测器保护面积的影响。

A. 100mm　　B. 200mm　　C. 400mm　　D. 600mm

6. 消防控制室在确认火灾后，对电梯的控制以下（　　）描述正确。

A. 全部电梯停于地下室，并接受反馈信号

B. 全部消防电梯停于首层或电梯转换层，并接受反馈信号

C. 全部电梯停于首层或电梯转换层

D. 全部电梯停于首层或电梯转换层，并接受反馈信号

四、判断题

1. 无遮挡大空间或有特殊要求的场所，如大型库房、博物馆、档案馆、飞机库等宜选择红外光束感烟探测器。（　　）

2. 符合下列条件之一的场所，不宜选择点型光电感烟火灾探测器。（　　）

（1）有大量粉尘、水雾滞留。　　（2）可能产生蒸气和油雾。

（3）高海拔地区。　　（4）在正常情况下有烟滞留。

3. 下列场所宜选择点型感温火灾探测器。（　　）

（1）饭店、旅馆、教学楼、办公楼的厅堂、卧室、办公室、商场、列车载客车厢等。

（2）计算机房、通信机房、电影或电视放映室等。

（3）楼梯、走道、电梯机房、车库等。

（4）书库、档案库等。

4. 电气火灾监控探测器是探测被保护线路中的剩余电流、温度等电气火灾危险参数变化的探测器。（　　）

五、简答题

1. 任一台火灾报警控制器所连接的火灾探测器、手动火灾报警按钮和模块等设备总数及地址总数，均不应超过多少点？其中每一总线回路连接设备的总数不宜超过多少点？

2. 任一台消防联动控制器地址总数或火灾报警控制器（联动型）所控制的各类模块总数不应超过多少点？每一联动总线回路连接设备的总数不宜超过多少点？

3. 系统总线上应设置总线短路隔离器，每只总线短路隔离器保护的火灾探测器、手动火灾报警按钮和模块等消防设备的总数不应超过多少点？

4. 火灾自动报警系统形式的选择是如何规定的？

5. 哪些场所宜选择点型感烟火灾探测器？

6. 哪些场所不宜选择点型光电感烟火灾探测器？

7. 哪些场所宜选择点型感温火灾探测器？

8. 哪些场所宜选择可燃气体探测器？

9. 哪些场所宜选择线型光束感烟火灾探测器？哪些场所不宜选择线型光束感烟火灾探测器？

10. 哪些场所或部位宜选择缆式线型感温火灾探测器？

11. 在有梁的顶棚上设置点型感烟火灾探测器、感温火灾探测器时，应符合哪些规定？

12. 哪些场所应设置消防专用电话分机？

13. 湿式系统和干式系统的联动控制设计应符合哪些规定？

14. 消火栓系统的联动控制如何设计？

15. 气体灭火系统、泡沫灭火系统的联动控制如何设计？

16. 防烟排烟系统的联动控制设计应符合哪些规定？

17. 消防应急照明和疏散指示系统的联动控制设计应符合哪些规定？

18. 可燃气体探测器可以接入火灾报警控制器的探测器回路吗？当可燃气体的报警信号需接入火灾自动报警系统时，应由哪里接入？

19. 剩余电流式电气火灾监控探测器如何设置？测温式电气火灾监控探测器如何设置？

20. 火灾自动报警系统主电源可以设置剩余电流动作保护和过负荷保护装置吗？

21. 火灾自动报警系统传输线路的线芯截面如何选择？

六、计算题

1. 如果书库地面面积为 $40m^2$，房间高度为 3m，内有两书架分别安在房间，书架高度为 2.9m，问应选用几只感烟探测器？

2. 已知某锅炉房，房间高度为 4m，地面面积为 10m×20m，房顶坡度为 10°，属于二级保护对象。(1) 确定探测器种类；(2) 确定探测器的数量；(3) 布置探测器。

七、案例分析题

1. 某电信楼，共 34 层，建筑高度 106m，火灾自动报警系统采用总线制方式布线，其传输线路采用铜芯绝缘导线沿桥架明敷。试分析：

(1) 该建筑应采用何种火灾自动报警系统形式？

(2) 线路敷设方式是否恰当？为什么？

(3) 设置了火灾警报装置后是否还应设置火灾应急广播装置？

2. 对火灾探测器设置的下列问题做出正确选择。

(1) 一地下电影院，放映厅面积为 $1800m^2$，建筑高度为 8.5m 平屋顶。当采用点型感烟探测器时，其数量不应小于（　　）。

A. 23　　B. 25　　C. 28　　D. 32

(2) 有一栋建筑高度为 200m 的酒店，其地上二层有一会议厅，长 30m，宽 20m，平顶棚为净高 7m，安装点式感烟探测器，至少应设（　　）个。

A. 13　　B. 10　　C. 6　　D. 22

(3) 某一单层展厅的锯齿形屋顶的坡度为 25°，顶棚高度为 0～11m，长 40m，宽 30m，若安装点型感烟探测器，至少应设（　　）个（修正系数取 1）。

A. 12　　B. 13　　C. 14　　D. 15

(4) 某车间的锯齿形屋顶坡度为 30°，顶棚高度为 8～10m，长 80m，宽 30m，若采用点型感烟探测器，则单个探测器的保护半径不应大于（　　）。

A. 4.9m　　B. 7.2m　　C. 8.0m　　D. 9.9m

第二篇

安全技术防范系统

第6章

安全技术防范系统概述

本章教学要点

知识要点	掌握程度	相关知识
安全技术防范系统	熟悉安全技术防范系统的主要功能； 掌握安全技术防范系统的组成； 了解安全技术防范系统的构建模式； 了解安全技术防范系统的发展趋势	入侵报警系统； 视频安防监控系统； 出入口控制系统； 电子巡查管理系统； 访客对讲系统； 停车库（场）管理系统

导入案例

基于物联网的智能安防应用

智能安防是实现了局部的智能、局部的共享和局部的特征感应。正是因为现在的局部性，这种局部的信息，才为物联网技术在智能安防领域提供了一个施展的空间。数据采集是智能安防和物联网最基本的工作，如何在物物相连环境下使采集的数据具备智能感知是现在安防领域的一个热门话题。

从现阶段物联网主要的应用方向来看，智能家居、智能交通、远程医疗、智能校园等都有安防产品应用的情况，甚至许多应用就是通过传统的安防产品来实现。例如，智能交通，目前物联网主要应用于车辆缴费，而车流管理及汽车违规管理，都是通过安防系统的视频监控系统实现的。现阶段，视频监控在智能交通应用中处于主要角色地位，物联网只是辅助，但它是未来的趋势，随着车联网的普及，物联网将会在智能交通中逐渐占据主要地位，而视频监控则会转换为重要的辅助角色。

在安防方面应用物联网的智能家居业务功能涉及：与智能手机联动的物联无线智能锁、保护门窗的无线窗磁门磁、保护重要抽屉的无线智能抽屉锁、防止非法闯入的无线红外探测器、防燃气泄漏的无线可燃气探测器、防火灾损失的无线烟雾火警探测器、防围墙翻越的太阳能全无线电子栅栏、防漏水的无线漏水探测器等。

至于楼宇的智能安防，物联网更是大有作为。根据国家安防中心统计，目前已有不少城市开始采用物联网技术安防系统用于新型防盗窗上。与传统的栅栏式防盗窗不同，普通人在15m距离外基本看不见该防盗窗，走近时才会发现窗户上罩着一层薄网，由一根根相隔5cm的细钢丝组成，并与小区安防系统监控平台连接。一旦钢丝线被大力冲击或被剪断，系统就会即时报警。从消防角度来说，这一新型防盗窗也便于居民逃生和获得救助。

物联网将开启安防智能化的深度应用，其市场前景十分广阔。

随着我国经济的发展，人们的生活水平明显提高。人们在改善自己生活条件的同时，对居住环境的安全问题日益关注，加强建筑安全防范设施的建设和管理，提高建筑安全防范功能，已成为当前城市建设和管理工作中的重要内容。

安全技术防范系统简称安防系统，是建筑中重要的组成部分，是以维护社会公共安全和预防重大治安事故为目的，综合应用计算机网络技术、通信技术和自动控制技术等现代科学技术实现安全防范的各种功能和自动化管理。它将逐步向安全技术防范的数字化、网络化、智能化、集成化、规范化方向发展。

6.1 安全技术防范系统的功能

安全防范的基本功能是设防、发现和处置，主要包括以下几个方面。

1. 预防犯罪

利用安全防范技术对防护区域和防护目标进行布防，利用防盗报警探测器、摄像机等物理设施来探测、监视罪犯作案，防患于未然，对犯罪分子有一种威慑作用，使其望而生畏，不敢轻易作案，对预防犯罪有重要的作用。

2. 及时发现犯罪，及时报警

采用自动化监控、报警等防范技术措施进行管理，再配以保安人员值班和巡逻，当出现入侵、盗窃等犯罪活动时，安全技术防范系统能及时发现，及时报警，并可及时快速查处。视频监控系统能自动记录下犯罪现场及犯罪分子的犯罪过程，以便及时破案，节省了大量人力、物力。重要单位和要害部门安装了多功能、多层次的安防监控系统后，大大减少了巡逻值班人员，提高了效率，减少了开支。

3. 避免重大火灾事故发生

安装了防火的安全技术防范报警系统能使火灾在发生的萌芽状态及时得到扑灭，以避免重大火灾事故的发生。

安全防范工作应实行“人防、物防、技防”的有机配合才能达到最佳安全防范效果。对于保护建筑目标来说，人力防范主要有保安站岗、人员巡更、报警按钮、有线和无线内部通信；物理防范主要是实体的防护，如周界的栅栏、围墙、人口门栏等；技术防范则是以各种现代科学技术、运用技防产品、实施技防工程为手段，以各种技术设备、集成系统和网络来构成安全保证的屏障。

将防入侵、防盗窃、防抢劫、防破坏、防暴安全检查和通信联络等各分系统进行联合设计，组成一个综合的、多功能的安全技术防范系统，是从事安全技术防范工作的管理人员和工程技术人员的努力方向。

6.2 安全技术防范系统的组成

一个安全技术防范系统是多个子系统有机的结合，而绝不是各种设备系统的简单堆砌。安全技术防范系统包括安全防范综合管理系统、入侵报警系统、视频安防监控系统、出入口控制系统、电子巡查管理系统、访客对讲系统、停车库（场）管理系统及各类建筑物业务功能所需的其他相关安全技术防范系统。

1. 安全防范综合管理系统

对入侵报警、视频安防监控、出入口控制等子系统进行组合或集成，实现对各子系统的有效联动、管理和/或监控的电子系统。

2. 入侵报警系统

利用传感器技术和电子信息技术探测并指示非法进入或试图非法进入设防区域（包括主观判断面临被劫持或遭抢劫或其他危急情况时，故意触发紧急报警装置）的行为、处理报警信息、发出报警信息的电子系统或网络。

3. 视频安防监控系统

利用视频探测技术、监视设防区域并实时显示、记录现场图像的电子系统或网络。

4. 出入口控制系统

利用自定义符识别和/或模式识别技术对出入口目标进行识别，并控制出入口执行机构启闭的电子系统或网络。

5. 电子巡查管理系统

对保安巡查人员的巡查路线、方式及过程进行管理和控制的电子系统。

6. 访客对讲系统

在各区域大门、住宅楼各单元住户门口安装防盗门和对讲装置，以实现访客与住户可视对讲。住户可遥控开启防盗门，有效地防止非法人员、不速之客进入住宅楼内（室内）。

7. 停车库（场）管理系统

对进、出停车库（场）的车辆进行自动登录、监控和管理的电子系统或网络。

6.3 安全技术防范系统的构建模式

安全技术防范系统的结构模式按其规模大小、复杂程度可有多种构建模式。按照系统集成度的高低，安全技术防范系统分为集成式、组合式、分散式三种类型。

1. 集成式

（1）安全管理系统设置在禁区内（监控中心），能通过统一的通信平台和管理软件将监控中心设备与各子系统设备联网，实现由监控中心对各子系统的自动化管理与监控。安全管理系统的故障应不影响各子系统的运行，某一子系统的故障应不影响其他子系统的运行。

（2）能对各子系统的运行状态进行监测和控制，能对系统运行状况和报警信息数据等进行记录和显示；应设置足够容量的数据库。

（3）应建立以有线传输为主、无线传输为辅的信息传输系统；应能对信息传输系统进行检验，并能与所有重要部位进行有线和/或无线通信联络。

（4）应设置紧急报警装置；应留有向接处警中心联网的通信接口。

（5）应留有多个数据输入、输出接口，能连接各子系统的主机，能连接上位管理计算机，以实现更大规模的系统集成。

2. 组合式

（1）安全管理系统设置在禁区内（监控中心），能通过统一的管理软件实现监控中心对各子系统的联动管理与控制。安全管理系统的故障应不影响各子系统的运行；某一子系统的故障应不影响其他子系统的运行。

（2）应能对各子系统的运行状态进行监测和控制，能对系统运行状况和报警信息数据等进行记录和显示；可设置必要的数据库。

（3）应能对信息传输系统进行检验，并能与所有重要部位进行有线和/或无线通信联络。

（4）应设置紧急报警装置；应留有向接处警中心联网的通信接口。

（5）应留有多个数据输入、输出接口，能连接各子系统的主机。

3. 分散式

（1）相关子系统独立设置，独立运行。系统主机设置在禁区内（值班室），系统设置联动接口，以实现与其他子系统的联动。

（2）各子系统能单独对其运行状态进行监测和控制，并能提供可靠的监测数据和管理所需要的报警信息。

（3）各子系统能对其运行状况和重要报警信息进行记录，并能向管理部门提供决策所需的主要信息。

（4）应设置紧急报警装置；应留有向接处警中心报警的通信接口。

6.4 安全技术防范系统的发展趋势

近年来，随着现代化科学技术的飞速发展，犯罪分子犯罪的智能化、复杂化及隐蔽性更强，安全防范技术也在随着科学技术的发展而不断地向前发展，就像通信自动化技术的发展一样，数字化、网络化、智能化、集成化、规范化将是安全防范技术的发展方向。

6.4.1 安全技术防范系统的数字化

由于数字信号具有频谱效率高、抗干扰性强、失真小等优点，因而可使传统的安全技术防范系统，在图像数字化技术的基础上逐步转为以图像探测和数字图像处理为核心，并利用数字图像压缩技术和调制解调制技术远程传输动态图像。

安全技术防范系统数字化的真正标志，应是系统中的视频、音频、控制与数据等信息流从模拟转换为数字。这样，才能从本质上改变安全技术防范系统从信息采集、数据传输、处理和系统控制等的方式和结构形态，实现安全技术防范系统中的各种技术设备和子系统间的无缝连接，从而能在统一的操作平台上实现管理和控制，为安全技术防范系统的网络化打下坚实的基础。

6.4.2 安全技术防范系统的网络化

有了系统的数字化，有了网络技术的发展，我们能方便地使安全技术防范系统网络化。安全技术防范系统的网络化现有两种构成方式。

1. 采用网络技术的系统设计

这种构成方式的主要表现是安全技术防范系统的结构由集总式向集散式系统过渡。所谓集散式系统是采用多层分级的结构形式，它具有微内核技术的实时多任务、多用户及分布式操作系统，从而可实现抢先任务调度算法的快速响应。

一般构成集散式安全技术防范系统的硬件和软件均采用标准化、模块化和系统化的设计。这样，有利于合理的设备配置和充分的资源共享，从而使安全技术防范系统实现各子系统的真正意义上的集成，在一个操作平台上进行系统的管理和控制。这种构成方式是安全技术防范系统结构的一个发展方向，而这个方向也可促进安全防范技术与其他技术之间的融合，促进安全技术防范系统与其他系统之间的融合和集成，如安全技术防范系统与三表管理、有线电视、通信及信息系统的融合和集成等。

2. 利用网络来构成系统

这种构成方式是指利用公共信息网络来构成安全技术防范系统，即利用公共信息网络可随时随地建立一个专用的安全技术防范系统，并可随时随地改变和撤销它。

这种构成方式也预示着安全技术防范系统将发生巨大的变革，使安全技术防范系统由封闭结构向开放结构转化，使系统由固定设置向自由生成的方向发展。

6.4.3 安全技术防范系统的智能化

智能化是一个与时俱进的概念，它在不同的时期和不同的技术条件下具有不同的含义。因为不像自动化那样只是孤立地反映各种物理量和状态的变化，而是全面地从它们之间的相关性和变化过程的特征进行分析和判断，从而得出真实的探测结果。作为安全技术防范系统的智能化，目前应是实现真实的探测，并实现图像信息和各种特征的自动识别（如视频移动探测、车辆与车牌的识别、人与物异常行为的探测与识别等），并使系统的联动机构和相关系统之间，能准确、可靠、有效、协调地动作。

安全技术防范系统的智能化要求，必须采用人性化的设计，即系统具有模仿人的思维方法的分析和判断功能。例如，对探测报警系统就不是简单地探测环境物理量和状态的变化，而是还要分析时间、频率、频度、次序、空间分布等各种探测数据之间的关系，再做出是否报警的判断；又如，对运动探测中的自适应系统也不是简单地设定一个阈值，而是在综合考虑各种环境因素的基础上，对目标进行分析。实际上，以目标分析为基础的探测是直接对目标进行识别与跟踪的技术，它以图像特征识别技术为基础。未来的安防系统，应是在网络化的基础上使整个网络系统硬件和软件资源共享，以及任务和负载共享，从而实现真正意义上的集成与智能，能真正做到防患于未然。

6.4.4 安全防范技术系统的集成化

安防系统是智能建筑中一项专门的系统，它是5A中的1A，即SAS。智能建筑的发展使弱电电缆用量大幅增加，而且种类繁多，难以管理，极不符合智能建筑的整体发展，随着各种相关技术的不断发展，把5A集成在一起，是将来发展的必然趋势。

6.4.5 安全防范技术系统的规范化

目前，在安防系统中，各国都有自己的规范文件，但是对使用的技术却没有像电信一样有着全世界统一的技术规范，因此可能会造成相互信息的通信、共享、管理的混乱。如何建立一套与先进安全技术防范系统相适应的规范化管理体系，对安全防范工程的建设进行规范，成为当务之急，也是社会经济发展的急需。

阅读材料6-1

十大安防常用技术对行业影响分析

安防行业常用的技术4K、4G、H.265、RFID、透雾、高清、生物识别、智能分析、低照度、云计算等都是耳熟能详的，那么，这些技术对安防有什么影响？

(1) 4K。2015年4K崭露头角，新一轮的产品更新换代即将到来，并且率先应用在公安、交通等需要高清晰度的行业中。

(2) 4G。4G网络技术对安防行业的影响主要表现在无线视频监控领域。无线技术是信息传播速度的关键。长期以来，无线网络传输的性能极大地制约了安防产业的发展，4G通信技术时代的开启，摆脱了有线传输的限制，打破了网络传输性能对安防产业发展的约束。

(3) H.265。H.265可作为融化各行业产品壁垒很好的催化剂，安防产品采用H.265编码将更好地服务于安防民用化的发展。

(4) RFID。目前，具有可读和可写并能防范非授权存取的内存的智能芯片已经可以在很多集装箱、货盘、产品包装、智能识别ID卡、书本或DVD中看到。由于未来可能的应用，RFID即将迎来非常巨大成长的时期。

(5) 云计算。在安防监控行业提“云”的概念，不是追时髦，而是因为监控视频是典型的非结构化数据，处理难度相当大；因此，在当前的环境下，如果想深入应用这些数据，一定要用到云计算，它是整个安防监控行业的发展趋势。

(6) 低照度。伴随CCD和DSP技术的日趋进步，低照度摄像机在不少领域中使用，但行业专家认为低照度摄像机并非是市场主流，只有在一些特定的情况下才被应用，如添加光源成本较高或不便于安装光源的情况下，低照度摄像机才能发挥作用。

(7) 透雾。实时视频透雾技术能够从多个角度提升视频监控的质量。它是一种透雾技术，可以用于气溶胶导致的各种天气条件的透雾处理。它还是一种增强算法，能够明显提升图像的对比度，使图像变通透、清晰；能够显著增强图像的细节信息，使原来被隐藏的图像细节被充分展示；能够提升图像的饱和度，使图像色彩鲜艳、活泼、生动，透雾处理后的图像能保持准确的色调、自然的外观，因而能获得良好的图像质量与视觉感受。

(8) 高清。高清技术占监控存储市场销量的大头，发展势头迅猛。高清监控技术包括高清采集技术、高清编码标准、高清传输技术和高清显示技术。

(9) 生物识别。近年来，生物识别技术得到高速的发展和市场应用。

(10) 智能分析。如何在海量数据中快速地挑选出有效信息成为当下的问题，智能分析技术因此受到关注。智能分析技术是通过大数据检索，快速地找出与之相关的信息，加快有关部门的办事效率，能更好地服务于人民群众。

综合习题

一、填空题

1. 安全技术防范系统的基本功能主要包括________、________和________三个方面。

2. 安全技术防范系统的结构模式分为________、________和________三种类型。

二、简答题

1. 安全技术防范系统由哪几部分组成？

2. 安全防范系统的发展趋势是什么？

第7章

入侵报警系统

本章教学要点

知识要点	掌握程度	相关知识
入侵报警系统概述	掌握系统的组成； 熟悉系统的主要功能	系统组成； 主要功能
入侵探测器	了解入侵探测器的分类； 熟悉入侵探测器的工作原理	点型入侵探测器； 直线型入侵探测器； 面型入侵探测器； 空间入侵探测器
入侵报警控制器	熟悉控制器的性能要求	小型报警控制器； 区域报警控制器； 集中报警控制器
系统信号的传输	熟悉系统的信号传输方式	有线传输（分线制、总线制、混合式等）； 无线传输
入侵报警系统工程设计	掌握系统的基本规定； 掌握系统的系统构成； 掌握系统设计； 掌握设备选型与设置； 掌握系统的传输方式、线缆选型与布线	基本规定； 系统构成； 系统设计； 探测设备； 控制设备； 传输方式； 线缆选型； 布线设计

导入案例

法国博物馆安保系统弱如“纸”

【参考视频】

2010年5月20日早晨6时50分，巴黎现代艺术博物馆的工作人员发现5幅名画不翼而飞。据悉，丢失的这5幅名画之所以价值连城，是因为其中包括了西班牙画家毕加索的《鸽子与豌豆》、意大利画家莫迪利亚尼的《持扇的女人》、法国画家马蒂斯的《田园曲》等。

该博物馆的监控录像显示，当时只有一名盗贼破窗进入博物馆。巴黎市市长德拉诺埃承认，该博物馆警报系统自2010年3月底就一直处于“部分失灵”状态，到这五幅名画被盗之前一直等待技工来维修。

7.1 概　　述

入侵报警系统是指利用传感器技术和电子信息技术探测并指示非法进入或试图非法进入设防区域（包括主观判断面临被劫持或遭抢劫或其他危急情况时，故意触发紧急报警装置）的行为、处理报警信息、发出报警信息的电子系统或网络。通常，包括智能大厦在内的现代化的大型建筑，其内部的主要设施和要害部门都要求设置入侵报警的装置，这些场所包括停车场、大堂、商场、银行、餐厅、酒吧、娱乐场所、设备间、仓库、写字楼层及其公共部分、大厦周围及主要场所的出入口等。

【参考视频】

7.1.1 入侵报警系统的组成

入侵报警系统组成示意图如图7.1所示，通常由探测器（又称防盗报警器）、传输通道和报警控制主机三部分组成。

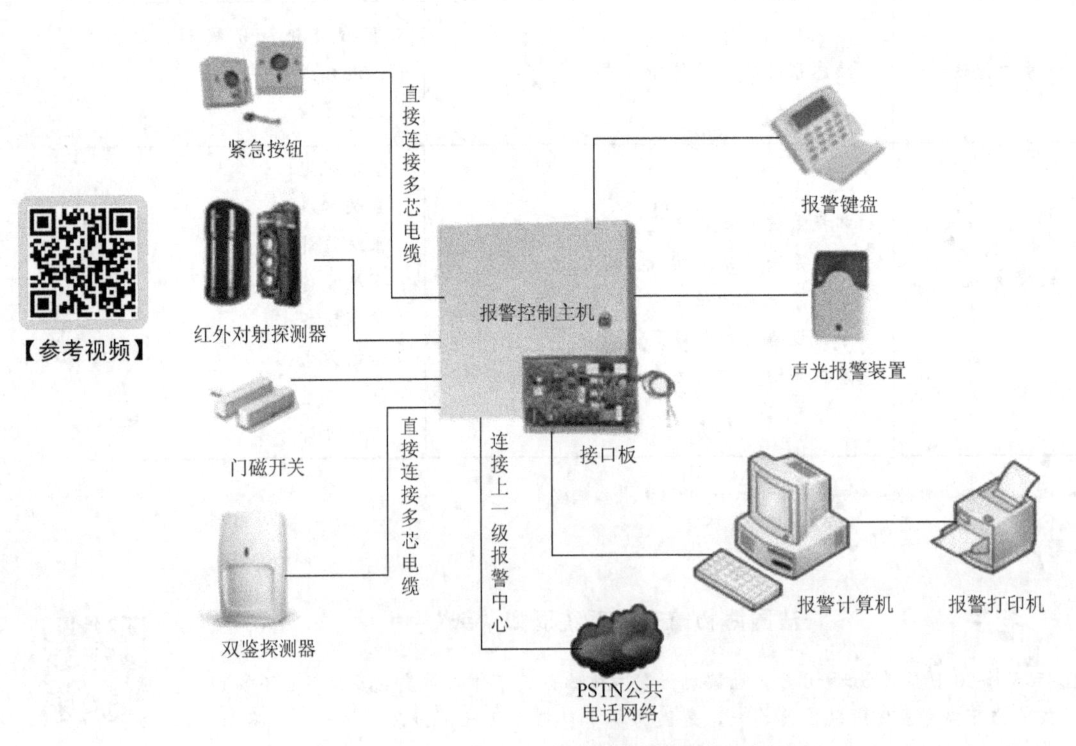

图7.1 入侵报警系统组成示意图

7.1.2 入侵报警系统的功能

1. 探测

入侵报警系统应对下列可能的入侵行为进行准确、实时的探测并产生报警状态：
（1）打开门、窗、空调百叶窗等；
（2）用暴力通过门、窗、天花板、墙及其他建筑结构；
（3）破碎玻璃；
（4）在建筑物内部移动；
（5）接触或接近保险柜或重要物品；
（6）紧急报警装置的触发。

2. 指示

入侵报警系统应能对下列状态的事件来源和发生的时间给出指示：
（1）正常状态；
（2）学习状态；
（3）入侵行为产生的报警状态；
（4）防拆报警状态；
（5）故障状态；
（6）主电源掉电、备用电源欠压；
（7）调协警戒（布防）/解除警戒（撤防）状态；
（8）传输信息失败。

3. 控制

入侵报警系统应能对下列功能进行编程设置：
（1）瞬时防区和延时防区；
（2）全部或部分探测回路设备警戒（布防）与解除警戒（撤防）；
（3）向远程中心传输信息或取消；
（4）向辅助装置发激励信号；
（5）系统试验应在系统的正常运转受到最小中断的情况下进行。

4. 记录和查询

入侵报警系统应能对下列事件记录和事后查询：
（1）上述入侵报警系统控制功能中所列事件、上述入侵报警系统指示功能中所列编程设置；
（2）操作人员的姓名、开关机时间；
（3）警情的处理；
（4）维修。

5. 传输

(1) 报警信号的传输可采用有线和/或无线传输方式；

(2) 报警传输系统应具有自检、巡检功能；

(3) 入侵报警系统应有与远程中心进行有线和/或无线通信的接口，并能对通信线路故障进行监控；

(4) 报警信号传输系统的技术要求应符合相关规范标准的要求。

7.2 入侵探测器

入侵探测器用来探测入侵者的入侵行为。需要防范入侵的地方可以是某些特定的部位，如门、窗、柜台、展览厅的展柜；或是条线，如边防线、警戒线、边界线；有时要求防范范围是个面，如仓库、重要建筑物的周界围网（铁丝网或围墙）；有时又要求防范的是个空间，如档案室、资料室、武器室、珍贵物品的展厅等，它不允许入侵者进入其空间的任何地方。因此入侵报警系统在设计时就应根据被防范场所的不同地理特征、外部环境及警戒要求选用合适的探测器以达到安全防范的目的。

入侵探测器应有防拆、防破坏等保护功能。当入侵者企图拆开外壳或信号传输线断路、短路或接其他负载时，探测器应能发出报警信号。入侵探测器还要有较强的抗干扰能力。

7.2.1 入侵探测器分类

入侵探测器通常按其传感器种类、工作方式、警戒范围报警器材用途和探测电信号传输信道来分类。

1. 按传感器种类分类

按传感器种类分类即按传感器探测的物理量来区分，通常有开关报警器，振动报警器，超声、次声波报警器，红外报警器，微波、激光报警器等。

2. 按工作方式分类

(1) 被动探测报警器。在工作时无须向探测现场发出信号，而是根据被测物体自身存在的能量进行检测。在接收传感器上平时输出一个稳定的信号，当出现情况时，稳定信号被破坏，经处理发出报警信号。

(2) 主动探测报警器。工作时，探测器要向探测现场发出某种形式的能量，经反向或直射在传感器上形成一个稳定信号。当出现危险情况时，稳定信号被破坏，信号处理后，产生报警信号。

3. 按警戒范围分类

(1) 点探测报警器。警戒的仅是某一点，如门窗、柜台、保险柜，当这一监控点出现危险情况时，即发出报警信号。通常由微动开关方式或磁控开关方式进行报警控制。

(2) 线探测报警器。警戒的是一条线，当这条警戒线上出现危险情况时，发出报警信号。如光电报警器或激光报警器，先由光源或激光器发出一束光或激光，被接收器接收。当光和激光被遮挡时，报警器即发出报警信号。

(3) 面探测报警器。警戒范围为一个面，当警戒面上出现危害时，即发出报警信号。如振动报警器装在一面墙上，当墙面上任何一点受到振动时即发出报警信号。

(4) 空间探测报警器。警戒的范围是一个空间，当警界空间的任意处出现入侵危害时，即发出报警信号。如在微波多普勒报警器所警戒的空间内，入侵者从门窗、天花板或地板的任何一处入侵都会产生报警信号。

一般磁控开关和微动开关报警器常用作点控制报警器；主动红外、感应式报警器常用作线控制报警器；振动式、感应式报警器常用作面控制报警器；而声控和声发射式、超声波、红外线、视频运动式、感温和感烟式报警器常用作空间防范控制报警器。

4. 按报警器材用途分类

按报警器材用途不同分为防盗防破坏报警器、防火报警器和防爆炸报警器等。

5. 按探测电信号传输信道分类

按探测电信号传输信道的不同分为有线报警器和无线报警器。

7.2.2　入侵探测器工作原理

入侵探测器是由传感器和信号处理器组成的用来探测入侵者入侵行为的电子和机械部件组成的装置。入侵探测器位于现场，根据不同的防范场所选用不同的信号传感器，如气压、温度、振动和幅度传感器等，来探测和预报各种危险情况。

1. 点型入侵探测器

对于门窗、柜台、展橱、保险柜等防范范围仅是某一特定部位使用的入侵探测器为点型入侵探测器，点型入侵探测验器通常有开关型和振动型两种。

1) 开关入侵探测器

开关入侵探测器是采用开关型传感器构成的。传感器可以是微动开关、干簧继电器、易断金属导线或压力垫等。无论是常开型还是常闭型开关入侵探测器，当其状态改变时均可直接向报警控制器发出报警信号，由报警控制器发出声光警报信号。

干簧继电器又称舌簧继电器，是一种将磁场力转化为电信号的传感器，其结构如图7.2所示。

干簧管的干簧触点常做成常开、常闭或转换三种不同形式。干簧管中的簧片用铁镍合金制成，具有很好的导磁性能，与线圈或磁块配合，构成了干簧继电器状态的变换控制器，簧片上的触点镀金、银、铑等贵金属，以保证通断能力。常开干簧继电器的两个簧片在外磁场作用下其自由端产生的磁极极性正好相反，两触点相互吸合，外磁场不作用时触点是断开的，故称常开式舌簧继电器。常闭舌簧管的结构正好与常开式相反，是无磁场作用时吸合，有磁场作用时断开。转换式舌簧继电器有常开、常闭两对触点，在外磁场作用

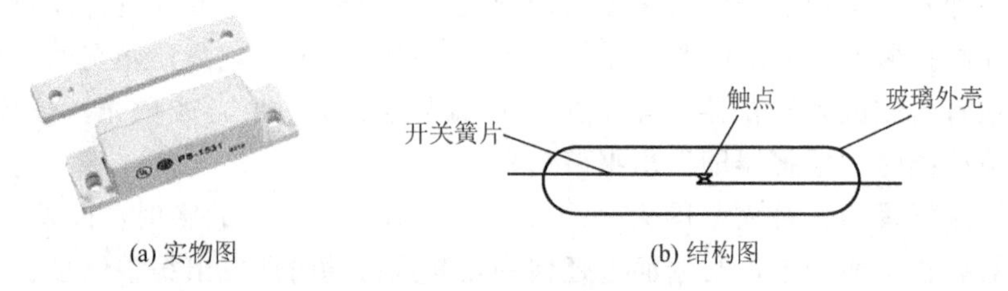

(a) 实物图　　(b) 结构图

图 7.2　干簧继电器的构造

下状态发生转换。

使用时通常把磁铁安装在被防范物体（如门、窗等）的活动部位（门扇、窗扇），干簧管安装在固定部位（门框、窗框），如图 7.3 所示。

磁铁与舌簧管的位置要调整适当，以保证门窗关闭时磁铁与干簧管接近而干簧管触点动作，当门窗打开时干簧管触点复位而产生报警信号。

压力垫也可以作为开关报警探测器的一种传感器。压力垫通常放在防范区域的地毯下面，如图 7.4 所示。将两长条形金属带平行相对地分别放在地毯背面和地板之间，两条金属带之间有几个位置使用绝缘材料支撑，使两条金属带互不接触，此时相当于传感器开关断开，当入侵者进入防范区域时，踩踏地毯而使相应部位受力凹陷，两条金属带接触，此时相当于传感器开关闭合而发出报警信号。

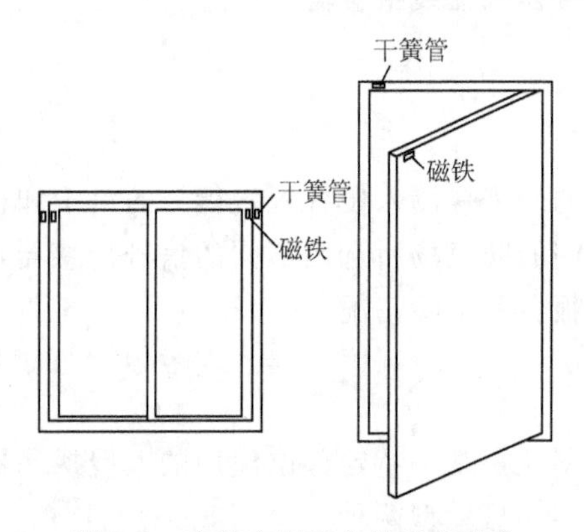

图 7.3　安装在门窗上的磁控开关

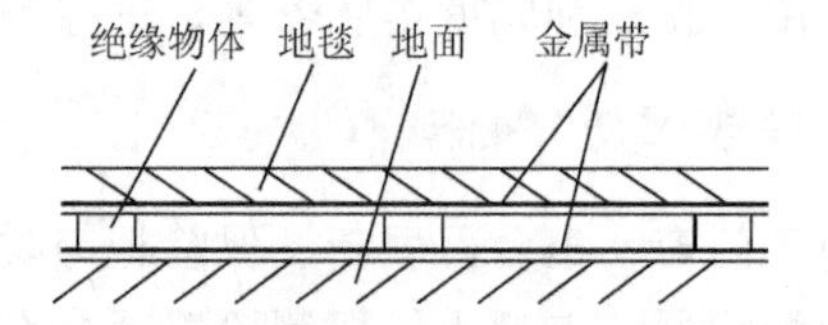

图 7.4　压力垫使用示意图

2）振动入侵探测器

当入侵者进入防范区域实施犯罪时，总会引起地面、墙壁、门窗、保险柜等发生振动，我们可以采用压电式传感器、电磁感应传感器或其他可感受振动信号的传感器来感受入侵时发生的振动信号，我们称这种探测器为振动入侵探测器。

墙振动探测器及玻璃破碎探测器是典型的振动入侵探测器，这种探测器常使用压电传感器或导电簧片开关传感器。

压电传感器是利用压电材料的压电效应制成的，当压电材料受到某方向的压力时，在一特定方向两个相对电极上分别感应出电荷，电荷量的大小与压力成正比。我们把压电传感器贴在玻璃上，当玻璃受到振动时，传感器相应的两电极上感应出电荷，形成一微弱的电位差，可以采用高放大倍数高输入阻抗的集成放大电路进行放大产生报警信号。采用半导体压力传感器的压电电阻效应制成的压电式振动入侵探测器，当半导体材料硅片受外力作用时，晶体处于扭曲状态，载流子的迁移率随之发生变化，从而使结晶电阻的阻抗发生变化，引起输出电压的变化，此输出电压加到烧结在同一硅片上的集成放大电路而产生报警信号。

导电簧片开关型玻璃破碎探测器结构如图7.5所示，上簧片横向略呈弯曲的形状，它对噪声频率有吸收作用。绝缘体、定位螺钉将上下金属导电簧片绝缘固定在底座上，而右端触头处可靠接触。

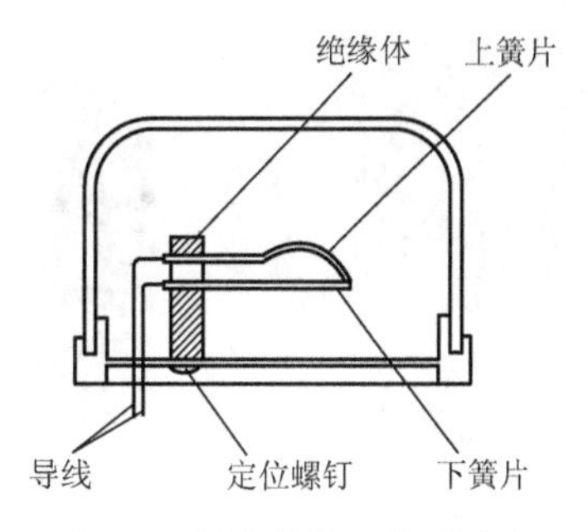

图7.5　导电簧片开关型玻璃破碎探测器结构图

玻璃破碎探测器的外壳黏附在需防范的玻璃的内侧。环境温度和湿度的变化及轻微振动产生的低频振动，甚至敲击玻璃所产生的振动都能被上簧片的弯曲部分吸收，不改变上下电极的接触状态，只有当探测器探测到玻璃破碎或足以使玻璃破碎的强冲击力时产生的特殊频率范围的振动才能使上下簧片振动，处于不断开闭状态，触发控制电路产生报警信号。

近年来，随着数字信号处理技术的发展，一种采用微处理器的新型声音分析式玻璃破碎探测器已经出现，它是利用微处理器的声音分析技术来分析与破碎相关的特定声音频率后进行准确的报警。传感器接收防范范围内的各种声频信号送给微处理器，微处理器对其进行分析和处理以识别出玻璃破碎的入侵信号，这种探测器的误报率极低。

为减少误报率，人们还采用一种超低频检测和音频识别技术的双技术探测器。如果超低频探测技术探测到玻璃被敲击时所发出的超低频波，而在随后的一段特定时间间隔内，音频识别技术也捕捉到玻璃被击碎后发出的高频声波，那么双技术探测器就会确认发生玻璃破碎，并触发报警。

电动式振动入侵探测器是利用电磁感应传感器将振动转换成线圈两端的感应电动势输出。将电动式振动入侵传感器与保险柜、贵重物体固定在一起，当入侵者搬动或触动保险柜等物体产生振动时，电动传感器随之振动，线圈与电动传感器是固定在一起的，而磁铁通过弹簧与壳体连接在一起，壳体振动后，磁铁随之运动，在线圈上感应出电动势。输出电压正比于振动速度。电动传感器具有较高的灵敏度，输出电动势较高，不需要高增益的放大器，而且电动传感器输出阻抗低，噪声干扰小。

2. 直线型入侵探测器

直线型入侵探测器是指警戒范围为一条线束的探测器，当在这条警戒线上的警戒状态被破坏时发出报警信号。最常见的直线型报警探测器为红外入侵探测器、激光入侵探测器。探测器的发射机发射出一束红外光或激光，经反射或直接射到接收器上，如光束被遮断，则发出报警信号。

1）红外入侵探测器

红外探测器分为被动红外探测器和主动红外探测器两种形式。红外探测器实物图如图7.6所示。

【参考视频】

（1）所谓被动红外探测器只有红外线接收器。当被防范范围内有目标入侵并移动时，将引起该区域内红外辐射的变化，而红外探测器能探测出这种红外辐射的变化并发出报警信号。实际上除入侵物体发出红外辐射外，被探测范围内的其

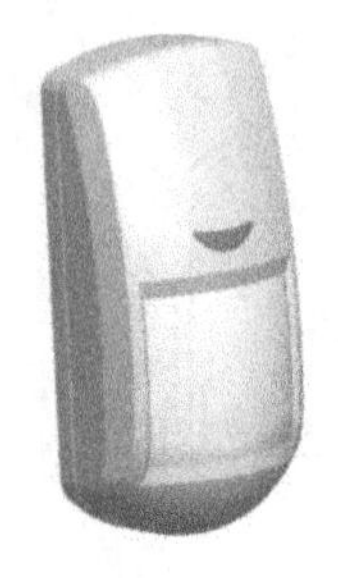

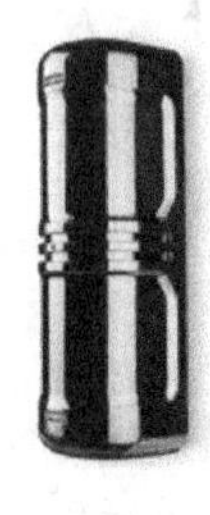

(a) 被动红外探测器　　(b) 主动红外探测器

图 7.6　红外探测器实物图

他物体如室外的建筑物、地形、树木、山和室内的墙壁、课桌、家具等都会发生热辐射，但因这些物体是固定不变的，其热辐射也是稳定的，当入侵物体进入被监控区域后，稳定不变的热辐射被破坏，产生了一个变化的热辐射，而红外探测器中的红外传感器就能收到这种变化的辐射，经放大处理后报警。在使用中，把探测器放置在所要防范的区域里，那些固定的景物就成为不动的背景，背景辐射的微小信号变化为噪声信号，由于探测器的抗噪能力较强，噪声信号不会引起误报，红外探测器一般用在背景不动或防范区域内无活动物体的场合。

为了提高被动红外入侵探测器的报警精度及减少误报率，现在实际应用的被动红外探测器，多数将几个红外接收单元集成在一个探测器中，称为多元被动红外探测器。这样的探测器由于具有几个接收单元，则不仅能检测出其防范区域有入侵者时的红外变化，还可以因各单元安装方向的不同而接收信号的大小不同，检测出入侵者走动时产生的单元信号差值的变化，从而达到双重检测的目的，大大提高了报警精度，减少了误报率。

(2) 主动红外探测器由红外光发射器和接收器两个部件构成。主动红外发射器发出一束经调制的红外光束，投向红外接收器，形成一条警戒线。当目标侵入该警戒线时，红外光束被部分或全部遮挡，接收机接收信号发生变化而报警。

主动红外探测器的发射光源通常为红外发光二极管。其特点是体积小，质量轻，寿命长，功耗小，交、直流供电都能工作，晶体管、集成电路都能直接推动。

对光束遮挡型的探测器，要适当选取有效的报警最短遮光时间。遮光时间选得太短，会引起不必要的噪声干扰，如小鸟飞过、小动物穿过都会引起报警；而遮光时间太长，则可能导致漏报。

2) 激光入侵探测器

激光是单一频率的单色光，与一般光源相比具有方向性好、亮度高、单色性和相干性好的特点。激光探测器十分适用于远距离的线控报警装置。由于能量集中，可以在光路上加装反射镜，围绕成光墙，从而可以用一套激光器来封锁场地的四周，或封锁几个主要通道路口。

激光探测器采用半导体激光器的波长在红外线波段时，处于不可见范围，便于隐蔽，不易被犯罪分子发现。激光探测器采用脉冲调制，抗干扰能力较强，其稳定性能好，一般不会因机器本身而产生误报，如果采用双光路系统，可靠性将会更高。

3. 面型入侵探测器

【参考视频】

面型入侵探测器的警戒范围为一个面。当警戒面上出现入侵目标时即能发出报警信号。振动式或感应式报警探测器常被用作面报警探测器，例如，把用作点报警探测器的振动探测器安装在墙面或玻璃上，或安装在某一要求保护的铁丝网或隔离网上，当入侵者触及时网发生振动，探测器即能发生报警信号。

面型入侵探测器更多的是使用电磁感应探测器。电场畸变探测器是一种电磁感应探测器，当目标侵入防范区域时，引起传感器线路周围电磁场分布的变化，我们把能响应这种畸变并进入报警状态的装置称为电场畸变探测器。这种电场畸变探测器有平行线电场畸变入侵探测器、泄漏电缆电场畸变入侵探测器等。

1）平行线电场畸变入侵探测器

平行线电场畸变入侵探测器由传感器线支撑杆、跨接件和传感器电场信号发生接收装置构成，如图7.7所示。传感器由一些平行线（2～10条）构成，在这些导线中一部分是场线，它们与振荡频率为1～40kHz的信号发生器相连接，工作时场线向周围空间辐射电磁场能量。另一部分线为感应线，场线辐射的电磁场在感应线上产生感应电流。当入侵者靠近或穿越平行导线时，就会改变周围电磁场的分布状态，相应地使感应线中的感应电流发生变化，由接收信号处理器分析后发出报警信号。

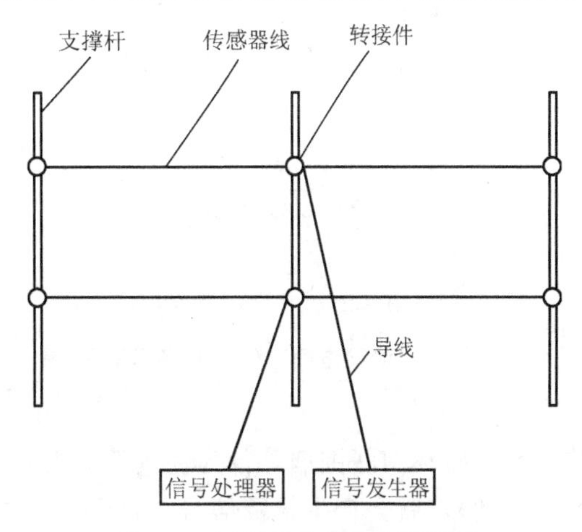

图7.7　平行线电场畸变探测器

传感器线通过跨接件固定在支撑杆上。跨接件上有特种钢弹簧片，一方面可以拉紧传感器线，另一方面可使探测区内有连接的电磁场没有盲区。信号发生器、接收器安装在中间支撑杆上。

平行线电场畸变入侵探测器主要用于户外周界报警。通常沿着防范周界安装数套电场探测器，组成周界防范系统。信号分析处理器常采用微处理器，信号分析处理程序可以分析出入侵者和小动物引起的场变化的不同，从而将误报率降到了最低。

2）泄漏电缆电场畸变入侵探测器

所谓泄漏电缆是一种特制的同轴电缆（图7.8），其中心是铜导线，外面包围着绝缘材料（如聚乙烯），绝缘材料外面用两条金属散层以螺旋方式交叉缠绕并留有孔隙。电缆最外面为聚乙烯保护层。当电缆传输电磁能量时，屏蔽层的空隙处便将部分电磁能量向外辐射。为了使电缆在一定长度范围内能够均匀地向空间泄漏能量，电缆空隙的尺寸大小是沿电缆变化的。

【参考视频】

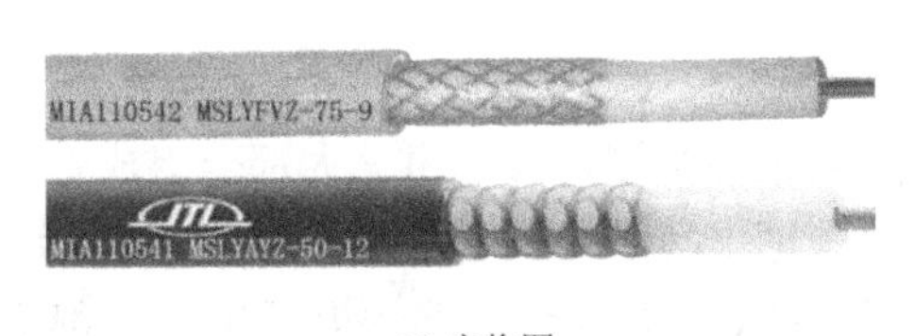

(a) 实物图

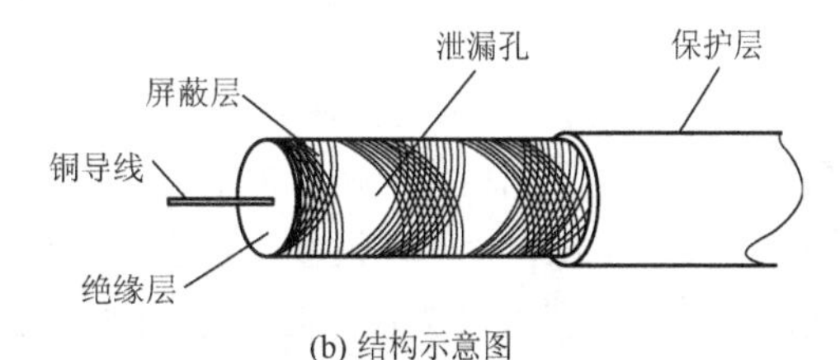

(b) 结构示意图

图7.8　泄漏电缆

把平行安装的两根泄漏电缆分别接到高强信号发生器和接收器上就组成了泄漏电缆入侵探测器。当发生器产生的脉冲电磁能量沿发射电缆传输并通过泄漏孔向空间辐射时，在电缆周围形成空间电磁场，同时与发射电缆平行的接收电缆通过泄漏孔接收空间电磁能量并沿电缆送入接收器，泄漏电缆可埋入地下，如图 7.9 所示。当入侵者进入探测区时，使空间电磁场的分布状态发生变化，因而接收电缆收到的电磁能量发生变化，这个变化量就是入侵信号，经过分析处理后可使报警器动作。

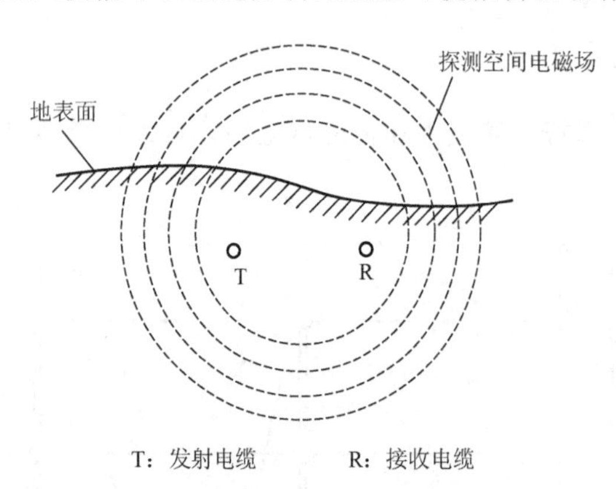

图 7.9　泄漏电缆产生空间场示意图

泄漏电缆探测器可全天候工作，抗干扰能力强，误报漏报率都较低，适用于高保安、长周界的安全防范场所。

3）振动传感电缆型入侵探测器

这种入侵探测器是在一根塑料护套内装有三芯导线的电缆两端，分别接上发送装置与接收装置，并将电缆波浪状或呈其他曲折形状固定在网状的围墙上，如图 7.10 所示。用这样有一定长度的电缆构成一个防区。每两个、四个或六个防区共用一个控制器（称为多通道控制器），由控制器将各防区的报警信号传送至控制中心。当有入侵者触动网状围墙，破坏网状围墙等行为使其振动并达到一定强度时（安装时强度可调，以确定其报警灵敏度），就会产生报警信号。这种入侵探测器精度极高，漏报率为零，误报率几乎为零，且可全天候使用，它特别适合围网状的周界围墙使用。

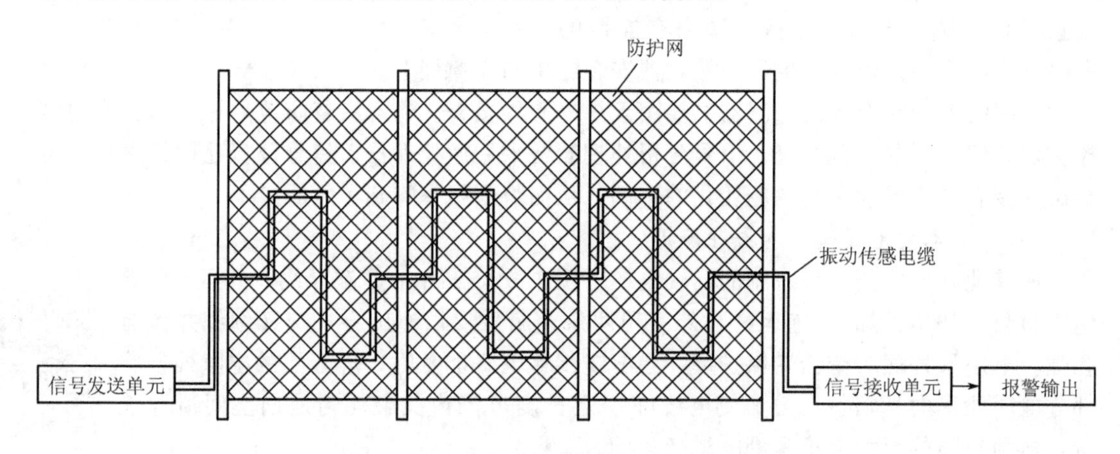

图 7.10　振动传感电缆型入侵探测器示意图

4）电子围栏式入侵探测器

【参考视频】

电子围栏式入侵探测器也是一种用于周界防范的探测器。它由三大部分组成，即脉冲电压发生器、报警信号检测器及前端的电围栏，其系统原理框图如图 7.11 所示。

当有入侵者入侵时，触碰到前端的电子围栏或试图剪断前端的电子围栏，都会发出报警信号。

这种探测器的电子围栏上的裸露导线，接通由脉冲电压发生器发出的高达 10000V 的脉冲电压（但能量很小，一般在 4J 以下，对人体不会构成生命危害），所以即使入侵者戴上绝缘手套，也会产生脉冲感应信号，使其报警。这种电子围栏如果使用在市区或来往人群多的场合，安装前应事先征得当地公安等部门的同意。

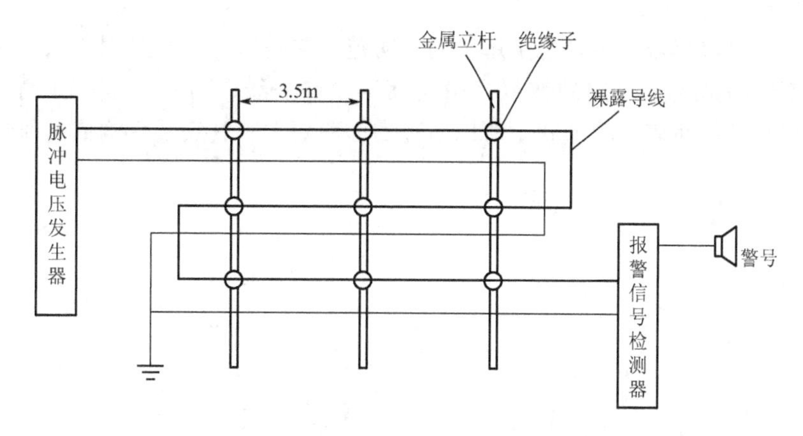

图 7.11 电子围栏式入侵探测器

阅读材料 7-1

电子围栏的发展

电子围栏最早起源于澳洲的流动牧场，是牧人们最先利用通有直流电的导线圈定所圈养牲畜的活动范围。20 世纪 90 年代中后期在社会公共安全领域中具有阻挡和报警功能的电子围栏系统开始被普遍开发。此后，市场上又推出了新一代可以由用户自行调节输出电压和自由切换高低压模式的智能型电子围栏产品。

在 20 世纪 90 年代，电子围栏被引入国内市场。国内现在已经在国外产品的基础上更上一层楼，将电子围栏带入了网络电子围栏时代。

网络电子围栏是一种结合传统电子围栏技术与网络技术所产生的新一代电子围栏系统。它主要是由电子围栏主机、智能控制键盘和管理软件组成，用户通过网络即可监管电子围栏，实现用户信息实时传递、数据交互和远程监管功能。

网络电子围栏系统能够将各监视区域内的视频监控系统、周界报警系统、电子巡更系统、门禁系统、短信报警控制系统联动整合，把防区内的音/视频画面、人员出入的状况、防区内的报警信号等数据及时地传回监控中心，方便建立长效监管机制。一旦发现设备报警，系统会在第一时间将报警信号通过网络按权限范围直接告知预设的各级部门，可以最大限度地提高用户警情响应速度。在管控中心的电子地图上可以明示出报警防区，方便用户分析报警原因。与此同时，系统还具有启动报警/视频联动、报警信号量输出、短信报警等多种报警联动功能，在客户端自动弹出预置的联动控制界面，提示用户立即监察报警防区情况。

5）微波墙式入侵探测器

微波墙式入侵探测器，主要也是用于周界防范。它类似主动红外对射式入侵探测器的工作方式，不同的是用于探测的波束是微波而不是红外线。另外，这种探测器的波束更宽、呈扁平状、像一面墙壁的形状，所以防范的面积更大。其安装后构成的原理如图7.12所示。

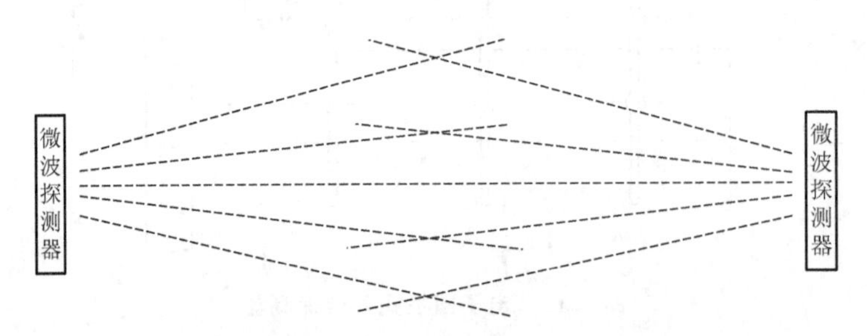

图7.12 微波墙式入侵探测器原理图

这种探测器在使用时，应注意使墙式微波波束控制在防范区域内，不向外扩展，以免引起误报。另外，在防范区域（波束）内，不应有花草树木等物体，以免当有风吹动时，产生误报。

4. 空间入侵探测器

空间入侵探测器是指警戒范围是一个空间的报警器。当这个警戒空间任意处的警戒状态被破坏，即发生报警信号。声入侵探测器、微波入侵探测器及被动红外探测器等都属于空间入侵探测器。

1）声入侵探测器

声入侵探测器是常用的空间防范探测器。通常将探测说话、走路等声响的装置称为声控探测器。当探测物体被破坏（如打碎玻璃、凿墙、锯钢筋）时，发生固有声响的装置称为声发射探测器。

(1) 声控入侵探测器。声控探测器是用声传感器把声音信号变成电信号，经前置放大送报警控制器处理后发出报警处理信号，也可将报警信号经放大推动扬声器和录音机，以便监听和录音。驻极体声传感器被广泛地应用在声控探测器中。

(2) 声发射入侵探测器。声发射探测器是监控某一频带的声音发出报警信号，而对其他频带的声音信号不予响应。主要监控玻璃破碎声、凿墙、锯钢筋声等入侵时的破坏行为所发出的声音，玻璃破碎声发射探测器通常也用驻极体传话器作声电传感器。当玻璃破碎时，发出的破碎声由多种频率的声响构成，据测定，主要频率为10～15kHz高频声响信号。当锤子打击墙壁、天花板的砖、混凝土时，会产生一个频率为1kHz左右的衰减信号，约持续5ms；锯钢筋时会产生频率约3.5kHz、持续时间约15ms的声音信号。采用带通滤波器滤去高于或低于探测声信号的干扰信号，经放大后产生报警信号。

(3) 次声入侵探测器。次声为频率很低的音频信号。探测器的工作原理与声发射探测器相同，不过采用低通滤波器滤去高频和中频音频信号，而放大次低频信号报警。

房屋通常由墙天花板、门、窗、地板同外界隔离。由于房屋里外环境不同，强度、气压等均有一定差异，一个人想闯入就要破坏这个空间屏障，如打开门窗、打碎玻璃、凿墙开洞等，由于室内外的气压差，在缺口处产生气流扰动，发出一个次声；另外由于开门、碎窗、破墙会产生加速度，则内表面空气被压缩会产生另一次声，而这二次声频率约为1Hz。两种次声波在室内向四周扩散，先后传入次声探测器，只有当这二次声强度达到一定阈值后才能报警，所以只要外部屏障不被破坏，在覆盖区域内部开关门窗，移动家具，人员走动，都低于阈值，因而不会报警。但是这种特定环境下如果采用其他超声、微波或红外探测器则都会导致误报。

(4) 超声波入侵探测器。所谓超声波是指频率在20kHz以上的音频信号，这种音频信号人的耳朵是听不到的。超声波探测器是利用超声波技术构造的探测器，通常分为多普勒式超声波探测器和超声波声场型探测器两种。

多普勒式超声波探测器是利用超声对运动目标产生的多普勒效应构成的报警装置。通常，多普勒式超声波探测器是将超声波发射器与接收器装在一个装置内。所谓多普勒效应是指在辐射源（超声波发生器）与探测目标之间有相对运动时，接收的回波信号频率会发生变化，如图7.13所示。目标以径向速度 v_r 向发射接收器运动，使接收到的信号频率不再是发射频率 f_o，而是 f_o+f_d，这种现象称多普勒效应，f_d称为多普勒频率。当目标背向探测器运动时，v_r为负值，则所接收的回波信号频率为 f_o-f_d。

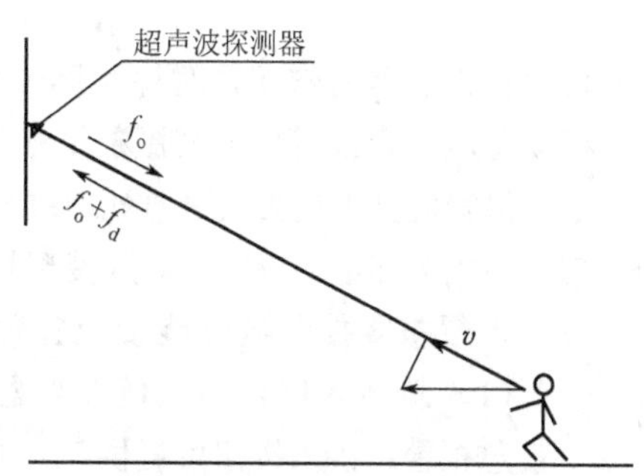

图7.13 多普勒效应示意图

超声波发射器发射25～40kHz的超声波充满室内空间，超声波接收器接收从墙壁、天花板、地板及室内其他物体反射回来的超声能量，并不断地与发射波的频率加以比较。当室内没有移动物体时，反射波与发射波的频率相同，不报警；当入侵者在探测区内移动时，超声反射波会产生大约±100Hz的多普勒频移，接收器检测出发射波与反射波之间的频率差异后，即发出报警信号。

超声波声扬型探测器是将发射器和接收器分别安装在不同位置。超声波在密闭的房间内经固定物体（如墙、地板、天花板、家具）多次反射，布满各个角落。由于多次反射，室内的超声波形成复杂的驻波状态，有许多波腹点和波节点。波腹点能量密度大，波节点能量密度低，造成室内超声波能量分布不均匀。当没有物体移动时，超声波能量处于一种稳定状态；当改变室内固定物体分布时，超声能量的分布将发生改变。而当室内有一移动物体时，室内超声能量发生连续变化，而接收器接收到这连续变化的信号后，就能探测出移动物体的存在，变化信号的幅度与超声频率和物体移动的速度成正比。

2) 微波入侵探测器

微波是一种频率很高的无线电波，波长很短，一般在0.001～1m之间，由于微波的波长与一般物体的几何尺寸相当，所以很容易被物体所反射。微波入侵探测器按工作原理可分为移动型微波探测器和阻挡型微波探测器。

(1) 移动型微波探测器。移动型微波探测器又称多普勒式微波入侵探测器。其工作原理与多普勒式超声波探测器相同，只不过探测器发射和接收的是微波而不是超声波。

由于多普勒效应告诉我们，偏移的多普勒频率 f_d，正比于目标径向的移动速度而反比于工作波长，所以微波探测器较多普勒式超声探测器有更高的灵敏度。

（2）阻挡型微波探测器。阻挡型微波探测器由发射器、接收器和信号处理器组成。使用时将发射天线和接收天线相对放置在监控场地的两端，发射天线发射的微波束直接送达接收天线。当没有运动目标遮断微波束时，微波能量被接收天线接收，发出正常工作信号；当有运动目标阻挡微波束时，天线接收到的微波能量减弱或消失，此时产生报警信号。

7.3 入侵报警控制器

入侵报警控制器的作用是对探测器传来的信号进行分析、判断和处理，当入侵报警发生时，它将接通声、光报警信号震慑犯罪分子，避免其采取进一步的入侵破坏；显示入侵部位以通知保安值班人员去做紧急处理；自动关闭和封锁相应通道；启动电视监控系统中入侵部位和相关部位的摄像机对入侵现场监视并进行录像，以便事后进行备案与分析。

【参考视频】

入侵报警控制器应能接受各种性能的报警输入，如：

（1）瞬间入侵：为入侵探测器提供瞬时入侵报警。

（2）紧急报警：接入按钮可提供24h的紧急呼救，不受电源开关影响，能保证昼夜工作。

（3）防拆报警：提供24h防拆保护，不受电源开关影响，能保证昼夜工作。

（4）延时报警：实现0～40s可调进入延时和100s固定输出延时。

凡四路以上的防盗报警器必须有上述（1）、（2）、（3）三种报警输入。

入侵报警控制器按其容量可分为单路或多路报警控制器。多路报警控制器常为2、4、8、16、24、32、64路等。

入侵报警控制器结构有盒式、挂壁式及柜式三种。

根据用户的管理机制以及对报警的要求，可组成独立的小系统、区域互联互防的区域报警系统和大规模集中报警系统。

7.3.1 小型报警控制器

对于一般的小用户，其防护的部位少，如银行的储蓄所，学校的财务室、档案室，较小的仓库等，可采用小型报警控制器。

这种小型的控制器一般功能如下。

（1）能提供4～8路报警信号、4～8路声控复核信号、2～4路电视复核信号，功能扩展后，能从接收天线接收无线传输的报警信号。

（2）能在任何一路信号报警时，发出声光报警信号，并能显示报警部位和时间。

（3）有自动/手动声音复核和电视、录像复核。

（4）对系统有自查能力。

（5）市电正常供电时能对备用电源充电，断电时能自动切换到备用电源上，以保证系统正常工作。另外还有欠压报警功能。

（6）具有延迟报警功能。

（7）能向区域报警中心发出报警信号。

(8) 能存入2～4个紧急报警电话号码，发生报警情况时，能自动依次向紧急报警电话发出报警信号。

7.3.2 区域报警控制器

对于一些相对规模较大的工程系统，要求防范区域较大，设置的入侵探测器较多（如高层写字楼、高级住宅小区、大型仓库、货场等），这时应采用区域入侵报警控制器。区域报警控制器具有小型控制器的所有功能，结构原理也相似，只是输入、输出端口更多，通信能力更强。区域报警控制器与入侵探测器的接口一般采用总线制，即控制器采用串行通信方式访问每个探测器，所有的入侵探测器均根据安置的地点实行统一编址，控制器不停地巡检各探测器的状态。

7.3.3 集中报警控制器

在大型和特大型的报警系统中，由集中入侵控制器把多个区域控制器联系在一起。集中入侵控制器能接收各个区域控制器送来的信息，同时也能向各区域控制器发送控制指令，直接监控各区域控制器的防范区域。集中入侵控制器可以直接切换出任何一个区域控制器送来的声音和图像信号，并根据需要用录像机记录下来。还由于集中入侵控制器能和多台区域控制器联网，因此具有更大的存储容量和先进的联网功能。

7.4 系统信号的传输

系统信号的传输就是把探测器中的探测信号送到控制器去进行处理、判别，确认有无入侵行为。探测电信号的传输通常有两种方法：有线传输和无线传输。

7.4.1 有线传输

有线传输是将探测器的信号通过导线传送给控制器。根据控制器与探测器之间采用并行传输还是串行传输的方式不同而选用不同的线制。所谓线制是指探测器和控制器之间的传输线的线数，一般有分线制、总线制和混合式三种方式。

1. 分线制

所谓分线制是指每个入侵探测器与控制器之间都有独立的信号回路，探测器之间是相对独立的，所有探测信号对于控制器是并行输入的。这种方法又称点对点连接。

分线制的优点是探测器的电路比较简单，但缺点是线多，配管直径大，穿线复杂，线路故障不好查找。显然这种分线制方式只适用于小型报警系统。

2. 总线制

总线制是指采用2～4条导线构成总线回路，所有的探测器都并接在总线上，每只探测器都有自己的独立地址码，入侵报警控制器采用串行通信的方式按不同的地址信号访问每只探测器。总线制用线量少，设计施工方便，因此被广泛使用。

3. 混合式

有些入侵探测器的传感器结构很简单，如开关式入侵探测器，如果采用总线制则会使探测器的电路变得复杂起来，势必增加成本。但多线制又使控制器与各探测器之间的连线太多，不利于设计与施工。混合式则是将两种线制方式相结合的一种方法。一般在某一防范范围内（如某个房间）设一通信模块（或称为扩展模块），在该范围内的所有探测器与模块之间采用多线制连接，而模块与控制器之间则采用总线制连接。由于房间内各探测器到模块路径较短，探测器数量又有限，故分线制可行，由模块到报警器路径较长，采用总线制合适，将各探测器的状态经通信模块传给控制器。

7.4.2 无线传输

无线传输是探测器输出的探测信号经过调制，用一定频率的无线电波向空间发送，由报警中心的控制器所接收。而控制中心将接收信号处理后发出报警信号和判断出报警部位。

7.5 入侵报警系统工程设计

7.5.1 基本规定

（1）入侵报警系统工程的设计应综合应用电子传感（探测）、有线/无线通信、显示记录、计算机网络、系统集成等先进而成熟的技术，配置可靠而适用的设备，构成先进、可靠、经济、适用、配套的入侵探测报警应用系统。

（2）入侵报警系统工程的设计遵循的原则如下。

① 根据防护对象的风险等级和防护级别、环境条件、功能要求、安全管理要求和建设投资等因素，确定系统的规模、系统模式及应采取的综合防护措施。

② 根据建设单位提供的设计任务书、建筑平面图和现场勘察报告，进行防区的划分，确定探测器、传输设备的设置位置和选型。

③ 根据防区的数量和分布、信号传输方式、集成管理要求、系统扩充要求等，确定控制设备的配置和管理软件的功能。

④ 系统应以规范化、结构化、模块化、集成化的方式实现，以保证设备的互换性。

7.5.2 系统构成

入侵报警系统通常由前端设备（包括探测器和紧急报警装置）、传输设备、处理/控制/管理设备和显示/记录设备四部分构成。

根据信号传输方式的不同，入侵报警系统的组建模式宜分为以下模式。

1. 分线制

探测器、紧急报警装置通过多芯电缆与报警控制主机之间采用一对一专线相连，如图 7.14 所示。分线制入侵报警系统示意图如图 7.15 所示。

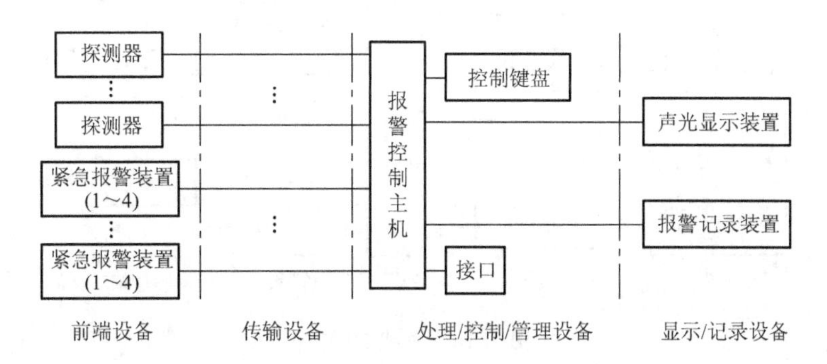

图 7.14 分线制模式

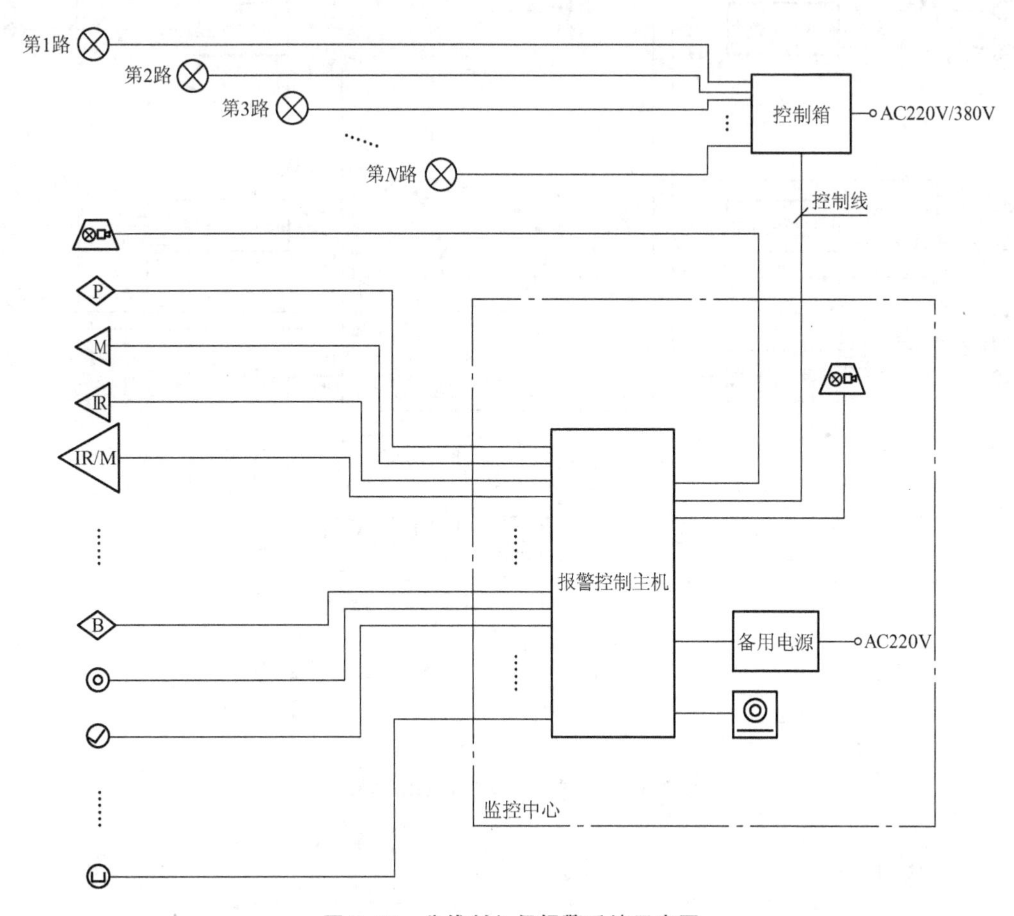

图 7.15 分线制入侵报警系统示意图

2. 总线制

探测器、紧急报警装置通过其相应的编址模块与报警控制主机之间采用报警总线（专线）相连，如图 7.16 所示。总线制入侵报警系统示意图如图 7.17 所示。

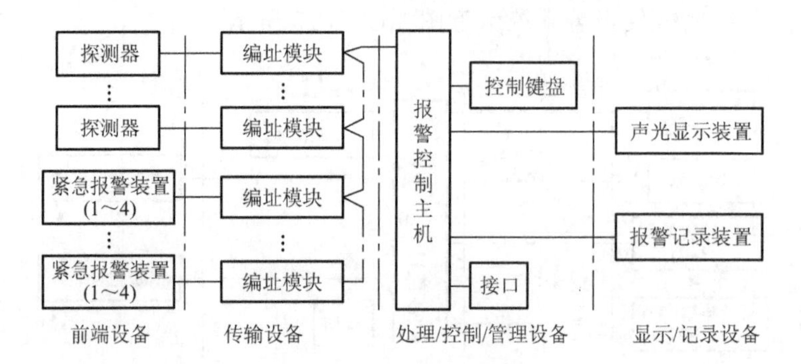

图 7.16 总线制模式

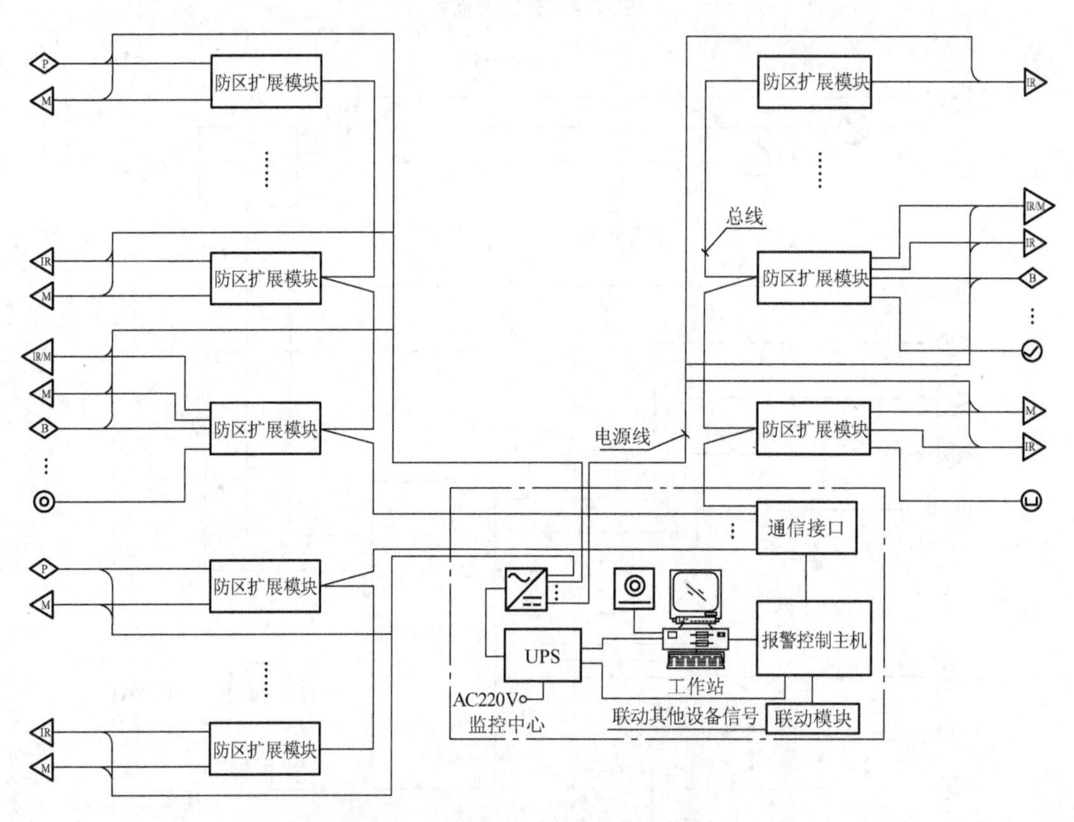

图 7.17 总线制入侵报警系统示意图

3. 无线制

探测器、紧急报警装置通过其相应的无线设备与报警控制主机通信，其中一个防区内的紧急报警装置不得大于 4 个，如图 7.18 所示。

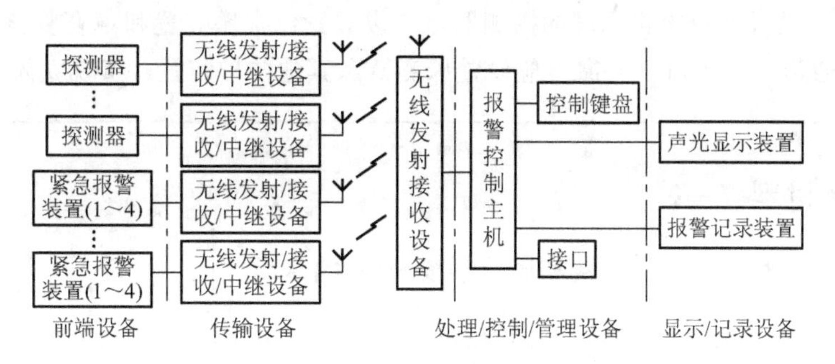

图 7.18　无线制模式

4. 公共网络

探测器、紧急报警装置通过现场报警控制设备和/或网络传输接入设备与报警控制主机之间采用公共网络相连。公共网络可以是有线网络，也可以是有线—无线—有线网络，如图 7.19 所示。

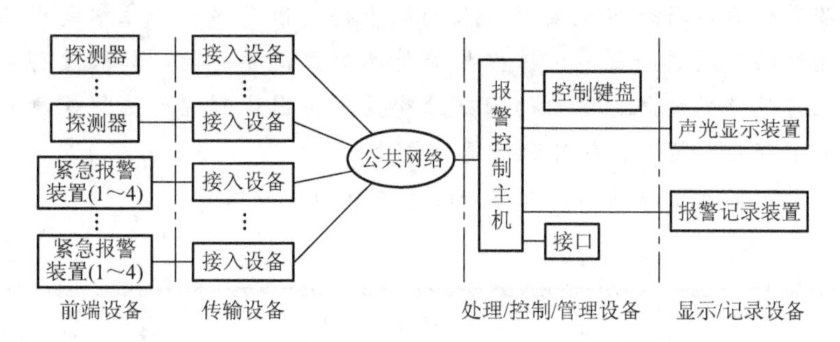

图 7.19　公共网络模式

7.5.3　系统设计

1. 纵深防护体系设计

纵深防护是从里到外或从外到里层层设防的设计理念。纵深防护体系的周界、监视区、防护区、禁区四个区域的防护措施要逐渐加强，各区域之间的交界面也要采取一定的防护措施。

(1) 入侵报警系统的设计应符合整体纵深防护和局部纵深防护的要求，纵深防护体系包括周界、监视区、防护区和禁区。

(2) 周界可根据整体纵深防护和局部纵深防护的要求分为外周界和内周界。周界应构成连续无间断的警戒线（面）。周界防护应采用实体防护和/或电子防护措施；采用电子防护时，需设置探测器；当周界有出入口时，应采取相应的防护措施。

(3) 监视区可设置警戒线（面），宜设置视频安防监控系统。

(4) 防护区应设置紧急报警装置、探测器，宜设置声光显示装置，利用探测器和其他防护装置实现多重防护。

(5) 禁区应设置不同探测原理的探测器，应设置紧急报警装置和声音复核装置，通向禁区的出入口、通道、通风口、天窗等应设置探测器和其他防护装置，实现立体交叉防护。

阅读材料 7-2

共和国文物第一案的启示

1992 年 9 月 18 日一早，开封博物馆的工作人员像往常一样，打开博物馆明清宫廷用品展厅大门，准备迎接参观者。但厅内场景使他们大吃一惊，一片狼藉之中，共丢失了 69 件文物，经专家鉴定，价值过亿。

经刑侦专家侦察，嫌疑犯撬开窗户进入展厅便踩在展柜顶上，用预先试验过的反技防手段将多个被动红外探测器盖住，使其失出报警功能，从而使盗窃得逞。

从这次文物失窃案可以看出开封博物馆安防工程没有体现纵深防护体系的思想。它没有周界防范，没有窗户布防，防护栏无防护能力，一撬就开。它只用了单一报警手段，而且安装位置不符合规范要求。人们从中得到很多启示，注意到周界防范的重要性，要利用博物馆周边的围墙、铁栅栏等屏障建立周界防范，如果没有条件形成大周界也要利用建筑物的墙体、窗户的门建立小周界，因地制宜地选用探测器构成周界防线，将入侵者拒之于窗外、门外和建筑物之外。

这个案件让人们开始注意到建立综合防范体系的重要性。

2. 系统功能性能设计

(1) 入侵报警系统的误报警率应符合设计任务书和/或工程合同书的要求。

(2) 入侵报警系统不得有漏报警。

(3) 入侵报警功能设计应符合下列规定。

① 紧急报警装置应设置为不可撤防状态，应有防误触发措施，被触发后应自锁。

② 当下列任何情况发生时，报警控制设备应发出声、光报警信息，报警信息应能保持到手动复位，报警信号应无丢失。

a. 在设防状态下，当探测器探测到有入侵发生或触动紧急报警装置时，报警控制设备应显示出报警发生的区域或地址。

b. 在设防状态下，当多路探测器同时报警（含紧急报警装置报警）时，报警控制设备应依次显示出报警发生的区域或地址。

③ 报警发生后，系统应能手动复位，不应自动复位。

④ 在撤防状态下，系统不应对探测器的报警状态做出响应。

(4) 防破坏及故障报警功能设计应符合下列规定。

当下列任何情况发生时，报警控制设备上应发出声、光报警信息，报警信息应能保持到手动复位，报警信号应无丢失。

① 在设防或撤防状态下，当入侵探测器机壳被打开时。

② 在设防或撤防状态下，当报警控制器机盖被打开时。

③ 在有线传输系统中，当报警信号传输线被断路、短路时。

④ 在有线传输系统中，当探测器电源线被切断时。

⑤ 当报警控制器主电源/备用电源发生故障时。

⑥ 在利用公共网络传输报警信号的系统中，当网络传输发生故障或信息连续阻塞超过 30s 时。

（5）记录显示功能设计应符合下列规定。

① 系统应具有报警、故障、被破坏、操作（包括开机、关机、设防、撤防、更改等）等信息的显示记录功能。

② 系统记录信息应包括事件发生时间、地点、性质等，记录的信息应不能更改。

（6）系统应具有自检功能。

（7）系统应能手动/自动设防/撤防，应能按时间在全部及部分区域任意设防和撤防；设防、撤防状态应有明显不同的显示。

（8）系统报警响应时间应符合下列规定。

① 分线制、总线制和无线制入侵报警系统不大于 2s。

② 基于局域网、电力网和广电网的入侵报警系统不大于 2s。

③ 基于市话网电话线入侵报警系统不大于 20。

（9）系统报警复核功能应符合下列规定。

① 当报警发生时，系统宜能对报警现场进行声音复核。

② 重要区域和重要部位应有报警声音复核。

（10）无线入侵报警系统的功能设计，还应符合下列规定。

① 当探测器进入报警状态时，发射机应立即发出报警信号，并应具有重复发射报警信号的功能。

② 控制器的无线收发设备宜具有同时接收处理多路报警信号的功能。

③ 当出现信道连续阻塞或干扰信号超过 30s 时，监控中心应有故障信号显示。

④ 探测器的无线报警发射机，应有电源欠压本地指示，监控中心应有欠压报警信息。

7.5.4 设备选型与设置

1. 探测设备

（1）探测器的选型应符合下列规定。

① 根据防护要求和设防特点选择不同探测原理、不同技术性能的探测器。多技术复合探测器应视为一种技术的探测器。

② 所选用的探测器应能避免各种可能的干扰，减少误报，杜绝漏报。

③ 探测器的灵敏度、作用距离、覆盖面积应能满足使用要求。

【参考视频】

（2）周界用入侵探测器的选型应符合下列规定。

① 规则的外周界可选用主动式红外入侵探测器、遮挡式微波入侵探测器、振动入侵

探测器、激光式探测器、光纤式周界探测器、振动电缆探测器、泄漏电缆探测器、电场感应式探测器、高压电子脉冲式探测器等。

② 不规则的外周界可选用振动入侵探测器、室外用被动红外探测器、室外用双技术探测器、光纤式周界探测器、振动电缆探测器、泄漏电缆探测器、电场感应式探测器、高压电子脉冲式探测器等。

③ 无围墙/栏的外周界可选用主动式红外入侵探测器、遮挡式微波入侵探测器、激光式探测器、泄漏电缆探测器、电场感应式探测器、高压电子脉冲式探测器等。

④ 内周界可选用室内用超声波多普勒探测器、被动红外探测器、振动入侵探测器、室内用被动式玻璃破碎探测器、声控振动双技术玻璃破碎探测器等。

阅读材料 7-3

机场拦不住少年，11块钱轻而易举到迪拜

看了“迪拜乞丐月薪四十七万”的新闻之后，很多人都流下了口水，而一个来自四川的16岁少年却展现了惊人的“行动力”，他爬上了国内某机场旁边的一棵大树，越过约8m高的机场围栏，又找到一架阿联酋航空的飞机，钻进货舱，在9个小时的飞行中睡了一觉，花费最多11块钱交通费（坐地铁二号线），就这么轻而易举抵达迪拜！

这可不只是一个段子，它导致了民航局首次因为空防安全问题，对相关人员行政约见。机场可心塞极了，说好的国内加班、包机，还有新增航班的申请都打水漂了，还受到了行政处罚。

对于普通民众来说，大笑完心里也会冒出一个问号，连小小少年都拦不住的机场，还能放心吗？最近机场正值多事之“夏”，许多机场的安检力度都进行了升级，但是安防隐患处处有，在航站楼以外，安防难度更大。机场按区域通常分为航站楼（Terminal）、陆侧（Landside）、空侧（Airside）。空侧区域面积非常大，出没人员复杂，监控目标分散，面临的入侵多种多样，一直是机场安防的难点。空侧又分为周界区域和跑道区域，这位16岁少年小徐的奇幻之旅就是以周界区域为突破口。

（3）出入口部位用入侵探测器的选型应符合下列规定。

① 外周界出入口可选用主动式红外入侵探测器、遮挡式微波入侵探测器、激光式探测器、泄漏电缆探测器等。

② 建筑物内对人员、车辆等有通行时间界定的正常出入口（如大厅、车库出入口等）可选用室内用多普勒微波探测器、室内用被动红外探测器、微波和被动红外复合入侵探测器、磁开关入侵探测器等。

③ 建筑物内非正常出入口（如窗户、天窗等）可选用室内用多普勒微波探测器、室内用被动红外探测器、室内用超声波多普勒探测器、微波和被动红外复合入侵探测器、磁开关入侵探测器、室内用被动式玻璃破碎探测器、振动入侵探测器等。

（4）室内用入侵探测器的选型应符合下列规定。

① 室内通道可选用室内用多普勒微波探测器、室内用被动红外探测器、室内用超声波多普勒探测器、微波和被动红外复合入侵探测器等。

② 室内公共区域可选用室内用多普勒微波探测器、室内用被动红外探测器、室内用超声波多普勒探测器、微波和被动红外复合入侵探测器、室内用被动式玻璃破碎探测器、振动入侵探测器、紧急报警装置等；而且宜设置两种以上不同探测原理的探测器。

③ 室内重要部位可选用室内用多普勒微波探测器、室内用被动红外探测器、室内用超声波多普勒探测器、微波和被动红外复合入侵探测器、磁开关入侵探测器、内用被动式玻璃破碎探测器、振动入侵探测器、紧急报警装置等；而且宜设置两种以上不同探测原理的探测器。

(5) 探测器的设置应符合下列规定。

① 每个/对探测器应设为一个独立防区。

② 周界的每一个独立防区长度不宜大于200m。

③ 需设置紧急报警装置的部位宜不少于2个独立防区，每一个独立防区的紧急报警装置数量不应大于4个，且不同单元空间不得作为一个独立防区。

④ 防护对象应在入侵探测器的有效探测范围内，入侵探测器覆盖范围内应无盲区，覆盖范围边缘与防护对象间的距离宜大于5m。

⑤ 当多个探测器的探测范围有交叉覆盖时，应避免相互干扰。

2. 控制设备

(1) 控制设备的选型应符合下列规定。

① 应根据系统规模、系统功能、信号传输方式及安全管理要求等选择报警控制设备的类型。

② 宜具有可编程和联网功能。

③ 接入公共网络的报警控制设备应满足相应网络的入网接口要求。

④ 应具有与其他系统联动或集成的输入、输出接口。

(2) 控制设备的设置应符合下列规定。

① 现场报警控制设备和传输设备应采取防拆、防破坏措施，并应设置在安全可靠的场所。

② 不需要人员操作的现场报警控制设备和传输设备宜采取电子/实体防护措施。

③ 壁挂式报警控制设备在墙上的安装位置，其底边距地面的高度不应小于1.5m，如靠门安装时，宜安装在门轴的另一侧；如靠近门轴安装时，靠近其门轴的侧面距离不应小于0.5m。

④ 台式报警控制设备的操作、显示面板和管理计算机的显示器屏幕应避开阳光直射。

3. 无线设备

(1) 无线报警的设备选型应符合下列规定。

① 载波频率和发射功率应符合国家相关管理规定。

② 探测器的无线发射机使用的电池应保证有效使用时间不少于 6 个月，在发出欠压报警信号后，电源应能支持发射机正常工作 7 天。

③ 无线紧急报警装置应能在整个防范区域内触发报警。

④ 无线报警发射机应有防拆报警和防破坏报警功能。

(2) 接收机的位置应由现场试验确定，保证能接收到防范区域内任意发射机发出的报警信号。

4. 管理软件

(1) 系统管理软件的选型应具有以下功能。

① 电子地图显示，能局部放大报警部位，并发出声、光报警提示。

② 实时记录系统开机、关机、操作、报警、故障等信息，并具有查询、打印、防篡改功能。

③ 设定操作权限，对操作（管理）员的登录、交接进行管理。

(2) 系统管理软件应汉化。

(3) 系统管理软件应有较强的容错能力，应有备份和维护保障能力。

(4) 系统管理软件发生异常后，应能在 3s 内发出故障报警。

7.5.5 传输方式、线缆选型与布线设计

1. 传输方式

(1) 传输方式的确定应取决于前端设备分布、传输距离、环境条件、系统性能要求及信息容量等，宜采用有线传输为主、无线传输为辅的传输方式。

(2) 防区较少，且报警控制设备与各探测器之间的距离不大于 100m 的场所，宜选用分线制模式。

(3) 防区数量较多，且报警控制设备与所有探测器之间的连线总长度不大于 1500m 的场所，宜选用总线制模式。

(4) 布线困难的场所，宜选用无线制模式。

(5) 防区数量很多，且现场与监控中心距离大于 1500m，或现场要求具有设防、撤防等分控功能的场所，宜选用公共网络模式。

(6) 当出现无法独立构成系统时，传输方式可采用分线制模式、总线制模式、无线制模式、公共网络模式等方式的组合。

2. 线缆选型

(1) 系统应根据信号传输方式、传输距离、系统安全性、电磁兼容性等要求，选择传输介质。

(2) 当系统采用分线制时，宜采用不少于 5 芯的通信电缆，每芯截面不宜小于 $0.5mm^2$。

(3) 当系统采用总线制时，总线电缆宜采用不少于6芯的通信电缆，每芯截面积不宜小于1.0mm^2。

(4) 当现场与监控中心距离较远或电磁环境较恶劣时，可选用光缆。

(5) 采用集中供电时，前端设备的供电传输线路宜采用耐压不低于交流500V的铜芯绝缘多股电线或电缆，线径的选择应满足供电距离和前端设备总功率的要求。

3. 布线设计

(1) 布线设计应符合以下规定。

① 应与区域内其他弱电系统线缆的布设综合考虑，合理设计。

② 报警信号线应与220V交流电源线分开敷设。

(2) 室内管线敷设设计应符合下列规定。

① 室内线路应优先采用金属管，可采用阻燃硬质或半硬质塑料管、塑料线槽及附件等。

② 竖井内布线时，应设置在弱电竖井内。如受条件限制强弱电竖井必须合用时，报警系统线路和强电线路应分别布置在竖井两侧。

(3) 室外管线敷设设计应满足下列规定。

① 线缆防潮性及施工工艺应满足国家现行标准的要求。

② 线缆敷设路径上有可利用的线杆时可采用架空方式。当采用架空敷设时，与共杆架设的电力线（1kV以下）的间距不应小于1.5m，与广播线的间距不应小于1m，与通信线的间距不应小于0.6m，线缆最低点的高度应符合有关规定。

③ 线缆敷设路径上有可利用的管道时可优先采用管道敷设方式。

④ 线缆敷设路径上有可利用建筑物时可优先采用墙壁固定敷设方式。

⑤ 线缆敷设路径上没有管道和建筑物可利用，也不便立杆时，可采用直埋敷设方式。引出地面的出线口，宜选在相对隐蔽地点，并宜在出口处设置从地面计算高度不低于3m的出线防护钢管，且周围5m内不应有易攀登的物体。

⑥ 线缆由建筑物引出时，宜避开避雷针引下线，不能避开处两者平行距离应不小于1.5m，交叉间距应不小于1m，并宜防止长距离平行走线。

在间距不能满足上述要求时，可对电缆加缠铜皮屏蔽，屏蔽层要有良好的就近接地装置。

综合习题

一、填空题

1. 探测器和入侵控制器之间传输线的线制一般有________、________和________三种方式。

2. 入侵报警系统通常由________、________、________和________四部分构成。

二、名词解释

1. 报警状态；

2. 设防；

3. 撤防；

4. 周界；

5. 报警响应时间。

三、单项选择题

1. 下列选项中属于线控制型入侵探测器的是（　　）。

A. 振动探测器　　B. 主动红外式探测器

C. 双鉴探测器　　D. 超声波探测器

2. 下列选项中属于点控制型入侵探测器的是（　　）。

A. 被动红外式探测器　　B. 开关式探测器

C. 声控探测器　　D. 振动探测器

3. 在入侵报警系统中，通常所用的双鉴传感器中是利用以下哪两种技术？（　　）

A. 红外探测技术和光波探测技术

B. 微波探测技术和无线电探测技术

C. 红外热能感应技术和微波探测技术

D. 热能感应技术和电场传感技术

4. 住宅安防系统中具有防灾功能的对讲设备的功能不包括（　　）。

A. 防盗报警　　B. 火灾报警

C. 紧急求救报警　　D. 氧气泄漏报警

5. 防盗报警主机的可靠性是指在布防状态下，对非法侵入（　　）。

A. 及时报警，不应误报　　B. 及时报警，不应漏报

C. 及时报警，不应误报和漏报　　D. 及时报警，误报和漏报率在限定范围内

6. 振动探测器适用于对（　　）的保护。

A. 银行金库　　B. 监狱中的监房

C. 自助银行（内设自助取款机）　　D. 超市

7. 安防监控中心应（　　）。

A. 设置在一层，并设直通室外的安全出口　　B. 设置为禁区

C. 设置在防护区内　　D. 设置在监视区内

8. 以下（　　）不属于入侵报警探测器。

A. 微波/红外探测器　　B. 玻璃破碎探测器

C. 振动探测器　　D. CO_2探测器

四、判断题

1. 主动式红外探测器是由发射和接收装置两部分组成的。从发射机到接收机之间的红外光束构成了一道人眼看不见的封锁线，当有人穿越或阻挡这条红外光束时，报警控制器发出报警信号。（　　）

2. 在撤防状态下，防范现场有异常情况发生，探测器受到触发，向报警控制器发出报警信号。（　　）

3. 虹膜识别技术是基于自然光或红外光照射下，对虹膜上可见的外在特征进行计算机识别的一种生物识别技术。（　　）

4. 双技术探测器又称为双鉴探测器或复合式探测器，它是将两种探测技术结合在一起，只有当两种探测器同时或相继在短暂的时间内都探测到目标时，才可发出报警信号。(　　)

五、简答题

1. 简述干簧继电器的工作原理。
2. 简述压电式振动入侵探测器的工作原理。
3. 简述被动红外探测器和主动红外探测器的工作原理。
4. 简述泄漏电缆电场畸变入侵探测器的工作原理。
5. 简述电子围栏式入侵探测器的工作原理。
6. 简述微波探测器的工作原理。
7. 简述超声波入侵探测器的工作原理。
8. 简述入侵报警系统工程的设计原则。
9. 简述周界用入侵探测器的选型规定。
10. 简述出入口部位用入侵探测器的选型规定。
11. 简述室内用入侵探测器的选型规定。
12. 简述入侵报警系统控制设备的选型规定。
13. 简述入侵报警系统线缆选型的要求。

第8章

视频安防监控系统

本章教学要点

知识要点	掌握程度	相关知识
视频监控系统概述	了解视频监控系统的概念； 掌握视频监控系统的组成； 了解视频监控系统的发展历程； 熟悉视频监控系统的功能	系统的定义； 系统的组成； 系统的发展历程； 系统的主要功能
视频安防监控系统的设备	熟悉系统的前端设备； 熟悉系统的传输介质； 熟悉系统的控制设备； 熟悉系统的后端成像设备	摄像机； 镜头； 云台； 传输介质（同轴电缆、双绞线、光纤等）； 矩阵控制主机； DVR和NVR； 监视器； 多画面处理器
视频安防监控系统的设计	掌握系统的基本规定； 掌握系统的构成； 掌握系统的功能及性能设计； 掌握系统的设备选型与设置； 掌握系统的传输方式、线缆选型； 掌握系统的供电、防雷与接地	系统的构成； 功能及性能设计； 设备选型与设置； 传输方式、线缆选型； 供电； 防雷与接地

导入案例

云技术帮美国警方监控黑帮

云技术与城市安全的关系最早是2009年IBM提出“智慧城市”目标后，开始为各国安全部门和警方所普遍重视的。

在2014年一次云计算大会上，荷兰一家公司给现场记者分享了一段荷兰当地警方抓捕小偷的视频。视频显示，当地超市员工发现小偷后报警，之前没有应用云技术时，当警察赶到现场，小偷已经逃之夭夭，警察只能安慰超市员工“下次小心点”。运用云技术之后，警方在接到超市报警后，立即实时和超市联网，监控超市及小偷动态，在小偷逃出超市后，可以通过云技术追踪小偷逃跑路线，并及时通知离小偷最近的警察将其抓获。一位专家告诉记者，这项技术叫视频云技术。当刑侦人员需要调用视频缉拿抢匪时，视频云技术的应用能够极为有效地缩减时间成本与金钱成本。

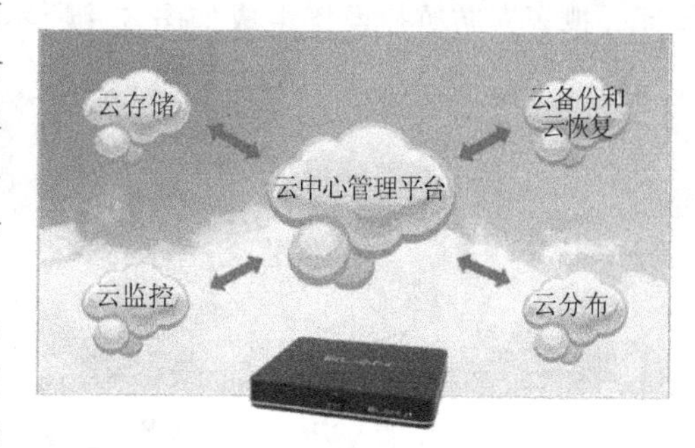

实际上，美国警方早在多年前就运用云技术辅助破案。据美国《管理》杂志报道，2006年明尼苏达州的达林·安德森被控在社交媒体上用虚假账户和未满18岁女孩进行大尺度聊天，警方在被告矢口否认的前提下动用云技术，查获800多条猥亵聊天记录，最终使被告获刑12年。

云技术在识别嫌犯方面也有独特作用。2010年起，美国加州、纽约州等地相继普及“执法机构计算机化人脸识别系统”，可通过云技术在几分钟内进行大量比对，并最终锁定犯罪嫌疑人身份。2012年1月，加州警署利用该系统，在短时间内锁定一名连环抢劫案主要嫌疑人，并将之捉拿归案。

云技术在打击帮派犯罪方面也卓有成效。《管理》报道称，美国“帮派之都”芝加哥2013年通过引入云技术，将本地多达1.4万个帮派及其团伙纳入网络分析监控体系，并对可能进行犯罪活动的帮派及其成员发出警告，同时调动警力，进行预防和打击。

8.1 概　　述

视频安防监控系统，简称视频监控系统，也叫电视监控系统。通常所说的闭路电视系统是相对电视台的开路电视广播系统而言的。广播电视以外的电视都可以称作闭路电视，如工业电视、教育电视、医用电视、电视电话、共用开线电视、业务用电视监控系统等。

【参考视频】

8.1.1 视频监控系统的定义

视频安防监控系统是利用视频技术探测、监视设防区域并实时显示和记录现场图像的电子系统或网络。视频安防监控系统包括前端设备、传输设备、处理控制设备和记录显示设备四部分。它是安全技术防范体系中的一个重要组成部分，是一种先进的、防范能力极强的综合系统，它可以通过遥控摄像机及其辅助设备（镜头、云台等）直接观看被监视场所的一切情况，可以把被监视场所的情况一目了然。同时，电视监控系统还可以与防盗报警系统等其他安全技术防范体系联动运行，使其防范能力更加强大。

视频监控系统能在人们无法直接观察的场合，实时、形象、真实地反映被监视控制对象的画面，并已成为人们在现代化管理中监控的一种极为有效的观察工具。由于它具有只需一人在控制中心操作就可观察许多区域，甚至远距离区域的独特功能，被认为是保安工作之必须手段。系统的视频记录和存储功能，也为一些案件的取证、侦破提供了强有力的保证。视频安防监控系统组成如图 8.1 所示。

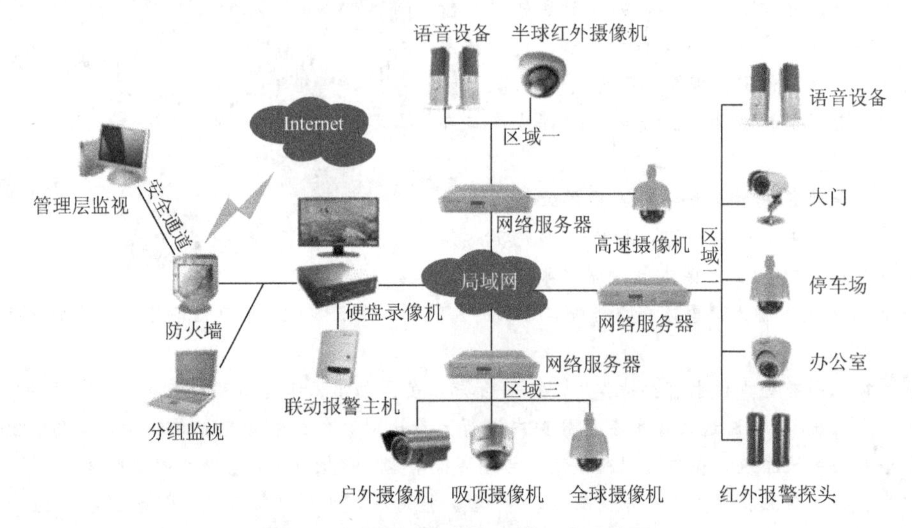

图 8.1　视频安防监控系统组成示意图

8.1.2　视频监控系统的发展历程

视频监控技术自 20 世纪 80 年代在我国兴起以来，先后经历了模拟视频与近距离监控、模拟视频与远距离联网监控、数字视频与 IP 网络监控、数字视频与光纤网络监控四个发展阶段。从视频信号特征上分，又可以将视频监控系统分为 3 个时代：模式视频监控系统、模拟＋数字混合式监控系统（以硬盘录像机为核心）、智能网络视频监控系统。

1. 模式视频监控系统

模式视频监控系统由模拟摄像机、多画面分割器、视频矩阵、模拟监视器和磁带录像机（VCR）等构成，摄像机的图像经过同轴电缆（或其他介质）传输，并由 VCR 进行录像存储。视频信号传输距离小，可通过光端机实现远距离传输和联网监控，但是多级联网信号多级传输多次 A/D 转换带来了视频损耗问题，加上中间设备多，因此已被逐渐淘汰。

2. 硬盘录像机视频监控系统

硬盘录像机视频监控系统产生于 20 世纪 90 年代，以硬盘录像机（Digital Video Recorder，DVR）为核心，模拟的视频信号由 DVR 实现数字化编码压缩并进行存储。DVR 对 VCR 实现了全面取代，在视频存储、检索、浏览等方面实现了飞跃，并且能够实现网络传输，提供内置 Web 管理器。

3. 智能网络视频监控系统

智能网络视频监控系统主要由网络摄像机、视频编码器、高清摄像机、网络录像机、海量存储系统及视频内容分析技术构成，可以实现视频网络传输、远程播放、存储、视频分发、远程控制、视频内容分析与自动报警等多种功能。

8.1.3 视频监控系统的功能

随着建筑智能化程度的提高，建筑智能化系统的运作模式也愈发接近人的行为模式，视频监控系统的作用和地位也越来越重要，因为它是整个智能系统的“眼睛”。不论视频监控系统的技术如何发展，其主要的功能都是将监控区域的音频和图像信号传输到监控中心，为安保人员监控和管理大面积防区提供方便。同时监控中心设有录像设备，可以将所采集的信号记录下来，所记录的数据也往往会成为事后分析和侦测的重要依据。

【参考视频】

不同类型的监控系统，在功能上的区别在于所提供的音视频信号的质量、使用的便捷性和一些辅助的分析功能。例如，模拟视频监控系统基本不具备分析的能力，所有的分析和判断都是由安保人员来完成，这就决定了这种类型的视频监控系统在整个安防自动化系统中的地方只能是辅助分析的地位。而到了数字视频监控时代，图像分析和处理技术的大量应用，使得监控系统具有了分析功能。分析能力的增强，大大提高了视频监控系统的性能和地位，使得视频监控系统真正迈入了智能化时代。

对数字视频内容进行分析，然后识别出一些典型的模式这是视频监控智能化的主要表现。以校园监控为例，在没有分析功能的视频监控系统下，如果出现小偷行窃、聚众斗殴等现象，就只能靠安保人员来发现；然而如果应用了智能视频监控，就可以将偷窃行为、聚众斗殴等行为模式识别出来，并发出告警通知安保人员。这大大降低了安保人员的工作强度，提高了工作效率。

视频监控的智能化除了在安防领域的应用外，还可以与消防系统、中央空调、照明等其他智能建筑子系统进行联动。例如，视频监控可以和消防炮配合起来，如果防区内发生火灾，可以将火灾区域的坐标返回控制中心。控制中心根据坐标控制消防炮自动定位火源进行准确灭火，在一些大型的物流仓库，这种系统有较多应用。

利用视频内容分析功能，可以将人的着装情况（比如是否穿短袖、短裤等）识别出来，着装情况直接影响着装表面积、人体热平衡及送风感受，这些可以为设计舒适性空调的送风参数提供一定的依据。如果将室内人员的分布情况识别出来，又可以为照明系统控制提供一定的依据，选择更合理、节能和智能化的照明模式。

8.2 视频安防监控系统的设备

视频监控系统的设备种类多，一般按照功能和作用可以分为前端设备、传输介质、控制设备和后端成像设备四类。

8.2.1 前端设备

【参考视频】

1. 摄像机

将现场图像转换成视频信号的设备，又称摄像头或CCD（Charge Coupled Device），即电荷耦合器件。严格来说，摄像机是摄像头和镜头的总称（球机除外），而实际上，摄像头与镜头大部分是分开购买的，用户根据目标物体的大小和摄像头与物体的距离，通过计算得到镜头的焦距，所以每个用户需要的镜头都是依据实际情况而定的。

CCD 的工作原理：被摄物体反射光线，传播到镜头，经镜头聚焦到 CCD 芯片上，CCD 根据光的强弱积聚相应的电荷，经周期性放电，产生表示一幅幅画面的电信号，经过滤波、放大处理，通过摄像头的输出端子输出一个标准的复合视频信号。

阅读材料 8 - 1

CCD 的诞生

CCD 是于 1969 年由美国贝尔实验室（Bell Labs）的维拉·波义耳（Willard S. Boyle）和乔治·史密斯（George E. Smith）发明的。当时贝尔实验室正在发展影像电话和半导体气泡式内存。将这两种新技术结合起来后，波义耳和史密斯得出一种装置，他们将这种装置命名为“电荷‘气泡’元件”（Charge Bubble Devices）。这种装置的特性就是它能沿着一片半导体的表面传递电荷，他们便尝试将它用作记忆装置，但当时只能从暂存器用“注入”电荷的方式输入记忆。但他们随即发现光电效应能使此种元件表面产生电荷，而组成数位影像。到了 20 世纪 70 年代，贝尔实验室的研究员已经能用简单的线性装置捕捉影像，CCD 就此诞生。

摄像机根据输出信号格式可以分为模拟摄像机、数字摄像机和网络摄像机；根据色彩可分为彩色摄像机、黑白摄像机和彩色/黑白自动转换型摄像机；按照正常工作的照度要求可分为普通照度、低照度和微照度摄像机等；按照成像器件种类，可分为摄像管摄像机、CCD 摄像机和 CMOS 摄像机；按照适用的光谱范围，分为可见光电视摄像机、非可见光电视摄像机（X 射线摄像机、红外及紫外摄像机）；按摄像器件的靶面或成像直径尺寸可分为 1/2in（1in=25.4mm）摄像机、1/3in 摄像机、2/3in 摄像机、1in 摄像机、1/4in 摄像机等；按照外形，可分为枪式摄像机、半球摄像机、云台摄像机和一体化球形摄像机，如图 8.2 所示。

图 8.2　不同外形的摄像机实物图

阅读材料8-2

全景摄像机

全景摄像机，顾名思义，是能对一个较大场景进行全局监控、全程监视与全角度拍摄的摄像产品。一般而言有两种方式可达到全景效果，一是采用鱼眼镜头（大广角镜头）；二是一台摄像机中采用多个镜头拼接来实现。

不论使用何种方式，所谓的全局监控，即摄像机在静止状态下（无须云台辅助转动），就可以进行180°（安装在墙上）或360°（安装在天花板上）的监控。

监视时，摄像机无须切换画面，就能实现对同一个较大场景的无间断拍摄，解决普通摄像机多方位监控时画面不连贯的问题，也令监控人员的作业更加方便。而且全景摄像机具有最高可达360°的拍摄角度，能全面捕捉场景，避免死角产生，因而在某些项目中，其一台可替代多台普通监控摄像机的效果，并顺利达到耗电量低、布线简单、隐秘性高与施工维护费用低廉等目的。

1）CCD分类

（1）按成像色彩划分为彩色摄像机和黑白摄像机。

① 彩色摄像机：适用于景物细部辨别，如辨别衣着或景物的颜色。

② 黑白摄像机：适用于光线不充足地区及夜间无照明设备的地区，在仅监视景物的位置或移动时，可选用黑白摄像机。

（2）依分辨率灵敏度等划分为一般型和高分辨率型。

① 影像像素在38万以下的为一般型，其中尤以25万像素、分辨率为400线的产品最普遍。

② 影像像素在38万以上的高分辨率型。

（3）按CCD靶面大小划分，CCD芯片已经开发出1/2in、1/3in、2/3in、1in、1/4in等多种尺寸。在同样的像素条件下，CCD面积不同，直接决定了感光点大小的不同。感光点（像素）的功能是负责光电转换，其体积越大，能够容纳电荷的极限值也就越高，对光线的敏感性也就越强，描述的图像层次也就越丰富。

（4）按扫描制式划分为PAL制和NTSC制。中国采用隔行扫描（PAL）制式（黑白为CCIR），标准为625行，50场，只有医疗或其他专业领域才用到一些非标准制式。另外，日本采用NTSC制式，525行，60场（黑白为EIA）。

（5）依供电电源划分为交流电110 V（NTSC制式多属此类）、220V和24V，以及直流电12V和9V（微型摄像机多属此类）。

（6）按同步方式划分为五种：①内同步；②外同步；③功率同步；④外VD同步；⑤多台摄像机外同步。

（7）按照度划分，CCD又分为如下四种。

① 普通型：正常工作所需照度1～3lx。

② 月光型：正常工作所需照度0.1lx左右。

③ 星光型：正常工作所需照度0.01lx以下。

④ 红外型：采用红外灯照明，在没有光线的情况下也可以成像。

(8) 按外观形状分为枪式、半球、全球及针孔型等。

2) CCD 摄像机常用的性能指标

(1) CCD 尺寸，即摄像机靶面。原多为 1/2in，现在 1/3in 的已普及化，1/4in 和 1/5in也已商品化。

(2) CCD 像素，是 CCD 的主要性能指标，它决定了显示图像的清晰程度，分辨率越高，图像细节的表现越好。CCD 由面阵感光元素组成，每一个元素称为像素，像素越多，图像越清晰。现在市场上大多以 25 万和 38 万像素为划界，38 万像素以上者为高清晰度摄像机。

(3) 水平分辨率。彩色摄像机的典型分辨率在 320～500 电视线之间，主要有 330 线、380 线、420 线、460 线、500 线等不同档次。分辨率是用电视线（简称线，TV Lines）来表示的，彩色摄像头的分辨率在 330～500 线之间。分辨率与 CCD 和镜头有关，还与摄像头电路通道的频带宽度直接相关，通常规律是 1MHz 的频带宽度相当于清晰度为 80 线。频带越宽，图像越清晰，线数值相对越大。

(4) 最小照度，也称为灵敏度，是 CCD 对环境光线的敏感程度，或者说是 CCD 正常成像时所需要的最暗光线。照度的单位是勒［克斯］(法定符号 lx)，数值越小，表示需要的光线越少，摄像头也越灵敏。黑白摄像机灵敏度一般在 0.01～0.5lx 之间，彩色摄像机多在 0.1lx 以上。

(5) 信噪比。信噪比也是摄像机的一个主要参数。其基本定义是信号对于噪声的比值乘以 20log，一般摄像机给出的信噪比值均是在 AGC（自动增益控制）关闭时的值。CCD 摄像机的信噪比的典型值一般为 45～55dB。

除了以上几个常用指标外，摄像机还有一些具有电子快门、白平衡、背光补偿、宽动态范围和强光抑制等特殊功能，可根据实际需求来选定。

阅读材料 8-3

网络摄像机

网络摄像机只要安置在任何一个具备 IP 网络接口的地点即可独立运行。网络摄像机除了具备一般传统摄像机所有的图像捕捉作用外，机内还内置了数字化压缩控制器和基于 Web 的操作系统（包括 Web 服务器、FTP 服务器等)，使得视频数据经压缩加密后，通过网络（局域网、Internet 或无线网络）送至终端用户，而远端用户可在自己的 PC 上使用标准的网络浏览器或客户端软件对网络摄像机进行访问，实时监控目标现场的情况，并可对图像资料实时存储，另外还可以通过网络来控制摄像机的云台和镜头，进行全方位的监控。

网络摄像机一般由镜头、图像传感器、声音传感器、A/D 转换器、图像、声音编码器、控制器、网络服务器、外部报警、控制接口等部分组成。

2. 镜头

镜头是视频监控系统中必不可少的部件，如果把CCD靶面比作人的视网膜，则镜头就相当于晶状体。没有镜头摄像机输出的图像就是白茫茫的一片。镜头与CCD摄像机配合，可以将不同距离目标成像在摄像机的CCD靶面上。镜头的种类繁多，镜头选择得合适与否，直接关系到摄像质量的优劣，因此，在实际应用中必须合理选择镜头。

1）镜头的分类

一般来讲，镜头的分类见表8-1。

表8-1 镜头的分类

按外形功能分	按尺寸大小分	按光圈分	按变焦类型分	按焦距长短分
球面镜头	1in（25.4mm）	自动光圈	电动变焦	长焦距镜头
非球面镜头	1/2in（12.7mm）	手动光圈	手动变焦	标准镜头
针孔镜头	1/3in（8.47mm）	固定光圈	固定焦距	广角镜头
鱼眼镜头	2/3in（16.9mm）	电动光圈		

（1）镜头的安装分为两种。所有的摄像机镜头均是螺纹口的，CCD摄像机的镜头安装有两种工业标准，即C安装座和CS安装座。两者螺纹部分相同，但两者从镜头到感光表面的距离不同。

（2）以摄像机镜头规格分类，摄像机镜头规格应视摄像机的CCD尺寸而定，两者应相对应。即摄像机的CCD靶面大小为1/2in时，则镜头应选1/2in；若为1/3in时，镜头也应选1/3in；依此类推。

（3）以镜头光圈分类，镜头有手动光圈和自动光圈之分。配合摄像机使用，手动光圈镜头适合于亮度不变的应用场合，自动光圈镜头因亮度变更时其光圈也做自动调整，故适用亮度变化的场合。

采用自动光圈镜头，对于下列应用情况是理想的选择。

① 在诸如太阳光直射等非常亮的情况下，用自动光圈镜头可有较宽的动态范围。

② 要求在整个视野有良好的聚焦时，用自动光圈镜头有比固定光圈镜头更大的景深。

③ 要求在亮光上因光信号导致的模糊最小时，应使用自动光圈镜头。

（4）以镜头的视场大小分类，可分为如下五类。

① 标准镜头。视角30°左右，在1/2in CCD摄像机中，标准镜头焦距定为12mm，在1/3in CCD摄像机中，标准镜头焦距定为8mm。

② 广角镜头。视角90°以上，焦距可小于几毫米，可提供较宽广的视景。

③ 远摄镜头。视角20°以内，焦距可达几米甚至几十米，此镜头可在远距离情况下将拍摄的物体影像放大，但使观察范围变小。

④ 变倍镜头。也称为伸缩镜头，有手动变倍镜头和电动变倍镜头两类。

⑤ 针孔镜头。镜头直径几毫米，可隐蔽安装。

（5）从镜头焦距上分类，可分为如下四类。

① 短焦距镜头。因入射角较宽，可提供一个较宽广的视野。

② 中焦距镜头。标准镜头，焦距的长度视 CCD 的尺寸而定。

③ 长焦距镜头。因入射角较狭窄，故仅能提供狭窄视景，适用于长距离监视。

④ 变焦距镜头。通常为电动式，可作广角、标准或远望等镜头使用。

2）镜头的主要技术指标

（1）镜头的成像尺寸应与摄像机 CCD 靶面尺寸相一致。如前所述，有 1/2in、1/3in、1/4in 等规格。1/2in 镜头可用于 1/3in 摄像机，但视角会减少 25%左右。1/3in 镜头不能用于 1/2in 摄像机。

（2）镜头成像质量的内在指标是镜头的光学传递函数与畸变，但是对用户而言，需要了解的仅仅是镜头的空间分辨率，以每毫米能够分辨的黑白条纹数为计量单位，计算公式如下：

$$\text{镜头分辨率}\ N=\frac{180}{\text{画幅格式的高度}} \tag{8-1}$$

由于摄像机 CCD 靶面大小已经标准化，如 1/2in 摄像机，其靶面为 6.4mm×4.8mm，1/3in 摄像机为 4.8mm×3.6mm。因此，对于 1/2in 格式的 CCD 靶面，镜头的最低分辨率应为 38 对线；对于 1/3in 格式的 CCD 靶面，镜头的分辨率应大于 50 对线，摄像机的靶面越小，对镜头的分辨率越高。

（3）镜头的光圈（通光量），以镜头的焦距和通光孔径的比值来衡量，光圈系数为

$$F=\frac{f}{d^2} \tag{8-2}$$

式中：f——镜头焦距；

d——通光孔径。

（4）焦距。焦距计算公式如下：

$$f=\frac{wL}{W}\quad \text{或}\quad f=\frac{hL}{H} \tag{8-3}$$

式中：w——图像的宽度（被摄物体在 CCD 靶面上的成像宽度）；

W——被摄物体的宽度；

L——被摄物体至镜头的距离；

h——图像的高度（被摄物体在 CCD 靶面上的成像高度）；

H——被摄物体的高度。

焦距的大小决定着视场角的大小。焦距数值小，视场角大，所观察的范围也大，但距离远的物体分辨不很清楚；焦距数值大，视场角小，观察范围小。所以如果要看细节，就选择长焦距镜头；如果要看近距离大场面，就选择小焦距的广角镜头。只要焦距选择合适，即便距离很远的物体也可以看得很清楚。

3）光圈的选择与应用范围

（1）手动光圈镜头是最简单的镜头，它适用于光照条件相对稳定的条件下，其手动光圈由数片金属薄片构成。光通量靠镜头外径上的一个环调节，旋转此圈可使光圈收小或放大。手动光圈镜头，可与电子快门摄像机配套，在各种光线下均可使用。

（2）自动光圈镜头应用于在照明条件变化大的环境中或不是用来监视某个固定目标时。比如在户外或人工照明经常开关的地方，自动光圈镜头的光圈的动作由马达驱动，而马达受控于摄像机的视频信号。

自动光圈镜头可与任何CCD摄像机配套，在各种光线下均可使用，特别用于被监视表面亮度变化大、范围较大的场所。为了避免引起光晕现象和烧坏靶面，一般都配有自动光圈镜头。

4）焦距的选择与应用范围

根据摄像机到被监控目标的距离，选择镜头的焦距。典型的光学放大规格有6倍（6.0～36mm，F1.2）、8倍（4.5～36mm，F1.6）、10倍（8.0～80mm，F1.2）、12倍（6.0～72mm，F1.2）、20倍（10～200mm，F1.2）等档次，并以电动变焦镜头应用最为普遍。为增大放大倍数，除光学放大外还可施以电子数码放大。

(1) 定焦距（光圈）镜头，一般与电子快门摄像机配套，适用于室内监视某个固定目标的场所作用。定焦距镜头一般又分为长焦距镜头、中焦距镜头和短焦距镜头。中焦距镜头是焦距与成像尺寸相近的镜头；焦距小于成像尺寸的称为短距镜头，短焦距镜头又称广角镜头，该镜头的焦距通常是28mm以下的镜头，短焦距镜头主要用于环境照明条件差，监视范围要求宽的场合；焦距大于成像尺寸的称为长焦距镜头，长焦距镜头又称望远镜头，这类镜头的焦距一般在150mm以上，主要用于监视较远处的景物。

(2) 手动变焦镜头一般用于科研项目而不用在闭路监视系统中。

(3) 自动变焦镜头聚焦和变倍的调整，只有电动调整和预置两种，电动调整由镜头内的马达驱动，而预置则是通过镜头内的电位计预先设置调整停止位，这样可以免除成像必须逐次调整的过程，可精确、快速定位。在球形罩一体化摄像系统中，大部分采用带预置位的伸缩镜头。此外，它还有快速聚焦功能，是由测焦系统与电动变焦反馈控制系统构成的。

电动镜头的控制电压一般是直流8～16V，最大电流为30mA。所以在选择控制器时，要充分考虑传输线缆的长度，如果距离太远，线路产生的电压下降会导致镜头无法控制，必须提高输入控制电压或更换视频矩阵主机配合解码器控制。

电动变焦距镜头，可与任何CCD摄像机配套，在各种光线下均可使用，变焦距镜头是通过遥控装置来进行光对焦，光圈开度，改变焦距大小的。

自动变焦镜头通常要配合电动光圈镜头和云台使用。

阅读材料8-4

高清监控镜头四大核心技术及发展趋势

在高清化普及之前，监控设备用户常常会碰到这样的情况，在办案取证或收集线索时，现场是有监控摄像机的，但查看录像后发现录像画面很差，人物模糊不清，充满雪花噪点，晚上更是漆黑一片，很难提取到有价值的信息。

近些年，随着安防技术推陈出新，高清技术开始广泛应用，高清摄像机也逐步取代标清摄像机，成为市场主流。高清摄像机能为用户提供更好的画质、更多的细节信息。摄像机的高清效果，不仅仅依靠更高像素的感光器件、更好的ISP技术、更高效的存储技术，高清镜头也是关键技术。没有匹配的高清镜头，高清摄像机也不能发挥出应有的高清效果。

1. 四大核心技术

镜头本身是高精密光学器件，高清镜头尤其如此。高清镜头之所以具备较佳的高清性能，离不开其采用的关键技术：①超精密模造非球面技术；②多层宽带增透镀膜技术；③超低色散材料技术；④精密变焦凸轮设计技术。

2. 发展趋势

近两年，随着高清摄像机在安防监控领域的应用不断扩大，也带动高清监控镜头技术紧跟摄像机的步伐，不断升级，出现了4K超高清、超大光圈等新技术。

3. 防护罩、云台和解码器

防护罩（图8.3）是用来保护摄像机的设备，主要功能为防尘、防破坏，分为室内和室外两种。室外用还要有良好的防水性能，一些还带有排风扇、加热器和雨刷。一些特别场合，需要使用专业的防护罩，除了密封、耐寒、耐热、抗风沙、防雨雪之外，还要防砸、抗冲击、防腐蚀，甚至需要在易爆环境下使用，因此必须使用具有高安全度的特殊护罩。

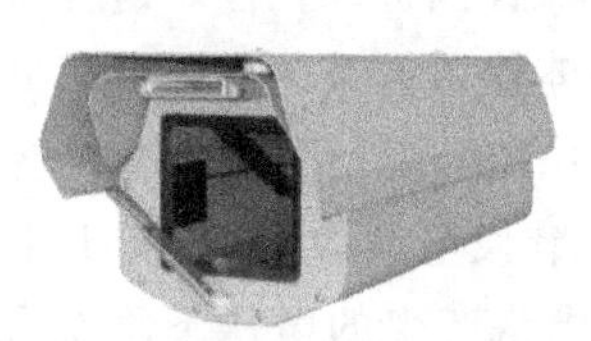
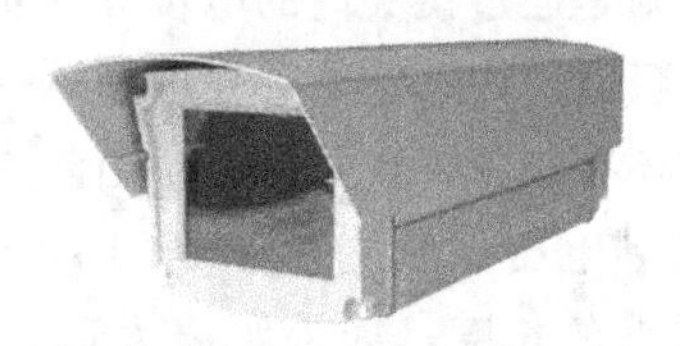

图 8.3 防护罩实物图

云台（图8.4）是承载摄像机和防护罩的设备，分为手动和电动两种。视频监控系统一般使用电动云台，当需要进行大面积和大范围监控时，可使用电动云台。它可带动摄像机一起做水平和垂直运行，一些先进的云台水平和垂直方向都可以做到360°旋转。

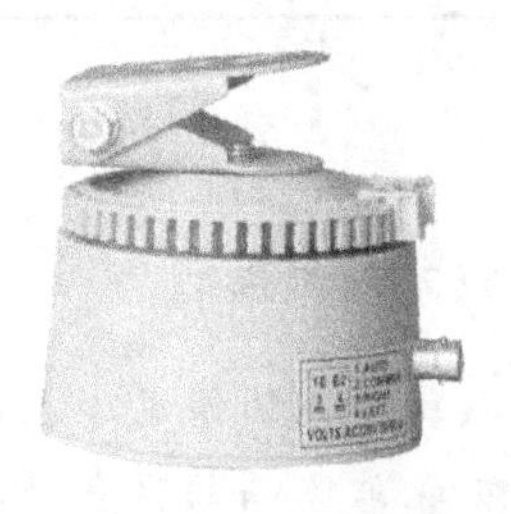

图 8.4 云台实物图

解码器是对来自控制主机的控制信号进行解码和驱动的设备，它根据解码后的指令来驱动控制前端设备中的电动调节的机构，如云台的旋转，镜头的焦距、光圈和聚焦，防护罩的雨刷开关、加热器开关、排风扇开关等。

4. 一体球形摄像机

一体球形摄像机是集变焦镜头、摄像机、PTZ（Pan Tilt Zoom）云台、解码器、防护罩等多器件于一体的摄像系统，是集光、机、电多技术于一体的高科技产品。由于它具有安装结构简单、连线少、故障率低、外形美观、体积小巧等特点，而被广泛应用于大厅、小区、道路等监控场所。

阅读材料 8-5

PTZ 摄像机与虚拟 PTZ 技术

PTZ 摄像机就是安防系统中一种支持全方位（上下、左右）移动及镜头变倍、变焦控制的摄像机。

PTZ 实际上就是 Pan Tilt Zoom 的简写。PTZ 摄像机通过有机结合全景摄像机可以观察到 360°或 180°视场角的“看得广”优势和高速球摄像机可以自由转动到感兴趣的区域，并通过光学变倍看清感兴趣区域细节的优点，同时有效克服各自的缺点，从而同时具备了全景摄像机“看得广”的优点和高速球摄像机“看得清”的优点。

采用虚拟 PTZ 技术，可以放大或移动监控视野内的图像区域，当转变方向观察另一个图像区域时，不会发出任何噪声，隐秘且不易察觉。由于没有机械移动部件，不需要时刻地进行机械化运转，全景摄像机不会发生任何磨损，产品结实耐用，使用寿命大大延长。全景环视的图像失真矫正可对多个图像区进行，这样，与机械 PTZ 摄像机不同，全景摄像机能同时观察和摄录多个不同的区域。

8.2.2 传输介质

视频监控系统传输的信号主要有视频信号、音频信号和报警及控制信号三类，传输系统将监控系统的前端设备与终端设备联系起来。前端设备所产生的图像信号、声音信号、各种报警信号通过传输系统传送到控制中心，并将控制中心的控制指令传送到前端设备。视频是传输系统主要传输的信号，目前国内闭路电视一般用同轴电缆做传输介质。音频、通信及控制电缆都是非同轴电缆，其中音频及通信电缆为 2 芯线而控制电缆为 10 芯线。

1. 同轴电缆传输

视频信号通过同轴电缆传输有两种方式：基带传输和射频传输。基带传输是直接对视频信号进行传输，一根同轴电缆只传一路视频；射频传输利用频率调制技术将多路视频信号调制到不同的频带，然后通过一根同轴电缆来传输，和有线电视的传输方式一样，中小型监控系统一般较少用到。采用同轴电缆直接传输视频时，常用的有 SYV 型和 SBYFV 型特性阻抗为 75Ω 的两种同轴电缆。

同轴电缆在传输视频的同时也可以传输控制信息，这种系统也叫同轴视控系统。它利用一定的调制技术（频率分割或场消隐传输），将视频信号和控制信号在一根电缆上传输，减少了布线数量，一些场合可以节省开支。实际上同轴视控系统只是共缆传输技术的一种，目前将电源线、视频线和控制线三线合一的共缆传输技术在监控领域已经开始应用。

2. 视频通过双绞线传输

双绞线一般是指网线，是综合布线工程中最常用的一种传输介质。

3. 光纤传输

同轴电缆由于线材本身特性的问题，使得传输距离受到限制，在充斥着电磁波的使用环境中，电磁波的干扰更使同轴电缆传输的效率降低，若安装地点位于多雷区，两端设备还会因雷击遭到破坏。光纤传输具有同轴电缆传输无法比拟的优点而成为远距离视频传输的首选设备。光纤传输最大的特点就是抗电子噪声干扰、通信距离远。

阅读材料 8-6

美国研发出新材料，有望带来超快全光通信技术

美国普渡大学研究人员开发出一种新的“等离子氧化材料”，有望带来超快全光通信技术，至少比传统技术要快10倍。相关论文发表在美国光学协会的《光学》杂志上。

光通信是用激光脉冲沿光纤来传输信息，用于电话服务、互联网和有线电视；而全光技术无论是数据流还是控制信号都是光脉冲，不用任何电信号来控制系统。论文第一作者、博士生纳萨尼尔·金赛说，对数据传输来说，能调制反射光的量是必要条件，“我们能设计一种薄膜使反射光增加或减少，利用光反射的增减来编码数据，反射的变化会导致传输的变化。”

研究人员证明了铝掺杂氧化锌（AZO）制造出的光学薄膜材料是可调制的。AZO薄膜的折射率接近于零，它能利用电子云状的表面等离激元来控制光。脉冲激光会改变AZO的折射率，从而调制反射光的量。这种材料能在近红外光谱范围工作，可用在光通信中，并与互补金属氧化物半导体（CMOS）兼容。

研究人员的设想是利用这种材料来创造一种“全光等离子调制器”，或叫光学晶体管。在电子设备中，硅基晶体管负责开关电源、放大信号。光学晶体管是用光而不是电来执行类似任务，会使系统运行大大加速。

用脉冲激光照射这种材料，材料中的电子会从一个能级（价带）移动到更高能级（导带），留下空穴，并最终与这些空穴再次结合。晶体管开关的速度受限于完成这一周期的时间。在他们的AZO薄膜中，这一周期约为350fs（即350×10^{-15}s），比晶体硅要快约5000倍。把这种速度提升转化到设备中，至少比传统硅基电子设备要快10倍。

【参考视频】

4. 无线传输

无线传输又称为开路传输方式，是将传输信号调制到高频载波上，通过发送设备、发送天线将信号送至空间，而后由相应的接收机从天线接收到信号进行解调、处理后再进行显示。

当摄像机或检测点处于经常移动状态，有线连接很不方便甚至不可能时，采用这种方式非常有效。

8.2.3 控制设备

监控点数多时，没必要进行一对一的显示。通过切换矩阵及控制设备，可以实现将任意一台摄像机的图像显示到指定的监视器上，同时通过键盘可以实现对前端设备进行远程操控。

1. 视（音）频切换器

视（音）频切换器是一种将多路摄像机的输出视频信号和音频信号，有选择地切换到一台或者几台显示器和录像机上进行显示及记录的开关切换设备。专门用于对视频信号和音频信号进行切换及分配，可将多路信号从输入通道切换输送到输出通道中的任一通道上，并且输出通道间彼此独立，部分产品允许视、音频异步控制。

视（音）频切换器常见的有4∶1、6∶1、8∶1、12∶1、16∶1等，可根据监控摄像机的数目来合理选择。视（音）频切换器具有手动切换选择、自动顺序切换选择、同步显示和监听一组视音频的功能。具有报警功能的视频切换器带有与视频输入路数相同的报警输入端子，可同时响应报警信号，进行联动报警摄像机视频信号的切换显示。

2. 矩阵控制主机

系统主机是大中型电视监控系统的核心设备，它通常是将系统控制单元与视频矩阵切换器集成为一体，简称系统主机（图8.5），而系统主机的核心部件则为嵌入式处理器。系统主机的主要任务是实现多路视/音频信号的选择切换（输出到指定的监视器或录像机）并在视频信号上叠加时间、日期、视频输入号及标题、监视状态等重要信息在监视器上显示，并通过通信线对指定地址的前端设备（云台、电动镜头、雨刷、照明灯或摄像机电源等）进行各种控制。

图8.5 矩阵控制主机实物图

3. 矩阵控制器键盘

矩阵控制器键盘（图8.6）是集成监控系统中必不可少的设备，对于摄像机画面的选择切换、云台及电动镜头的全方位控制、室外防护罩的雨刷及辅助照明灯的控制等必须通

图 8.6　矩阵控制器键盘实物图

过对控制器键盘的操作来实现。一个系统只有一个主控键盘，但可以有若干个分控键盘，部分矩阵主机已经将主控键盘集成在操作面板上。

4. DVR 和 NVR

硬盘录像机简称 DVR（Digital Video Recorder），即数字视频录像机，相对于传统的模拟视频录像机，采用硬盘录像，故常常被称为硬盘录像机。它是一套进行图像存储处理的计算机系统，具有对图像/语音进行长时间录像、录音、远程监视和控制的功能。DVR 集录像机、画面分割器、云台镜头控制、报警控制、网络传输五种功能于一身，用一台设备就能取代模拟监控系统一大堆设备的功能，而且在价格上也逐渐占有优势。它一般分为硬盘录像机、PC 式硬盘录像机和嵌入式硬盘录像机等，如图 8.7 所示。

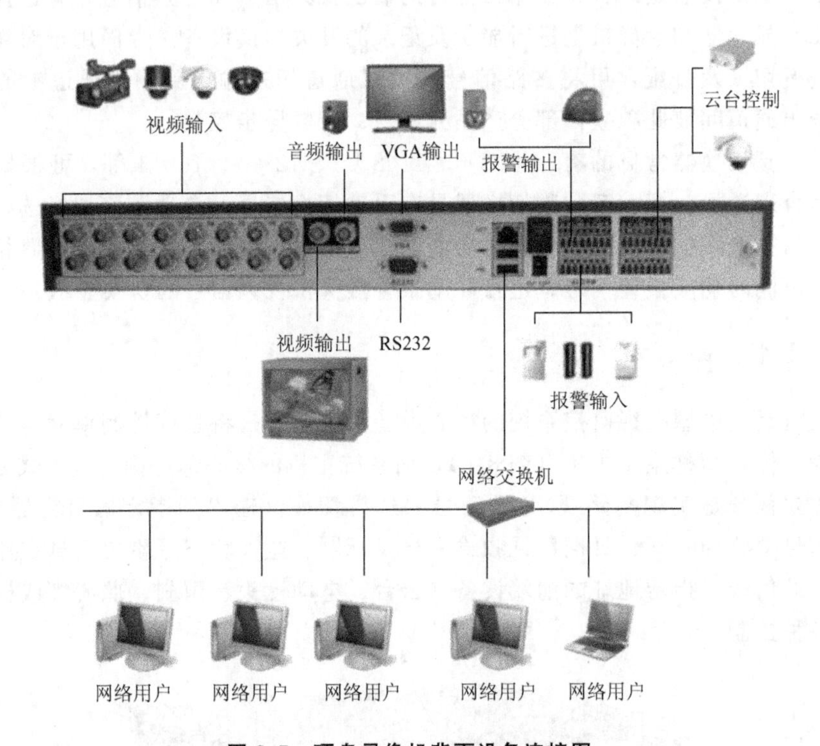

图 8.7　硬盘录像机背面设备连接图

网络录像机（Network Video Recorder，NVR）是智能视频监控系统的主要设备。NVR 是一种全网络管理的监控系统，它能实现传输线路、传输网络及所有 IP 前端的全程监控和集中管理，包括系统状态和参数的查询，同时能够做好影像信号的分配与传输管理。

NVR 的主要工作原理就是将网络作为影像数据接受和传送的媒介，通过远程网络摄像机（IP Camera）或网络视频服务器（DVS）进行网络视频编码后将信息传送给 NVR 后端，再进行前端设备管理，做影像转发和影像存储等工作。

阅读材料 8-7

NVR相比DVR的使用优势

(1) NVR具有影像数据多样化优势。NVR的前端接入视频影像数据比DVR要更为灵活。

(2) NVR具有宽广的传输与扩充优势。DVR系统为模拟信号，因而在影像信号传输上很大程度上受到距离的约束产生损失，监控点与控制中心的距离也会受到很大的制约，无法实现多区域或远程部署。但NVR就不同了，基于NVR是全网络化架构的影像监控系统的产品，监控点的网络摄像机与NVR之间可以通过任意IP网络进行互连，因此，监控点可以位于网络的任意位置，不会受到区域及距离的限制。

(3) NVR具有施工布线优势。DVR基本采用模拟同轴线路，后端到每个摄像机监控点都需要布设同轴影像线、音频信号线、警报控制线、摄像机云台遥控控制线等线路，布线量大、成本高。相较于DVR，NVR只需一条网络线即可进行连接，免去很多布线的细节工作，施工成本也降低了。

(4) NVR具有即插即用的便捷优势。NVR不但具有网络自动IP派遣、摄像机搜寻及设备管理功能，还具有更多便捷的影像设定安装操作。只需接上网络线、打开电源，系统便会自动搜索IP前端、自动分配IP地址、自动显示画面，大大凸显了NVR即插即用的优势。

(5) NVR具有可达大量存储及远程调阅备份的优势。过去录像存储常因模拟线中断就无法取得录像数据，加上DVR受限于本体存储的容量及缺乏备份机制，因此一旦中心设备或线路出问题，录像就无法完成。而现在采用NVR后，由于网络的架构方式，使得系统可以有后端存储及备份存储功能，再加上网络摄像机的前端存储，就可以获得三重存储的保证。

(6) NVR的安全性优势。在网络监控中，在NVR监控主流下都采用通过AES码流等多种加密、用户认证和授权等这些手段来确保安全，这也是NVR的一大优势。

(7) NVR的管理优势。NVR能够实现传输网络及所有IP摄像机的全程监测和集中管理，包括从设备状态的监测和参数到设备的健康状态。这样的管理机制是其他监控系统所不及的。

5. 其他视频处理设备

在闭路电视监控系统中，还常常用到许多相关的视频处理设备。例如，将微弱视频信号进行放大的视频放大器、将一路视频信号均匀分配为多路视频信号的视频分配器，以及能够在视频画面上叠加时间日期和字符识别信息的时间日期发生器及字符叠加器等。

8.2.4 后端成像设备

1. 监视器

监视器是用于显示摄像机传送来的图像信息的终端显示设备，用来显示实时监控图像和回放记录的录像。早期监控系统以CRT监视器为主，后来出现了LCD监视器、等离子、大屏幕投影、拼接屏、数字光处理组合显示等新型显示设备。监视器与电视机的主要区别是，监视器接收的是基带视频信号，而电视机接收的经过调制的高频信号，并且监视器的抗电磁干扰能力更高。监视器是监控人员和监控系统之间的一个窗口，要根据整个系统设备的性能指标及客户需求综合考虑来选择最适合的。

监视器从使用功能上分，有黑白监视器和彩色监视器，有些监视器还带有音频功能；从屏幕尺寸上分，有9in、14in、17in、18in、20in、21in、25in、29in、34in等显示器，还有34in、72in等投影式监视器。此外，还有便携式微型监视器及超大屏幕投影式、电视墙式组合监视器等。从性能及质量上分，有广播级监视器、专业级监视器、普通级监视器，其中广播级监视器的性能质量最高。

监视器主要有以下几个性能指标，是选用的主要依据。

(1) 分辨率。监视器的分辨率和计算机领域显示器的分辨率概念是一样的，即水平像素数×垂直像素数，如640×480、800×600、1024×768等。电视线是视频领域的常用名词，又叫水平清晰度，它是指在和屏幕高度相等的水平方向上可以显示的像素数。如果已知监视器的宽高比，则电视线和分辨率可以相互转换。

清晰度和分辨率有很大的关联，但不能混为一谈。清晰度一般是指最终用户看到的视频的质量，一般也用电视线或分辨率来表示。清晰度是由视频信号本身的分辨率、处理电路水平和监视器分辨率来共同决定的，比如用一个800线的监视器显示450线的视频信号，虽然监视器是800线，但是看到的效果依然是450线。

(2) 灰度等级。它是衡量监视器分辨亮暗层级的一个技术指标，最高为9级，一般要求大于或等于8级。

(3) 通频带。它是衡量监视器通频特性的技术指标，视频信号频带范围为0～6MHz，所以要求监视器的通频带应大于或等于6MHz。

2. 多画面处理器

多画面处理器是在一台监视器上或者一台录像机上，同时显示或记录多个摄像机图像的设备。多画面处理器包括画面分割器和画面处理器等产品，画面分割器的技术根本在于图像拼接技术，而画面处理器的根本在于分时处理技术。

(1) 画面分割器。画面分割器的基本原理是采用数字图像压缩处理技术，将多个摄像机的图像信号经过模数转换，并经过适当比例压缩后存入帧存储器，再经过数模转换后显示在同一台监视器屏幕上。画面分割器连接示意图如图8.8所示。

(2) 画面处理器。画面处理器又称多画面控制器、多画面拼接器、显示墙处理器。它的主要功能是将一个完整的图像信号划分成N块后分配给N个视频显示单元，完成

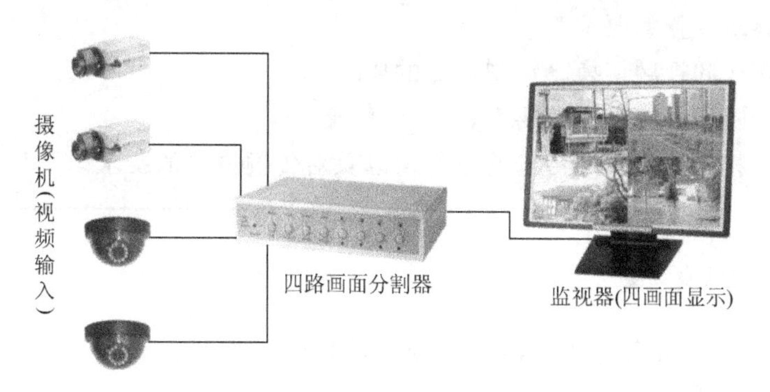

图 8.8　画面分割器连接示意图

用多个普通视频单元组成一个超大屏幕动态图像显示屏。它适合用于指挥和控制中心、网络运营中心、视频会议、会议室以及其他许多需要同时显示视频和计算机信号的应用环境。

3. 长延时录像机

录像机是监控系统的记录和重放装置，目前录像机可分为磁带录像机和数字硬盘录像机两种，模拟式监控系统常用磁带录像机。

长延时录像机也就是盒式磁带录像机，就功能而言它是使用空白录像带并加载于录像机进行影像录制及存储的监控系统设备。模拟式长延时录像机根据录像方式的不同又可分为实时型录像机和时滞型录像机。

8.3 视频安防监控系统设计

8.3.1 基本规定

(1) 视频安防监控系统工程的设计应综合应用视频探测、图像处理/控制/显示/记录、多媒体、有线/无线通信、计算机网络、系统集成等先进而成熟的技术，配置可靠而适用的设备，构成先进、可靠、经济、适用、配套的视频监控应用系统。

(2) 系统的制式应与我国的电视制式一致。

(3) 系统兼容性应满足设备互换性要求，系统可扩展性应满足简单扩容和集成的要求。

(4) 视频安防监控系统工程的设计应满足以下要求。

① 不同防范对象、防范区域对防范需求（包括风险等级和管理要求）的确认。

② 风险等级、安全防护级别对视频探测设备数量和视频显示/记录设备数量的要求；对图像显示及记录和回放的图像质量的要求。

③ 监视目标的环境条件和建筑格局分布对视频探测设备选型及其设置位置的要求。

④ 对控制终端设置的要求。

⑤ 对系统构成和视频切换、控制功能的要求。

⑥ 与其他安防子系统集成的要求。

⑦ 视（音）频和控制信号传输的条件，以及对传输方式的要求。

阅读材料 8－8

摄像机感知技术让视频监控大数据未来可期

为了在视频监控画面中找到震惊中外的“8·10 重庆枪击抢劫案”的犯罪嫌疑人，当地公安部门动用了约两千警力在视频监控后端每天进行长达十几个小时的看图搜寻，总视频浏览量相当于83万部电影，耗费了大量的人力、物力。而随着大数据技术在安防领域的普及应用，基于后端智能分析服务器的大数据技术开始应用于公安行业，在一定程度上实现了基于计算机的目标查找功能。

从技术上分析，这样的解决方案可以实现智能分析，但从商业化应用的角度来看，在对海量的高清视频图像进行智能分析时，对后端服务器的硬件配置、处理性能要求非常高，因此用户的使用成本会大大增加。一台刀片式服务器只能分析几路高清视频，而成本就要好几万元，最后导致做一路的视频分析，就要增加近万元的成本。这么高的成本对于公安、交通部门等安装了成千上万的摄像机的行业用户而言，要实现大规模的智能分析应用压力非常大。

在感知型摄像机问世之前，面向视频监控大数据应用的技术从前端的采集，到中间的存储，到后端的应用，都没有很好的闭环。

为了解决视频数据海量存储和应用的难题，让大数据技术更好地服务于公安行业，最佳的解决方案是将后端智能分析功能前移至摄像机前端。即利用具有图像识别、感知能力的摄像机采集并生成三类数据：非结构化的视频数据、图像数据和结构化的文本数据，而传统的视频监控摄像机只是产生视频数据。

这是监控视频大数据在深度应用时，对摄像机技术提出的全新的智能分析理念：将智能分析功能放到前端摄像机里面，让摄像机做图像的识别并产生数据。举一个简单的例子，如果将感知型摄像机安装在广场上，那么任何经过的人和车都会被抓拍下来，然后把人脸特征、衣服颜色、车型、车身颜色、车牌等基本特征描述出来并进行文本的存储。也就是说感知型摄像机除了采集、输出视频外，还将产生视频里面运动物体的图片和特征的描述文本这两种数据。而这些海量的高清视频数据和图片存储于云存储中，文本信息则存储在后端服务器的大数据库中，两者之间的数据存储是有索引关联的。比如，当搜索“红色马自达”这一关键词时，系统会同时提供指定场所经过的所有红色马自达车辆，并同时关联相应的视频录像。

感知型摄像机结合大数据的应用，敲开了视频监控与大数据之间的大门，让各行各业都可以通过它实现基于图像的大数据检索、分析与深度应用。

8.3.2 系统构成

视频安防监控系统包括前端设备、传输设备、处理/控制设备和记录/显示设备四部分。

根据对视频图像信号处理/控制方式的不同，视频安防监控系统结构宜分为以下模式。

1. 简单对应模式

简单对应模式是指监视器和摄像机简单对应，如图 8.9 所示。

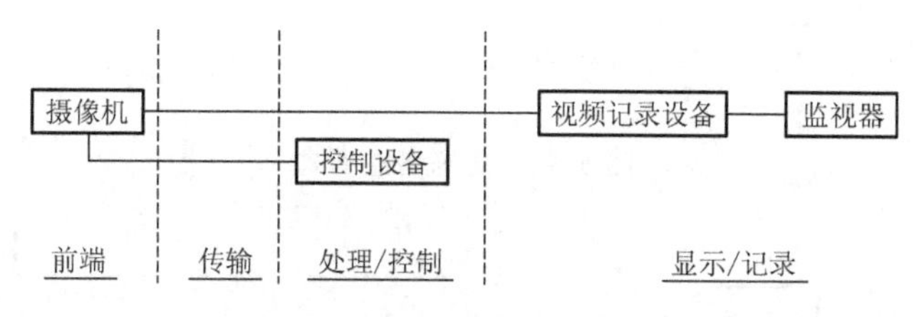

图 8.9 简单应对模式

2. 时序切换模式

时序切换模式是指视频输出中至少有一路可进行视频图像的时序切换，如图 8.10 所示。

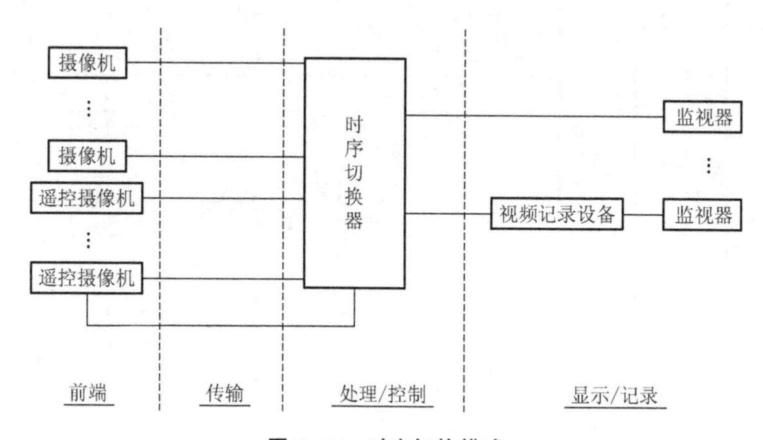

图 8.10 时序切换模式

3. 矩阵时序切换模式

矩阵时序切换模式是指可以通过任一控制键盘，将任意一路前端视频输入信号切换到任意一路输出的监视器上，并可编制各种时序切换程序，如图 8.11 所示。视频安防监控系统示意图如图 8.12 所示。

4. 数字视频网络虚拟交换/切换模式

数字视频网络虚拟交换/切换模式是指模拟摄像机增加数字编码功能构成网络摄像机，

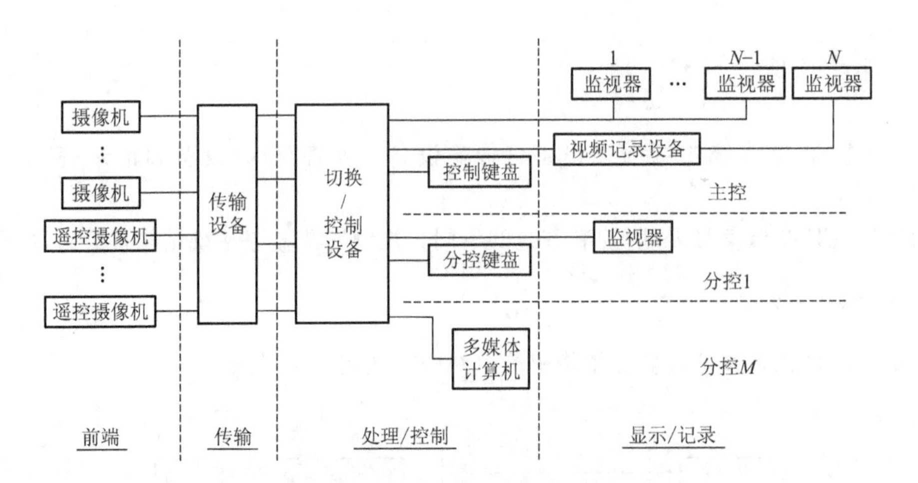

图 8.11 矩阵切换模式

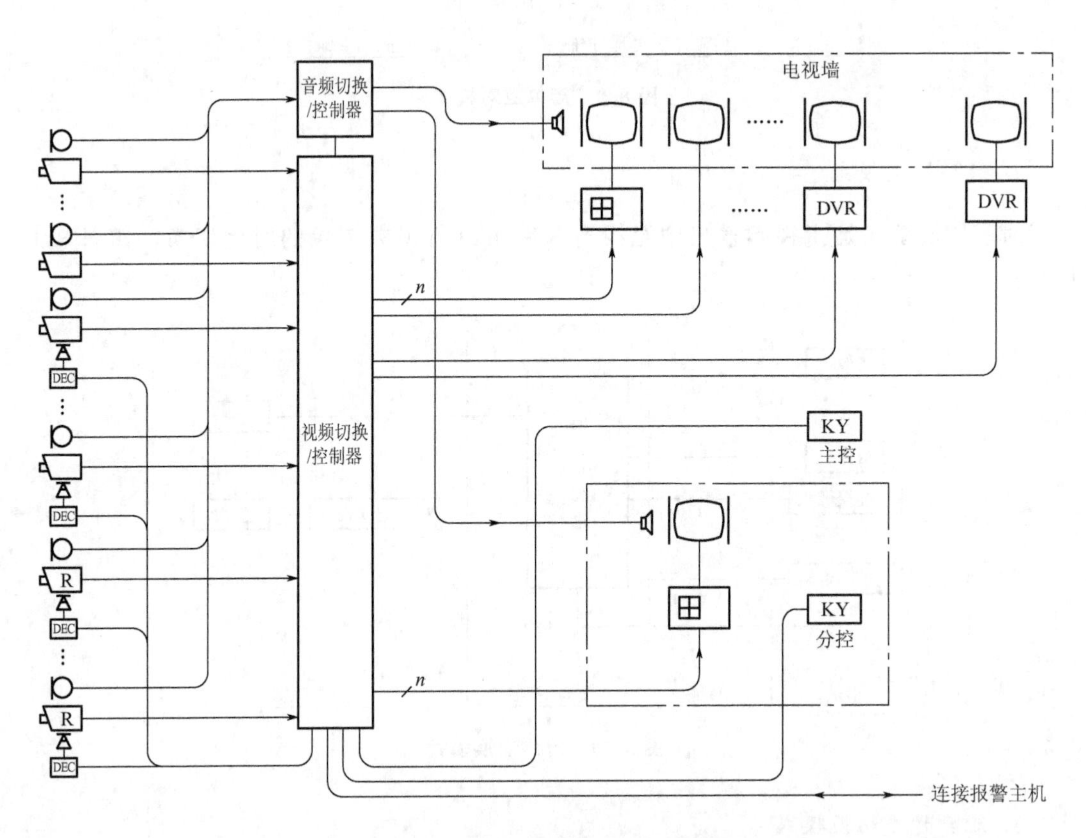

图 8.12 视频安防监控系统示意图

数字视频前端也可以是别的数字摄像机。数字交换传输网络可以是以太网和 DDN、SDH 等传输网络。数字编码设备可采用 DVR 或视频服务器，数字视频的处理、控制和记录措施可以在前端、传输和显示的任何环节实施，如图 8.13 所示。视频安防监控系统示意图如图 8.14 所示。

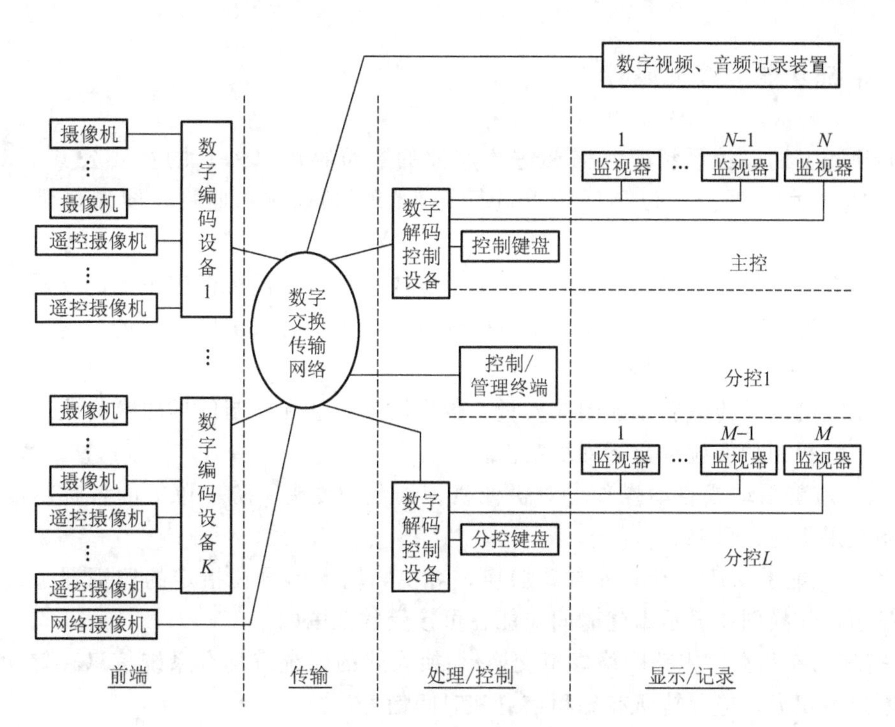

图 8.13　数字视频网络虚拟交换/切换模式

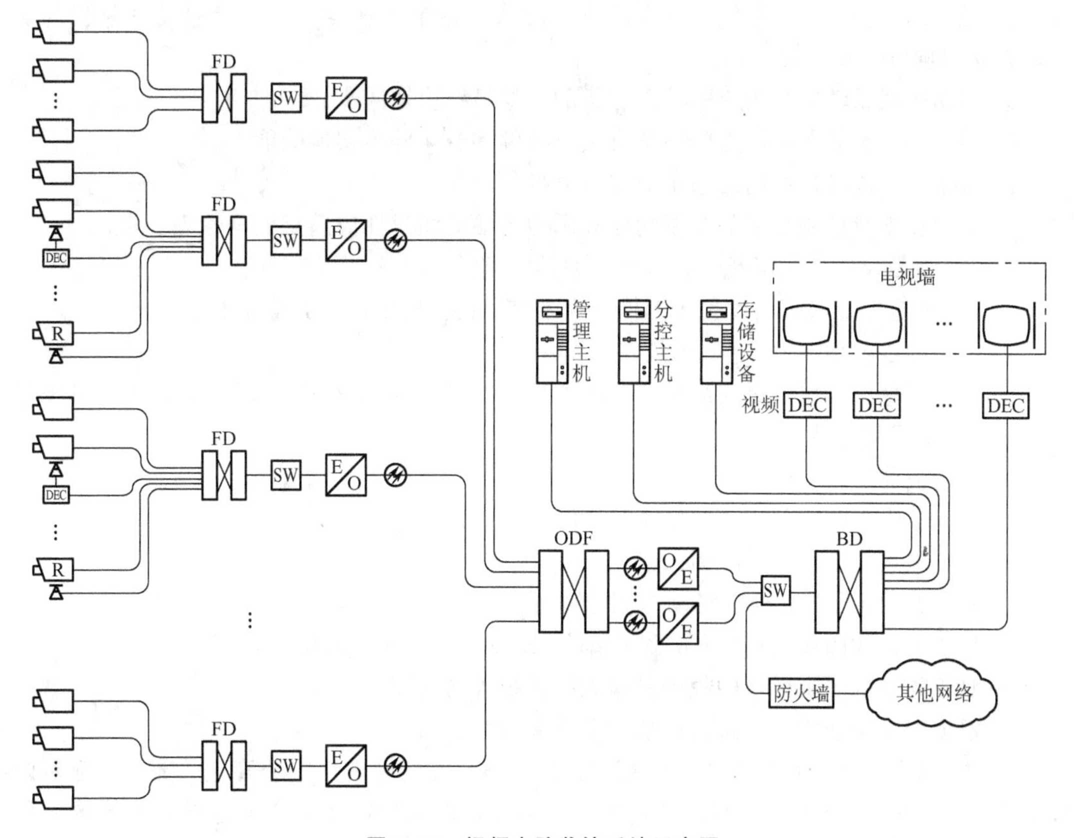

图 8.14　视频安防监控系统示意图

8.3.3 系统功能、性能设计

（1）视频安防监控系统应对需要进行监控的建筑物内（外）的主要公共活动场所、通道、电梯（厅）、重要部位和区域等进行有效的视频探测与监视，图像显示、记录与回放。

（2）前端设备的最大视频（音频）探测范围应满足现场监视覆盖范围的要求，摄像机灵敏度应与环境照度相适应，监视和记录图像效果应满足有效识别目标的要求，安装效果宜与环境相协调。

（3）系统的信号传输应保证图像质量、数据的安全性和控制信号的准确性。

（4）系统控制功能应符合下列规定。

① 系统应能手动或自动操作，对摄像机、云台、镜头、防护罩等的各种功能进行遥控，控制效果平稳、可靠。

② 系统应能手动切换或编程自动切换，对视频输入信号在指定的监视器上进行固定或时序显示，切换图像显示重建时间应能在可接受的范围内。

③ 矩阵切换和数字视频网络虚拟交换/切换模式的系统应具有系统信息存储功能，在供电中断或关机后，应保持所有编程信息和时间信息。

④ 系统应具有与其他系统联动的接口。当其他系统向视频系统给出联动信号时，系统能按照预定工作模式，切换出相应部位的图像至指定监视器上，并能启动视频记录设备，其联动响应时间不大于4s。

⑤ 辅助照明联动应与相应联动摄像机的图像显示协调同步。

⑥ 同时具有音频监控能力的系统宜具有视频和音频同步切换的能力。

⑦ 需要多级或异地控制的系统应支持分控的功能。

⑧ 前端设备对控制终端的控制响应和图像传输的实时性应满足安全管理要求。

（5）监视图像信息和声音信息应具有原始完整性。

（6）系统应保证对现场发生的图像、声音信息的及时响应，并满足管理要求。

（7）图像记录功能应符合下列规定。

① 记录图像的回放效果应满足资料的原始完整性，视频存储容量和记录/回放带宽与检索能力应满足管理要求。

② 系统应能记录下列图像信息：

a. 发生事件的现场及其全过程的图像信息；

b. 预定地点发生报警时的图像信息；

c. 用户需要掌握的其他现场动态图像信息。

③ 系统记录的图像信息应包含图像编号/地址、记录时的时间和日期。

④ 对于重要的固定区域的报警录像宜提供报警前的图像记录。

⑤ 根据安全管理需要，系统应能记录现场的声音信息。

（8）系统监视或回放的图像应清晰、稳定，显示方式应满足安全管理的要求。显示画面上应有图像编号/地址、时间、日期等。文字显示应采用简体中文。电梯轿厢内的图像显示宜包含电梯轿厢所在楼层信息和运行状态的信息。

(9) 具有视频移动报警的系统，应能任意设置视频警戒区域和报警触发条件。

(10) 在正常工作照明条件下，系统图像质量的性能指标应符合规定。

8.3.4 设备选型与设置

1. 摄像机的选型与设置的规定

(1) 为确保系统总体功能和总体技术指标，摄像机选型要充分满足监视目标的环境照度、安装条件、传输、控制和安全管理需求等因素的要求。

(2) 监视目标的最低环境照度不应低于摄像机靶面最低照度的50倍。

(3) 监视目标的环境照度不高，而要求图像清晰度较高时，宜选用黑白摄像机；监视目标的环境照度不高，且需安装彩色摄像机时，需设置附加照明装置。附加照明装置的光源光线宜避免直射摄像机镜头，以免产生晕光，并力求环境照度分布均匀，附加照明装置可由监控中心控制。

【参考视频】

(4) 在监视目标的环境中可见光照明不足或摄像机隐蔽安装监视时，宜选用红外灯作光源。

(5) 应根据现场环境照度变化情况，选择适合的宽动态范围的摄像机；监视目标的照度变化范围大或必须逆光摄像时，宜选用具有自动电子快门的摄像机。

(6) 摄像机镜头安装宜顺光源方向对准监视目标，并宜避免逆光安装；必须逆光安装时，宜降低监视区域的光照对比度或选用具有帘栅作用等具有逆光补偿的摄像机。

(7) 摄像机的工作温度、湿度应适应现场气候条件的变化，必要时可采用适应环境条件的防护罩。

(8) 摄像机应有稳定牢固的支架：摄像机应设置在监视目标区域附近不易受外界损伤的位置，设置位置不应影响现场设备运行和人员正常活动，同时保证摄像机的视野范围满足监视的要求。设置的高度，室内距地面不宜低于2.5m；室外距地面不宜低于3.5m。室外如采用立杆安装，立杆的强度和稳定度应满足摄像机的使用要求。

(9) 电梯轿厢内的摄像机应设置在电梯轿厢门侧顶部左上角或右上角，并能有效监视乘员的体貌特征。

2. 镜头的选型与设置的规定

镜头的选型与设置如图8.15所示。

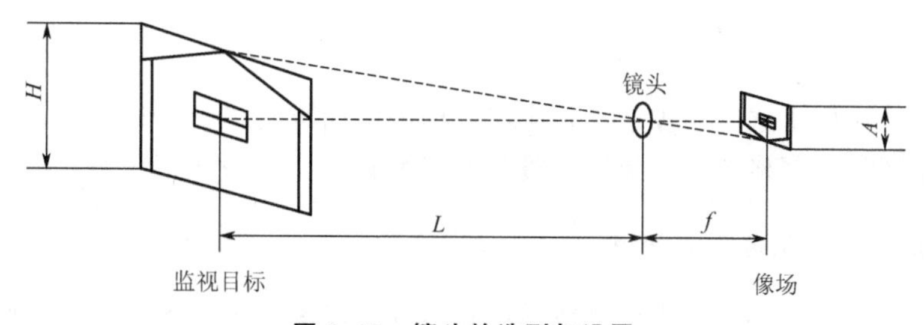

图8.15 镜头的选型与设置

（1）镜头像面尺寸应与摄像机靶面尺寸相适应，镜头的接口与摄像机的接口应配套。

（2）用于固定目标监视的摄像机，可选用固定焦距镜头，监视目标离摄像机距离较大时可选用长焦镜头；在需要改变监视目标的观察视角或视场范围较大时应选用变焦距镜头；监视目标离摄像机距离近且视角较大时可选用广角镜头。

（3）镜头焦距的选择应根据视场大小和镜头到监视目标的距离等来确定，可参照式(8-4)计算：

$$f=\frac{AL}{H} \tag{8-4}$$

式中：f——焦距（mm）；

A——像场高/宽（mm）；

L——镜头到监视目标的距离（mm）；

H——视场高/宽（mm）。

（4）监视目标环境照度恒定或变化较小时宜选用手动可变光圈镜头。

（5）监视目标环境照度变化范围高低相差达到100倍以上，或昼夜使用的摄像机应选用自动光圈或遥控电动光圈镜头。

（6）变焦镜头应满足最大距离的特写与最大视场角观察的需求，并宜选用具有自动光圈、自动聚焦功能的变焦镜头。变焦镜头的变焦和聚焦响应速度应与移动目标的活动速度和云台的移动速度相适应。

（7）摄像机需要隐蔽安装时应采取隐蔽措施，镜头宜采用小孔镜头或棱镜镜头。

3. 云台/支架的选型与设置的规定

（1）根据使用要求选用云台/支架，并与现场环境相协调。

（2）监视对象为固定目标时，摄像机宜配置手动云台即万向支架。

（3）监视场景范围较大时，摄像机应配置电动遥控云台，所选云台的负荷能力应大于实际负荷的1.2倍；云台的工作温度、湿度范围应满足现场环境的要求。

（4）云台转动停止时应具有良好的自锁性能，水平和垂直转角回差不应大于1°。

（5）云台的运行速度（转动角速度）和转动的角度范围，应与跟踪的移动目标和搜索范围相适应。

（6）室内型电动云台在承受最大负载时，机械噪声声强级不应大于50dB。

（7）根据需要可配置快速云台或一体化遥控摄像机（含内置云台等）。

4. 防护罩的选型与设置的规定

（1）根据使用要求选用防护罩，并应与现场环境相协调。

（2）防护罩尺寸规格应与摄像机、镜头等相配套。

5. 传输设备的选型与设置的规定

（1）传输设备应确保传输带宽、载噪比和传输时延满足系统整体指标的要求，接口应适应前后端设备的连接要求。

（2）传输设备应有自身的安全防护措施，并宜具有防拆报警功能；对于需要保密传输的信号，设备应支持加/解密功能。

（3）传输设备应设置在易于检修和保护的区域，并宜靠近前/后端的视频设备。

6. 视频切换控制设备的选型与设置的规定

（1）视频切换控制设备的功能配置应满足使用和冗余要求。

（2）视频输入接口的最低路数应留有一定的冗余量。

（3）视频输出接口的最低路数应根据安全管理需求和显示、记录设备的配置数量确定。

（4）视频切换控制设备应能手动或自动操作，对镜头、电动云台等的各种动作（如转向、变焦、聚焦、光圈等动作）进行遥控。

（5）视频切换控制设备应能手动或自动编程切换，对所有输入视频信号在指定的监视器上进行固定或时序显示。

（6）视频切换控制设备应具有配置信息存储功能，在供电中断或关机后，对所有编程设置、摄像机号、地址、时间等均可记忆，在开机或电源恢复供电后，系统应恢复正常工作。

（7）视频切换控制设备应具有与外部其他系统联动的接口。当与报警控制设备联动时应能切换出相应部位摄像机的图像，并显示记录。

（8）具有系统操作密码权限设置和中文菜单显示。

（9）具有视频信号丢失报警功能。

（10）当系统有分控要求时，应根据实际情况分配控制终端，如控制键盘及视频输出接口等，并根据需要确定操作权限功能。

（11）大型综合安防系统宜采用多媒体技术，做到文字、动态报警信息、图表、图像、系统操作在同一套计算机上完成。

7. 记录与回放设备的选型与设置的规定

（1）宜选用数字录像设备，并宜具备防篡改功能；其存储容量和回放的图像（和声音）质量应满足相关标准和管理使用要求。

（2）在同一系统中，对于磁带录像机和记录介质的规格应一致。

（3）录像设备应具有联动接口。

（4）在录像的同时需要记录声音时，记录设备应能同步记录图像和声音，并可同步回放。

（5）图像记录与查询检索设备宜设置在易于操作的位置。

8. 数字视频、音频设备的选型与设置的规定

（1）视频探测、传输、显示和记录等数字视频设备符合相关的规定。

（2）宜具有联网和远程操作、调用的能力。

（3）数字视频、音频处理设备，其分析处理的结果应与原有视频、音频信号对应特征保持一致。其误判率应在可接受的范围内。

9. 显示设备的选型与设置的规定

(1) 选用满足现场条件和使用要求的显示设备。

(2) 显示设备的清晰度不应低于摄像机的清晰度，宜高出100电视线。

(3) 操作者与显示设备屏幕之间的距离宜为屏幕对角线的4～6倍，显示设备的屏幕尺寸宜为230～635mm。根据使用要求可选用大屏幕显示设备等。

(4) 显示设备的数量，由实际配置的摄像机数量和管理要求来确定。

(5) 在满足管理需要和保证图像质量的情况下，可进行多画面显示。多台显示设备同时显示时，宜安装在显示设备柜或电视墙内，以获取较好的观察效果。

(6) 显示设备的设置位置应使屏幕不受外界强光直射。当有不可避免的强光入射时，应采取相应的避光措施。

(7) 显示设备的外部调节旋钮/按键应方便操作。

(8) 显示设备的设置应与监控中心的设计统一考虑，合理布局，方便操作，易于维修。

10. 控制台的选型与设置的规定

(1) 根据现场条件和使用要求，选用适合形式的控制台。

(2) 控制台的设计应满足人机工程学要求；控制台的布局、尺寸、台面及座椅的高度应符合国家相关标准的规定。

8.3.5 传输方式、线缆选型

(1) 对有安全保密要求的传输方式应采取信号加密措施。

(2) 线缆选择应符合下列规定。

① 模拟视频信号宜采用同轴电缆，根据视频信号的传输距离、端接设备的信号适应范围和电缆本身的衰耗指标等确定同轴电缆的型号、规格；信号经差分处理，也可采用不劣于五类线性能的双绞线传输。

② 数字视频信号的传输按照数字系统的要求选择线缆。

③ 根据线缆的敷设方式和途经环境的条件确定线缆的型号、规格。

阅读材料 8－9

光端机让安防变得更美好

目前安防领域出现两大趋势。视频采集已经由模拟转向数字，视频采集清晰度越来越高，随之而来，需要传输和存储的数据量也越来越大。另一方面，安防工程的建设也越来越科学、规范，各类解决方案尤其是大型项目都会设计一个高集中度的监控中心来集中管理安防。因此，数据量不断增大和远距离传输就成了我们目前需要解决的问题。而无论是模拟传输的同轴电缆还是网络传输的网线，在传输速率和传输距离上都难以达到要求。目前而言，用光纤来做传输介质已是公认的最佳选择。

光纤的概念几乎家喻户晓，但很少有人知道光端机。光端机的主要作用是对各类输入信号转换成光信号用于传输。光端机一般来说是成对使用的，不需要前端摄像机或是后端的设备做技术上的改变。

在安防施工中，前方的布点，即监控摄像头，会有一部分与监控中心有很远的距离，比如一个大型厂房，最远处的监控摄像机可能会距离监控中心超过2km。这样，无论选用网络传输还是同轴电缆传输（同轴电缆的最远传输距离只有500m，网线的传输距离只有100m），最后在监控中心得到的视频图像效果都会非常差，甚至会出现视频图像丢失的情况。此外，如果摄像头采用同轴电缆作为传输，同轴电缆的传输速率只有10Mps，因此对于一个片区的摄像头必须每一个都配一根同轴电缆连接到监控中心。要解决上述问题，在不使用光纤的情况下，我们只能使用各种中继器，从而导致出现复杂的级联和设计方案，无论是施工成本还是施工难度都会大幅增加。若用光纤作为传输介质，则可以很好地解决这些问题。光纤的传输距离可以达到10km以上，传输能力也能达到1000Mps级别以上，一根光纤便可以传输高达100路1080P视频图像。在布线成本上，长距离光纤的布线成本甚至低于我们传统的布线成本，非常适用小区、楼宇、厂区等多布点、长距离布线的安防工程。

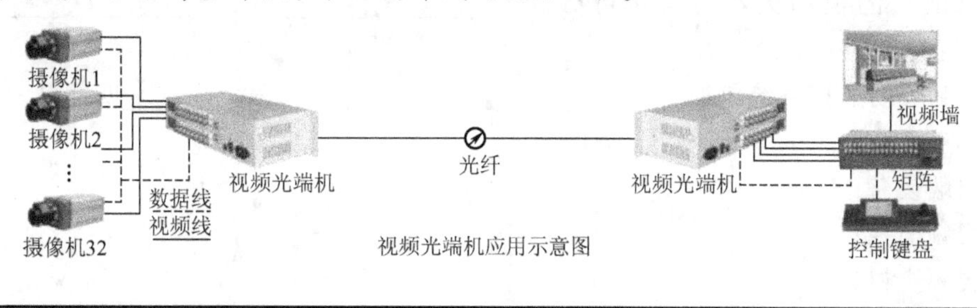

视频光端机应用示意图

8.3.6 供电、防雷与接地

1. 系统供电的规定

（1）摄像机供电宜由监控中心统一供电或由监控中心控制的电源供电。

（2）异地的本地供电，摄像机和视频切换控制设备的供电宜为同相电源，或采取措施以保证图像同步。

（3）电源供电方式应采用TN－S制式。

2. 系统防雷与接地的规定

（1）采取相应隔离措施，防止地电位不等引起图像干扰。

（2）室外安装的摄像机连接电缆宜采取防雷措施。

8.3.7 系统安全性、可靠性

系统安全性、可靠性应符合以下规定。

(1) 具有视频丢失检测示警能力。

(2) 系统选用的设备不应引入安全隐患和对防护对象造成损害。

8.3.8 监控中心

监控中心应符合以下规定。

(1) 监控中心宜设置独立设备间，保证监控中心的散热、降噪。

(2) 监控中心宜设置视频监控装置和出入口控制装置。

(3) 对监控中心的门窗应采取防护措施。

综合习题

一、填空题

1. 按照度划分，CCD分为________、________、________和________四种。

2. 以镜头的视场大小分类，可分为________、________、________、________和________五类。

3. 视频安防监控系统包括________、________、________和________四部分。

二、名词解释

1. 前端设备；

2. 视频监控；

3. 视频主机；

4. 实时性；

5. 报警联动。

三、单项选择题

1. 在需要改变监视目标的观察视角或视场范围较大时应选用（　　）镜头。

A. 固定焦距镜头　　B. 长焦距镜头　　C. 变焦距镜头　　D. 广角镜头

2. 长焦距镜头的视场角相对短焦距镜头的视场角要（　　）。

A. 宽广　　B. 窄小　　C. 一样

3. 下列说法不正确的是（　　）。

A. 监视器是用来将前端摄像机的视频信号再现的终端显示设备

B. 监视器的技术指标主要有电视制式、清晰度、屏幕尺寸等

C. 控制台与电视墙的距离与监视器屏幕无关，可任意设定

D. 控制台与电视墙的距离为监视器屏幕对角线尺寸的4～6倍较为适宜

4. 解码器的功能是（　　）。

A. 通过入侵报警控制主机发出的控制信号，实现对前端云台、镜头等设备的控制

B. 通过接收视频矩阵切换/控制主机发出的控制信号，实现对前端的云台、镜头等设备的控制

C. 通过入侵报警控制主机发出的控制信号，实现对终端显示、供电等设备的控制

D. 通过视频矩阵切换/控制主机发出的控制信号，实现对终端显示、供电等设备的控制

5. 按照摄取图像种类可将摄像机分为以下哪两类？（　　）

A. 彩色摄像机和低照度摄像机　　　　B. 普通摄像机和低照度摄像机

C. 广角摄像机和微光摄像机　　　　D. 黑白摄像机和彩色摄像机

6. 以下关于视频光端机的描述中准确的是（　　）。

A. 发射光端机的作用是将光信号转化为电信号

B. 接收光端机的作用是将电信号转化为光信号

C. 数字视频光端机是将模拟视频电信号转化为数字光信号传输，再通过光电转换和数模转换输出模拟视频信号的一种光电设备

D. 利用多模光纤传输时，光端机可将信号传输至 2km 以外

7. 当监视目标照度有变化时，应采用（　　）。

A. 电动聚焦镜头　　B. 自动光圈镜头　　C. 可变焦镜头

8. 闭路电视监控系统一般不包括（　　）功能。

A. 摄像　　B. 传输　　C. 图像存储　　D. 图像编辑

9. 电梯轿厢内宜设置具有（　　）的摄像机。

A. 手动光圈及电动变焦镜头　　　　B. 自动光圈及固定焦距的镜头

C. 手动光圈及固定焦距的镜头　　　　D. 自动光圈及电动变焦的镜头

10. 假设监视用摄像机离被监视物体的水平距离为 5000mm，被监视物高度为 5000mm，像场高度为 8mm，则摄像机镜头的焦距应为（　　）。

A. 200mm　　B. 85mm　　C. 25mm　　D. 5mm

四、判断题

1. 摄像机的最低照度 lx 的数值越小，摄像机的灵敏度就越高。（　　）

2. 镜头选择应根据目标物的大小来选择镜头焦距的尺寸。（　　）

3. 智能化数字硬盘录像监控系统是指以计算机硬盘为图像录媒体，集画面分割、切换、云镜控制、录像、网络传输、视频报警及报警联动等多功能为一体的，高度智能化的监控系统。（　　）

4. 景物在摄像器件上成像的大小，与景物的大小有关，与物距、焦距无明显关系。（　　）

5. CCD 摄像器件的像素越多，图像的分辨率就越高、灵敏度也相应增加。（　　）

五、简答题

1. 简述 CCD 的工作原理。

2. 云台和防护罩各有什么功能？

3. 一体球形摄像机的特点是什么？

4. 矩阵控制主机的主要任务是什么？

5. 简述 DVR 的主要工作原理。

6. 简述 NVR 的主要工作原理。

7. 简述摄像机的选型与设置应符合的规定。

8. 镜头的选型与设置应符合哪些规定？

9. 视频安防监控系统线缆选择应符合哪些规定？

第9章

出入口控制系统

本章教学要点

知识要点	掌握程度	相关知识
出入口控制系统概述	熟悉系统的组成	系统组成
身份识别技术	了解身份识别技术的原理	身份识别卡片； 密码识别技术； 人体生物特征识别技术
出入口控制系统的设备	熟悉系统的设备	身份识别装置； 处理与控制设备； 传感与报警单元； 管理与设置单元； 线路及通信单元
出入口控制系统的设计	掌握系统的基本规定； 掌握系统的构成； 掌握系统的功能、性能设计； 掌握系统的设备选型与设置； 掌握系统的传输方式、线缆选型； 掌握系统的供电、防雷与接地	系统的设计要求； 系统的构建模式； 系统的功能、性能设计； 系统的设备选型和设置； 系统的传输方式、线缆选型； 系统的供电、防雷与接地

导入案例

贵州茅台酒厂酒库的网络门禁系统

茅台酒厂酒库各栋楼房结构有所不同，每栋楼房由多个酒库房组成，每个库房的功能相同，且由1个主门及若干副门组成，共采用网络四门控制器549台，智能卡读卡器2196个，专用电控锁2196把。其门禁系统结合了酒厂的管理方式，与常规门禁相比较，具有很强的独特性。

每个酒库库房主门设置一个进门读卡器、电控锁及门禁控制器，由门禁管理员对库房门禁系统设定工作时间段（可设定时刻）。在有效的工作时间段内，先从一级主门刷有效卡入库，再从二级主门刷有效卡入库，最后开副门，这样才为正常开门程序，并有相应的刷卡人员信息记录；而非正常工作时间段刷卡，系统不认可不能开门，并且有相应的信息记录。

在任何情况下，主副门的非法开门（即不是刷有效卡开门或不是按有效的开门顺序开门），控制器输出报警信号（不按顺序开门的情况下由检测到没关门的那个控制器报警），电子地图显示开门指示报警。此外，若员工刷卡进入后，门未关超时报警。

而在电脑终端会有开关门的提示、记录，并可查询到某某何时打开库门，门何时打开，何时关闭的记录，还可查询某一个门的相关信息、人员状况。同时具有上下班考勤功能，可生成表格并能打印。

各门禁控制器实时传送数据至主控计算机，且不影响主机操作，因此在主机上可随时查阅各种信息。所有的通信方式都采用TCP/IP进行数据传输，当控制器断网恢复后控制器的数据可自动上传到数据库。控制器具有硬件看门狗功能。

电脑终端可同步异地显示（管理中心与控制子站），可对用户权限进行设置。

每一栋库房主门设置了每个库房的报警状态显示，凡有非法开关门的库房，其控制器输出报警触点，便于现场管理人员对各库房状态进行观察，同时电脑主机会进行对应提示。

由于茅台酒厂面积广阔，所以采用TIC/IP网络架构及光纤接入。各栋酒库可根据管理需要安装工作站，由中央控制中心授权工作站对门禁系统进行管理。工作站实时上传数据给中央控制中心，系统支持多级管理模式，工作站与工作站之间互不影响。

酒库门禁系统与酒厂其他子系统均采用同一个数据库，系统之间相互关联管理，在同一个管理平台上可以管理各个系统的设备。

管理中心可管理控制所有的门禁、考勤、巡更、车辆管理、监控、报警等子系统，工作站可由中心授权管理本地的子系统。

出入口控制系统可对建筑物内外正常的出入通道进行管理，既可控制人员的出入，也可控制人员在楼内及其相关区域的行动，它代替了保安人员、门锁和围墙的作用。

在智能大厦中采用电子出入口控制系统可以避免人员的疏忽、钥匙的丢失、被盗和复制。出入口控制系统在大楼的入口处、金库门、档案室门、电梯等处安装了磁卡识别器或者密码键盘，机要部位甚至采用指纹识别、眼纹识别、声音识别等唯一身份标识识别系统，以使在系统中被授权可以进入该系统的人进入，而其他人则不得入内。该系统可以将每天进入人员的身份、时间及活动记录下来，以备事后分析，而且不需门卫值班人员，只需很少的人在控制中心就可以控制整个大楼内的所有出入口，既节省了人员，提高了效率，又增强了保安效果。

9.1 概述

出入口控制系统也叫门禁管制系统，一般分为卡片出入控制系统和人体自动识别技术出入控制两大类。

卡片出入控制系统主要由读卡机、打印机、中央控制器、卡片和附加的报警监控系统组成。卡片的种类很多，最简单的是光卡，使用最多的是磁卡、灵巧卡、激光卡、接近卡(感应卡)，还有一种影像比较卡。

人体自动识别技术是利用人体生理特征的非同性、不变性和不可复制性进行身份识别的技术，如人的眼纹、字迹、指纹、声音等生理特征几乎没有相同者，而且也无法复制他人的这一特征。

图 9.1 为出入口控制系统的基本结构，该系统一般由三个层次的设备构成。底层是直接与人打交道的设备，包括身份识别装置（读卡机、人体自动识别系统）、电子门锁、出口按钮、报警传感器和报警扬声器等。控制器用来接收底层设备发送来的有关人员的信息，同自己存储的信息相比较，判断后发出处理信息。对于一般的小系统（管理一个或几个门）只用一个控制器就可以构成一个简单的门禁系统。底层设备将有关人员的身份信息送进控制器，控制器识别判断后开锁、闭锁或发出报警信号。当系统较大时应将多个控制器构筑的小系统通过通信总线与中央控制计算机相连，组成一个大的门禁系统。计算机内装有门禁系统的管理软件，管理系统中所有的控制器，向它们发送控制指令，进行设置，接收控制器发来的指令并进行分析和处理。

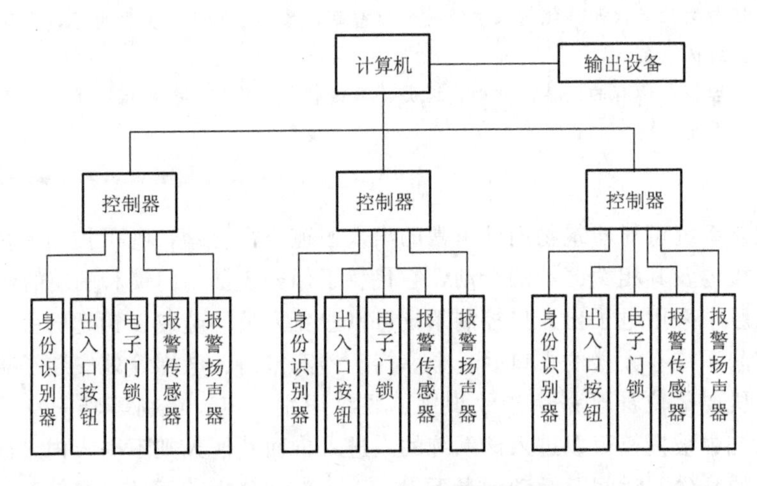

图 9.1　出入口控制系统基本结构

电子门禁系统能够对已授权的人员，凭有效的身份证明（如卡片、密码或人体特征）可以进入；对未授权人员将拒绝其入内。还应能对某时间段内人员的出入情况、在场人员名单等资料进行实行统计、查询和打印输出。

出入口控制系统在防范范围内的办公室门、通道门、营业大厅门上安装开关报警器，在上班时间内开、关门的报警信号控制中心不予理睬，在设定时间内（如下班时间）被监视的门打开时控制中心则予以记录和报警。

在某些重要出入口的大门，既需监视又要控制，则除安装开关型报警器外还要装自动门锁，以控制其开启。通常还要配以出入人员身份识别装置，如安装智能读卡机，非持卡人员则不得入内，并在管理中心记录进入人员的姓名、时间等资料，从而确保其高度安全性。图 9.2 为出入口控制系统结构示意图。

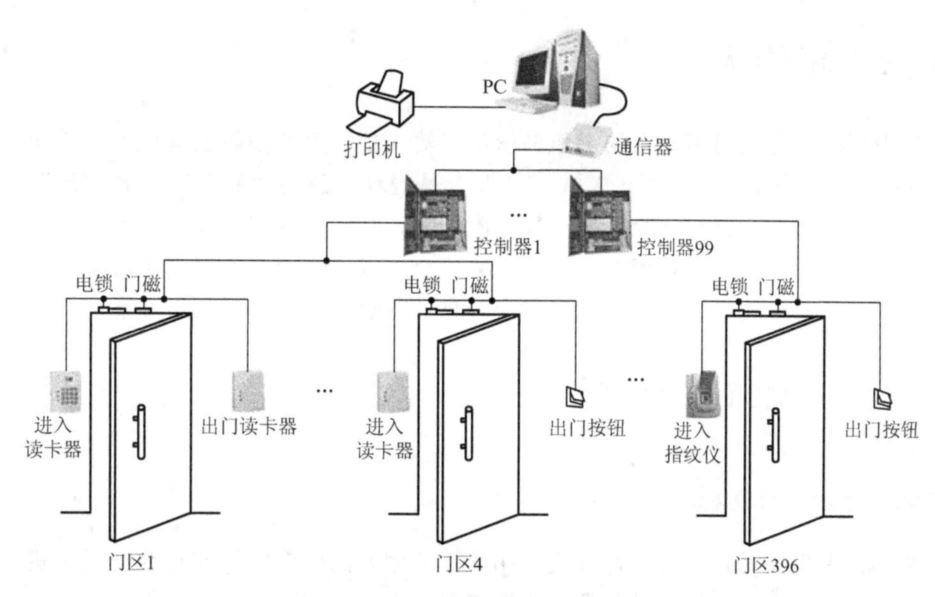

图 9.2　出入口控制系统结构示意图

9.2 身份识别技术

识别出入人员的身份是否被授权可以出入是出入口控制系统的关键技术。有效授权的方式是持有身份卡、特定密码或控制中心记忆有被授权人的人体特征（如指纹、掌纹、眼纹、声音等）。

身份识别单元起到对通行人员的身份进行识别和确认的作用，是出入口系统的重要组成部分，实现身份识别的方式主要有卡证类身份识别方式、密码类识别方式、生物识别类身份识别方式及复合类身份识别方式。

【参考视频】

通常应该首先对所有需要安装的出入口点进行安全等级评估，以确定恰当的安全性。安全性分为一般、特殊、重要、要害等几个等级，对于每一种安全级别可以设计一种身份识别的方式。例如，一般场所可以使用进门读卡器、出门按钮方式；特殊场所可以使用进出门均需要刷卡的方式；重要场所可以采用进门刷卡加乱序键盘、出门单刷卡的方式；要害场所可以采用进门刷卡加指纹加乱序键盘、出门单刷卡的方式。这样可以使整个出入口系统更具有合理性和规划性，同时也充分保障了较高的安全性和性价比。

9.2.1　身份识别卡片

卡片式出入口控制有三种基本编码技术：一是根据光技术原理编码，对应的卡片种类有穿孔卡、条码卡、红外卡等；二是根据磁技术原理编码，对应的卡片类型有磁条卡、威根卡、铁酸钡卡；三是采用大规模集成电路的微处理器芯片进行编码，如 IC 卡。

9.2.2 密码识别技术

密码识别技术尤其通用，它的操作是依赖于输入到键盘的编码的有效性。编码通常由4～10位的阿拉伯数字组成，“＊”或者“＃”是键盘上意为“错误”或者“删除”的辅助键，键盘上可能还会有标示为特殊功能的附加键，其一般由字母表中的字母来表示。

由于编码键盘具有硬件体积小、可以作为单个技术的特点，所以它也会与其他技术相组合来提供一个双重途径核查，故编码键盘较易被熟识和接受，且也不难维护。

9.2.3 人体生物特征识别技术

1. 人体生物识别技术原理

所谓生物识别技术是指通过计算机利用人体所固有的生理特征或行为特征来进行个人身份鉴定的技术。它源于生物学数据，应用于对安全性有较高要求的场所。

【参考视频】

人体所固有的生理特征包括手形、指纹、脸形、虹膜、视网膜、脉搏、耳廓等。行为特征包括走路姿势、签字、声音、按键力度等。由于这些生理特征一般具有唯一性（与他人不同），不易被模仿，可以用作辨识身份。目前基于这些生理特征或行为的生物识别技术有指纹识别、掌形识别、面部识别、虹膜识别、声音识别、签字识别等。人身体或行为特征的某些方面对每个人而言是独特的，这便是该技术的基础。人体生物识别技术如图9.3所示。

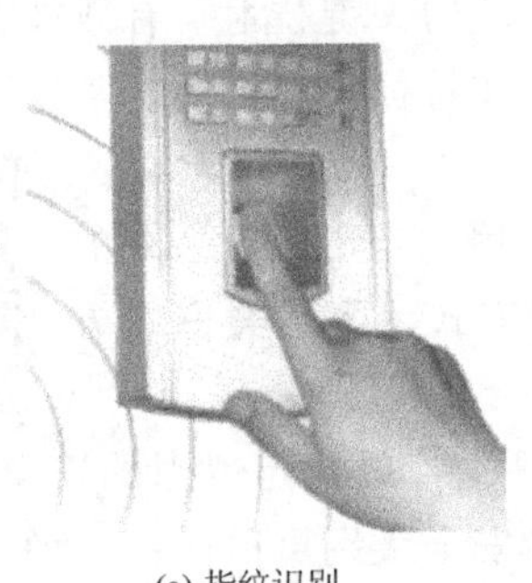

(a) 指纹识别

(b) 面部识别

(c) 虹膜识别

图9.3 人体生物识别技术

按人体生物特征的非同性来辨别人的身份是最安全可靠的方法。它避免了身份证卡的伪造和密码的破译与盗用，是一种不可伪造、假冒、更改的最佳身份识别方法。

2. 指纹识别

【参考视频】

指纹识别根据每个人指纹的唯一性，确定以指纹作为钥匙，通过在系统中的预先建档，将个人的指纹通过采用光学技术或电容技术的指纹采集器存储到计算机中。当用户有访问需要时，指纹扫描器采集用户指纹的特征信息，通过光电转换后将指纹特征值交给主机进行分析比较，决定用户是否有访问的权限。如果用户拥有需要的权限，那么，在验证通过之后，出入口系统会输出高低电频信号到电源控制箱，通过继电器转换之后，输出锁控信号给门锁设备，实现对门的控制；如果用户没有相应的权限，验证后会给出验证失败的信息，在三次验证失败之后，出入口管理系统会输出一个验证失败的信号给电源控制箱，经过电源控制箱转换后形成报警信号，输出到报警器促使报警器发出警号。

指纹识别技术安全性高，但也面临被仿造的难题。在普通出入口指纹识别场合下，只要能够准确识别出来访者的指纹即可，在安全系数要求高的场合，则建议使用复合系统，多种认证，以提高安全等级。

3. 人脸识别

人脸识别技术是一门融合多学科、多技术（模式识别、图像处理、计算机视觉等）的新型生物识别技术，可用于身份确认（一对一比对）、身份鉴别（一对多匹配）、访问控制（门监系统）、安全监控（银行、海关监控）、人机交互（虚拟现实、游戏）等，因其技术特征而具有广泛的市场应用前景。

人脸识别技术融合了计算机图像处理技术与生物统计学原理，广泛采用区域特征分析算法，利用计算机图像处理技术从视频中提取人像特征点，利用生物统计学的原理进行分析建立数学模型，即人脸特征模板。利用已建成的人脸特征模板与被测者的人的面像进行特征分析，根据分析的结果来给出一个相似度值，最终搜索到最佳匹配人脸特征模板，并因此确定一个人的身份信息。广义的人脸识别实际包括构建人脸识别系统的一系列相关技术，包括图像采集、人脸检测、特征建模、比对辨识、身份确认等；而狭义的人脸识别特指通过人脸进行身份确认或者身份查找的技术或系统。

阅读材料 9－1

人脸识别技术引起了越来越多的关注

2013 年 4 月 15 日发生的波士顿马拉松爆炸案提高了人们对人脸识别技术的认识。根据众多报道，尽管摄像头中捕捉到了犯罪嫌疑人的影像，但这些系统却无法确认犯罪嫌疑人。然而，在密歇根州立大学进行的一项人脸识别系统试验中，NEC 先进的 NeoFace 人脸识别技术使用与警方同样的事件现场照片，几乎瞬间完成了犯罪嫌疑人的“同一性”匹配比对。随着技术的进一步成熟和社会认同度的提高，人脸识别技术引起了越来越多的关注。作为最容易隐蔽使用的识别技术，人脸识别成为当今国际反恐和安全防范最重要的手段之一。

【参考图文】

4. 掌形识别

近几年掌形识别发展比较快。手掌特征包括手掌的长度、宽度、厚度及手掌和除大拇指之外的其余四个手指的表面特征。掌形识别系统主要发展了三种类型的识别技术：第一种是扫描整个手的手形识别技术，第二种是仅扫描单个手指的技术，第三种是结合这两种技术的扫描食指和中指两个手指的指形识别技术。掌形识别多采用三维立体形状识别方式，具有较高的准确性与唯一性。

5. 眼纹识别

眼纹识别的方法有两种：一种是利用人眼眼底（视网膜）上的血管花纹；另一种是利用眼睛虹膜上的花纹进行光学摄像对比识别，其中对视网膜的识别用得较多。

视网膜扫描识别采用低强度红外线经瞳孔直射眼底，将视网膜花纹反射到摄像机，拍摄下花纹图像，然后与原来存在计算机中的花纹图像数据进行比较辨别。视网膜识别的失误率几乎为零，识别准确迅速。对于睡眠不足导致视网膜充血、糖尿病引起的视网膜病变或视网膜脱落者，将无法识别。

6. 生物识别技术的应用领域

生物识别技术的应用是多方面的，金融系统、公安部门、军事单位、政府机构、电子商务认证及出入境身份认证等领域，对安全系统要求较高，所以这些应用领域一直是生物识别企业比较关注的市场。近几年，网络的迅速发展带动了网上电子商务的发展，生物识别技术为网络安全发展提供了保障，从而提高了交易的安全性。

从发展趋势上看，生物识别技术虽然比较可靠，但也存在着拒认、误认和有些特征值不能录入等缺陷，它的使用有一定的局限性。

阅读材料 9－2

生物识别技术是未来智慧城市的典型应用之一

当你走进一家酒店，站在摄像头面前拍一张照片，人脸识别系统就可以快速捕捉到你的脸部特征，与酒店后台客户系统连接比对，只需 1s 就能辨认出你是否为酒店的 VIP 客户，然后为你提供精准的客户服务。

“生物识别技术是未来智慧城市的典型应用之一。”日本电气株式会社（NEC）公共事业部高级专家岩佐绫香介绍，通过生物识别技术实现的智慧城市，包括利用人脸、指纹、静脉等解决身份识别的问题。

岩佐绫香说，目前，生物识别技术已经在欧美国家得到了比较广泛的应用。随着生物识别技术的普及，通过生物识别可以进行出入境和门禁管理、医院挂号就诊等，这将逐渐让人们的生活更加“智慧”。

9.3 出入口控制系统的设备

9.3.1 身份识别装置

1. IC卡

IC卡是集成电路卡（也称智能卡），它是把集成电路芯片封装在塑料基片中。IC卡分为接触式和非接触式两大类。接触式卡必须与读卡机实际碰触，而非接触式卡则可借助于卡内的感应天线，使读卡机以感应方式读取卡内资料，称为感应卡。智能IC卡则除含有存储器外，还包括CPU（微处理器）等。其结构如图9.4所示。

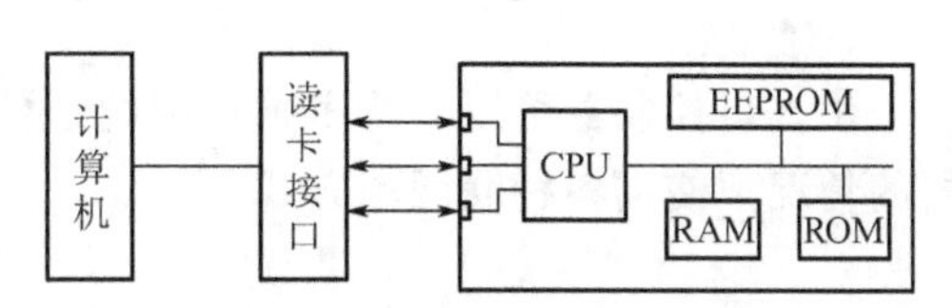

图9.4 智能IC卡芯片结构

2. ID卡

ID卡是身份识别卡的总称，ID卡分接触型和非接触型（RF类型）。非接触类的无线RF类的ID卡又可称为RFID卡，RFID卡又有远距离的和近距离的之分。

9.3.2 处理与控制设备部分

处理与控制设备部分通常是指出入口系统的控制器，是出入口系统的中枢，就像人体的大脑一样，里面存储了大量相关人员的卡号、密码等信息，这些资料的重要程度是显而易见的。另外，出入口控制器中有运算单元、存储单元、输入单元、输出单元、通信单元等，负担着运行和处理的任务，对各种各样的出入请求做出判断和响应。如果希望规划一个安全和可靠的出入口系统，则首先必须需要选择安全、可靠的出入口控制器。

9.3.3 传感与报警单元部分

传感与报警单元部分包括各种传感器、探测器和按钮等设备，最常用的就是门磁和出门按钮，应具有一定的防机械性创伤措施。这些设备全部都是采用开关量的方式输出信号，设计良好的出入口系统可以将门磁报警信号与出门按钮信号进行加密或转换，如转换成TTL电平信号或数字量信号。同时，出入口系统还可以监测出以下报警状态：报警、短路、安全、开路、请求退出、噪声、干扰、屏蔽、设备断路、防拆等状态，可防止人为对开关量报警信号的屏蔽和破坏，以提高出入口系统的安全性。另外，出入口系统都应该对报警线路具有实时的检测能力。

传感部分的大致组成如下。

（1）出门按钮——是按一下打开门的设备，适用于对出门无限制的情况。

（2）门磁——用于检测门的安全/开关状态等。

(3) 电源——整个系统的供电设备，分为普通和后备式（带蓄电池的）两种。

(4) 遥控开关——作为紧急情况下，进出门使用。

(5) 玻璃破碎报警器——作为意外情况下开门使用。

9.3.4 管理与设置单元部分

管理与设置单元部分主要指出入口系统的管理软件，支持客户端/服务器的工作模式，并且可以对不同的用户进行可操作功能的授权和管理。管理软件应该具有设备管理、人事信息管理、证章打印、用户授权、操作员权限管理、报警信息管理、事件浏览、电子地图等功能。

9.3.5 出入口控制器

出入口控制器可以支持多种联网的通信方式，如 RS-232、485 或 TCP/IP 等，在不同的情况下使用各种联网的方式。

9.4 出入口控制系统设计

9.4.1 基本规定

(1) 出入口控制系统的工程设计应综合应用编码与模式识别、有线/无线通信、显示记录、机电一体化、计算机网络、系统集成等技术，构成先进、可靠、经济、适用、配套的出入口控制应用系统。

(2) 出入口控制系统工程的设计要求。

① 根据防护对象的风险等级和防护级别、管理要求、环境条件和工程投资等因素，确定系统规模和构成；根据系统功能要求、出入目标数量、出入权限、出入时间段等因素来确定系统的设备选型与配置。

② 出入口控制系统的设置必须满足消防规定的紧急逃生时人员疏散的相关要求。

③ 供电电源断电时系统闭锁装置的启闭状态应满足管理要求。

④ 执行机构的有效开启时间应满足出入口流量及人员、物品的安全要求。

⑤ 系统前端设备的选型与设置，应满足现场建筑环境条件和防破坏、防技术开启的要求。

⑥ 当系统与考勤、计费及目标引导（车库）等一卡通联合设置时，必须保证出入口控制系统的安全性要求。

(3) 系统兼容性应满足设备互换的要求，系统可扩展性应满足简单扩容和集成的要求。

9.4.2 系统构成

出入口控制系统主要由识读部分、传输部分、管理/控制部分和执行部分及相应的系统软件组成。系统有多种构建模式，可根据系统规模、现场情况、安全管理要求等，合理选择。

1. 按硬件构成划分

1）一体型（图9.5）

出入口控制系统的各个组成部分通过内部连接；组合或集成在一起，实现出入口控制的所有功能。

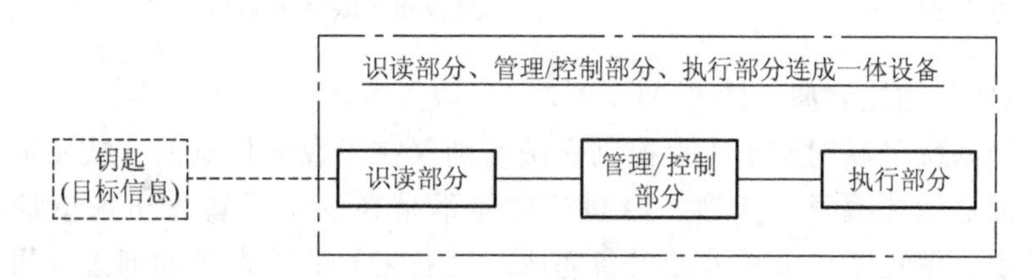

图9.5 一体型结构

2）分体型（图9.6）

出入口控制系统的各个组成部分，在结构上有分开的部分，也有通过不同方式组合的部分。分开部分与组合部分之间通过电子、机电等手段连成为一个系统，实现出入口控制的所有功能。

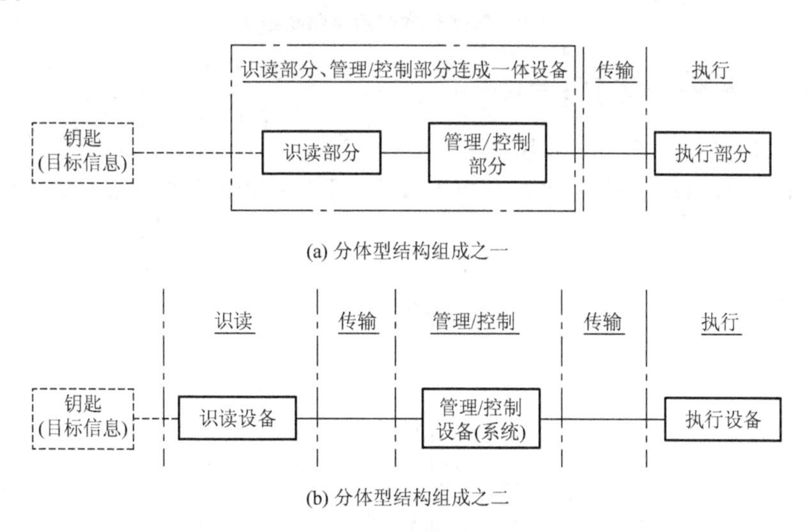

图9.6 分体型结构组成

2. 管理/控制方式构建模式

1）独立控制型（图9.7）

出入口控制系统，其管理与控制部分的全部显示、编程、管理、控制等功能均在一个设备（出入口控制器）内完成。

2）联网控制型（图 9.8）

出入口控制系统，其管理与控制部分的全部显示、编程、管理、控制功能不在一个设备（出入口控制器）内完成。其中，显示、编程功能由另外的设备完成。设备之间的数据传输通过有线和/或无线数据通道及网络设备实现。

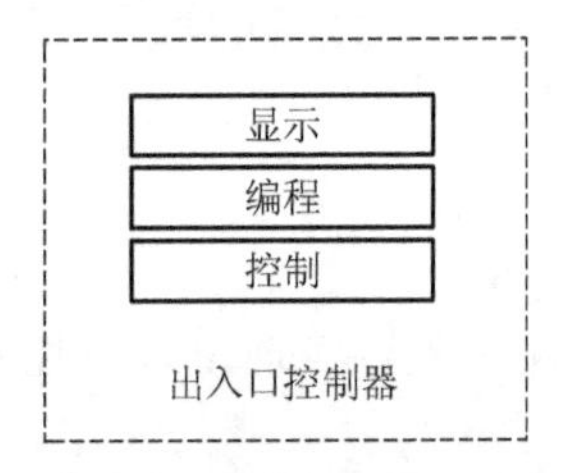

图 9.7　独立控制型结构

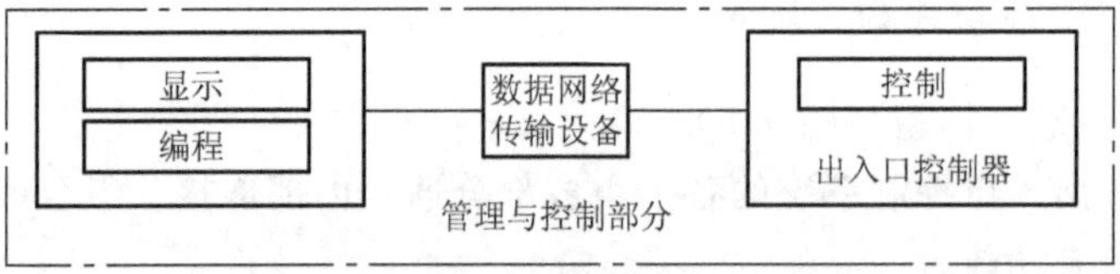

显示
编程
数据网络
传输设备
控制
出入口控制器
管理与控制部分

图 9.8　联网控制型结构

3）数据载体传输控制型（图 9.9）

出入口控制系统与联网型出入口控制系统区别仅在于数据传输的方式不同，其管理与控制部分的全部显示、编程、管理、控制等功能不是在一个设备（出入口控制器）内完成。其中，显示、编程工作由另外的设备完成。设备之间的数据传输通过对可移动的、可读写的数据载体的输入、导出操作完成。

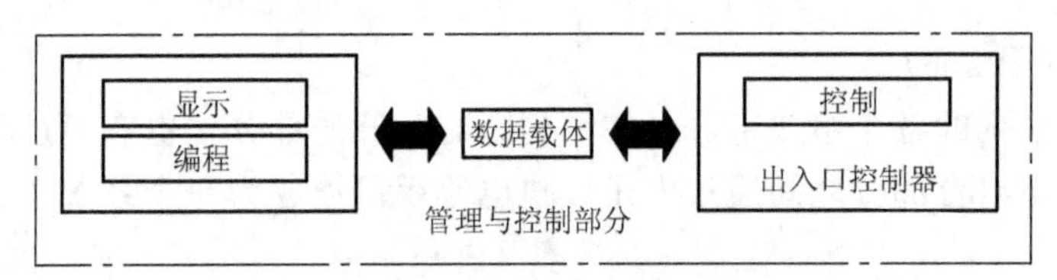

图 9.9　数据载体传输控制型结构

3. 按现场设备连接方式划分构建形式

1）单出入口控制设备（图 9.10）

仅能对单个出入口实施控制的单个出入口控制器所构成的控制设备。

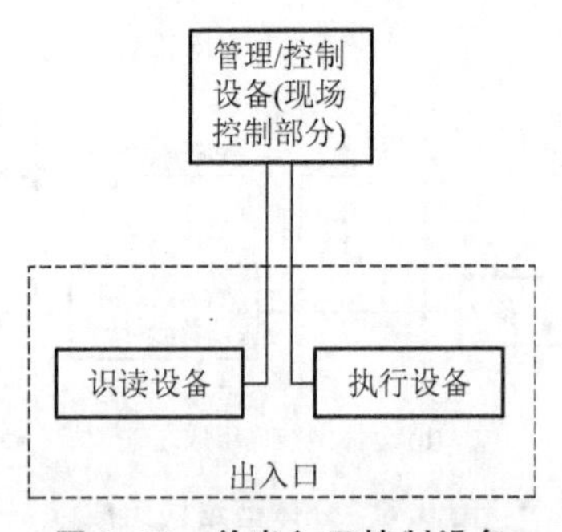

图 9.10　单出入口控制设备

2）多出入口控制设备（图 9.11）

能同时对两个以上出入口实施控制的单个出入口控制器所构成的控制设备。

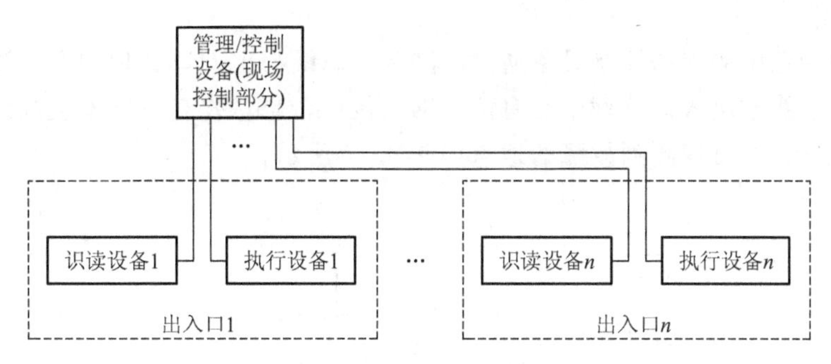

图 9.11　多出入口控制设备

4. 按联网模式划分构建形式

1）总线制

出入口控制系统的现场控制设备通过联网数据总线与出入口管理中心的显示、编程设备相连，每条总线在出入口管理中心只有一个网络接口，如图 9.12 所示。出入口控制系统示意图如图 9.13 所示。

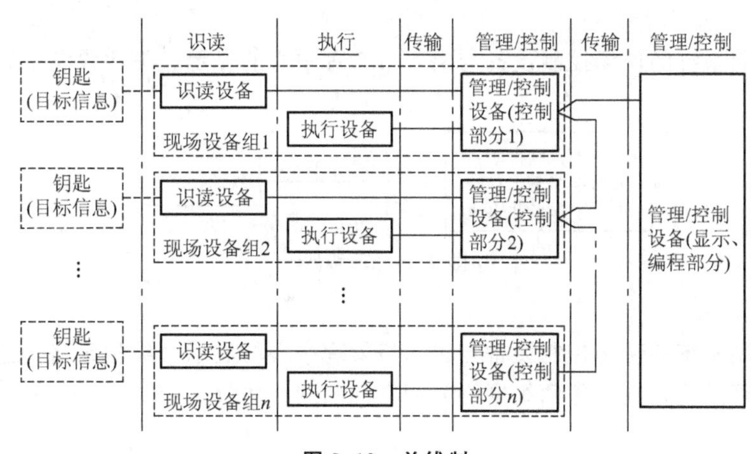

图 9.12　总线制

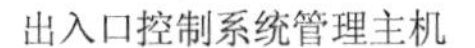

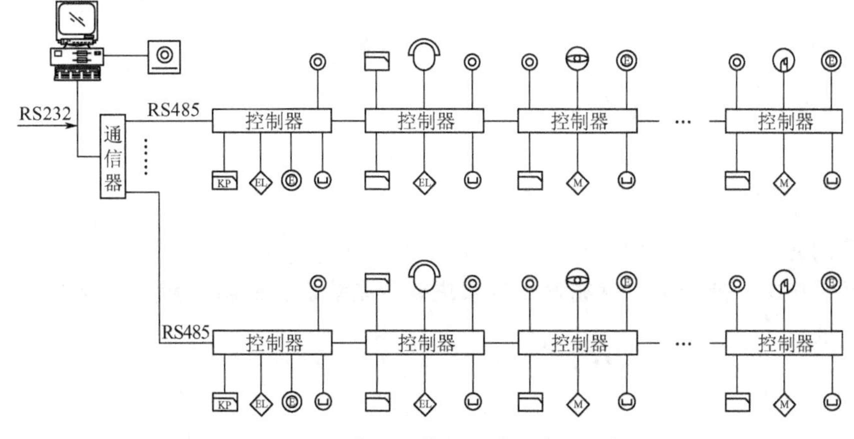

图 9.13　出入口控制系统示意图

2）环线制

出入口控制系统的现场控制设备通过联网数据总线与出入口管理中心的显示、编程设备相连，每条总线在出入口管理中心有两个网络接口，当总线有一处发生断线故障时，系统仍能正常工作，并可探测到故障的地点如图 9.14 所示。

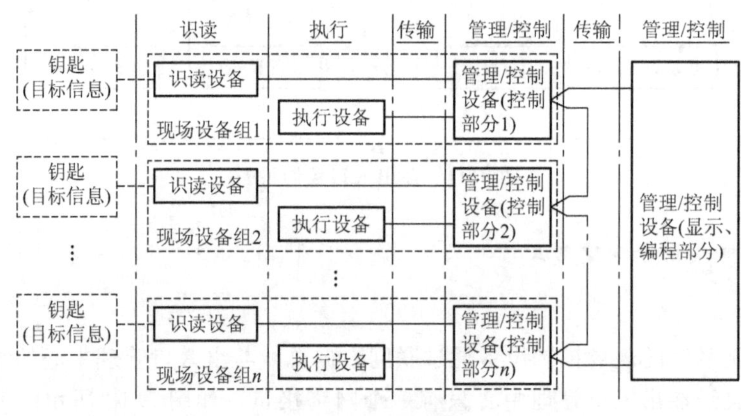

图 9.14　环线制

3）单级网（图 9.15）

出入口控制系统的现场控制设备与出入口管理中心的显示、编程设备的连接采用单一联网结构。

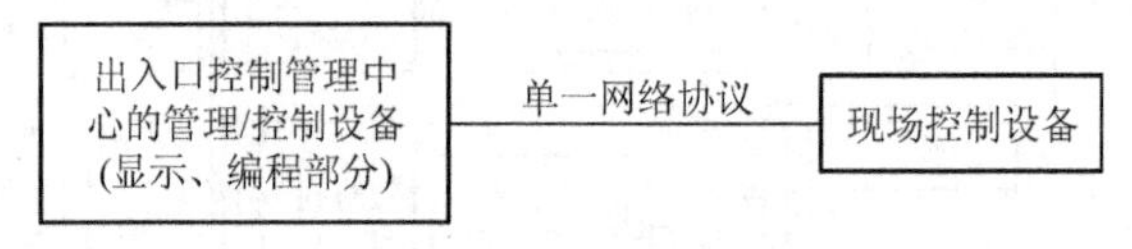

图 9.15　单级网

4）多级网（图 9.16）

出入口控制系统的现场控制设备与出入口管理中心的显示、编程设备的连接采用两级以上串联的联网结构，且相邻两级网络采用不同的网络协议。

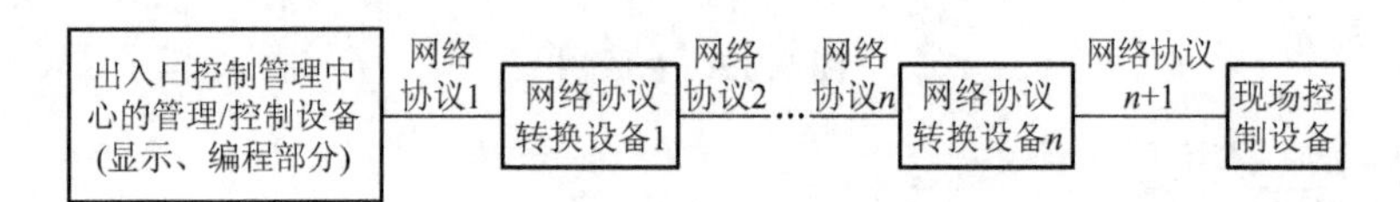

图 9.16　多级网

9.4.3　系统功能、性能设计

1. 防护能力

系统的防护能力由所用设备的防护面外壳的防护能力、防破坏能力、防技术开启能力，以及系统的控制能力、保密性等因素决定。系统设备的防护能力由低到高分为 A、B、C 三个等级。

2. 响应时间

系统的下列主要操作响应时间应不大于 2s。

（1）在单级网络的情况下，现场报警信息传输到出入口管理中心的响应时间。

（2）除工作在异地核准控制模式外，从识读部分获取一个钥匙的完整信息始至执行部分开始启闭出入口动作的时间。

（3）在单级网络的情况下，操作（管理）员从出入口管理中心发出启闭指令始至执行部分开始启闭出入口动作的时间。

（4）在单级网络的情况下，从执行异地核准控制后到执行部分开始启闭出入口动作的时间。

现场事件信息经非公共网络传输到出入口管理中心的响应时间应不大于5s。

3. 计时、校时

系统计时、校时应符合下列规定。

（1）非网络型系统的计时精度应小于5s/d；网络型系统的中央管理主机的计时精度应小于5s/d，其他的与事件记录、显示及识别信息有关的各计时部件的计时精度应小于10s/d。

（2）系统与事件记录、显示及识别信息有关的计时部件应有校时功能；在网络型系统中，运行于中央管理主机的系统管理软件每天宜设置向其他的与事件记录、显示及识别信息有关的各计时部件校时功能。

4. 报警

系统报警功能分为现场报警、向操作（值班）员报警、异地传输报警等。报警信号应为声光提示。

在发生以下情况时，系统应报警。

（1）当连续若干次（最多不超过5次，具体次数应在产品说明书中规定）在目标信息识读设备或管理与控制部分上实施错误操作时。

（2）当未使用授权的钥匙而强行通过出入口时。

（3）当未经正常操作而使出入口开启时。

（4）当强行拆除和/或打开B、C级的识读现场装置时。

（5）当B、C级的主电源被切断或短路时。

（6）当C级的网络型系统的网络传输发生故障时。

5. 应急开启

系统应具有应急开启功能，可采用下列方法。

（1）使用制造厂特制工具采取特别方法局部破坏系统部件后，使出入口应急开启，且可迅即修复或更换被破坏部分。

（2）采取冗余设计，增加开启出入口通路（但不得降低系统的各项技术要求）以实现应急开启。

6. 软件及信息保存

软件及信息保存应符合下列规定。

（1）除网络型系统的中央管理机外，需要的所有软件均应保存到固态存储器中。

（2）具有文字界面的系统管理软件，其用于操作、提示、事件显示等的文字应采用简体中文。

(3) 当供电不正常、断电时，系统的密钥（钥匙）信息及各记录信息不得丢失。

(4) 当系统与考勤、计费及目标引导（车库）等一卡通联合设置时，软件必须确保出入口控制系统的安全管理要求。

7. 联网

系统应能独立运行，并应能与电子巡查、入侵报警、视频安防监控等系统联动，宜与安全防范系统的监控中心联网。

9.4.4 各部分功能、性能设计

1. 识读部分

识读部分应符合下列规定。

(1) 识读部分应能通过识读现场装置获取操作及钥匙信息并对目标进行识别，应能将信息传递给管理与控制部分处理，宜能接受管理与控制部分的指令。

(2) 误识率、识读响应时间等指标，应满足管理要求。

(3) 对识读装置的各种操作和接受管理/控制部分的指令等，识读装置应有相应的声和/或光提示。

(4) 识读装置应操作简便，识读信息可靠。

阅读材料 9－3

人脸识别如何证明你妈是你妈

一个普通的常识在缺少必要的条件下要证明有时确实不是一件容易的事。如何证明你妈是你妈，在信息高度融合互联的政务系统中其实很容易，但由于相关部门之间联动的办公系统没有打通，导致信息的闭塞而造成诸如“怎么证明你妈是你妈”这类天大的笑话。

自然，在被滑稽的提问打击而缓过神后，如何证明你妈是你妈并非难事，办法也自然千百万种，只是在“互联网＋”时代下的电子政务体系，更应该讲究方法论和规范性。作为继文字和图片之后的传播信息，视频业务在 WiFi、3G/4G 等无线网络传输环境下越来越频繁，利用视频通信具有的高度可信的图像信息，或许证明你妈是你妈就是一件很容易的事情。

根据最新的刷脸支付等商业应用，人脸识别的准确率已经达到相当高的水准，人脸识别技术能准确对视频监控抓取的人脸进行人脸检测、跟踪、比对等技术，并通过与数据库中的人脸数据进行对比，然后进行辨别和确认。

回到如何证明你妈是你妈这个问题，我们就能通过现场的视频人脸识别进行证明。那么我们假设一下，审核机构在办公系统中开通微信等接口，通过手机端的入口采集到“妈妈”的人脸特征，通过联网系统在已经证实办事人与其母亲关系的系统中找到“妈妈”的人脸模板，然后将其进行比对确认；又或者人脸识别技术已经能达到准确识别生物遗传特征的地步，那么就可直接对比办事人与其母亲的脸部确认他们是否为母子关系。

2. 管理/控制部分

管理/控制部分应符合下列规定。

(1) 系统应具有对钥匙的授权功能，使不同级别的目标对各个出入口有不同的出入权限。

(2) 应能对系统操作（管理）员的授权、登录、交接进行管理，并设定操作权限，使不同级别的操作（管理）员对系统有不同的操作能力。

(3) 事件记录。

① 系统能将出入事件、操作事件、报警事件等记录存储于系统的相关载体中，并能形成报表以备查看。

② 事件记录应包括时间、目标、位置、行为。其中时间信息应包含年、月、日、时、分、秒，年应采用千年记法。

③ 现场控制设备中的每个出入口记录总数：A级不小于32条，B、C级不小于1000条。

④ 中央管理主机的事件存储载体，应至少能存储不少于180天的事件记录，存储的记录应保持最新的记录值。

⑤ 经授权的操作（管理）员可对授权范围内的事件记录、存储于系统相关载体中的事件信息，进行检索、显示和/或打印，并可生成报表。

(4) 与视频安防监控系统联动的出入口控制系统，应在事件查询的同时，能回放与该出入口相关联的视频图像。

3. 执行部分

执行部分功能设计应符合下列规定。

(1) 闭锁部件或阻挡部件在出入口关闭状态和拒绝放行时，其闭锁力、阻挡范围等性能指标应满足使用、管理要求。

(2) 出入准许指示装置可采用声、光、文字、图形、物体位移等多种指示。其准许和拒绝两种状态应易于区分。

(3) 出入口开启时出入目标通过的时限应满足使用、管理要求。

9.4.5 设备的选型与设置

1. 设备的选型

设备的选型应符合以下要求。

(1) 防护对象的风险等级、防护级别、现场的实际情况、通行流量等要求。

(2) 安全管理要求和设备的防护能力要求。

(3) 对管理/控制部分的控制能力、保密性的要求。

(4) 信号传输条件的限制对传输方式的要求。

(5) 出入目标的数量及出入口数量对系统容量的要求。

(6) 与其他子系统集成的要求。

2. 设备的设置

设备的设置应符合下列规定。

(1) 识读装置的设置应便于目标的识读操作。

(2) 采用非编码信号控制和/或驱动执行部分的管理与控制设备，必须设置于该出入口的对应受控区、同级别受控区或高级别受控区内。

9.4.6 传输方式及线缆的选型和保护

1. 传输方式

传输方式应考虑出入口控制点位分布、传输距离、环境条件、系统性能要求及信息容量等因素。

2. 线缆的选型

线缆的选型应符合下列规定。

(1) 识读设备与控制器之间的通信用信号线宜采用多芯屏蔽双绞线。

(2) 门磁开关及出门按钮与控制器之间的通信用信号线，线芯最小截面积不宜小于 $0.50mm^2$。

(3) 控制器与执行设备之间的绝缘导线，线芯最小截面积不宜小于 $0.75mm^2$。

(4) 控制器与管理主机之间的通信用信号线宜采用双绞铜芯绝缘导线，其线径根据传输距离而定，线芯最小截面积不宜小于 $0.50mm^2$。

3. 线缆的保护

执行部分的输入电缆在该出入口的对应受控区、同级别受控区或高级别受控区外的部分，应封闭保护，其保护结构的抗拉伸、抗弯折强度应不低于镀锌钢管。

9.4.7 供电、防雷与接地

1. 供电

供电设计应符合下列规定。

(1) 主电源可使用市电或电池。备用电源可使用二次电池及充电器、UPS 电源、发电机。如果系统的执行部分为闭锁装置，且该装置的工作模式为断电开启，B、C 级的控制设备必须配置备用电源。

(2) 当电池作为主电源时，其容量应保证系统正常开启 10000 次以上。

(3) 备用电源应保证系统连续工作不少于 48h，且执行设备能正常开启 50 次以上。

2. 防雷与接地

防雷与接地应符合下列规定。

（1）置于室外的设备宜具有防雷保护措施。

（2）置于室外的设备输入、输出端口宜设置信号线路浪涌保护器。

（3）室外的交流供电线路、控制信号线路宜有金属屏蔽层并穿钢管埋地敷设，钢管两端应接地。

9.4.8 系统的安全性、可靠性

系统的安全性、可靠性设计应符合下列规定。

（1）系统的任何部分、任何动作，以及对系统的任何操作不应对出入目标及现场管理、操作人员的安全造成危害。

（2）系统必须满足紧急逃生时人员疏散的相关要求。当通向疏散通道方向为防护面时，系统必须与火灾报警系统及其他紧急疏散系统联动，当发生火警或需紧急疏散时，人员不使用钥匙应能迅速安全通过。

9.4.9 监控中心

（1）当出入口控制系统与安全防范系统的其他子系统联合设置时，中心控制设备应设置在安全防范系统的监控中心。

（2）当出入口控制系统的监控中心不是系统最高级别受控区时，应加强对管理主机、网络接口设备、网络线缆的保护，应有对监控中心的监控录像措施。

综合习题

一、填空题

1. 实现身份识别的方式主要有________、________、________及________。

2. 出入口控制系统主要由________、________、________、________及________组成。

二、名词解释

1. 目标；

2. 误识；

3. 拒认。

三、简答题

1. 用于人员出入门控制系统的人体生物特征主要有哪些？

2. 出入口控制系统工程的设计要求有哪些？

3. 出入口控制系统设备选型应符合哪些要求？

4. 出入口控制系统线缆的选型应符合哪些规定？

第10章

电子巡查管理和访客对讲系统

本章教学要点

知识要点	掌握程度	相关知识
电子巡查管理系统	熟悉在线式电子巡查管理系统的工作原理； 熟悉离线式电子巡查管理系统的工作原理	工作原理
访客对讲系统	了解访客对讲系统的分类； 熟悉访客对讲系统的组成； 熟悉访客对讲系统的功能； 熟悉访客对讲系统的工作原理	系统的分类； 系统的组成； 系统的功能； 系统的工作原理

导入案例

人脸识别改变楼宇对讲中的管理模式

随着智能化的普及，楼宇对讲迎来了新的发展机遇，并已经成为现代化住宅社区的标配设备，它不仅能为用户提供进出及来访客人的管理，同时也对楼宇防盗形成有效的安全管理。

当人脸识别与楼宇对讲系统结合时，将会给居家生活带来怎样的简便呢？

1. 对于居民来说

(1) 他们只要预先去物业登记好人脸，当他们经过摄像头区域时，就会被自动抓拍，只要比对成功，门将自动开启，不再需要额外带门禁卡。特别当购物结束，拎着一堆物品时，不需要再经历一个“放东西—找钥匙—开门—再拎东西”这样的流程。而且，人脸识别开门非常快，不到1s就能够识别完成。

(2) 当有新增人员，比如父母来一起居住时，可以直接到物业办理人脸登记，而不需要再行支付办卡的费用。

(3) 人脸识别技术能够支持多角度识别，不受发型、妆容、眼镜的影响，因此即使改变发型，或者换了个眼镜，居民都不需要担心进不了门，也不需要重新去物业登记。

2. 对于物业管理来说

(1) 使用带有人脸识别功能的楼宇对讲系统后，只需要居民在办理入住手续时同时登记人脸信息即可。如有新增人员，居民也将主动前来办理，方便社区的人员管理。

(2) 多样名单管理，对于居民、推销人员、快递人员、犯罪分子，均可以设立不同的管理名单，人脸识别技术支持动态视频的人脸抓拍，除了可以发现黑名单人物系统实时自动告警外，还可以将所有出现在视频中的人脸抓拍下来，图片将自动存储在系统中，以备后期查询使用。

综上所述，楼宇对讲结合人脸识别，不仅便捷了居民的生活和物业的管理，同时也将更有利于社区治安管理，营造和谐、平安的社区生活。

10.1 电子巡查管理系统

电子巡查管理系统是管理者考察巡查者是否在指定时间按巡查路线到达指定地点的一种手段。巡查系统帮助管理者了解巡查人员的表现，而且管理人员可通过软件随时更改巡逻路线，以配合不同场合的需要。

电子巡查管理系统是利用先进的接触存取技术开发的管理系统。长期以来在很多行业中怎样对各种巡查工作进行有效的监督管理一直是管理工作中的难点，如物业管理、保安巡更等的安全巡逻管理，医院护士和医生定时巡查病房、油田的油井巡查、电力部门的铁塔巡查、通信部门的机站巡查、邮政部门的邮筒定时开箱等一切需要定时多次巡查的场合。巡查人员是否按规定路线、在规定的时间内、巡查了规定数量的巡查点，管理人员很难对此进行严格有效的监督管理。电子巡查管理系统是实现这种监督管理最有效、最科学的工具。电子巡查管理系统分为在线式电子巡查管理系统和离线式电子巡查管理系统两种。电子巡查管理系统组成示意图如图 10.1 所示，系统示意图如图 10.2 所示。

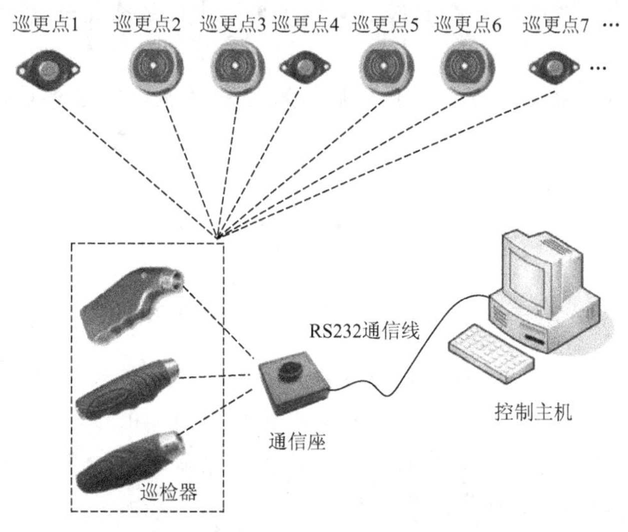

图 10.1 电子巡查管理系统组成示意图

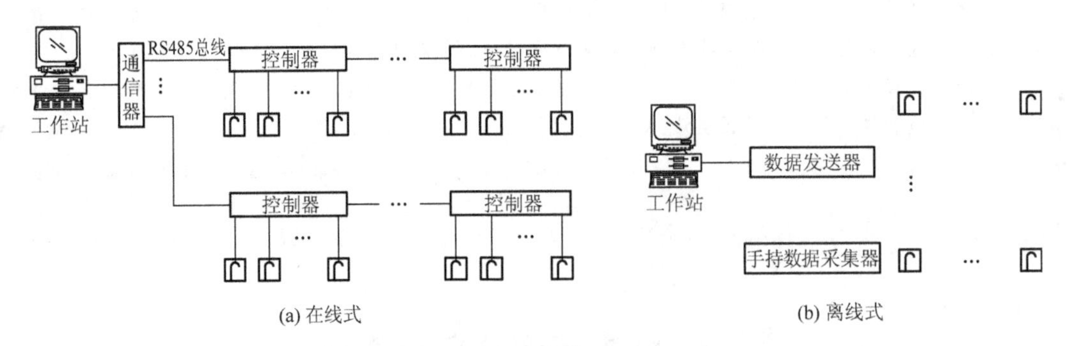

图 10.2　电子巡查管理系统示意图

10.1.1　在线式电子巡查管理系统

在线式是指在巡查点安装固定的智能卡刷卡设备（终端），后台计算机管理软件与刷卡设备保持实时在线式数据通信。巡查人员巡查线路时，只需将自己所持的感应式智能卡在刷卡终端上轻轻一划，刷卡终端即保存一条刷卡记录，表示某人参与了该点的检查。刷卡终端将保存的记录通过网络实时上传到计算机中并保存，保障后台及时查看巡查记录。

10.1.2　离线式电子巡查管理系统

离线式是指巡查点安装专门做了防水、防振、防晒的信息点（即智能卡），而巡查人员参与巡查时，只需将巡检器（巡更棒）拿着到每一个巡查点读取一下信息点，巡检器（巡更棒）就会自动记录一条巡查记录。巡查结束后，巡查人员可以定时或不定时将巡检器（巡更棒）拿到管理处将保存在巡检器（巡更棒）中的巡查记录上传到计算机系统中，以便进行统计查询。

这种系统由于不用布线，在工程上实施起来特别简便，故这种巡查系统经常被实际采用。

阅读材料 10－1

电子巡更的发展新趋势——云服务巡更

随着物联网、云技术的兴起，电子巡更系统市场即将迈入云时代，其市场又进入一个新的巅峰。云巡更打破了传统巡更的使用操作必须专业专职人员操作才行得通的状况，将掀起互联网云巡更普及新趋势，将传统巡更系统核心价值进行有效提升，保障人民安居乐业，企业安全有序生产工作。

以往用户需要进行联网巡更系统软件时，往往需要付出较高的成本，而且必须要有专业的技术人员操作。云巡更一个系统支持统一管理，用户巡更软件系统无须投入另外较高的费用，无须安装，不需要支付其他额外的任何费用，运营简单，使用方便，云巡更将替代传统普通巡更，走进社区、工厂、电力、铁路、石油、燃气管道、商务大厦、大型商场等，满足安全防范安保一线需求。

云巡更虽然是电子巡更系统发展的方向，但目前国内外市场主流产品依旧是传统的巡更系统，这类技术陈旧，安装繁杂，维护成本高，难以满足现代市场发展及人们对产品较高要求的期望。云巡更的面世，对这些问题将迎刃而解。云巡更的优势体现在以下几个方面。

(1) 无地域限制。巡更管理者可随时随地采用手机、iPad等上互联网进行巡更工作信息报表查询，从而全面掌控保安巡更人员工作情况，即使相隔万里，安全监控也触手可及。

(2) 解除巡更成本虚高、使用繁杂等问题。云巡更系统软件可全面降低用户使用的成本，提供免费的云储存，管理者随时上网即可查看所属工作人员的巡更报表。

(3) 巡更数据安全。巡更产品引进云计算和云储存技术，数据及时、准确且不丢失。

10.2 访客对讲系统

访客对讲系统是防止非法侵入的第一道防线，是在各单元入口安装防盗门和对讲装置，以实现访客与住户对讲或可视对讲。住户可遥控开启防盗门，该系统主要用于防止非本楼的人员在未经允许下进入楼内，充分保证本楼住户的人身和财产安全。

随着信息时代的发展，访客对讲系统已经成为现代多功能、高效率的现代住宅的重要保障。访客对讲系统符合当今住宅的安全和通信需求，把住户的入口、住户及保安人员三方面的通信包含在同一网络中，实现住户与管理处、住户与住户、来访者与住户直接通话的一种快捷通信方式。

【参考视频】

阅读材料10-2

楼宇对讲系统三大发展趋势分析

访客对讲系统的发展经历了从黑白到彩色，从非可视到可视等的变化，伴随着现代化小区建设进程的加速，访客对讲系统的应用市场越来越广泛，成为安防行业，继视频监控的第二大市场。

长期以来，单一的对讲和通话功能，使得访客对讲系统的应用始终停留在“门铃”

的阶段。作为一个在国内发展了三十余年的老行业，访客对讲系统产品的变化发展也经历了从无管理到门禁、从非可视到彩色可视、从对讲到智慧社区三大阶段。

纵观访客对讲系统发展史，访客对讲系统未来的发展方向呈三大主流趋势。

1. 互动式安防平台

传统的安防设备越来越被用户排斥，能发微信和微博的梯口机和报警器，会签到、会报告、会汇报的智能互动式安防正在成为市场的主流。

2. 从“门铃”升级为智能“门童”

机器管家是下一代对讲的主要特征之一，它可以为业主监控出入情况，监控家中的防区情况，通过微信、微博与业主实现即时联系。它可以帮业主照看老人和小孩，实时汇报老人和小孩的定位信息和健康信息。

3. 综合生活服务平台

提供综合化的社区生活服务，主动为业主推送周边超市的“什么值得买”，在家里就可以“秒杀”超市的特价商品。通过下一代对讲的综合服务平台，可以交物业费、停车费，可以购买监控服务套餐、老人、小孩定位服务套餐，与物业进行更加紧密、有图有真相的物业服务互动等。综合生活服务平台已经在楼宇对讲行业外受到广泛关注，并将逐渐渗透进入社区。

现在，楼宇的下一代访客对讲系统已经实现了与微信和微博的全面互联。安防设备不再是冰冷的机器，它们开始有人格，有个性，会主动关心业主关心的人和物，甚至可以分析日常出行规律，主动为主人叫电梯和叫车。

下一代访客对讲系统将会给行业带来巨大的转变，更加美好的未来正在快速到来。

10.2.1 访客对讲系统的分类

1. 按功能分类

访客对讲系统按功能可分为单对讲系统和可视对讲系统两种。

1）单对讲系统

单对讲系统一般由防盗安全门、对讲系统、控制系统和电源组成。防盗安全门与普通安全门的区别是加有电控门锁闭门器。对讲系统由传声器、语言放大器和振铃电路组成。控制系统采用数字编码方式，当访客按下欲访户的号码，对应户的分机则振铃响起，户主摘机通话后可决定是否打开防盗安全门。

2）可视对讲系统

【参考视频】

可视对讲系统是在单对讲系统的基础上增加了一套视频系统，即在电控防盗门上方安装一低照度摄像机，一般配有夜间照明灯。摄像机应安装在隐蔽处并要防止破坏。视频信号经普通视频线引到楼层中继器的视频开关上，当访客叫通户主分机时，户主摘机可从分机的屏幕上看到访客的形象与其通话，以决定是否打开防盗安全门。

2. 按产品型号分类

访客对讲控制系统产品有多种型号，并具备多种功能，可根据具体情况配置用户满意的装置。产品型号有独户型、大楼型、经济型、数字型等。

10.2.2 访客对讲系统的组成

访客对讲系统由管理员室主机、楼道单元主机、室内分机、室外小门口机等构成。系统配有管理员室主机和住户自家门口机，并可做成可视对讲式的。自家门口机具有门铃及与室内分机对讲的功能；室内分机还具有与管理员对讲、防盗门窗设定及消除、紧急求救等功能；管理员室系统主机具有各种报警及状况显示、与住户或单元门口机处人员对讲等主要功能。图 10.3 为访客对讲系统组成示意图。

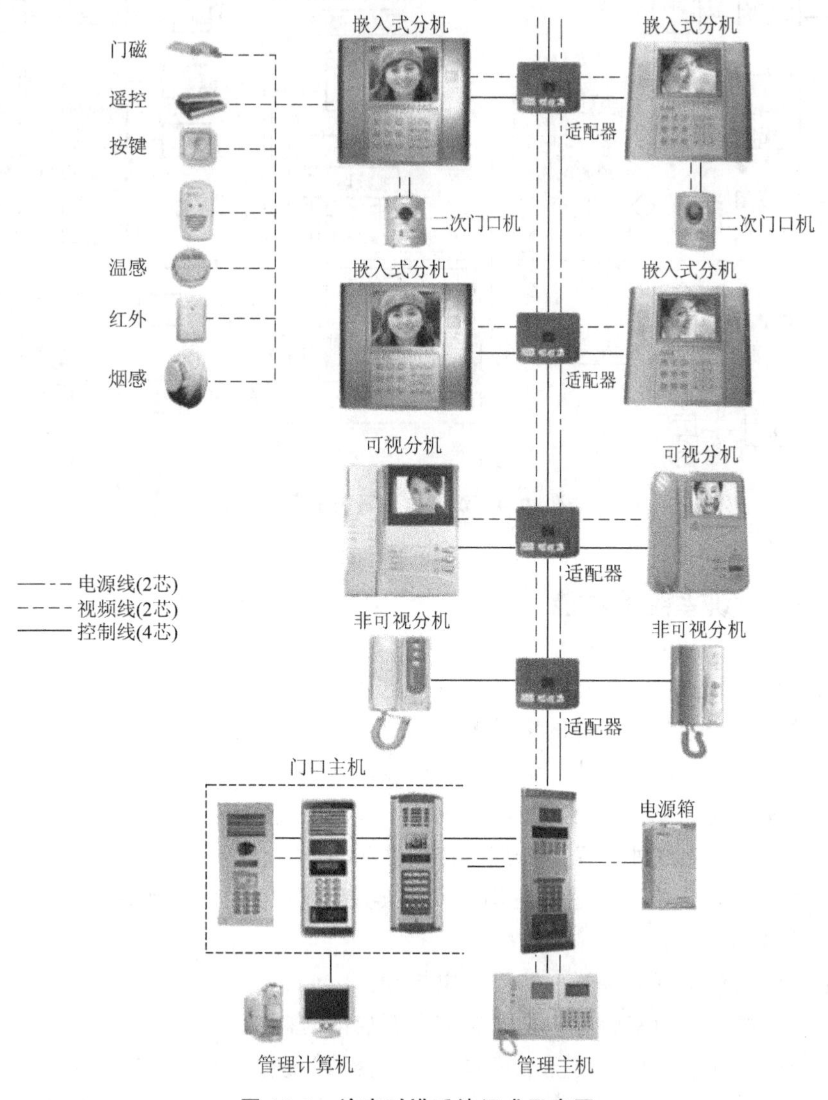

图 10.3 访客对讲系统组成示意图

一般居民楼的每个单元安装的访客对讲系统比较简单，主机到各户分机采用星型布线方式，为多线制。如果居民小区内设有管理中心的话则各单元的主机与管理中心以总线方式相连，管理中心可接受用户报警，并可用此向用户传达有关信息。高层公寓住宅使用的访客对讲系统主机与各户分机之间通常采用总线式通信。

图 10.4 为访客对讲系统示意图。

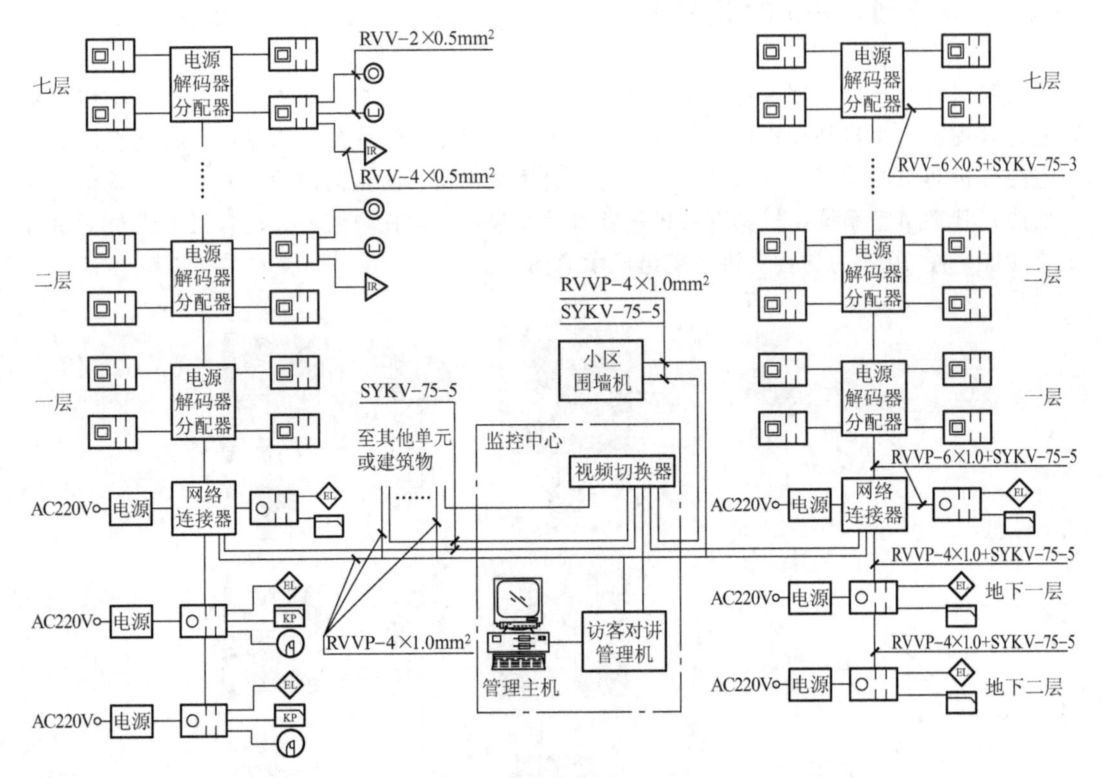

图 10.4　访客对讲系统示意图

10.2.3　访客对讲系统的功能

(1) 可适用不同制式的双音频及脉冲直拨电话或分机电话。

(2) 可同时设置带断电保护的多种警情电话号码及报警语音。

(3) 自动识别对方话机占线、无人值班或接通状态。

(4) 按顺序自动拨通预先设置的直拨电话，并同时传到小区中心。

(5) 可同时接多路红外、瓦斯、烟雾传感器。

(6) 手动、自动开关、传感器的有线无线连接报警方式。可实现住户、访客的语音(或语音图像)传输。

(7) 通过室内分机可遥控开启防盗门电控锁。

(8) 门口主机可利用密码、钥匙或感应卡开启防盗门锁。

(9) 高层住宅在火灾报警情况下可自动开启楼梯门锁。

(10) 高层住宅具有群呼功能，一旦灾情发生，可向所有住户发出报警信号。

10.2.4 访客对讲系统的工作原理

楼门平时总处于闭锁状态，避免非本楼人员在未经允许的情况下进入楼内，本楼内的住户可以用钥匙自由地出入大楼。当有客人来访时，客人需在楼门外的对讲主机键盘上按出欲访住户的房间号，呼叫欲访住户的对讲分机。通过观察器观看来访者的图像，可将不希望的来访者拒之门外，因而不会为此受到推销者的打扰而浪费时间，也不会受到可疑分子的攻击危险。只要安装了接收器，甚至可以不让人知道家中有人。通过对讲设备与来访者进行双向通话或可视通话，通过来访者的声音或图像确认来访者的身份。确认可以允许来访者进入后，住户的主人利用对讲分机上的开锁按键，控制大楼入口门上的电控门锁打开，来访客人方可进入楼内。来访客人进入楼后，楼门自动闭锁。住宅小区物业管理的安全保卫部门通过小区安全对讲管理主机，可以对小区内各住宅楼安全对讲系统的工作情况进行监视。如有住宅楼入口门被非法打开、安全对讲主机或线路出现故障，小区安全对讲管理主机会发出报警信号、显示出报警的内容及地点。小区物业管理部门与住户或住户与住户之间可以用该系统相互通话，如物业部门通知住户交各种费用、住户通知物业管理部门对住宅设施进行维修、住户在紧急情况下向小区的管理人员或邻里报警求救等。

【参考视频】

综 合 习 题

一、填空题

1. 电子巡查管理系统分为________和________两种。
2. 访客对讲系统按功能可分为________和________两种。
3. 访客对讲系统由________、________、________、________等构成。

二、单项选择题

对于实时性要求较高的场合，宜采用（　　）电子巡查系统。

A. 在线式　　B. 离线式　　C. 在线式与离线式的组合　　D. 任意一种

三、简答题

1. 简述在线式电子巡查管理系统的工作原理。
2. 简述离线式电子巡查管理系统的工作原理。
3. 访客对讲系统的功能有哪些?
4. 简述访客对讲系统的工作原理。

第11章

停车库（场）管理系统

本章教学要点

知识要点	掌握程度	相关知识
停车库（场）管理系统的组成与运行方式	熟悉系统的组成； 了解系统的运行方式	入口部分； 出口部分； 管理中心； 系统的运行方式
停车库（场）管理系统的功能	熟悉系统的主要功能	停车位信息管理； 停车库（场）当前状态显示； 车辆识别； 车辆防盗； 电动栏杆控制； 计价收费

美国最大的两家停车场公司的竞争故事

停车场这个行业最大的风险是，如果你不能成为第一、第二，便无法在竞标新的物业中获得成本与砍价优势。所以，当1998年“威廉·桑德斯地产基金”试图进入这一领域时，并没有与行业老大“中心停车系统公司”进行直接竞争，而是组建了一个商业REITs基金，在成立伊始的1998年，便砸下8亿美元，迅速收购了黄金地段的停车场物业。在短时间内，先后兼并类似“外交官停车公司”（Diplomat Parking）和“金尼系统控股公司”（Kinney System Holding Corp）这些停车场管理的巨头公司。

当然，它也成立了类似于“中心停车系统公司”的停车场管理公司“停车服务国际公司”（Parking Services International），来管理收购的停车场物业。

出乎其意料之外的是，这个停车场REITs，竟成为基金收益最好的资产组合。稳定的租约，为其带来源源不断的现金收益，于是被奉为金牛业务。

美国的很多商业或写字楼REITs，都有相当的“停车场资产组合”，也有专门进行停车场管理和投资的管理公司，其中最大的则是“中央停车系统公司”和“城市发展资产公司”。

“中央停车系统公司”（Central Parking System）是全美最大的停车场管理公司，成立于1968年，它管理的停车场位于机场、酒店、商场、写字楼、体育场等。由于拥有完善的视觉、签约及付费系统，使其成为很多物业首选的停车场管理者。

目前，该公司已在美国主要城市，管理了超过 2500 个大型停车场物业，共计约 120 万个车位。

在离不开车的美国，写字楼、机场、商场、公寓、医院等人们经常出入的场所，“中心停车系统公司”所管理的停车场为其带来可预期的、稳定的现金流，而其管理成本却出奇的低。

去过美国的人都知道，美国大多数停车场都是自动付费系统，极少有管理人员。“中央停车系统公司”中的系统，无非就是相似的设备投入。

管理成本低、现金流稳定的经营模式，使“中心停车系统公司”备受投资人，尤其是 REITs 投资人的追逐。

随着城市机动车数量的飞速增加，传统的停车库（场）人工管理已经不能满足使用者和管理者对停车场效率、安全、性能及管理上的需要。

停车库（场）自动管理系统是利用高度自动化的机电设备对停车库（场）进行安全、快捷、有效的管理，由于减少了人工的参与，最大限度地减少了人员费用及人为失误造成的损失，极大地提高了停车场的使用效率。

11.1 停车库（场）管理系统的组成与运行方式

11.1.1 组成

停车库（场）管理系统组成示意图如图 11.1 所示，停车库（场）管理系统实际是一个分布式的集散控制系统，一般由以下几个部分组成。

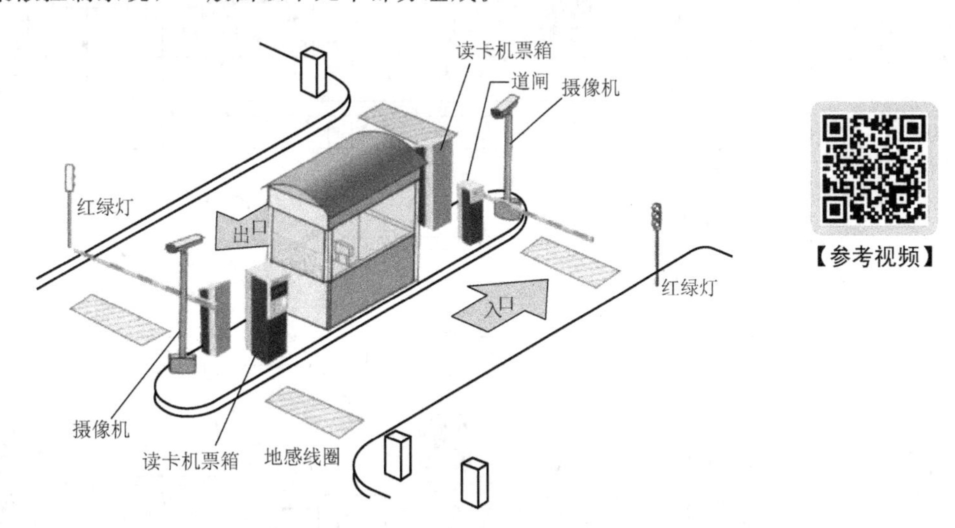

图 11.1　停车库（场）管理系统组成示意图

1. 入口部分

车辆入口设备由车牌自动识别系统、智能补光、道闸等组成，主要负责对进入停车库（场）的内部车辆进行自动识别、身份验证，并自动起落道闸；对外来车辆进行自动识别车牌号码、实时抓拍记录进入时间和车辆信息，并自动起落道闸。

2. 出口部分

车辆出口设备由车牌自动识别系统、智能补光、道闸等组成，主要负责对驶出停车库（场）的内部车辆进行自动识别、身份验证，并自动起落道闸；对外来车辆进行自动识别车牌号码、匹配驶入时间、车辆信息，实行自动计费，收费后自动起落道闸。

3. 管理中心

管理中心由收费控制电脑、UPS、报表打印机、操作台、入口手动按钮、出口手动按钮、语音提示系统、语音对讲系统、停车库（场）系统管理软件组成，管理中心负责处理入口和出口设备采集的信息，并对信息进行加工处理，控制外围设备，实现对车位、票卡的管理，以及处理一些紧急情况，并将信息处理成合乎要求的报表，供管理部门使用。

停车库（场）管理系统示意图如图 11.2 所示。

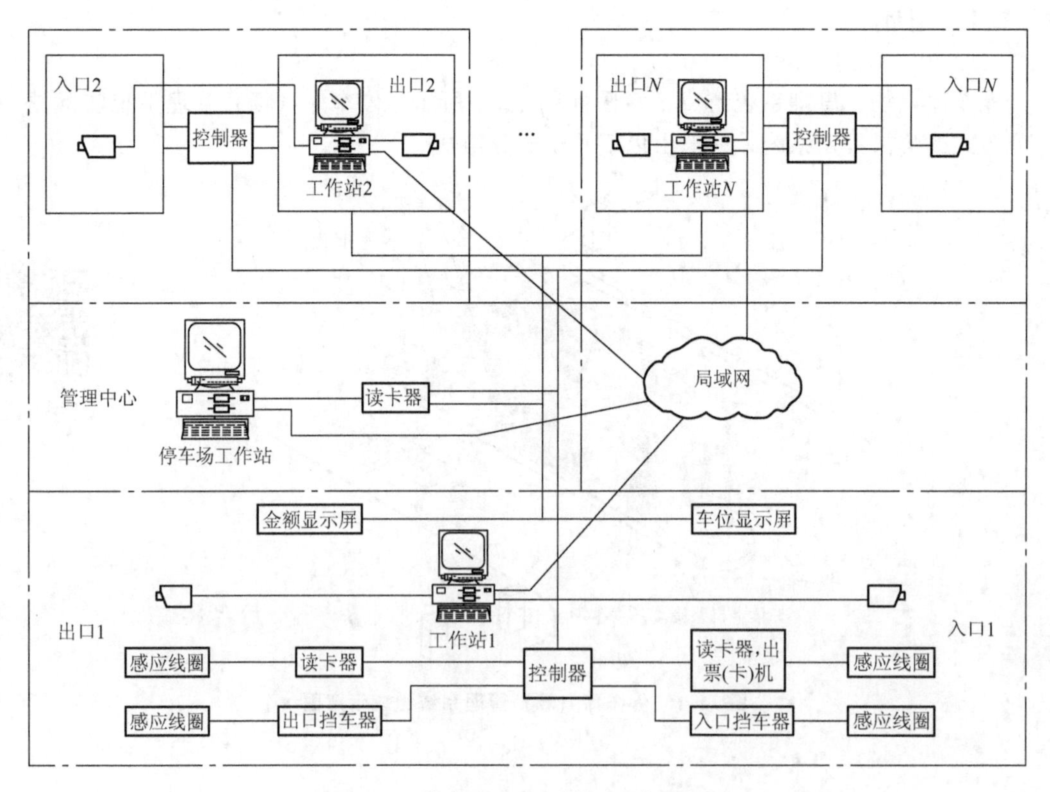

图 11.2　停车库（场）管理系统示意图

阅读材料 11－1

车位引导系统

车位引导系统是专门为大型室内车场设计的一种停车场管理系统解决方案。

目前市面上的车位引导多采用超声波引导和视频引导两种方式。超声波引导即采用超声波探测器安装在车位上方，利用超声波反射的特性侦测车位下方是否有车位，从而通过系统对车辆进行引导。视频引导即采用安装在车位上方的摄像机，通过视频分析车位下方是否有车位，从而通过系统对车辆进行引导。

目前超声波引导技术发展早、相对成熟，利用物理反射特性相对简单，而视频识别是通过摄像机硬件感知及后端软件一系列算法运算识别，技术相对复杂，因此在识别率和造价成本方面超声波引导相对优于视频引导，但视频识别技术是加入人工智能的高新技术，因此在后续的系统扩展及智能应用等方面都优于超声波识别技术。

11.1.2　运行方式

停车库（场）的运行包括后台工作和前台工作两部分。后台工作主要是在管理中心对车位和票卡进行管理，包括车位的分配与区域划分，长期票卡及使用权人票卡的发放、回收、信息更改及收费等。前台工作即现场设备和管理中心的实施工作。

11.2 停车库（场）管理系统的功能

不同性质的停车库（场）需要的管理内容不同，其功能配备也存在很大的区别，总体来说，停车库（场）管理系统的功能主要包括以下几个方面。

【参考视频】

1. 停车位信息管理

停车库（场）的使用方式有临时出租、长期出租或出售使用权等，为了管理方便，应将停车场进行区域划分。停车位信息管理可以记录、更改、查询车位的使用方式及对停车场进行区域划分，同时对长期租用人和车位使用权人进行信息管理及出入凭证的发放。

2. 停车库（场）当前状态显示

在停车库（场）入口和管理中心显示当前车位占用情况和运行状态，一方面为需要者提供能否提供服务的信息，另一方面使管理者可以对停车库（场）状态进行查询和监管。

3. 车辆识别

车辆识别是通过车牌识别器完成的，可以由人工按图像识别，也可以完全由计算机进行操作。车辆识别一方面可以对长期租用车位者或车位使用权人的车辆不需票卡读取直接升起电动栏杆放行，方便顾客使用；另一方面可以在停车库（场）出口根据票卡对照车辆进入时保存的相应资料，防止车辆被盗事件的发生。

4. 车辆防盗

车辆防盗应该属于安全防范系统范畴，也可以在管理系统中设置车辆防盗功能：①可以通过车辆识别器在车辆出场时进行校对；②可以使用闭路电视系统对停车库（场）内进行监控和信息储存、查询；③可以在停车位使用红外或微波等电子锁。

5. 电动栏杆控制

停车库（场）进出口处的电动栏杆起到阻拦车辆的作用，在车辆取得进出场权限后电动栏杆可以直接升起，减轻人工工作。当车辆强行出入撞击电动栏杆时，电动栏杆则会发出报警信号。

阅读材料 11－2

停车场道闸防砸技术

停车场道闸轧车甚至伤人的事件屡见不鲜，安全事件受到了极高的重视，对此，停车场系统方面相应的防砸技术，主要有以下几种。

1. 地感防砸技术

一般停车场都装有地感，当车辆检测器检测到地感触发信号就会控制闸杆一直升起并保持竖直状态，直到地感信号消失时才会落杆。这种防砸技术关键在于地感线圈的稳定性，如果地感受到干扰，就有可能失灵，而且地感只能检测车辆，不具备防砸人的功能。

2. 红外线防砸技术

这种技术是在进出口道闸两侧安装红外线对射装置，在道闸杆下落过程中，如果有车辆驶入，红外线受阻，道闸杆就会自动升起，反应比较迅速。不过红外线的对射范围小，而且很容易受到雨雪天气的干扰。

3. 压力波防砸技术

这种技术也叫遇阻防砸技术，主要是安装遇阻返回装置，当道闸杆下落过程中接触到车辆或者行人（接触力度是可以调节的），装置道闸杆底下的橡胶条受到阻力，智能遇阻返回装置则立即将落杆状态转化为起杆状态，道闸升起，防止砸车、砸人。

4. 数字防砸技术

这种技术安全性比较高，当然成本也比较高。数字式自动检防砸车测技术，无须其他辅助保护装置，实时精确采集闸杆运行数据监控运行，一旦运行过程中受阻，闸杆将迅速升起。

6. 计价收费

车辆离开停车场时，自动收费系统可以根据票卡信息或车辆进出场时间信息进行计价和收费，可以自动收费也可以由人工根据显示信息收费。

7. 停车库（场）运行信息管理

停车库（场）管理系统的管理中心可以对停车场的运行情况进行保存和分析，为管理人员提供管理参考信息。

阅读材料 11 - 3

智能停车场管理系统

传统的停车场管理系统只解决了出入口控制的问题，对于停车场内部的停车引导、找车、快速进出等功能则鞭长莫及，而且在收费这个环节上也存在缴费方式单一、人工管理效率低下、存在收费漏洞等问题，更别说进行停车场整体的系统整合及资源优化配置了。

【参考视频】

智能停车场管理系统能够集中解决人们在停车过程中遇到的停车难、找车难、通行速度缓滞、缴费方式单一等问题，是充分满足人们切身需求的现代化停车场管理系统，解决停车难是最早纳入解决方案体系中的重要环节。

智能停车场管理系统正朝着联网化、无人化方向发展。

综 合 习 题

一、填空题

1. 停车库（场）管理系统由________、________和________三个部分组成。

2. 停车库（场）管理系统的功能主要有________、________、________、________、________、________和________七个方面。

二、简答题

1. 停车库（场）管理系统的主要设备有哪些？

2. 为了最大限度地满足使用的便利性，对于不同的停车库（场）使用者应该如何设计相应的使用方式？

第12章

安全防范工程设计

本章教学要点

知识要点	掌握程度	相关知识
安全防范系统设计的一般规定	掌握安全防范系统设计的一般规定	安全防范系统设计的一般规定
安全防范系统的设计要素	掌握安全防范系统的构成内容； 掌握安全防范系统中安全管理系统的设计要素	安全防范系统的构成； 不同类型安全防范系统（集成式、组合式、分散式）中安全管理系统的设计要素
安全防范系统的功能设计	掌握各种安全防范系统的功能要求	安全管理系统； 入侵报警系统； 视频安防监控系统； 出入口控制系统； 电子巡查系统； 停车库（场）管理系统等
安全防范系统的其他内容设计	掌握安全防范系统的其他内容设计要求	安全性设计； 电磁兼容性设计； 可靠性设计； 环境适应性设计； 防雷与接地设计； 集成设计； 传输方式、传输线缆、传输设备的选择与布线设计； 供电设计； 监控中心设计

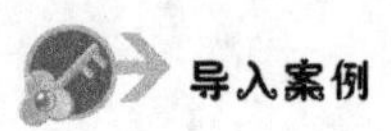
导入案例

故宫盗窃案留下疑点重重，安保能力遭质疑

中新社北京2011年5月12日电。故宫展品失窃案嫌犯在京落网，但仍然有不少疑问尚待揭开。盗贼是如何突破故宫道道防线盗宝的？安保的巨大漏洞由谁来负责？

12 日中午，警方初步认定，5 月 8 日，嫌犯系在故宫博物院斋宫参观展览后，藏匿于现场伺机作案，躲避清场检查后破坏展厅北侧窗户入室行窃。

有报道称，故宫是世界上最安全的博物馆之一，安保体系极其严密，号称“内外监控无盲点”。在技防方面，每天闭馆后，至少有 1600 个防盗报警器、3700 个烟感探测器和 400 个摄像头仍在运行。负责故宫安保的故宫保卫处，曾被称为“京城第一保卫处”，总人数超过 240 人，并配合警犬防御。在物防方面，故宫内部安装了大量的铁栅栏、铁窗、防爆玻璃和铁柜等，并定期加封加固。

【参考图文】

按照故宫文物安防规定，每天闭馆后，各展厅都要对厅内文物进行清点，巡查院内所有可能藏匿人或物的角落，之后还要再拉网检查一遍，最后，由故宫犬队到各角落巡查，即每天至少清查三遍才能闭馆。

据悉，故宫在一级风险地点装有最先进的设备和至少三种复核手段，其中珍宝馆等重点巡查区域内 24 小时开启红外线、微波等多种报警器探头进行全方位监视，在故宫中央监控室中，保卫处工作人员 24 小时面对 40 多台显示器进行监视并录像。

如此严密的安保措施，却被一个自称“临时起意的游客”轻易破解，外界对故宫的安保系统发出了诸多疑问：窃贼为何能突破“四大防线”盗窃得手？报警设施为什么没有自动报警？嫌疑人如何逃出故宫的重重大门的……

当时嫌疑人被巡逻人员盘查时，又是怎样躲过密如蛛网的探头？有消息称，电子设备失效是因为事发地区突然断电，而安保人员认为是雷电所致，没有去巡查。

5 月 8 日，香港在故宫斋宫临时展出的 9 件展品失窃，其中 2 件展品遭窃贼遗落，已于 9 日下午在故宫南侧城墙下找到，藏品局部变形破损。被盗的 7 件展品均是香港两依藏博物馆收藏的制作于 20 世纪 30—80 年代的西式金银镶嵌宝石化妆盒、西洋香粉盒和手袋等，价值数千万元。目前，被盗的 7 件展品警方已追回 4 件，尚有 3 件踪影全无。

12.1 一般规定

安全防范工程的设计应根据被防护对象的使用功能、建设投资及安全防范管理工作的要求，综合运用安全防范技术、电子信息技术、计算机网络技术等，构成先进、可靠、经济、适用、配套的安全防范应用系统。

安全防范工程的设计应以结构化、规范化、模块化、集成化的方式实现，应能适应系统维护和技术发展的需要。

安全防范系统的配置应采用先进而成熟的技术、可靠而适用的设备。

安全防范工程的设计应遵循下列原则。

（1）系统的防护级别与被防护对象的风险等级相适应。

（2）技防、物防、人防相结合，探测、延迟、反应相协调。

（3）满足防护的纵深性、均衡性、抗易损性要求。

（4）满足系统的安全性、电磁兼容性要求。

（5）满足系统的可靠性、维修性与维护保障性要求。

（6）满足系统的先进性、兼容性、可扩展性要求。

（7）满足系统的经济性、适用性要求。

12.2 设计要素

12.2.1 安全防范系统的构成内容

(1) 安全防范系统一般由安全管理系统和若干个相关子系统组成。

(2) 安全防范系统的结构模式按其规模大小、复杂程度可有多种构建模式。按照系统集成度的高低，安全防范系统分为集成式、组合式、分散式三种类型。

(3) 各相关子系统的基本配置，包括前端、传输、信息处理/控制/管理、显示/记录四大单元。不同（功能）的子系统，其各单元的具体内容有所不同。

(4) 现阶段较常用的子系统主要包括：入侵报警系统、视频安防监控系统、出入口控制系统、电子巡查系统、停车库（场）管理系统及以防爆安全检查系统为代表的特殊子系统等。安全防范系统集成示意图如图 12.1 所示。

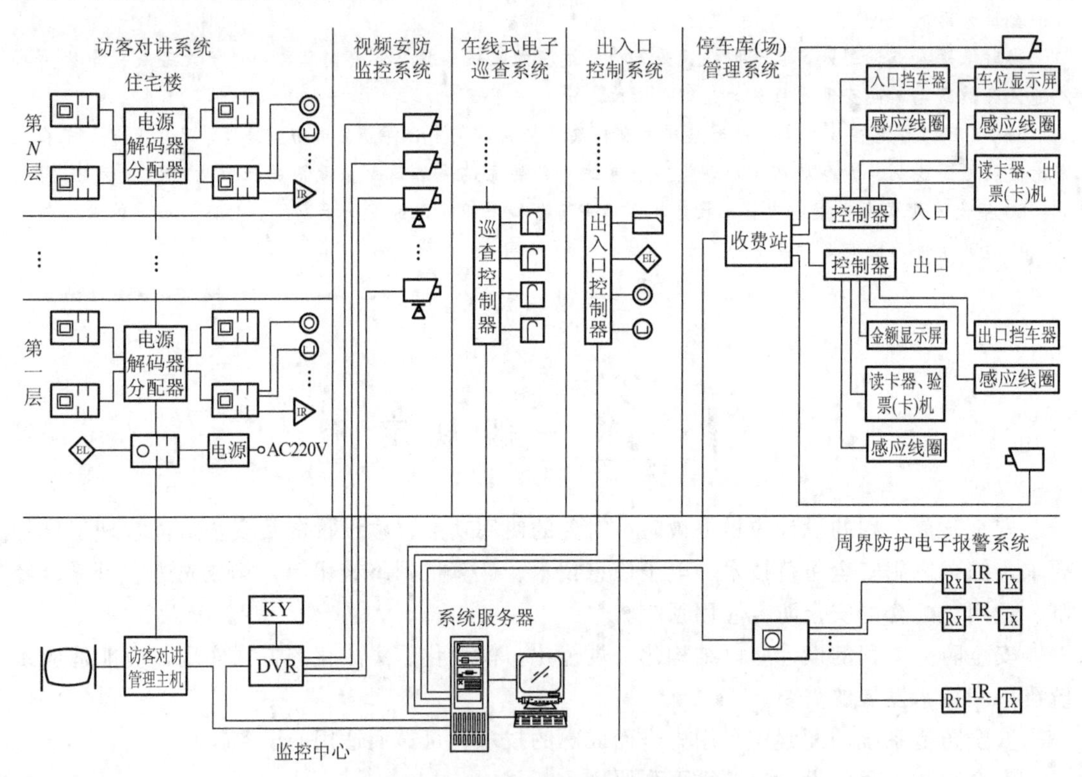

图 12.1 安全防范系统集成示意图

12.2.2 安全防范系统中安全管理系统的设计要素

1. 集成式安全防范系统的安全管理系统

(1) 安全管理系统应设置在禁区内（监控中心），应能通过统一的通信平台和管理软件将监控中心设备与各子系统设备联网，实现由监控中心对各子系统的自动化管理与监控。安全管理系统的故障应不影响各子系统的运行；某一子系统的故障应不影响其他子系统的运行。

(2) 应能对各子系统的运行状态进行监测和控制，应能对系统运行状况和报警信息数据等进行记录和显示。应设置足够容量的数据库。

(3) 应建立以有线传输为主、无线传输为辅的信息传输系统。应能对信息传输系统进行检验，并能与所有重要部位进行有线和/或无线通信联络。

(4) 应设置紧急报警装置。应留有向接处警中心联网的通信接口。

(5) 应留有多个数据输入、输出接口，应能连接各子系统的主机，应能连接上位管理计算机，以实现更大规模的系统集成。

2. 组合式安全防范系统的安全管理系统

(1) 安全管理系统应设置在禁区内（监控中心）。应能通过统一的管理软件实现监控中心对各子系统的联动管理与控制。安全管理系统的故障应不影响各子系统的运行；某一子系统的故障应不影响其他子系统的运行。

(2) 应能对各子系统的运行状态进行监测和控制，应能对系统运行状况和报警信息数据等进行记录和显示。可设置必要的数据库。

(3) 应能对信息传输系统进行检验，并能与所有重要部位进行有线和/或无线通信联络。

(4) 应设置紧急报警装置。应留有向接处警中心联网的通信接口。

(5) 应留有多个数据输入、输出接口，应能连接各子系统的主机。

3. 分散式安全防范系统的安全管理系统

(1) 相关子系统独立设置，独立运行。系统主机应设置在禁区内（值班室），系统应设置联动接口，以实现与其他子系统的联动。

(2) 各子系统应能单独对其运行状态进行监测和控制，并能提供可靠的监测数据和管理所需要的报警信息。

(3) 各子系统应能对其运行状况和重要报警信息进行记录，并能向管理部门提供决策所需的主要信息。

(4) 应设置紧急报警装置，应留有向接处警中心报警的通信接口。

12.3 功能设计

12.3.1 安全管理系统设计

(1) 安全防范系统的安全管理系统由多媒体计算机及相应的应用软件构成，以实现对系统的管理和监控。

（2）安全管理系统的应用软件应先进、成熟，能在人机交互的操作系统环境下运行；应使用简体中文图形界面；应使操作尽可能简化；在操作过程中不应出现死机现象。如果安全管理系统一旦发生故障，各子系统应仍能单独运行；如果某子系统出现故障，不应影响其他子系统的正常工作。

（3）应用软件应至少具有以下功能。

① 对系统操作员的管理。

设定操作员的姓名和操作密码，划分操作级别和控制权限等。

② 系统状态显示。

以声光和/或文字图形显示系统自检、电源状况（断电、欠压等）、受控出入口人员通行情况（姓名、时间、地点、行为等）、设防和撤防的区域、报警和故障信息（时间、部位等）及图像状况等。

③ 系统控制。

视频图像的切换、处理、存储、检索和回放，云台、镜头等的预置和遥控，对防护目标的设防与撤防，执行机构及其他设备的控制等。

④ 处警预案。

入侵报警时入侵部位、图像和/或声音应自动同时显示，并显示可能的对策或处警预案。

⑤ 事件记录和查询。

操作员的管理、系统状态的显示等应有记录，需要时能简单快速地检索和/或回放。

⑥ 报表生成。

可生成和打印各种类型的报表。报警时能实时自动打印报警报告（包括报警发生的时间、地点、警情类别、值班员的姓名、接处警情况等）。

12.3.2 入侵报警系统设计

（1）应根据各类建筑物（群）、构筑物（群）安全防范的管理要求和环境条件，根据总体纵深防护和局部纵深防护的原则，分别或综合设置建筑物（群）和构筑物（群）周界防护、建筑物和构筑物内（外）区域或空间防护、重点实物目标防护系统。

（2）系统应能独立运行。有输出接口，可用手动、自动操作以有线或无线方式报警。系统除应能本地报警外，还应能异地报警。系统应能与视频安防监控系统、出入口控制系统等联动。

集成式安全防范系统的入侵报警系统应能与安全防范系统的安全管理系统联网，实现安全管理系统对入侵报警系统的自动化管理与控制。组合式安全防范系统的入侵报警系统应能与安全防范系统的安全管理系统连接，实现安全管理系统对入侵报警系统的联动管理与控制。分散式安全防范系统的入侵报警系统，应能向管理部门提供决策所需的主要信息。

（3）系统的前端应按需要选择、安装各类入侵探测设备，构成点、线、面、空间或其组合的综合防护系统。

（4）应能按时间、区域、部位任意编程设防和撤防。

（5）应能对设备运行状态和信号传输线路进行检验，对故障能及时报警。

（6）应具有防破坏报警功能。

（7）应能显示和记录报警部位和有关警情数据，并能提供与其他子系统联动的控制接口信号。

（8）在重要区域和重要部位发出报警的同时，应能对报警现场进行声音复核。

12.3.3　视频安防监控系统设计

（1）应根据各类建筑物安全防范管理的需要，对建筑物内（外）的主要公共活动场所、通道、电梯及重要部位和场所等进行视频探测、图像实时监视和有效记录、回放。对高风险的防护对象，显示、记录、回放的图像质量及信息保存时间应满足管理要求。

（2）系统的画面显示应能任意编程，能自动或手动切换，画面上应有摄像机的编号、部位、地址和时间、日期显示。

（3）系统应能独立运行，应能与入侵报警系统、出入口控制系统等联动。当与报警系统联动时，系统能自动对报警现场进行图像复核，能将现场图像自动切换到指定的监视器上显示并自动录像。

集成式安全防范系统的视频安防监控系统应能与安全防范系统的安全管理系统联网，实现安全管理系统对视频安防监控系统的自动化管理与控制。

组合式安全防范系统的视频安防监控系统应能与安全防范系统的安全管理系统连接，实现安全管理系统对视频安防监控系统的联动管理与控制。

分散式安全防范系统的视频安防监控系统应能向管理部门提供决策所需的主要信息。

12.3.4　出入口控制系统设计

（1）应根据安全防范管理的需要，在楼内（外）通行门、出入口、通道、重要办公室门等处设置出入口控制装置。系统应对受控区域的位置、通行对象及通行时间等进行实时控制并设定多级程序控制。系统应有报警功能。

（2）系统的识别装置和执行机构应保证操作的有效性和可靠性，宜有防尾随措施。

（3）系统的信息处理装置应能对系统中的有关信息自动记录、打印、存储，并有防篡改和防销毁等措施；应有防止同类设备非法复制的密码系统，密码系统应能在授权的情况下修改。

（4）系统应能独立运行；应能与电子巡查系统、入侵报警系统、视频安防监控系统等联动。

集成式安全防范系统的出入口控制系统应能与安全防范系统的安全管理系统联网，实现安全管理系统对出入口控制系统的自动化管理与控制。

组合式安全防范系统的出入口控制系统应能与安全防范系统的安全管理系统连接，实现安全管理系统对出入口控制系统的联动管理与控制。

分散式安全防范系统的出入口控制系统，应能向管理部门提供决策所需的主要信息。

（5）系统必须满足紧急逃生时人员疏散的相关要求。疏散出口的门均应设为向疏散方向开启。人员集中场所应采用平推外开门，配有门锁的出入口，在紧急逃生时，应不需要钥匙或其他工具，也不需要专门的知识或费力便可从建筑物内开启。其他应急疏散门，可采用内推闩加声光报警模式。

12.3.5 电子巡查系统设计

（1）应编制巡查程序，应能在预先设定的巡查路线中，用信息识读器或其他方式，对人员的巡查活动状态进行监督和记录，在线式电子巡查系统应在巡查过程发生意外情况时能及时报警。

（2）系统可独立设置，也可与出入口控制系统或入侵报警系统联合设置。独立设置的电子巡查系统应能与安全防范系统的安全管理系统联网，满足安全管理系统对该系统管理的相关要求。

12.3.6 停车库（场）管理系统设计

（1）应根据安全防范管理的需要，设计或选择设计如下功能：

① 入口处车位显示；

② 出入口及场内通道的行车指示；

③ 车辆出入识别、比对、控制；

④ 车牌和车型的自动识别；

⑤ 自动控制出入挡车器；

⑥ 自动计费与收费金额显示；

⑦ 多个出入口的联网与监控管理；

⑧ 停车场整体收费的统计与管理；

⑨ 分层的车辆统计与在位车显示；

⑩ 意外情况发生时向外报警。

（2）宜在停车库（场）的入口区设置出票机。

（3）宜在停车库（场）的出口区设置验票机。

（4）系统可独立运行，也可与安全防范系统的出入口控制系统联合设置。可在停车场内设置独立的视频安防监控系统，并与停车库（场）管理系统联动；停车库（场）管理系统也可与安全防范系统的视频安防监控系统联动。

（5）独立运行的停车库（场）管理系统应能与安全防范系统的安全管理系统联网，并满足安全管理系统对该系统管理的相关要求。

12.3.7 其他子系统

根据安全防范管理工作的需要，可在特殊建筑物内外（如民用机场、车站、码头）或特殊场所（如大型集会入口处、核电站、重要物资储存地、监狱等）临时或永久设置防爆安全检查系统、高安全实体防护系统、高安全周界防护系统等，并应符合下列规定。

（1）防爆安全检查系统的设计，应能对规定的爆炸物、武器或其他违禁物品进行实时、有效的探测、显示、记录和报警。系统的探测率、误报率和人员物品的通过率应满足国家现行相关标准的要求；探测应不对人体和物品产生伤害，不应引起爆炸物起爆。

(2) 高安全实体防护系统（如用于核设施）的设计、所用设备、材料，均应满足国家现行相关标准的要求，不能产生辐射泄漏或影响环境安全。

(3) 高安全周界防护系统（如监狱设施的周界高压电网）的设计，应遵从“技防、物防、人防相结合”的原则，并应符合国家现行相关标准的要求。

12.4 安全性设计

(1) 安全防范系统的设计应防止造成对人员的伤害，并应符合下列规定。

① 系统所用设备及其安装部件的机械结构应有足够的强度，应能防止由于机械重心不稳、安装固定不牢、突出物和锐利边缘以及显示设备爆裂等造成对人员的伤害。系统的任何操作都不应对现场人员的安全造成危害。

② 系统所用设备，所产生的气体、X 射线、激光辐射和电磁辐射等应符合国家相关标准的要求，不能损害人体健康。

③ 系统和设备应有防人身触电、防火、防过热的保护措施。

④ 监控中心（控制室）的面积、温度、湿度、采光及环保要求、自身防护能力、设备配置、安装、控制操作设计、人机界面设计等均应符合人机工程学原理，并符合监控中心设计的相关要求。

(2) 安全防范系统的设计应保证系统的信息安全性，并应符合下列规定。

① 系统的供电应安全、可靠。应设置备用电源，以防止由于突然断电而产生信息丢失。

② 系统应设置操作密码，并区分控制权限，以保证系统运行数据的安全。

③ 信息传输应有防泄密措施。有线专线传输应有防信号泄漏和/或加密措施，有线公网传输和无线传输应有加密措施。

④ 应有防病毒和防网络入侵的措施。

(3) 安全防范系统的设计应考虑系统的防破坏能力，并应符合下列规定。

① 入侵报警系统应具备防拆、开路、短路报警功能。

② 系统传输线路的出入端线应隐蔽，并有保护措施。

③ 系统宜有自检功能和故障报警、欠电压报警功能。

④ 高风险防护对象的安防系统宜考虑遭受意外电磁攻击的防护措施。

12.5 电磁兼容性设计

(1) 安全防范系统所用设备的电磁兼容性设计，应符合电磁兼容试验和测量技术系列标准的规定。试验的严酷等级根据实际需要，在设计文件中确定。线缆的电磁兼容设计应符合有关标准、规范的要求。

(2) 传输线路的抗干扰设计应符合下列规定。

① 电力系统与信号传输系统的线路应分开敷设。

② 信号电缆的屏蔽性能、敷设方式、接头工艺、接地要求等应符合相关标准的规定。

③ 当电梯箱内安装摄像机时，应有防止电梯电力电缆对视频信号电缆产生干扰的措施。

(3) 防电磁骚扰设计应符合下列规定。

① 系统所用设备外壳开口应尽可能小，开口数量应尽可能少。

② 系统中的无线发射设备的电磁辐射频率、功率，非无线发射设备对外的杂散电磁辐射功率均应符合国家现行有关法规与技术标准的要求。

12.6 可靠性设计

(1) 安全防范系统可靠性指标的分配应符合下列规定。

① 根据系统规模的大小和用户对系统可靠性的总要求，应将整个系统的可靠性指标进行分配，即将整个系统的可靠性要求转换为系统各组成部分（或子系统）的可靠性要求。

② 系统所有子系统的平均无故障工作时间（MTBF）不应小于其 MTBF 的分配指标。

③ 系统所使用的所有设备、器材的平均无故障工作时间（MTBF）不应小于其 MTBF 的分配指标。

(2) 采用降额设计时，应根据安全防范系统设计要求和关键环境因素或物理因素（应力、温度、功率等）的影响，使元器件、部件、设备在低于额定值的状态下工作，以加大安全余量，保证系统的可靠性。

(3) 采用简化设计时，应在完成规定功能的前提下，采用尽可能简化的系统结构，尽可能少的部件、设备，尽可能短的路由，来完成系统的功能，以获得系统的最佳可靠性。

(4) 采用冗余设计时，应符合下列规定。

① 储备冗余（冷热备份）设计。系统应采用储备冗余设计，特别是系统的关键组件或关键设备，必须设置热（冷）备份，以保证在系统局部受损的情况下能正常运行或快速维修。

② 主动冗余设计。系统应尽可能采用总体并联式结构或串-并联混合式结构，以保证系统的某个局部发生故障（或失效）时，不影响系统其他部分的正常工作。

(5) 维修性设计和维修保障应符合下列规定。

① 系统的前端设备应采用标准化、规格化、通用化设备以便维修和更换。

② 系统主机结构应模块化。

③ 系统线路接头应插件化，线端必须做永久性标记。

④ 设备安装或放置的位置应留有足够的维修空间。

⑤ 传输线路应设置维修测试点。

⑥ 关键线路或隐蔽线路应留有备份线。

⑦ 系统所用设备、部件、材料等，应有足够的备件和维修保障能力。

⑧ 系统软件应有备份和维护保障能力。

12.7 环境适应性设计

（1）安全防范系统设计应符合其使用环境（如室内外温度、湿度、大气压等）的要求。系统所使用设备、部件、材料的环境适应性应符合《安全防范报警设备 环境适应性要求和试验方法》（GB/T 15211）中相应严酷等级的要求。

（2）在沿海海滨地区盐雾环境下工作的系统设备、部件、材料，应具有耐盐雾腐蚀的性能。

（3）在有腐蚀性气体和易燃易爆环境下工作的系统设备、部件、材料，应采取符合国家现行相关标准规定的保护措施。

（4）在有声、光、热、振动等干扰源环境中工作的系统设备、部件、材料，应采取相应的抗干扰或隔离措施。

12.8 防雷与接地设计

（1）建于山区、旷野的安全防范系统，或前端设备装于塔顶，或电缆端高于附近建筑物的安全防范系统，应按《建筑物防雷设计规范》（GB 50057）的要求设置避雷保护装置。

（2）建于建筑物内的安全防范系统，其防雷设计应采用等电位连接与共用接地系统的设计原则，并满足《建筑物电子信息系统防雷技术规范》（GB 50343）的要求。

（3）安全防范系统的接地母线应采用铜质线，接地端子应有地线符号标记。接地电阻不得大于 4Ω；建造在野外的安全防范系统，其接地电阻不得大于 10Ω；在高山岩石的土壤电阻率大于 2000Ω·m 时，其接地电阻不得大于 20Ω。

（4）高风险防护对象的安全防范系统的电源系统、信号传输线路、天线馈线，以及进入监控室的架空电缆入室端均应采取防雷电感应过电压、过电流的保护措施。

（5）安全防范系统的电源线、信号线经过不同防雷区的界面处，宜安装电涌保护器；系统的重要设备应安装电涌保护器。电涌保护器接地端和防雷接地装置应做等电位连接。等电位连接带应采用铜质线，其截面积应不少于 $16mm^2$。

（6）监控中心内应设置接地汇集环或汇集排，汇集环或汇集排宜采用裸铜线，其截面积应不小于 $35mm^2$。

（7）不得在建筑物屋顶上敷设电缆，必须敷设时，应穿金属管进行屏蔽并接地。

（8）架空电缆吊线的两端和架空电缆线路中的金属管道应接地。

（9）光缆传输系统中，各光端机外壳应接地。光端加强芯、架空光缆接续护套应接地。

12.9 集成设计

（1）安全防范系统的集成设计包括子系统的集成设计、总系统的集成设计，必要时还应考虑总系统与上一级管理系统的集成设计。

（2）入侵报警系统、视频安防监控系统、出入口控制系统等独立子系统的集成设计是指它们各自主系统对其分系统的集成。例如，大型多级报警网络系统的设计，应考虑一级网络对二级网络的集成与管理，二级网络应考虑对三级网络的集成与管理等；大型视频安防监控系统的设计应考虑监控中心（主控）对各分中心（分控）的集成与管理等。

（3）各子系统间的联动或组合设计应符合下列规定。

① 根据安全管理的要求，出入口控制系统必须考虑与消防报警系统的联动，保证火灾情况下的紧急逃生。

② 根据实际需要，电子巡查系统可与出入口控制系统或入侵报警系统进行联动或组合，出入口控制系统可与入侵报警系统和/或视频安防监控系统联动或组合，入侵报警系统可与视频安防监控系统和/或出入口控制系统联动或组合等。

（4）系统的总集成设计应符合下列规定。

① 一个完整的安全防范系统，通常都是一个集成系统。

② 安全防范系统的集成设计，主要是指其安全管理系统的设计。

③ 安全管理系统的设计可有多种模式，可以采用某一子系统为主（如视频安防监控系统）进行系统总集成设计，也可采用其他模式进行系统总集成设计。不论采用何种模式，其安全管理系统的设计还应满足下列要求。

a. 相应的信息处理能力和控制/管理能力；相应容量的数据库。

b. 通信协议和接口应符合国家现行有关标准的规定。

c. 系统应具有可靠性、容错性和维修性。

d. 系统应能与上一级管理系统进行更高一级的集成。

12.10 传输方式、传输线缆、传输设备的选择与布线设计

12.10.1 传输方式选择的规定

（1）传输方式的选择取决于系统规模、系统功能、现场环境和管理工作的要求。一般采用有线传输为主、无线传输为辅的传输方式。有线传输可采用专线传输、公共电话网、公共数据网传输、电缆光缆传输等多种模式。同轴电缆及光纤的传输方式如图 12.2 所示。

（2）选用的传输方式应保证信号传输的稳定、准确、安全、可靠，且便于布线、施工、检验和维修。

（3）可靠性要求高或布线便利的系统，应优先选用有线传输方式，最好是选用专线传

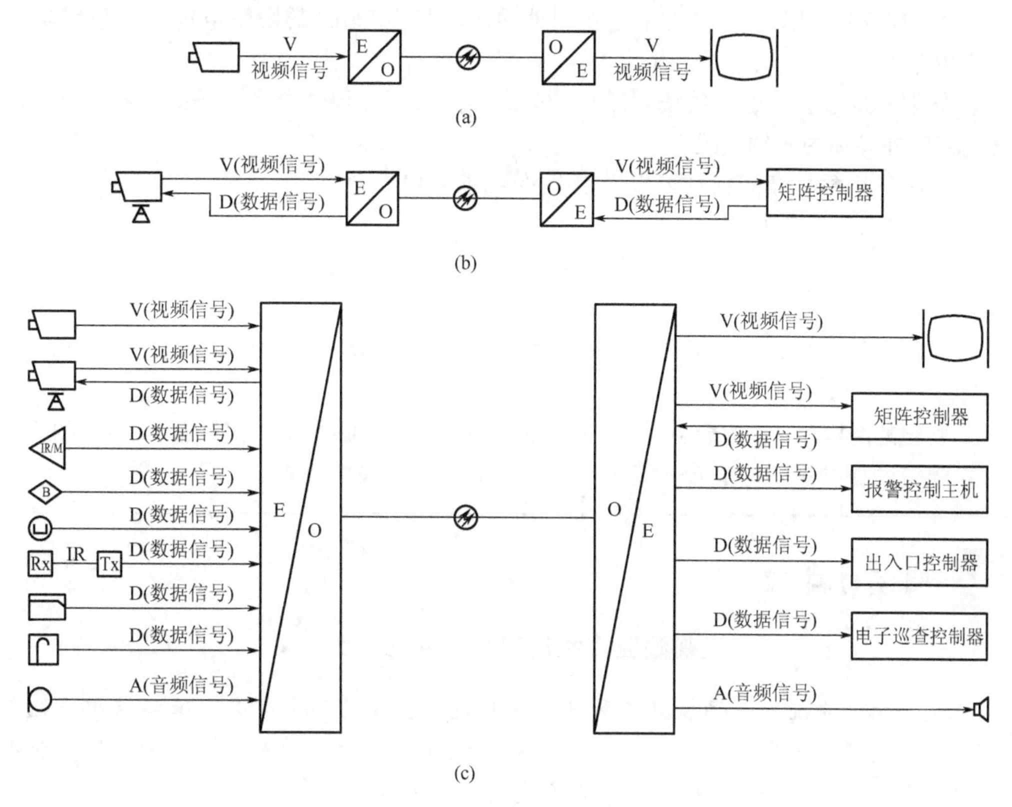

图 12.2 同轴电缆及光纤的传输方式

输方式。布线困难的地方可考虑采用无线传输方式，但要选择抗干扰能力强的设备。

(4) 报警网的主干线（特别是借用公共电话网构成的区域报警网），宜采用有线传输为主、无线传输为辅的双重报警传输方式，并配以必要的有线/无线转接装置。

12.10.2 传输线缆选择的规定

(1) 传输线缆的衰减、弯曲、屏蔽、防潮等性能应满足系统设计总要求，并符合相应产品标准的技术要求。在满足上述要求的前提下，宜选用线径较细、容易施工的线缆。

(2) 报警信号传输线的耐压应不低于 AC250V，应有足够的机械强度；铜芯绝缘导线、电缆芯线的最小截面积应满足下列要求。

① 穿管敷设的绝缘导线，线芯最小截面积不应小于 $1.00mm^2$。

② 线槽内敷设的绝缘导线，线芯最小截面积不应小于 $0.75mm^2$。

③ 多芯电缆的单股线芯最小截面积不应小于 $0.50mm^2$。

(3) 视频信号传输电缆应满足下列要求。

① 应根据图像信号采用基带传输或射频传输，确定选用视频电缆或射频电缆。

② 所选用电缆的防护层应适合电缆敷设方式及使用环境的要求（如气候环境、是否存在有害物质、干扰源等）。

③ 室外线路，宜选用外导体内径为 9mm 的同轴电缆，采用聚乙烯外套。

④ 室内距离不超过 500m 时，宜选用外导体内径为 7mm 的同轴电缆，且采用防火的聚氯乙烯外套。

⑤ 终端机房设备间的连接线，距离较短时，宜选用外导体内径为 3mm 或 5mm，且具有密编铜网外导体的同轴电缆。

⑥ 电梯轿厢的视频同轴电缆应选用电梯专用电缆。

（4）光缆应满足下列要求。

① 光缆的传输模式，可依传输距离而定。长距离时宜采用单模光纤，距离较短时宜采用多模光纤。

② 光缆芯线数目，应根据监视点的个数、监视点的分布情况来确定，并注意留有一定的余量。

③ 光缆的结构及允许的最小弯曲半径、最大抗拉力等机械参数，应满足施工条件的要求。

④ 光缆的保护层，应适合光缆的敷设方式及使用环境的要求。

阅读材料 12－1

视频监控和报警联手共缆一线

在安全防范系统中，视频监控和报警一直是最重要的两大部分。很多监控系统都将视频监控和报警结合在一起，但是大部分监控和报警的联动是被动式的，监控和报警如何更加紧密地结合在一起，一直是备受关注的课题。

随着互联网、无线移动网技术的发展，监控和报警结合更加紧密，IP 网络监控已经可以将视频、音频、报警信号一起传输，实现智能视频分析，实现双向互动。但现阶段很多已经建成的及准备新建的监控系统是采用视频电缆传输模拟视频信号，这些系统也需要实现音频、报警双向互动的功能及事故预防功能。但用现有技术要实现这些功能需要增加大量电缆和设备，这将使系统复杂性增加，可靠性降低，系统造价加大。

共缆一线通新技术的出现，不需要增加电缆数量，而是采用新的频分和时分传输技术就可使监控系统实现视频监控、双向音频对讲、双向报警联动、事故预防功能。新技术的应用可以在一根电缆上实现传输多路视频、双向音视频、双向报警联动、RS485 信号、电话信号、消防信号等。这项技术的应用可以把安防行业中最主要的监控和报警两部分结合在一起，使被动的监控、报警转变为主动的预防，音频广播和报警联动控制，实现互动。

12.10.3 传输设备选型的规定

（1）利用公共电话网、公用数据网传输报警信号时，其有线转接装置应符合公共网入网要求；采用无线传输时，无线发射装置、接收装置的发射频率、功率应符合国家无线电管理的有关规定。

（2）视频电缆传输部件应满足下列要求。

① 视频电缆传输方式。

下列位置宜加电缆均衡器：

a. 黑白电视基带信号在 5MHz 时的不平坦度不小于 3dB 处；

b. 彩色电视基带信号在 5.5MHz 时的不平坦度不小于 3dB 处。

下列位置宜加电缆放大器：

a. 黑白电视基带信号在 5MHz 时的不平坦度不小于 6dB 处；

b. 彩色电视基带信号在 5.5MHz 时的不平坦度不小于 6dB 处。

② 射频电缆传输方式。

a. 摄像机在传输干线某处相对集中时，宜采用混合器来收集信号；

b. 摄像机分散在传输干线的沿途时，宜选用定向耦合器来收集信号；

c. 控制信号传输距离较远，到达终端已不能满足接收电平要求时，宜考虑中途加装再生中继器。

③ 无线图像传输方式。

a. 监控距离在 10km 范围内时，可采用高频开路传输；

b. 监控距离较远且监视点在某一区域较集中时，应采用微波传输方式。需要传输距离更远或中间有阻挡物时，可考虑加微波中继；

c. 无线传输频率应符合国家无线电管理的规定，发射功率应不干扰广播和民用电视，调制方式宜采用调频制。

(3) 光端机、解码箱或其他光部件在室外使用时，应具有良好的密闭防水结构。

12.10.4　布线设计应符合的规定

(1) 综合布线系统的设计应符合现行国家标准《综合布线系统工程设计规范》(GB 50311) 的规定。

(2) 非综合布线系统的路由设计，应符合下列要规定。

① 同轴电缆宜采取穿管暗敷或线槽的敷设方式。当线路附近有强电磁场干扰时，电缆应在金属管内穿过，并埋入地下。当必须架空敷设时，应采取防干扰措施。

② 路由应短捷、安全可靠，施工维护方便。

③ 应避开恶劣环境条件或易使管道损伤的地段。

④ 与其他管道等障碍物不宜交叉跨越。

12.11　供电设计

(1) 宜采用两路独立电源供电，并在末端自动切换。

(2) 系统设备应进行分类，统筹考虑系统供电。

(3) 根据设备分类，配置相应的电源设备。系统监控中心和系统重要设备应配备相应的备用电源装置。系统前端设备视工程实际情况，可由监控中心集中供电，也可本地供电。

(4) 主电源和备用电源应有足够容量。

应根据入侵报警系统、视频安防监控系统、出入口控制系统等的不同供电消耗，按总系统额定功率的1.5倍设置主电源容量；应根据管理工作对主电源断电后系统防范功能的要求，选择配置持续工作时间符合管理要求的备用电源。

(5) 安全防范系统的监控中心应设置专用配电箱，配电箱的配出回路应留有裕量。

12.12 监控中心设计

监控中心应设置为禁区，应有保证自身安全的防护措施和进行内外联络的通信手段，并应设置紧急报警装置和留有向上一级接处警中心报警的通信接口。

监控中心的面积应与安防系统的规模相适应，不宜小于20m²，应有保证值班人员正常工作的相应辅助设施。

监控中心室内地面应防静电、光滑、平整、不起尘。门的宽度不应小于0.9m，高度不应小于2.1m。

监控中心内的温度宜为16～30℃，相对湿度宜为30％～75％。

监控中心内应有良好的照明。

室内的电缆、控制线的敷设宜设置地槽；当不设置地槽时，也可敷设在电缆架槽、电缆走廊、墙上槽板内，或采用活动地板。

根据机架、机柜、控制台等设备的相应位置，应设置电缆槽和进线孔，槽的高度和宽度应满足敷设电缆的容量和电缆弯曲半径的要求。

室内设备的排列，应便于维护与操作，并应满足规范和消防安全的规定。

控制台的装机容量应根据工程需要留有扩展余地。控制台的操作部分应方便、灵活、可靠。

控制台正面与墙的净距离不应小于1.2m，侧面与墙或其他设备的净距离，在主要走道不应小于1.5m，在次要走道不应小于0.8m。

机架背面和侧面与墙的净距离不应小于0.8m。

综合习题

一、填空题

1. 安全防范系统按结构模式分为________、________、________三种类型。

2. 安全防范系统一般采用________为主、________为辅的传输方式。

3. 有线传输可采用__________、__________、__________、__________等多种模式。

二、名词解释

1. 防护级别；
2. 周界；
3. 监视区；
4. 防护区；
5. 禁区。

三、单项选择题

1.《安全防范工程技术规范》(GB 50348) 的属性和级别为（　　）。

A. 强制性行业标准　　B. 推荐性国家标准

C. 强制性国家标准　　D. 推荐性行业标准

2. 通常在安全技术防范系统中，是以（　　）子系统为核心。

A. 视频监控　　B. 入侵报警　　C. 出入口控制　　D. 报警通信

3. 对于安全防范系统中集成式安全管理系统的设计，下列哪项不符合规范设计要求？（　　）

A. 应能对系统运行情况和报警信息数据等进行记录和显示

B. 应能对信号传输系统进行检测，并能与所有部位进行有线和/或无线通信联络

C. 应设置紧急报警装置

D. 应能连接各子系统的主机

四、判断题

1. 住宅小区的安全技术防范系统由周界安全防范、公共区域安全防范、家庭安全防范、安防监控中心四部分组成。（　　）

2.《安全防范工程技术规范》(GB 50348) 中黑体字标志的条文为强制性条款，必须严格执行。（　　）

五、简答题

1. 安全防范工程的设计应遵循哪些原则？
2. 安全防范系统报警信号铜芯绝缘导线、电缆芯线的最小截面积应满足哪些要求？
3. 安全防范系统视频信号传输电缆应满足哪些要求？
4. 安全防范系统光缆应满足哪些要求？
5. 安全防范系统的监控中心的设计应满足哪些要求？

六、案例题

某大饭店地处繁华地段，位置显要，是一具有多功能的综合性建筑，地下 1 层，地上 10 层，其中地下 1 层为车库、设备机房，1 层有大堂、银行营业所、保险箱房、总出纳室、商务中心等，2～10 层为餐饮、写字间和客房等，共 4 部电梯。为满足大楼的安全防范要求，需对大楼重要区域及主要出入口进行安全防范设计。

根据以上案例所提供的材料，试选择：

1. 要求能够清晰地获取进出车库的车型、车牌、车身颜色、驾驶员及其他人员的详细特征等信息，并避免外界光线对监视效果的干扰，在车库出入口应选用（　　）。

A. 低照度、高清晰度、自动光圈镜头彩色固定摄像机

B. 低照度、高清晰度、固定光圈镜头黑白固定摄像机

C. 高照度、高清晰度、自动光圈镜头彩色固定摄像机
D. 高照度、高清晰度、固定光圈镜头黑白固定摄像机

2. 电梯轿厢内宜设置具有（　　）的摄像机。
A. 变动焦距、广角镜头　　B. 固定焦距、广角镜头
C. 变动焦距、望远镜头　　D. 固定焦距、望远镜头

3. 在保险箱房、商务中心、银行营业场所应选用（　　）。
A. 微波探测器　　B. 被动红外探测器
C. 主动红外探测器　　D. 两种以上具有不同原理的探测器

4. 手动紧急报警按钮应设置在（　　）。
A. 电话机房　　B. 消防控制室　　C. 总出纳室　　D. 电梯前厅

第13章

安全技术防范系统设计流程与深度

本章教学要点

知识要点	掌握程度	相关知识
设计任务书的编制	掌握设计任务书的编制	设计任务书
方案论证	了解方案论证应提交的资料和方案论证包括的内容	方案论证资料； 方案论证内容
施工图设计文件编制	掌握施工图设计文件编制的内容	施工图设计文件

导入案例

英博物馆价值5亿中国文物被盗，14人犯罪团伙被定罪

据英国《每日邮报》2016年2月29日报道，当地时间29日，4名曾参与策划和实施盗窃英国剑桥市和达拉谟市博物馆的犯罪团伙成员被判有罪。另有10人此前已被判定参与盗窃。至此这个14人的犯罪团伙全部落网。

2012年，一组犯罪团伙非法闯入剑桥最大的博物馆菲茨威廉博物馆（Fitzwilliam Museum）和杜伦大学（Durham University）东方博物馆（Oriental Museum）行窃，盗取文物按中国拍卖市场的价格估算约合5700万英镑（合人民币5亿元）。

【参考图文】

菲茨威廉博物馆中共有18个玉器被盗，保守估计价值1.3亿元。这些玉器至今仍然下落不明。东方博物馆被盗的一个玉碗和一个德化瓷雕在被盗一周后在距博物馆几英里的一处废物埋藏地被发现。

13.1 设计流程

（1）安全技术防范系统工程的设计应按照“设计任务书的编制—现场勘察—初步设计—方案论证—施工图设计文件的编制（正式设计）”的流程进行。

（2）对于新建建筑的安全技术防范系统工程，建设单位应向安全技术防范系统设计单位提供有关建筑概况、电气和管槽路由等设计资料。

13.2 设计任务书的编制

(1) 安全技术防范系统工程设计前，建设单位应根据安全防范需求，提出设计任务书。

(2) 设计任务书应包括以下内容。

① 任务来源。

② 政府部门的有关规定和管理要求（含防护对象的风险等级和防护级别）。

③ 建设单位的安全管理现状与要求。

④ 工程项目的内容和要求（包括功能需求、性能指标、监控中心要求、培训和维修服务等）。

⑤ 建设工期。

⑥ 工程投资控制数额及资金来源。

13.3 现场勘察

(1) 安全技术防范系统工程设计前，设计单位和建设单位应进行现场勘察，并编制现场勘察报告。

(2) 现场勘察除应符合现行国家标准《安全防范工程技术规范》(GB 50348) 的相关规定外，尚应符合以下规定。

① 了解防护对象所在地以往发生的有关案件、周边噪声及振动等环境情况。

② 了解监控中心和/或报警接收中心有关的信息传输要求。

③ 了解各受控区的位置及其出入限制级别。

④ 了解每个受控区各出入口的现场情况等。

13.4 初步设计

(1) 初步设计的依据包括以下内容。

① 相关法律法规和国家现行标准。

② 工程建设单位或其主管部门的有关管理规定。

③ 设计任务书。

④ 现场勘察报告、相关建筑图纸及资料。

⑤ 建设单位的需求分析与工程设计的总体构思（含防护体系的构架和系统配置）。

⑥ 信号的传输方式、路由及管线敷设说明。

⑦ 监控中心的选址、面积、温湿度、照明等要求和设备布局。

⑧ 系统安全性、可靠性、电磁兼容性、环境适应性、供电、防雷与接地等的说明。

⑨ 与其他系统的接口关系（如联动、集成方式等）。

⑩ 系统建成后的预期效果说明和系统扩展性的考虑。

⑪ 对人防、物防的要求和建议。

⑫ 设计施工一体化企业应提供售后服务与技术培训承诺。

(2) 入侵报警系统初步设计还包括以下内容。

① 防护区域的划分、前端设备的布设与选型。

② 中心设备（包括控制主机、显示设备、记录设备等）的选型。

③ 信号的传输方式、路由及管线敷设说明。

(3) 视频安防监控系统初步设计还包括以下内容。

① 前端设备的布设及监控范围说明。

② 前端设备（包括摄像机、镜头、云台、防护罩等）的选型。

③ 中心设备（包括控制主机、显示设备、记录设备等）的选型。

(4) 出入口控制系统初步设计还包括以下内容。

① 受控区域的划分，现场设备的布设与选型。

② 安全管理要求及现场勘察记录，制订每个出入口的识读模式、控制方案，选定执行部件，明确控制管理模式（单/双向控制、目标防重入、复合识别、多重识别、防胁迫、异地核准等）。

③ 防护对象现场情况的分析与传输方式—路由—管线敷设方案。

④ 火灾等紧急情况发生时人员疏散通道的控制方案。

(5) 初步设计文件应包括设计说明、设计图纸、主要设备器材清单和工程概算书。

(6) 初步设计文件的编制应包括以下内容。

① 设计说明应包括工程项目概述、设防布防策略、受控区分布、系统配置及其他必要的说明。

② 设计图纸应包括系统图、平面图、监控中心布局示意图及必要说明。

③ 设计图纸应符合以下规定：

a. 图纸应符合国家制图相关标准的规定，标题栏应完整，文字应准确、规范，应有相关人员签字，设计单位盖章；

b. 图例应符合《安全防范系统通用图形符号》（GA/T 74）等国家现行相关标准的规定；

c. 在平面图中应标明尺寸、比例和指北针；

d. 在平面图中应包括设备名称、规格、数量和其他必要的说明。

④ 系统图应包括以下内容：

a. 主要设备类型及配置数量；

b. 信号传输方式、系统主干的管槽线缆走向和设备连接关系；

c. 供电方式；

d. 接口方式（含与其他系统的接口关系）；

e. 其他必要的说明。

⑤ 平面图应包括以下内容：

a. 应标明监控中心的位置及面积；

b. 应标明前端设备的布设位置、设备类型和数量等；

c. 管线走向设计应对主干管路的路由等进行标注；

d. 其他必要的说明。

⑥ 对安装部位有特殊要求的，宜提供安装示意图等工艺性图纸。

⑦ 监控中心布局示意图应包括以下内容：

a. 平面布局和设备布置；

b. 线缆敷设方式；

c. 供电要求；

d. 其他必要的说明。

⑧ 主要设备材料清单应包括设备材料名称、规格、数量等。

⑨ 按照工程内容，编制工程概算书。

13.5 方案论证

（1）工程项目签订合同、完成初步设计后，宜由建设单位组织相关人员对安防工程初步设计进行方案论证。风险等级较高或建设规模较大的安防工程项目应进行方案论证。

（2）方案论证应提交以下资料。

① 设计任务书。

② 现场勘察报告。

③ 初步设计文件。

④ 主要设备材料的型号、生产厂家、检验报告或认证证书。

（3）方案论证应包括以下内容。

① 系统设计是否符合设计任务书的要求。

② 系统设计的总体构思是否合理。

③ 设备的选型是否满足现场适应性、可靠性的要求。

④ 系统设备配置和监控中心的设置是否符合防护级别的要求。

⑤ 信号的传输方式、路由及管线敷设是否合理。

⑥ 系统安全性、可靠性、电磁兼容性、环境适应性、供电、防雷与接地是否符合相关标准的规定。

⑦ 系统的可扩展性、接口方式是否满足使用要求。

⑧ 初步设计文件是否符合规定。

⑨ 建设工期是否符合工程现场的实际情况和满足建设单位的要求。

⑩ 工程概算是否合理。

⑪ 对于设计施工一体化企业，其售后服务承诺和培训内容是否可行。

（4）方案论证应对上述方案论证的内容做出评价，形成结论（通过、基本通过、不通过），提出整改意见，并由建设单位确认。

13.6 施工图设计文件的编制（正式设计）

（1）施工图设计文件编制的依据应包括以下内容。

① 初步设计文件。

② 方案论证中提出的整改意见和设计单位所做出的并经建设单位确认的整改措施。

（2）施工图设计文件应包括设计说明、设计图纸、主要设备材料清单和工程预算书。

（3）施工图设计文件的编制应符合以下规定。

① 施工图设计说明应对初步设计说明进行修改、补充、完善，包括设备材料的施工工艺说明、管线敷设说明等，并落实整改措施。

② 施工图纸应包括系统图、平面图、监控中心布局图及必要说明，并应符合相关标准的规定。

③ 系统图应在初步设计的基础上，充实系统配置的详细内容（如立管图），标注设备数量，补充设备接线图，完善系统内的供电设计等。

④ 平面图应包括下列内容。

a. 前端设备设防图应正确标明设备安装位置、安装方式和设备编号等，并列出设备统计表。

b. 前端设备设防图可根据需要提供安装说明和安装大样图。

c. 管线敷设图应标明管线的敷设安装方式、型号、路由、数量，末端出线盒的位置高度等；分线箱应根据需要，标明线缆的走向、端子号，并根据要求在主干线路上预留适当数量的备用线缆，并列出材料统计表。

d. 管线敷设图可根据需要提供管路敷设的局部大样图。

e. 其他必要的说明。

⑤ 监控中心布局图应包括以下内容。

a. 监控中心的平面图应标明控制台和显示设备的位置、外形尺寸、边界距离等。

b. 根据人机工程学原理，确定控制台、显示设备、机柜及相应控制设备的位置、尺寸。

c. 根据控制台、显示设备、设备机柜及操作位置的布置，标明监控中心内管线走向、开孔位置。

d. 标明设备连线和线缆的编号。

e. 说明对地板敷设、温湿度、风口、灯光等装修要求。

f. 其他必要的说明。

⑥ 按照施工内容，编制工程预算书。

综 合 习 题

简答题

1. 安全技术防范系统设计任务书应包括哪些内容？
2. 安全技术防范系统初步设计的依据包括哪些内容？
3. 安全技术防范系统初步设计文件的编制应包括哪些内容？
4. 安全技术防范系统方案论证应包括哪些内容？
5. 安全技术防范系统施工图设计文件编制的依据应包括哪些内容？

第三篇

应急联动系统

第14章

建筑物应急联动系统

知识要点	掌握程度	相关知识
应急联动系统要求	了解应急联动系统功能及配置系统	系统功能； 配置系统
安防系统联动控制和系统集成要求	了解系统联动控制和系统集成	联动控制； 系统集成

导入案例

消防远程监控系统在奥运场馆的应用

北京在2008年举行了第29届奥运会。为了使“新北京，新奥运”的战略构想付诸实践，营造良好的消防安全环境，北京市利用第三代城市消防安全远程监控系统的平台设计出了奥运场馆内的消防设施远程监控系统。

这一套系统是一个将各个奥运会的比赛场馆、非竞赛场馆及独立训练场馆内独立安装且分散运行的“火灾自动报警系统”和“自动灭火系统”等，构成了一个具有集中显示报警、辅助确认音视频火警、监控管理设备的运行状态和维修服务等多功能的、综合性的远程及网络化的监控管理系统。

这一套系统能够同北京市消防通信指挥中心、北京市应急联动指挥中心、北京市城市消防远程监控中心及奥运消防通信指挥中心的系统进行连接，并且自动地传送火灾报警信号。该套监控管理系统是提高消防部队快速反应能力及扑救初期火灾获得成功的一个十分重要的手段。

奥运场馆消防设施远程监控系统总体结构框图如下图所示。

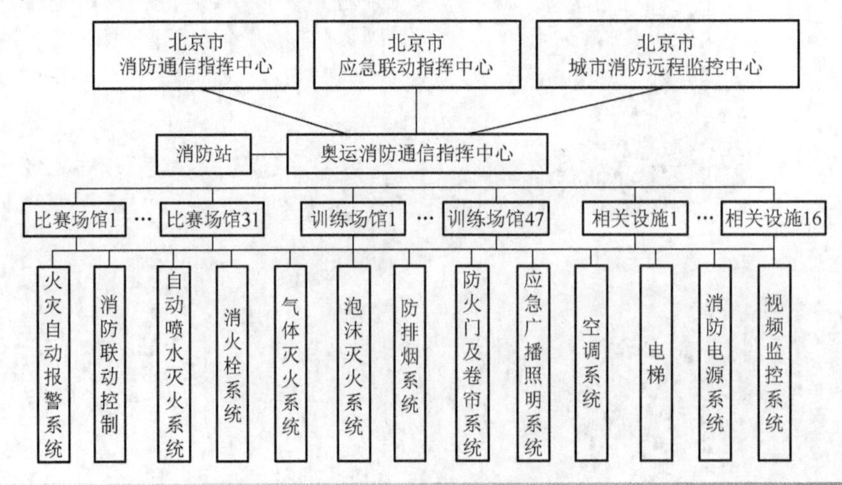

14.1 应急联动系统要求

应急联动系统是目前在大中城市和大型公共建筑建设中需建立的项目。根据工程项目的建筑类别、建设规模、使用性质及管理要求等实际情况，确定选择配置相关的功能及相应的系统，满足使用的需要。大型建筑物或其群体，以火灾自动报警系统、安全技术防范系统为基础，构建应急联动系统。

【参考视频】

14.1.1 应急联动系统应具有的功能

（1）对火灾、非法入侵等事件进行准确探测和本地实时报警。

（2）采取多种通信手段，对自然灾害、重大安全事故、公共卫生事件和社会安全事件实现本地报警和异地报警。

（3）指挥调度。

（4）紧急疏散与逃生导引。

（5）事故现场紧急处置。

【参考视频】

14.1.2 应急联动系统宜具有的功能

（1）接受上级的各类指令信息。

（2）采集事故现场信息。

（3）收集各子系统上传的各类信息，接收上级指令和应急系统指令下达至各相关子系统。

（4）多媒体信息的大屏幕显示。

（5）建立各类安全事故的应急处理预案。

14.1.3 应急联动系统应配置的系统

（1）有线/无线通信、指挥、调度系统。

（2）多路报警系统（110，119，122，120，水，电等城市基础设施抢险部门）。

（3）消防-建筑设备联动系统。

（4）消防-安防联动系统。

（5）应急广播-信息发布-疏散导引联动系统。

14.1.4 应急联动系统宜配置的系统

（1）大屏幕显示系统。

（2）基于地理信息系统的分析决策支持系统。

（3）视频会议系统。

(4) 信息发布系统。

(5) 应急联动系统宜配置总控室、决策会议室、操作室、维护室和设备间等工作用房。

(6) 应急联动系统建设应纳入地区应急联动体系并符合相关的管理规定。

14.2 安防系统联动控制和系统集成要求

安全技术防范系统的集成设计包括子系统集成设计和安全管理系统的集成设计，纳入建筑设备管理系统（BMS）集成设计。系统集成方式和集成范围，根据使用者的需求确定。

(1) 入侵报警系统宜与视频安防监控系统联动或集成，发生报警时，视频安防监控系统应立即启动摄像、录音、辅助照明等装置，并自动进入实时录像状态。

(2) 出入口控制系统应与火灾自动报警系统联动，在火灾等紧急情况下，立即打开相关疏散通道的安全门或预先设定的门。

(3) 在线式电子巡查系统及入侵报警系统，宜与出入口控制系统联动，当警情发生时，系统可立即封锁相关通道的门。

(4) 视频安防监控系统宜与火灾自动报警系统联动，在火灾情况下，可自动将监视图像切换至现场画面，监视火灾趋势，向消防人员提供必要信息。

(5) 安全技术防范系统的各子系统可子系统集成自成垂直管理体系，也可通过统一的通信平台和管理软件等将各子系统联网，组成一个相对完整的综合安全管理系统，即集成式安全技术防范系统。

(6) 安全技术防范系统的集成，宜在通用标准的软硬件平台上，实现互操作、资源共享及综合管理。

(7) 集成式安全技术防范系统应采用先进、成熟、具有简体中文界面的应用软件。系统应具有容错性、可维修性及维修保障性。

(8) 当综合安全管理系统发生故障时，各子系统应能单独运行。某子系统出现故障，不应影响其他子系统的正常工作。

综合习题

简答题

1. 简述应急联动系统应具有的功能。
2. 简述应急联动系统应配置的系统。
3. 简述安防系统联动控制和系统集成的要求。

第15章

城市消防远程监控系统

本章教学要点

知识要点	掌握程度	相关知识
系统组成和工作原理	了解系统组成、分类和工作原理	系统组成； 分类； 工作原理
系统主要设备	了解系统的主要设备	系统的主要设备
系统设计	了解城市消防远程监控系统	系统设计要求

导入案例

消防远程监控挽回损失1700余万元

建立于2006年3月的长沙市消防远程监控中心发挥防火“千里眼”的作用，8年共实现联网单位418家，成功接收处理真实火警32次，为联网用户减少经济损失1700余万元。

消防远程视频监控系统采用3G无线网络与有线网络相结合的技术，可实现视频监督、联动报警、电子地图定位、作战预案、道路水源信息、车载视频六大功能。

消防远程监控系统出炉后，就被消防官兵称为“千里眼”：哪家单位的防火设施有故障，哪个安保人员擅自脱离岗位，哪处火患死角没人巡视……所有可能出现的问题在消防指挥中心的大屏幕上一览无遗，24小时不间断。消防人员称：“我们的一名值班人员一双眼睛就能看到全市各单位的实时防火状况，利用1个小时的时间就能够完成100余家单位的监督抽查，发现问题还能通过截图锁定证据。”

【参考视频】

城市消防远程监控系统能够对联网用户的建筑消防设施进行实时状态监测，实现对联网用户的火灾报警信息、建筑消防设施运行状态，以及消防安全管理信息的接收、查询和管理，并为联网用户提供信息服务。

城市消防远程监控系统为公安机关消防机构提供了一个动态掌控社会各单位消防安全状况的平台；强化了对社会各单位消防安全的宏观监管、重点监管和精确监管能力；并通过对火灾警情的快速确认，为消防部队的灭火救援行动提供信息支持，进一步提高了消防部队的快速反应能力。

15.1 系统构成、分类和工作原理

15.1.1 系统的构成

【参考视频】

远程监控系统由用户信息传输装置、报警传输网络、报警受理系统、信息查询系统、用户服务系统及相关终端和接口构成，如图15.1所示。

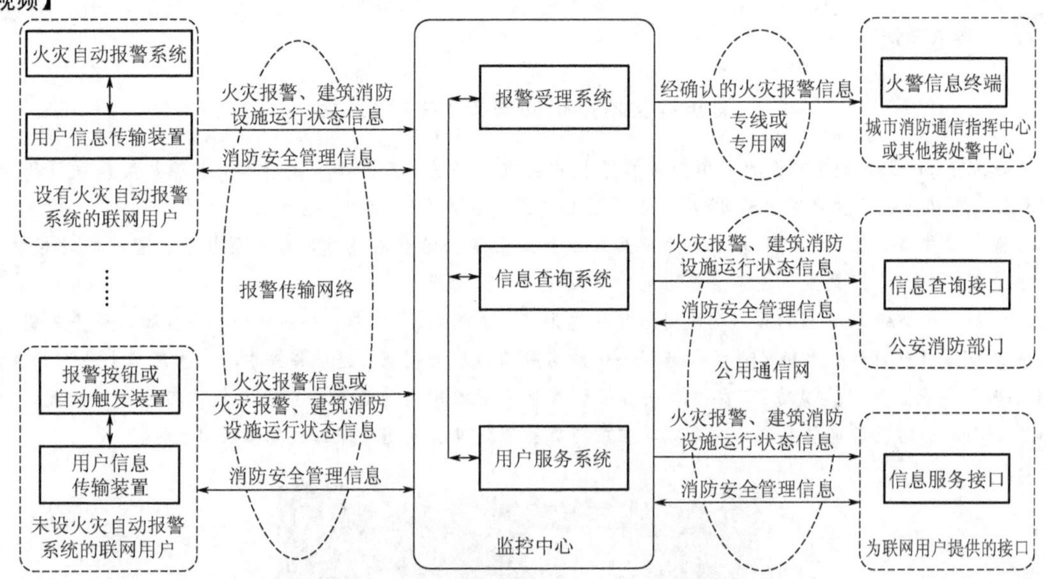

图15.1　城市消防远程监控系统组成图

用户信息传输装置作为城市消防远程监控系统的前端设备，设置在联网用户端，对联网用户内的建筑消防设施运行状态进行实时监测，并能通过报警传输网络，与监控中心进行信息传输。报警传输网络是联网用户和监控中心之间的数据通信网络，一般依托公用通信网或专用通信网，进行联网用户的火灾报警信息、建筑消防设施运行状态信息和消防安全管理信息的传输。

监控中心作为城市消防远程监控系统的核心，是对远程监控系统中的各类信息进行集

中管理的节点。为城市消防通信指挥中心或其他接处警中心的火警信息终端提供确认的火灾报警信息；为公安消防部门提供火灾报警信息、建筑消防设施运行状态信息及消防安全管理信息查询；为联网用户提供自身的火灾报警信息、建筑消防设施运行状态信息查询和消防安全管理信息服务。

监控中心的主要设备包括报警受理系统、信息查询系统、用户服务系统，同时还包括通信服务器、数据库服务器、网络设备、电源设备等。

火警信息终端设置在城市消防通信指挥中心或其他接处警中心，用于接收并显示监控中心发送的火灾报警信息。

15.1.2 系统的分类

按信息传输方式，城市消防远程监控系统可分为有线城市消防远程监控系统、无线城市消防远程监控系统、有线/无线兼容城市消防远程监控系统。

按报警传输网络形式，城市消防远程监控系统可分为基于公用通信网的城市消防远程监控系统、基于专用通信网的城市消防远程监控系统、基于公用/专用兼容通信网的城市消防远程监控系统。

15.1.3 系统的工作原理

城市消防远程监控系统能够对系统内各联网用户的火灾自动报警信息和建筑消防设施运行状态等信息进行数据采集、传输、接收、显示和处理，并能为公安机关消防机构和联网用户提供信息查询和信息服务。同时，城市消防远程监控系统也能提供联网用户消防值班人员的远程查岗功能。

15.2 主要设备功能要求

城市消防远程监控系统的主要配置包括：用户信息传输装置、报警受理系统、信息查询系统、用户服务系统、火警信息终端、信息查询接口、信息服务接口、网络设备、电源设备和数据库服务器等。

【参考视频】

15.2.1 用户信息传输装置的功能要求

（1）接收联网用户的火灾报警信息，并将信息通过报警传输网络发送给监控中心。

（2）接收建筑消防设施运行状态信息，并将信息通过报警传输网络发送给监控中心。

（3）优先传送火灾报警信息和手动报警信息。

（4）具有设备自检和故障报警功能。

（5）具有主、备用电源自动转换功能，备用电源的容量应能保证用户信息传输装置连续正常工作时间不少于 8h。

15.2.2 报警受理系统的功能要求

报警受理系统设置在监控中心，接收、处理联网用户按规定协议发送的火灾报警信息、建筑消防设施运行状态信息，并能向城市消防通信指挥中心或其他接处警中心发送火灾报警信息。

15.2.3 信息查询系统的功能要求

（1）查询联网用户的火灾报警信息。

（2）查询联网用户的建筑消防设施运行状态信息。

（3）查询联网用户的消防安全管理信息。

（4）查询联网用户的日常值班、在岗等信息。

15.2.4 用户服务系统的功能要求

（1）为联网用户提供查询其自身的火灾报警、建筑消防设施运行状态信息及消防安全管理信息的服务平台。

（2）对联网用户的建筑消防设施日常维护保养情况进行管理。

（3）为联网用户提供消防安全管理信息的数据录入、编辑服务。

（4）通过随机查岗，实现联网用户的消防安全负责人对值班人员日常值班工作的远程监督。

（5）为联网用户提供使用权限。

（6）为联网用户提供消防法律法规、消防常识和火灾情况等信息。

15.2.5 火警信息终端的功能要求

（1）接收监控中心发送的联网用户火灾报警信息，向其反馈接收确认信号，并发出明显的声、光提示信号。

（2）显示报警联网用户的名称、地址、联系电话、内部报警点位置、监控中心接警员、火警信息终端警情接收时间等信息。

（3）具有设备自检及故障报警功能。

15.2.6 系统电源的功能要求

（1）监控中心的电源应按所在建筑物的最高等级配置，且不低于二级负荷，并应保证不间断供电。

(2) 用户信息传输装置的主电源应有明显标识，并应直接与消防电源连接，不应使用电源插头；用户信息传输装置与其外接备用电源之间也应直接连接。

15.3 城市消防远程监控系统的设计

城市消防远程监控系统的设计应根据消防安全监督管理的应用需求，结合建筑消防设施的实际情况，按照国家标准《城市消防远程监控系统技术规范》(GB 50440) 及现行有关国家标准的规定进行，同时应与城市消防通信指挥系统和公共通信网络等城市基础设施建设发展相协调。

城市消防远程监控系统的设计应能保证系统具有实时性、适用性、安全性和可扩展性。

15.3.1 系统功能与性能要求

城市消防远程监控系统通过对各建筑物内火灾自动报警系统等建筑消防设施的运行实施远程监控，能够及时发现问题，实现快速处置，从而确保建筑消防设施正常运行，使其能够在火灾防控方面发挥重要作用。

【参考视频】

1. 系统功能要求

(1) 接收联网用户的火灾报警信息，向城市消防通信指挥中心或其他接处警中心传送经确认的火灾报警信息。

(2) 接收联网用户发送的建筑消防设施运行状态信息。

(3) 具有为公安消防部门提供查询联网用户的火灾报警信息、建筑消防设施运行状态信息及消防安全管理信息的功能。

(4) 具有为联网用户提供自身的火灾报警信息、建筑消防设施运行状态信息查询和消防安全管理信息服务等功能。

(5) 能根据联网用户发送的建筑消防设施运行状态和消防安全管理信息进行数据实时更新。

2. 主要性能要求

(1) 监控中心应能同时接收和处理不少于 3 个联网用户的火灾报警信息。

(2) 从用户信息传输装置获取火灾报警信息到监控中心接收显示的响应时间不应大于 20s。

(3) 监控中心向城市消防通信指挥中心或其他接处警中心转发经确认的火灾报警信息的时间不应大于 3s。

(4) 监控中心与用户信息传输装置之间通信巡检周期不应大于 2h，并能够动态设置巡检方式和时间。

(5) 监控中心的火灾报警信息、建筑消防设施运行状态信息等记录应备份，其保存周期不应少于1年。当按年度进行统计处理时，应保存至光盘、磁带等存储介质上。

(6) 录音文件的保存周期不应少于6个月。

(7) 远程监控系统应有统一的时钟管理，累计误差不应大于5s。

15.3.2 报警传输网络

(1) 信息传输可采用有线通信或无线通信方式。

(2) 报警传输网络可采用公用通信网或专用通信网构建。

(3) 远程监控系统采用有线通信方式传输时，用户信息传输装置和报警受理系统通过电话用户线或电话中继线接入公用电话网、通过电话用户线或光纤接入公用宽带网、通过模拟专线或数据专线接入专用通信网三种方式。

(4) 远程监控系统采用无线通信方式传输时，用户信息传输装置和报警受理系统通过移动通信模块接入公用移动网、通过无线电收发设备接入无线专用通信网络、通过集群语音通路或数据通路接入无线电集群专用通信网络三种方式。

15.3.3 系统连接与信息传输

(1) 联网用户的火灾报警和建筑消防设施运行状态信息的传输应符合下列要求。

① 设有火灾自动报警系统的联网用户应采用火灾自动报警系统向用户信息传输装置提供火灾报警和建筑消防设施的运行状态信息。

② 未设火灾自动报警系统的联网用户应采用报警按钮向用户信息传输装置提供火灾报警信息，或通过自动触发装置向用户信息传输装置提供火灾报警和建筑消防设施运行状态信息。

③ 用户信息传输装置与监控中心的信息传输应通过报警监控传输网络进行。

(2) 联网用户的消防安全管理信息宜通过报警监控传输网络或公用通信网与监控中心进行信息传输。

(3) 火警信息终端应设置在城市消防通信指挥中心或其他接处警中心，并应通过专线(网)与监控中心进行信息传输。

(4) 监控中心与信息查询接口、信息服务接口的火灾报警、建筑消防设施运行状态信息和消防安全管理信息传输应通过公用通信网进行。

15.3.4 系统安全

1. 网络安全要求

各类系统接入远程监控系统时，应能保证网络连接安全。对远程监控系统资源的访问要有身份认证和授权。建立网管系统，应设置防火墙，对计算机病毒进行实时监控和报警。

2. 应用安全要求

数据库服务器应有备份功能。监控中心应有火灾报警信息的备份应急接收功能；有防止修改火灾报警信息、建筑消防设施运行状态信息等原始数据的功能；有系统运行记录。

综合习题

简答题

1. 简述城市消防远程监控系统的组成与工作原理。
2. 简述城市消防远程监控系统的设计原则。
3. 简述城市消防远程监控系统主要组成设备的功能。

第16章

城市监控报警联网系统

本章教学要点

知识要点	掌握程度	相关知识
联网系统结构	了解联网系统设备； 了解总体结构； 了解组网模式； 了解联网系统功能要求	应用结构； 互联结构； 组网模式； 联网系统功能
联网系统设计原则	了解系统设计原则	设计原则

美国社会应急联动系统

早在20世纪60年代，美国便开始进行城市社会应急联动中心的建设。至今，应急联动中心（简称911中心）已遍及美国每一个州市。美国911中心是合并所有与灾害有关的机构组建的，采用警察、消防和急救等部门现场联合办公的方式处理各类紧急事件。

遭受“9·11”恐怖袭击后，美国对应急管理进行了认真的审视和检讨，认为原有的体系、机制和支撑远远不够。

根据总统令-5（HSPD-5），国土安全部发布了“国家突发事件管理系统（NIMS）”和“国家应急预案（NRP）”，并提出了联邦各部门和州等地方政府针对突发事件应急的培训和执行计划。NIMS提出了国家级的应急框架，NRP是对它的具体实施。

世界上现有的社会应急联动系统中，美国芝加哥市的911中心以杰出的运行效率而引领群伦，为众多发达及发展中国家的城市所研究和效仿。

有关统计显示，全球所有城市中，芝加哥911响应时间最快，平均仅为1.2s，98%的呼叫应答都在两次振铃之内。中心日均接警量为1.5万件，2001年共接警580万件，也就是说，平均每个市民一年有两次通过911请求救助。芝加哥911系统能够每小时处理3000个呼叫，每年的呼叫能力达650万次。芝加哥911中心于1995年正式投入运营，是全美最大的紧急管理与通信办公中心之一。据介绍，911中心是美国第三大城市芝加哥的应急体系中枢，6台服务器提供所有调度功能，网络中心、2000多辆警车和350辆消防车上，都配有最先进的通信设备。共有850人在中心工作，109个接警席中有82个是公安接警席，27个为消防接警席。

美国的社会应急联动系统之所以能够应急和联动，靠的是先进的管理方式和高科技手段。

城市监控报警联网系统以维护社会公共安全为目的，综合运用安全防范、通信、计算机网络、系统集成等技术，在城市范围内构建具有信息采集、传输、控制、显示、存储、处理等功能的、能够实现不同设备及系统间互联/互通和互控的综合网络系统。利用该系统，可对城市范围内需要防范和监控的目标实施有效的视频监控、报警处置，并可为城市应急体系建设提供相应的信息平台。

【参考视频】

16.1 联网系统结构

【参考视频】

16.1.1 联网系统设备

联网系统设备主要由信息采集、视频编/解码、传输、切换、显示、存储、网络服务器、用户终端等设备组成。

16.1.2 总体结构

1. 应用结构

联网系统构成主体可分成监控资源、传输网络、监控中心和用户终端四个部分。联网系统应用结构如图16.1所示，城市安全联网视频监控系统通用结构示意图如图16.2所示。

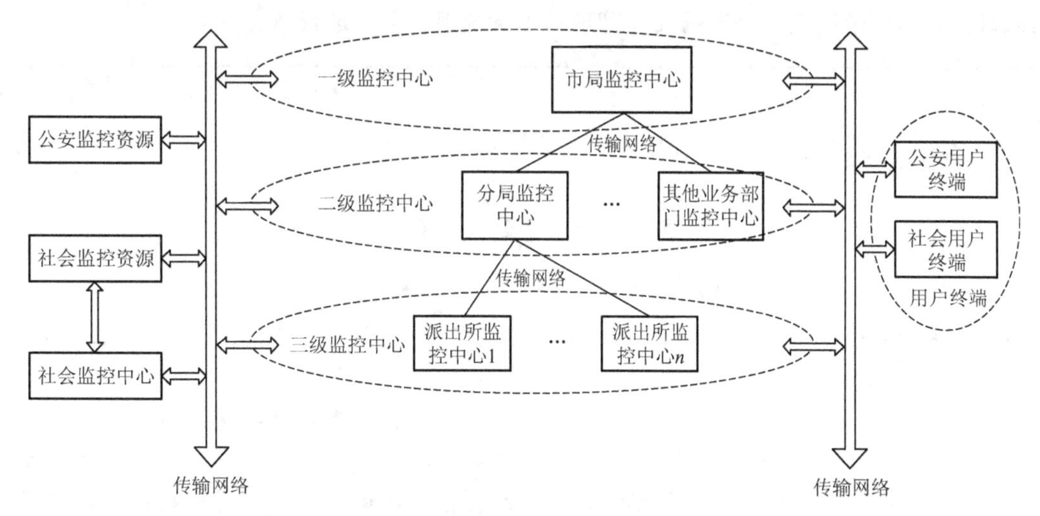

图16.1 联网系统应用结构

1）监控资源

监控资源指为联网系统提供监控信息的各种设备和系统，主要包括前端设备和区域监控报警系统。

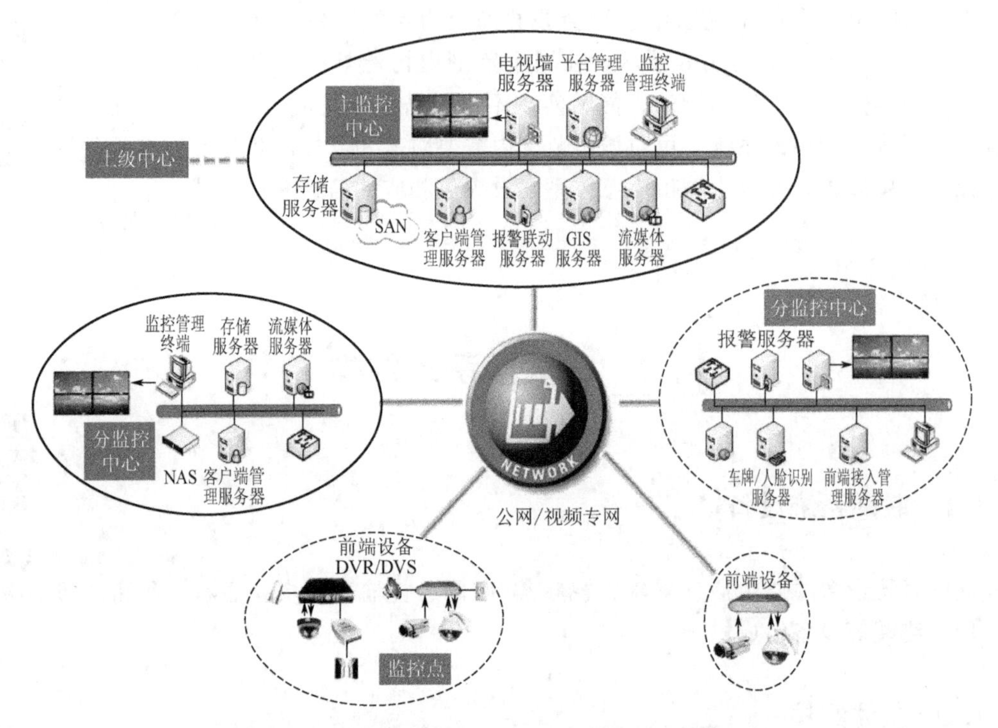

图 16.2　城市安全联网视频监控系统通用结构示意图

监控信息包括图像、声音、报警信号、业务数据等。监控资源分为公安监控资源和社会监控资源。社会监控资源可直接接入公安监控中心，也可先汇入社会监控中心后再接入公安监控中心。区域监控报警系统由前端、传输/变换、控制/管理、显示/存储/处理四个基本部分组成，通常是一个相对独立的系统，实际应用中可由入侵报警、视频安防监控、出入口控制、电子巡查、停车场安全管理等子系统根据需要进行组合或集成。

阅读材料 16－1

欧盟研发城市智能声学传感器

智能化发展是欧盟2020战略的一个重要目标，智能城市建设则是其中的重中之重。日前，由欧盟资助的EAR－IT研发团队开发了一种智能声学传感器（Intelligent Acoustic Sensor），并在西班牙桑坦德（Santander）成功应用。

该智能声学传感器集成了先进的声学分析技术，能够有效地对捕获的各种声音进行智能鉴别，为管理交通、能耗、环保等提供便利，让城市变得更方便、更舒适、更可持续。比如，它能够对捕获的救护车警报声进行智能识别，据此判断救护车行驶的方向，从而通过城市智能交通网调节交通信号灯，以使救护车能无阻碍地快速抵达目的地。此外，通过监控市区内的噪声水平，该智能声学传感器也可以实时地反映市区交通拥堵状况、停车场的空闲程度等，提供给需要的部门或者个人作参考。相比视频监控等方式，智能声学传感器能更早地发现一些紧急情况进行预警，并且成本更低廉，其未来应用前景十分广阔。

在开发出智能声学传感器的基础上，项目研发团队还在积极研究构建城市的“声学基础设施（Acoustic Infrastructure）”，以便进一步提高城市的智能化水平。

2）传输网络

传输网络可分为公安专网、公共通信网络和专为联网系统建设的独立网络等，其网络结构分为 IP 网络和/或非 IP 网络；传输方式由有线传输和/或无线传输构成。

3）监控中心

公安监控中心分级设置：市局设置一级监控中心，分局和交警、消防等业务部门设置二级监控中心，派出所设置三级监控中心。监控中心的建设重点设在派出所一级。

社会监控中心应提供相应接口，根据公安业务和社会公共安全管理的相关规定向公安监控中心提供本区域的特定的图像、报警及相关信息。

4）用户终端

用户终端包括公安用户终端和社会用户终端，一般可分为固定终端和移动终端。用户通过用户终端实现对监控资源的访问和控制，用户终端的行为受到监控中心的管理和授权。

2. 互联结构

联网系统内的设备、系统（包括监控中心之间、监控中心与前端设备/用户终端之间）通过 IP 网络互联的结构如图 16.3 所示。联网系统内部主要组成结构及实现内部设备、子系统间互联的参考实例如图 16.4 所示。

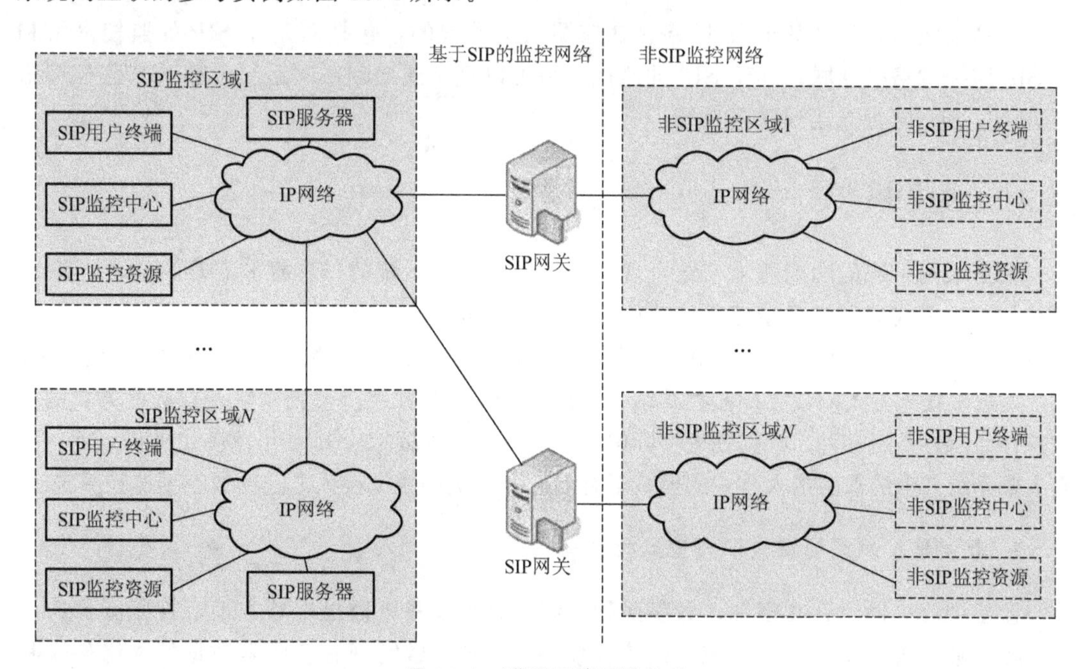

图 16.3 联网系统互联结构

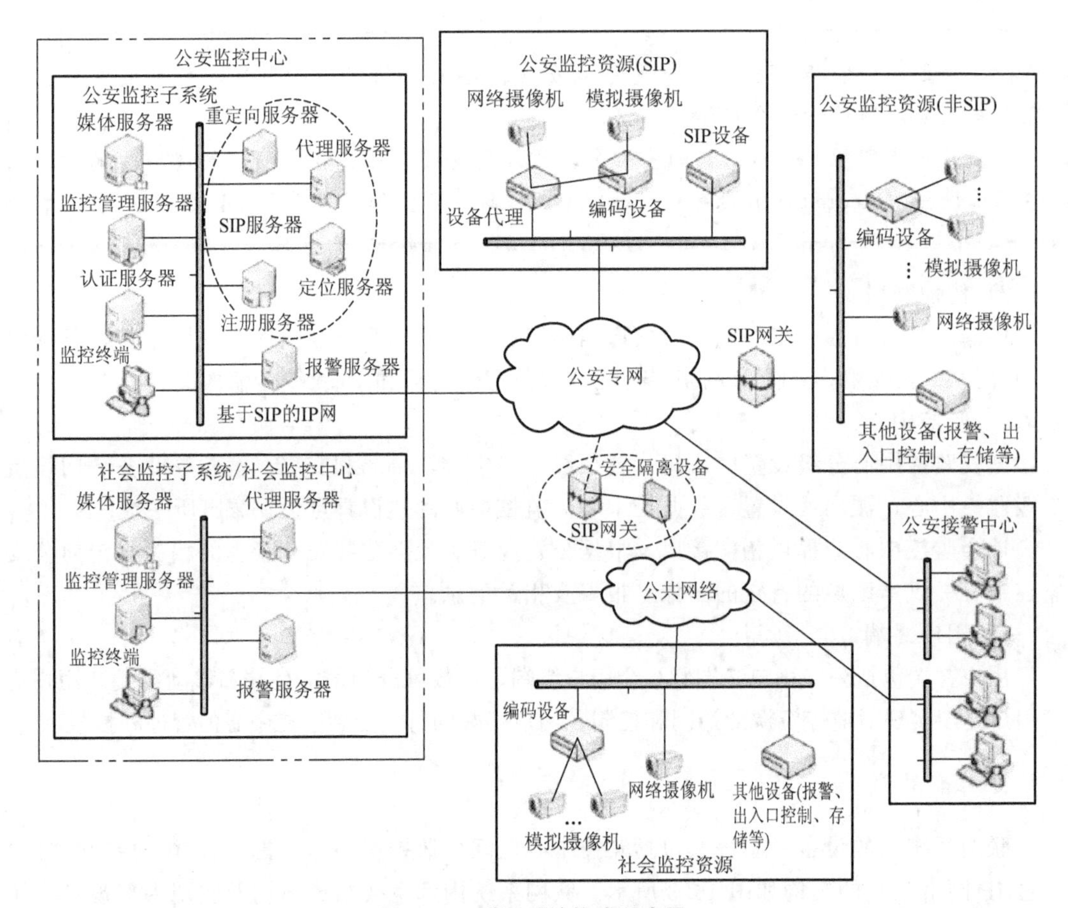

图 16.4　联网系统构成示意图

联网系统的互联是基于 IP 网络、在应用层上实现的，包括对基于 SIP 的监控网络和非 SIP 监控网络的互联。基于 SIP 的监控网络可以直接连接到联网系统，非 SIP 监控网络则需通过 SIP 网关连接到联网系统。

16.1.3　组网模式

根据联网系统的功能需求，结合现有区域监控报警系统的结构模式和联网要求，联网系统的组网模式应能实现新建系统对原有系统的兼容。

基本组网模式有数字接入方式的模数混合型监控系统、模拟接入方式的模数混合型监控系统、数字接入方式的数字型监控系统、模拟接入方式的数字型监控系统及双级联方式的模数混合型监控系统五种。根据现场实际情况，可选择一种或综合其中几种模式进行组网。下面主要介绍其中的数字接入方式的模数混合型监控系统和数字接入方式的数字型监控系统。

1. 数字接入方式的模数混合型监控系统

监控中心中同时存在模拟、数字两种控制和处理设备，监控中心本地对视频图像的切换、控制通过视频切换设备完成，监控管理平台实现对数字视、音频等数据的网络传输和管理，如图 16.5 所示。

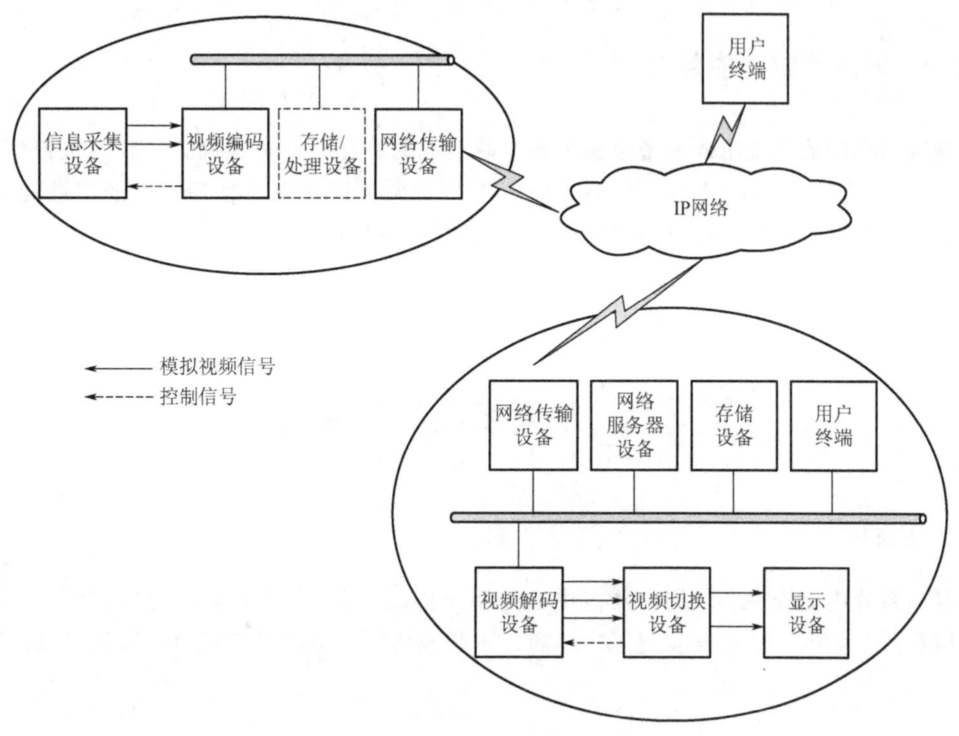

图 16.5　数字接入方式的模数混合型监控系统

2. 数字接入方式的数字型监控系统

监控中心中只存在数字控制和处理设备，监控管理平台实现对数字视、音频和控制等数据的网络传输和管理，如图 16.6 所示。

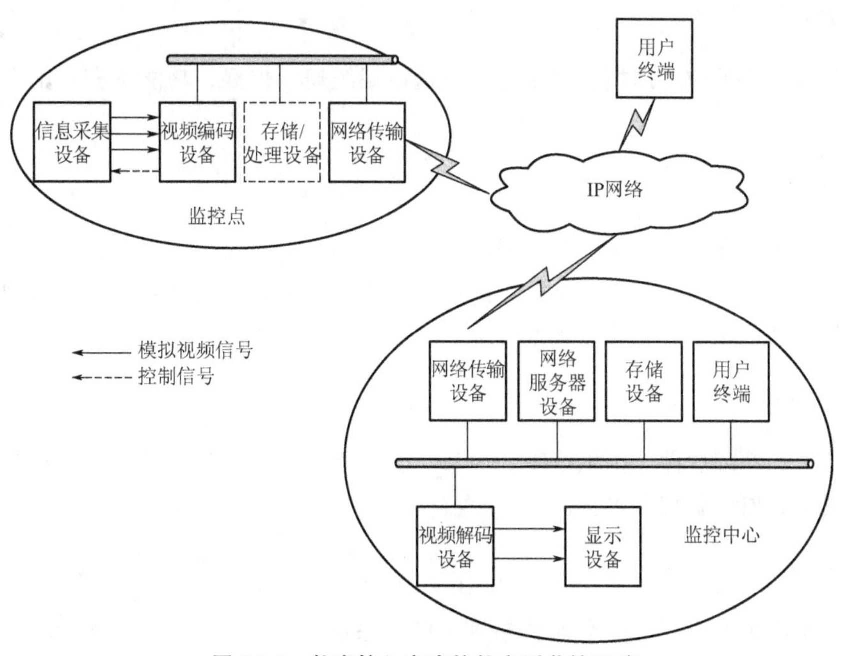

图 16.6　数字接入方式的数字型监控系统

16.1.4 联网系统功能要求

联网系统应能实现不同设备及系统的互联、互通、互控，实现视、音频及报警信息的采集、传输/变换、显示/存储、控制；应能进行身份认证和权限管理，保证信息的安全；应能实现报警联动；宜能提供与其他业务系统的数据接口。

16.2 联网系统设计原则

1. 互通性

联网系统内监控中心之间、监控中心与系统前端设备/用户终端之间均应能有效地进行通信和共享数据，应能够实现不同厂商、不同规格的设备或系统间的兼容和互操作。

2. 实用性

【参考视频】

联网系统应能满足当地环境条件、监视对象、监控方式、维护保养及投资规模等因素，应按照“技防、物防、人防相结合”和“探测、延迟、反应相协调”的原则，合理设置系统功能，正确进行系统配置和设备选型，以保证具有较高的性价比，满足公安业务和社会公共安全管理的需求。

3. 扩展性

联网系统的设计应采用模块化设计，以适应系统规模扩展、功能扩充、配套软件升级的需求。

4. 规范性

系统设计应符合防护对象风险等级与防护级别的要求。控制协议、传输协议、接口协议、视音频编解码、视音频文件格式等除应符合本部分及其他城市监控报警联网系统相关标准中的规定外，还应符合相应国家标准、行业标准的规定。

5. 易操作性

联网系统的管理软件应提供清晰、简洁、友好的中文人机交换界面，操控应简便、灵活、易学易用，便于管理和维护。

6. 安全性

联网系统应采取有效的安全保护措施，防止系统被非法接入、非法攻击和病毒感染；系统具有防雷击、过载、断电、电磁干扰和人为破坏等综合安全防护措施。

7. 可靠性

联网系统应采用成熟的技术和可靠的设备，关键设备应有备份或冗余措施，系统软件应有备份和维护保障能力，并有较强的容错和系统恢复能力。

8. 可维护性

联网系统应具备自检、故障诊断及故障弱化功能，在出现故障时，应能快速地确定故障点，并及时恢复。

9. 可管理性

联网系统内的设备、网络、用户、性能和安全应便于管理和配置。

10. 经济性

联网系统在保证符合标准规范、满足使用要求的前提下，应尽量简化，以降低运行维护成本，达到系统一次性投资和长期运行维护成本最优的要求。

综 合 习 题

简答题

1. 城市监控报警联网系统的设备有哪些？
2. 简述城市监控报警联网系统的总体结构。
3. 简述城市监控报警联网系统的组网模式。
3. 简述城市监控报警联网系统的功能要求。

附录1　火灾自动报警系统设计的图形及文字符号

序　　号	图形和文字符号	名　　称
1	（符号）	火灾报警控制器，一般符号
2	A	火灾报警控制器（不具有联动控制功能）
3	AL	火灾报警控制器（联动型）
4	C	集中（型）火灾报警控制器
5	Z	区域（型）火灾报警控制器
6	S	可燃气体报警控制器
7	H	家用火灾报警控制器
8	XD	接线端子箱
9	RS	防火卷帘控制器
10	RD	电磁释放器
11	（符号）	门磁开关
12	EC	电动闭门器
13	I/O	输入/输出模块
14	I	输入模块
15	O	输出模块
16	M	模块箱
17	SI	总线短路隔离器
18	D	区域显示器（火灾显示盘）
19	Y	手动火灾报警按钮

（续）

序　　号	图形和文字符号	名　　称
20		消火栓按钮
21		消防电话插孔
22		带消防电话插孔的手动火灾报警按钮
23		水流指示器
24	P	压力开关
25	F	流量开关
26		点型感烟火灾探测器
27		点型感温火灾探测器
28		家用点型感烟火灾探测器
29		可燃气体探测器
30		点型红外火焰探测器
31		图像型火灾探测器
32		独立式感烟火灾探测报警器
33		独立式感温火灾探测报警器
34	I_{Δ}	剩余电流式电气火灾监控探测器
35	T	测温式电气火灾监控探测器
36	I_{Δ} T	剩余电流及测温式电气火灾监控探测器
37	AFD	具有探测故障电器功能的电气火灾监控探测器（故障电弧探测器）
38	I_{Δ} T	独立式电气火灾监控探测器（剩余电流及测温式）
39	I_{Δ}	独立式电气火灾监控探测器（剩余电流式）
40	T	独立式电气火灾监控探测器（测温式）
41		线型感温火灾探测器

（续）

序　　号	图形和文字符号	名　　称
42		火灾光警报器
43		火灾声光警报器
44		扬声器，一般符号
45		消防电话分机
46	E	安全出口指示灯
47		疏散方向指示灯
48		自带电源的应急照明灯
49	L	液位传感器
50		信号阀（带监视信号的检修阀）
51	M	电磁阀
52	M	电动阀
53	70℃	常开防火阀（70℃熔断关闭）
54	280℃	常开排烟防火阀（280℃熔断关闭）
55	280℃	常闭排烟防火阀（电控开启，280℃熔断关闭）
56	S S	通信线（包括 S1～S5）
57	S1 S1	报警信号总线
58	S2 S2	联动信号总线
59	D D	50V 以下的电源线路
60	F F	消防电话线路
61	BC BC	广播线路或音频线路
62	C C	直接控制线路

注：直接控制线路包括连锁控制线路和手动直接控制专用线路。

附录2 安全技术防范系统设计图形符号

序号	符号	名称
1	IR	被动红外入侵探测器
2	M	微波入侵探测器
3	IR/M	被动红外/微波双技术探测器
4	B	玻璃破碎探测器
5	P	压敏探测器
6	Rx IR Tx	主动红外入侵探测器 （发射、接收分别为 Tx、Rx）
7	L	埋入线电场扰动探测器
8	C	振动电缆探测器
9		门磁开关
10		紧急脚挑开关
11		紧急按钮开关
12	EC	编址模块
13		周界报警控制器
14		摄像机
15	R	球形摄像机
16	OH	有室外防护罩摄像机
17		带云台摄像机

（续）

序　　号	符　　号	名　　称
18	R	带云台球形摄像机
19	OH	有室外防护罩的带云台摄像机
20		彩色摄像机
21		带云台彩色摄像机
22		图像分割器
23		电视监视器
24		带式录像机
25	DVR	数字录像机
26	Y VD X	视频分配器　X：输入 Y：几路输出
27	KY	操作键盘
28	DEC	解码器
29		传声器
30		扬声器
31		声、光报警器
32		访客对讲主机
33		可视对讲机
34		对讲电话分机

（续）

序　　号	符　　号	名　　称
35		读卡器
36	KP	键盘读卡器
37		指纹识别器
38		人像识别器
39		眼纹识别器
40	EL	电控锁
41	M	磁力锁
42	E	电控锁按键
43		光纤或光缆
44		保安巡逻打卡器（或信息钮）
45		天线
46	E O	电、光信号转换器
47	O E	光、电信号转换器
48		整流器
49	UPS	不间断电源
50		打印机
51		灯
52		电缆桥架线路
53		电源变压器

附录3　火灾自动报警系统设计实例

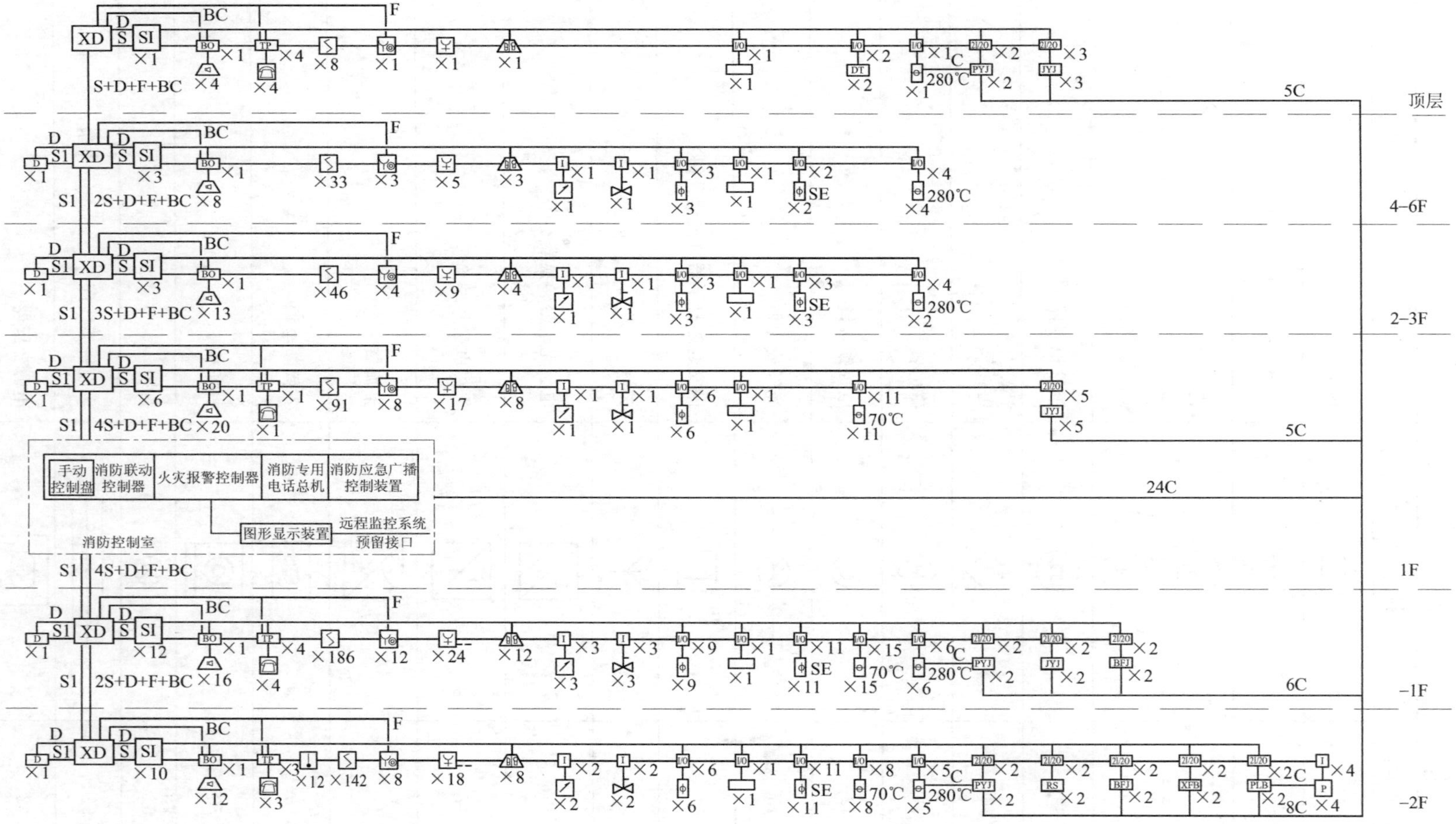

顶层：XD　S　SI ×1　D　BC　F　S+D+F+BC　BO ×1　×4　TP ×4　×4　×8　×1　×1　×1　I/O ×1　×1　I/O ×2　DT ×2　I/O ×1　C　280℃ ×1　2I/2O ×2　PYJ ×2　2I/2O ×3　JYJ ×3　5C

4–6F：D　S1　D ×1　XD　S　SI ×3　D　BC　F　S1　2S+D+F+BC　BO ×1　×8　×33　×3　×5　×3　I ×1　×1　I ×1　×1　I/O ×3　×3　I/O ×1　×1　I/O ×2　SE ×2　I/O ×4　280℃ ×4

2–3F：D　S1　D ×1　XD　S　SI ×3　D　BC　F　S1　3S+D+F+BC　BO ×1　×13　×46　×4　×9　×4　I ×1　×1　I ×1　×1　I/O ×3　×3　I/O ×1　×1　I/O ×3　SE ×3　I/O ×4　280℃ ×2

D　S1　D ×1　XD　S　SI ×6　D　BC　F　S1　4S+D+F+BC　BO ×1　×20　TP ×1　×1　×91　×8　×17　×8　I ×1　×1　I ×1　×1　I/O ×6　×6　I/O ×1　×1　I/O ×11　70℃ ×11　2I/2O ×5　JYJ ×5　5C

消防控制室：手动控制盘　消防联动控制器　火灾报警控制器　消防专用电话总机　消防应急广播控制装置　图形显示装置　远程监控系统预留接口　24C

1F：S1　4S+D+F+BC

–1F：D　S1　D ×1　XD　S　SI ×12　D　BC　F　S1　2S+D+F+BC　BO ×1　×16　TP ×4　×4　×186　×12　×24　×12　I ×3　×3　I ×3　×3　I/O ×9　×9　I/O ×1　×1　I/O ×11　SE ×11　I/O ×15　70℃ ×15　I/O ×6　C　280℃ ×6　2I/2O ×2　PYJ ×2　2I/2O ×2　JYJ ×2　2I/2O ×2　BFJ ×2　6C

–2F：D　S1　D ×1　XD　S　SI ×10　D　BC　F　BO ×1　×12　TP ×3　×3　×12　×142　×8　×18　×8　I ×2　×2　I ×2　×2　I/O ×6　×6　I/O ×1　×1　I/O ×11　SE ×11　I/O ×8　70℃ ×8　I/O ×5　C　280℃ ×5　2I/2O ×2　PYJ ×2　2I/2O ×2　RS ×2　2I/2O ×2　BFJ ×2　2I/2O ×2　XFB ×2　2I/2O ×2　C　PLB ×2　I ×4　P ×4　8C

附图3.1　某公寓火灾自动报警系统图(树形)

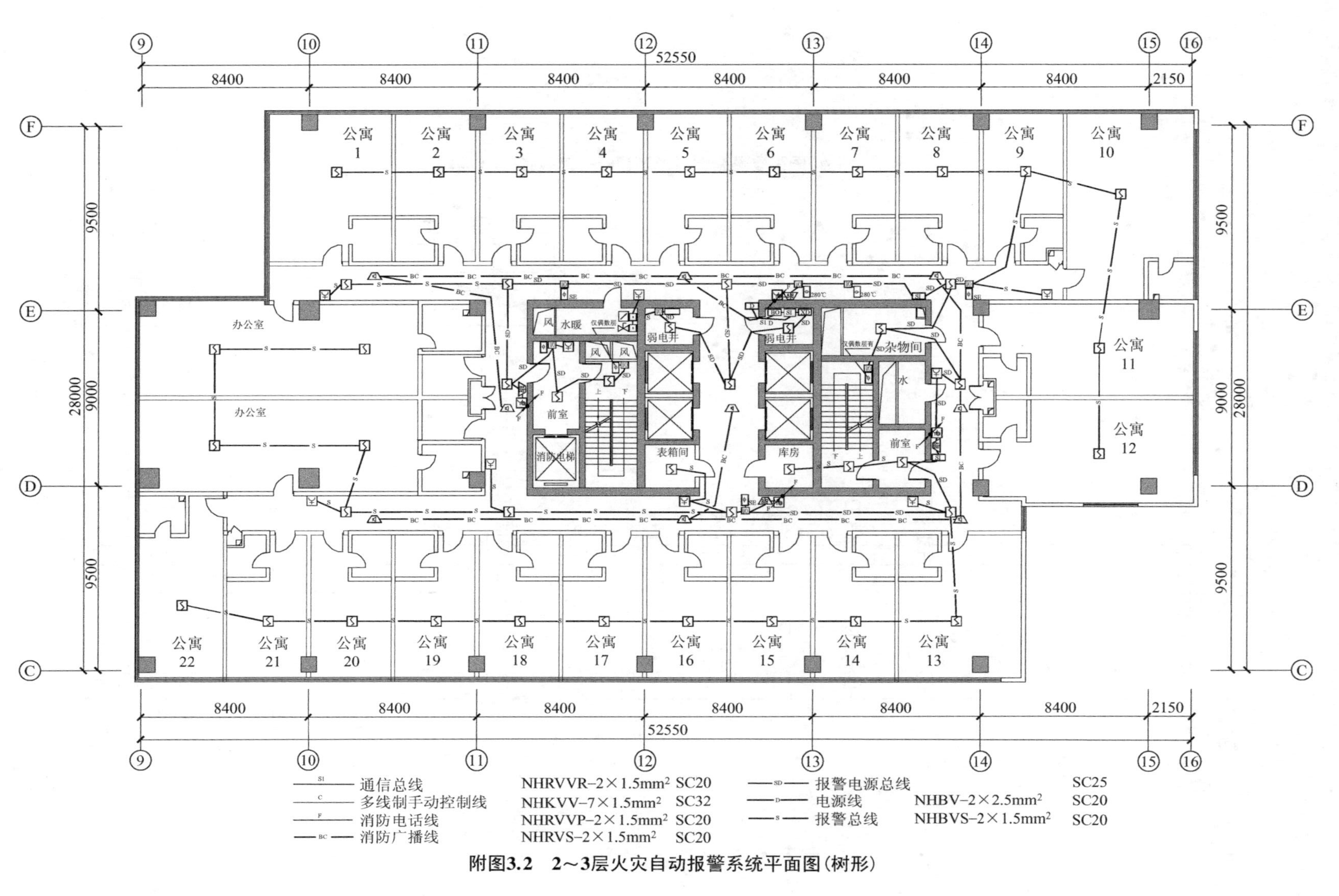

附图3.2　2~3层火灾自动报警系统平面图(树形)

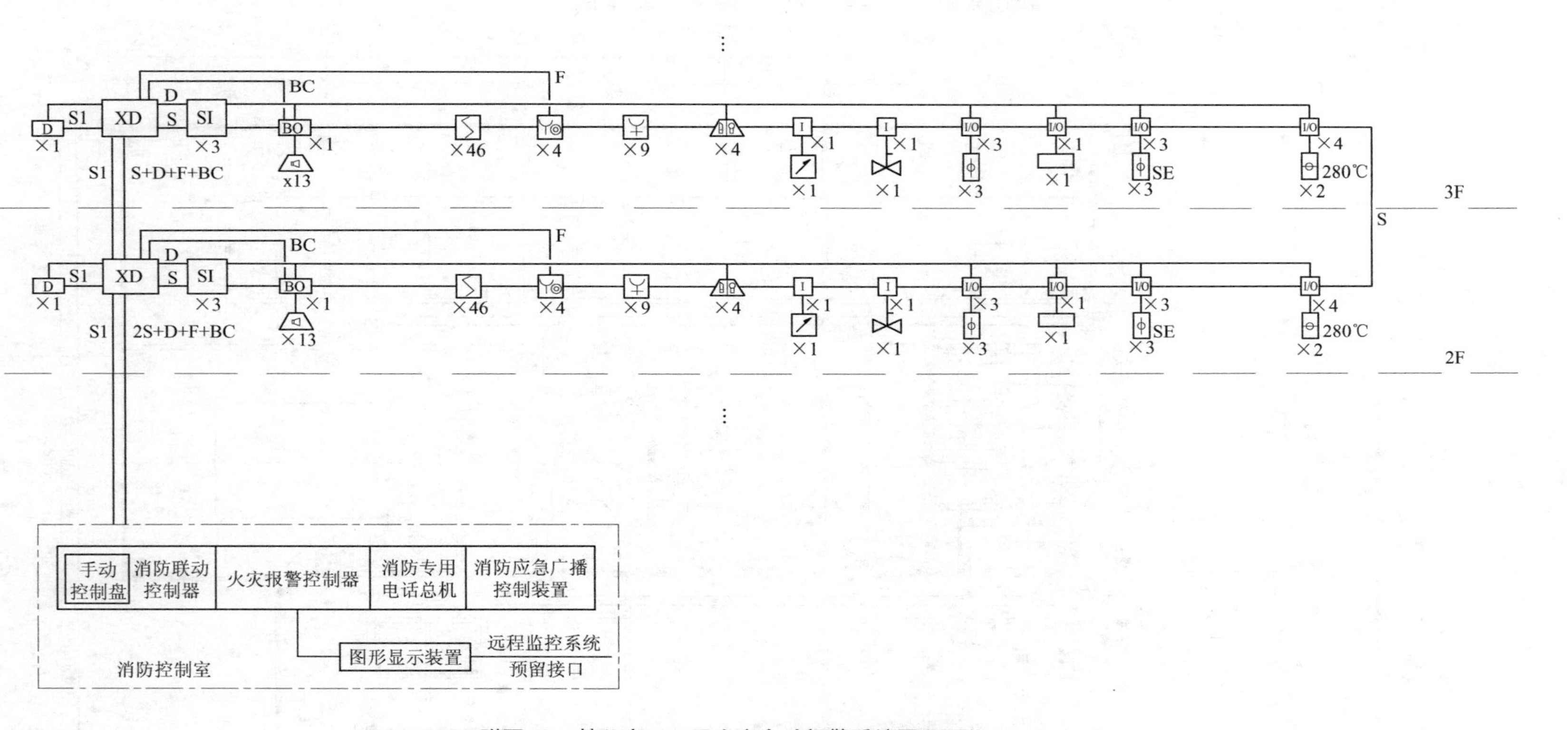

附图3.3　某公寓2～3层火灾自动报警系统图(环形)

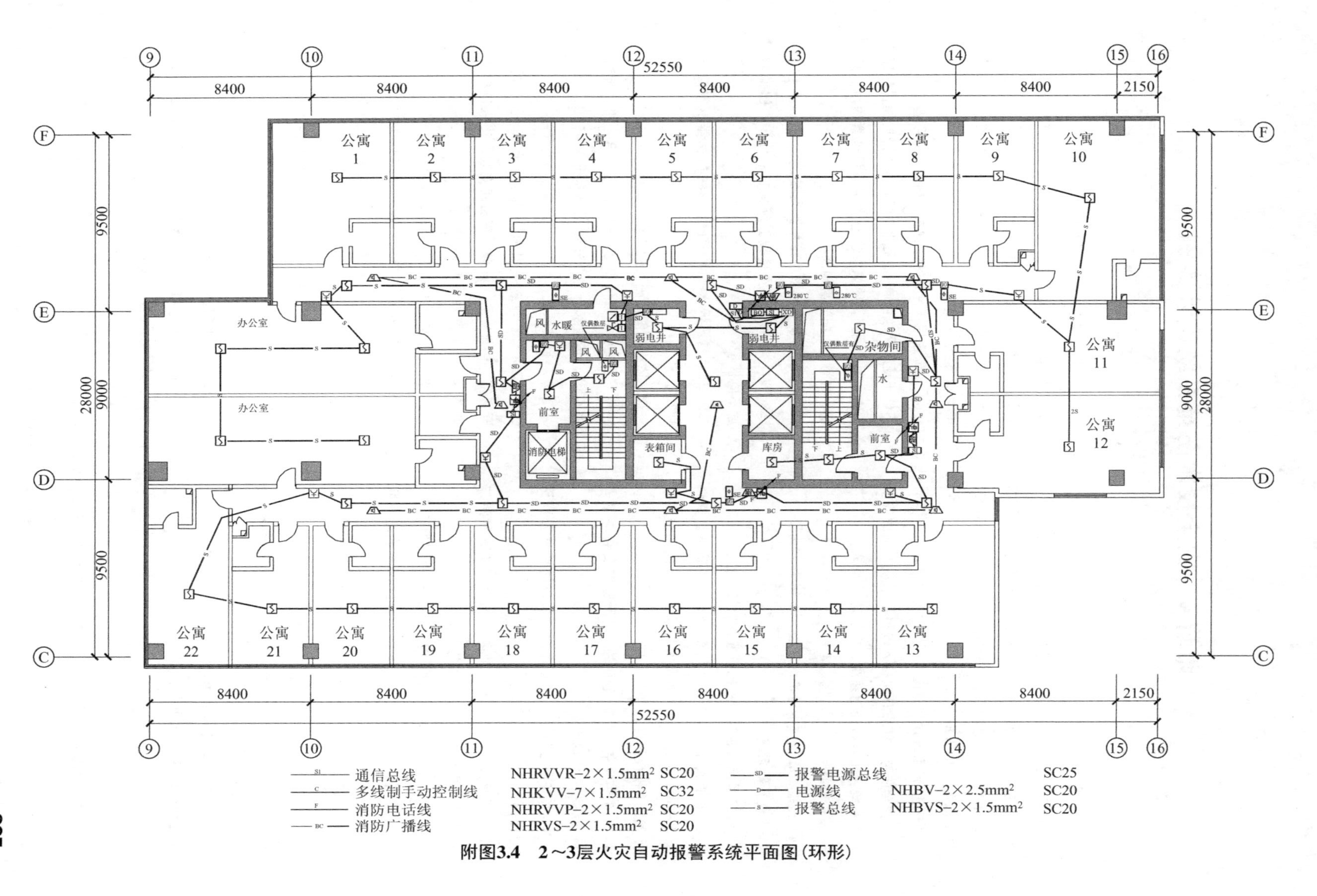

附图3.4 2～3层火灾自动报警系统平面图(环形)

附录4　安全技术防范系统设计实例

1. 建筑概况

本工程为科研办公楼，建筑面积约为14400m²，地上5层，主要为办公室、实验室、资料室、报告厅、会议室、信息中心、财务室等。层高4.50m，建筑主体高度25.50m。

2. 安全防范系统设计范围

安全防范系统设计包括入侵报警系统、视频安防监控系统、出入口控制系统、电子巡查系统。

3. 监控中心

监控中心设在本建筑的一层，面积为79m²。

4. 入侵报警系统

4.1　本系统报警控制主机设置在监控中心。

4.2　在所长室、财务室、信息中心、实验室、资料室、书库、大厅、空调机房安装吸顶式微波和被动红外复合入侵探测器。

4.3　在实验室、总工程师室、副所长室安装幕帘式被动红外入侵探测器。

4.4　在各层电梯厅、主要通道安装被动红外入侵探测器。

4.5　在所长室、财务室、消防控制室安装有紧急按钮开关；财务室安装紧急脚挑开关。

4.6　在一层有外窗的房间安装玻璃破碎探测器。

4.7　入侵报警系统可以与视频安防监控系统进行联动控制。

5. 视频安防监控系统

5.1　本建筑一层各出入口、大厅、电梯轿厢内、各层电梯厅、重要通道（楼梯间）、财务室、阅览室、开放型办公室等场所设监视摄像机。

5.2　所有摄像机的电源，均由监控中心集中供给。监控中心设有UPS电源。

5.3　系统控制方式为编码控制。

5.4　摄像机采用CCD摄像机，带自动增益控制、逆光补偿、电子高亮度控制等。

5.5　系统主机采用视频切换/控制器，所有视频信号可手动/自动切换。

5.6　录像选用3台数字录像机，内置高速硬盘，容量不低于动态录像存储15天的空间，并可随时提供快速检索和图像调阅，图像中应包含摄像机位置提示、日期、时间等，配光盘刻录机。

5.7　系统配置8台彩色专用监视器。

5.8　监视器的图像质量按五级损伤制评定，图像质量不应低于4级。

5.9　监视器图像水平清晰度：彩色监视器不应低于480线。

5.10　监视器图像画面的灰度不应低于8级。

5.11　系统各部分信噪比指标分配应符合：摄像部分为40dB；传输部分为50dB；显示部分为45dB。

6. 出入口控制系统

6.1　在所长室、总工程师室、副所长室、实验室、资料室、信息中心、财务室等房间安装了出入口控制设备，二至五层安装出入口控制设备。

6.2　出入口控制系统采用单向读卡控制方式。

6.3　当火灾发生时，出入口控制系统必须与火灾报警系统联动，当发生火灾时，疏散人员不使用钥匙能迅速安全通过。

6.4　出入口控制系统可以与视频安防监控系统进行联动控制。

7. 电子巡查系统

7.1　本系统采用离线式电子巡查系统。

7.2　在本建筑物内主要通道处、重要场所设置巡更点，在巡更点设置信息钮。

注：本工程安防各系统平面图仅以五层示例，其他层安防平面图省略。

附图4.1　设计说明

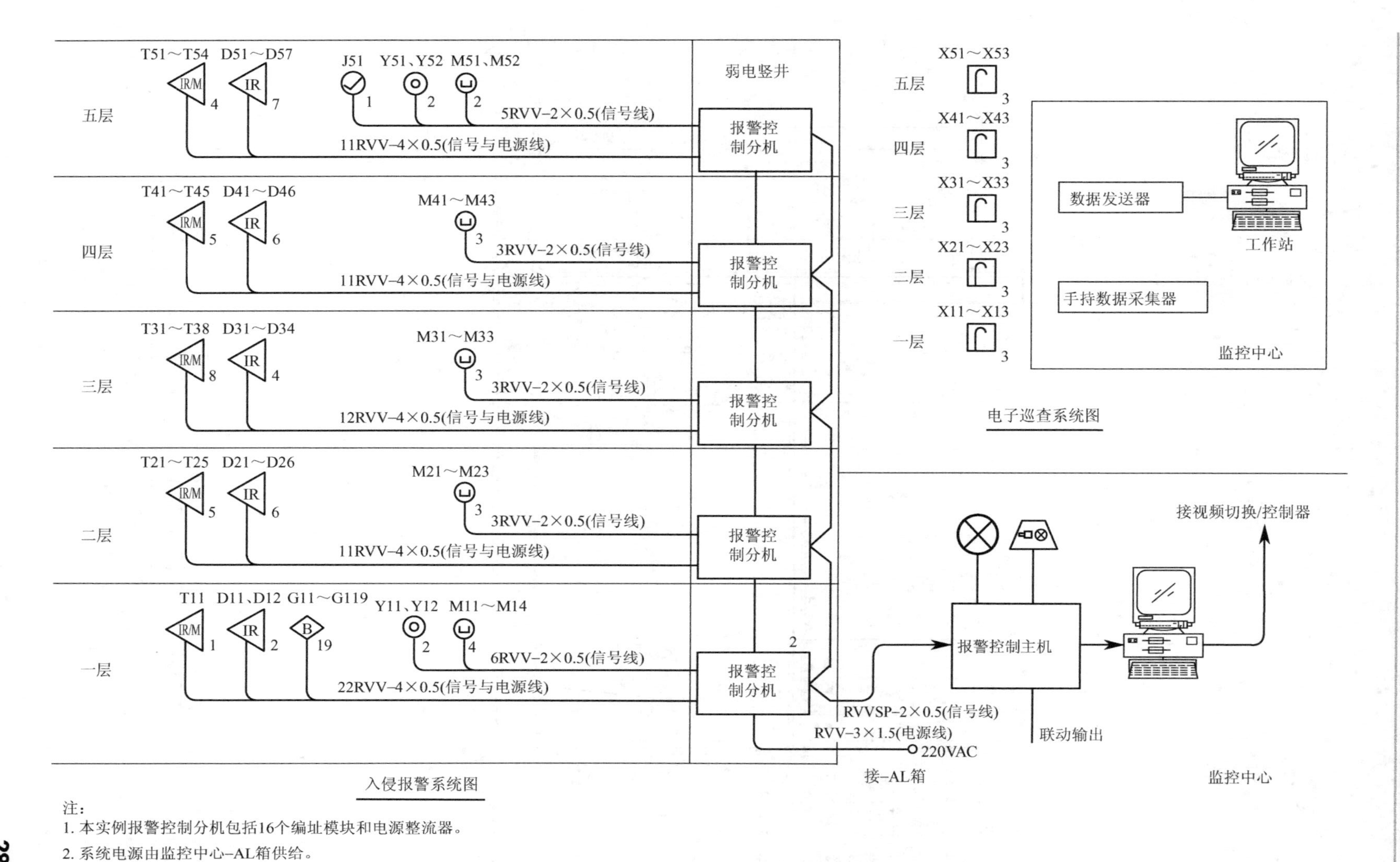

注：
1. 本实例报警控制分机包括16个编址模块和电源整流器。
2. 系统电源由监控中心-AL箱供给。

附图4.2 入侵报警、电子巡查系统图

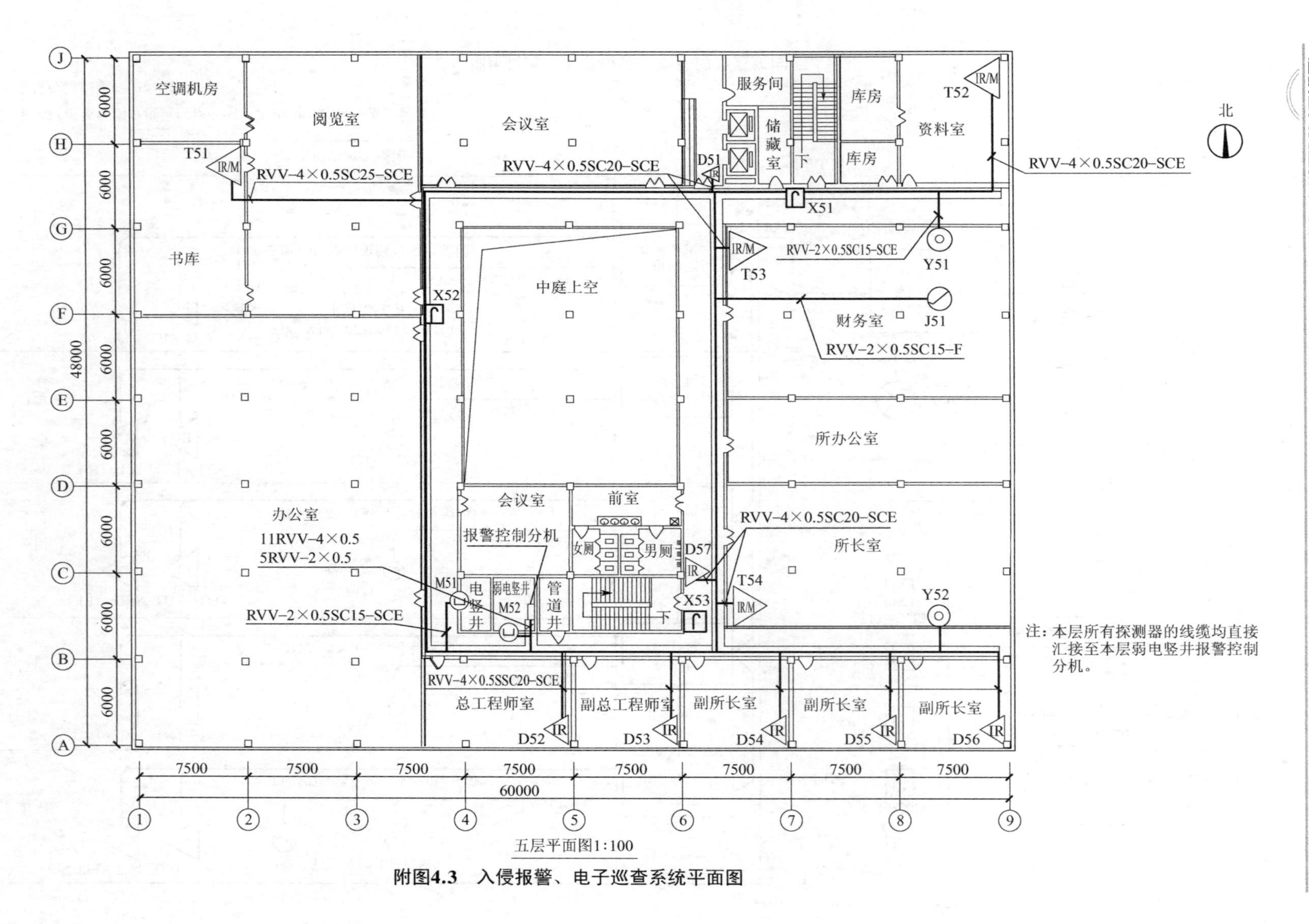

附图4.3　入侵报警、电子巡查系统平面图

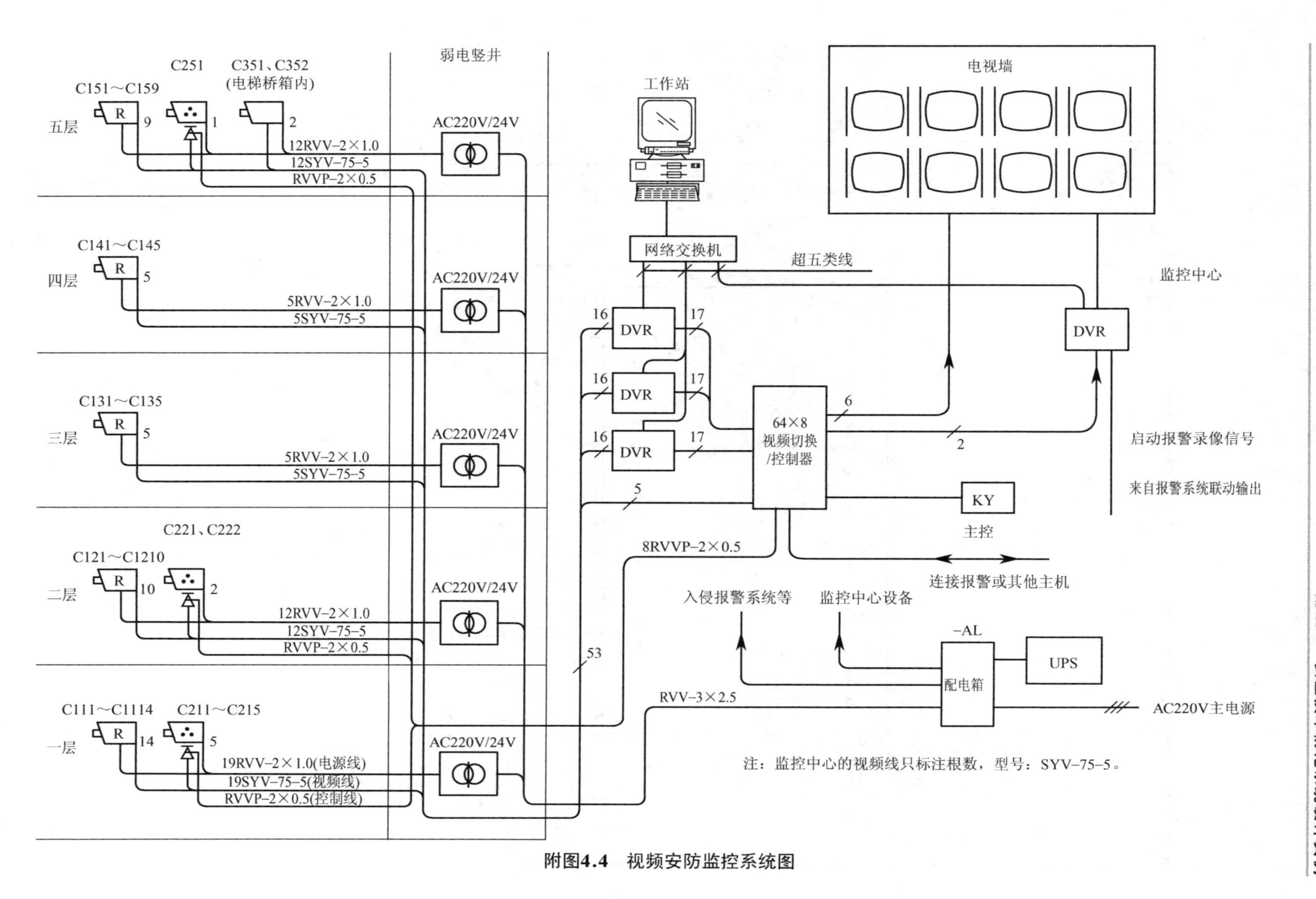

附图4.4　视频安防监控系统图

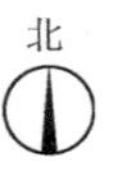

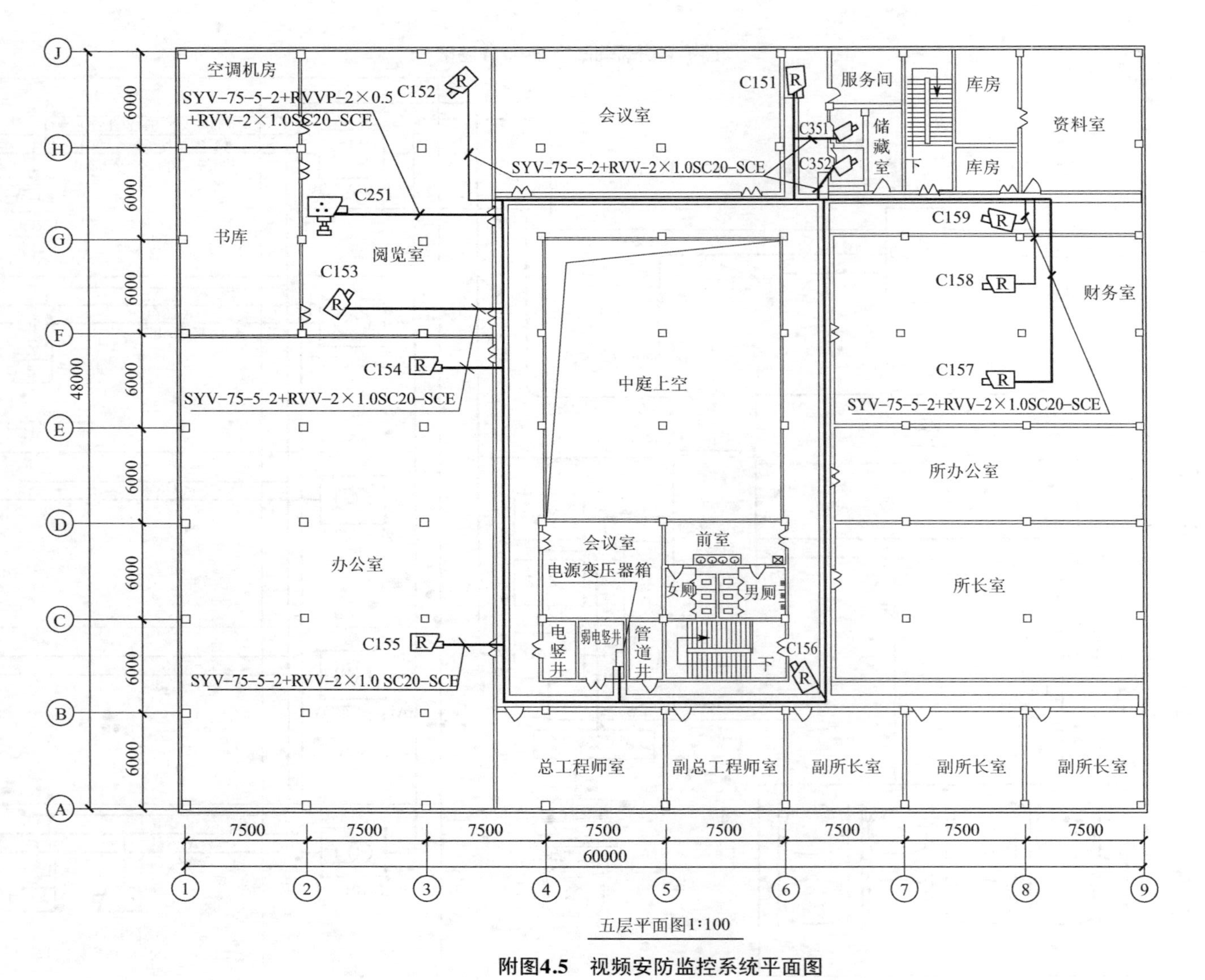

五层平面图1:100

附图4.5　视频安防监控系统平面图

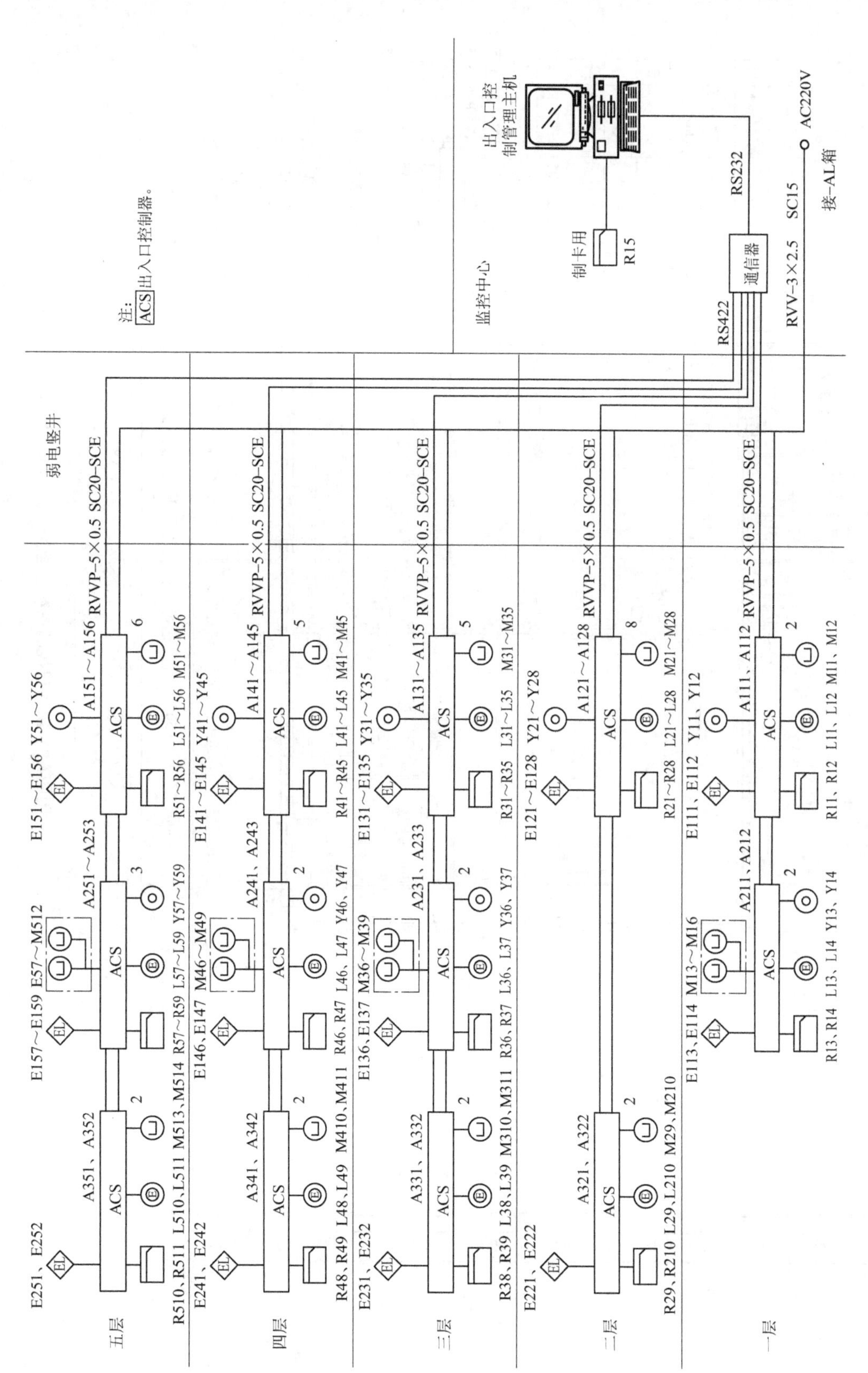

附图4.6 出入口控制系统图

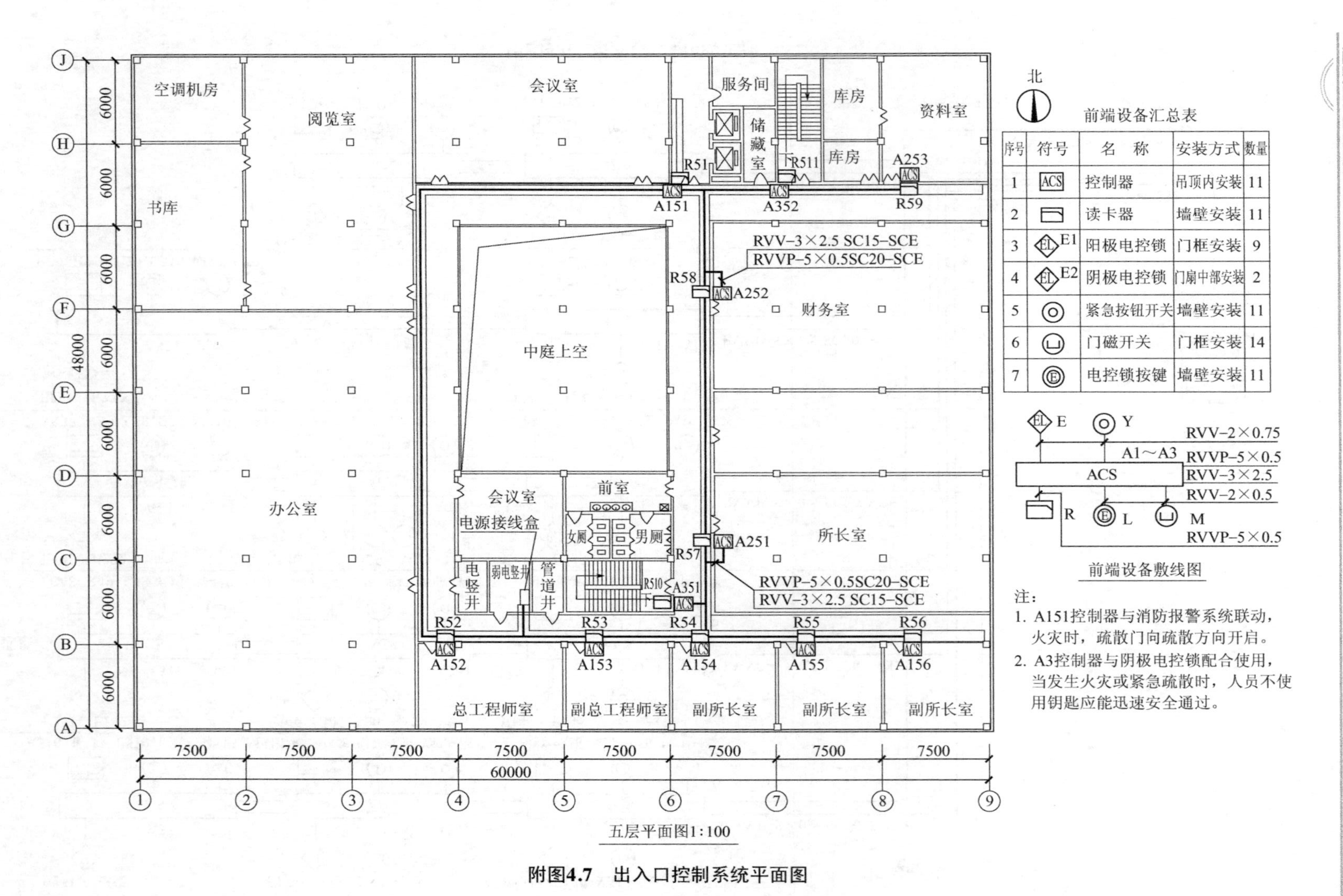

前端设备汇总表

序号	符号	名 称	安装方式	数量
1	ACS	控制器	吊顶内安装	11
2		读卡器	墙壁安装	11
3	EL E1	阳极电控锁	门框安装	9
4	EL E2	阴极电控锁	门扇中部安装	2
5		紧急按钮开关	墙壁安装	11
6		门磁开关	门框安装	14
7		电控锁按键	墙壁安装	11

注：
1. A151控制器与消防报警系统联动，火灾时，疏散门向疏散方向开启。
2. A3控制器与阴极电控锁配合使用，当发生火灾或紧急疏散时，人员不使用钥匙应能迅速安全通过。

五层平面图1:100

附图4.7 出入口控制系统平面图

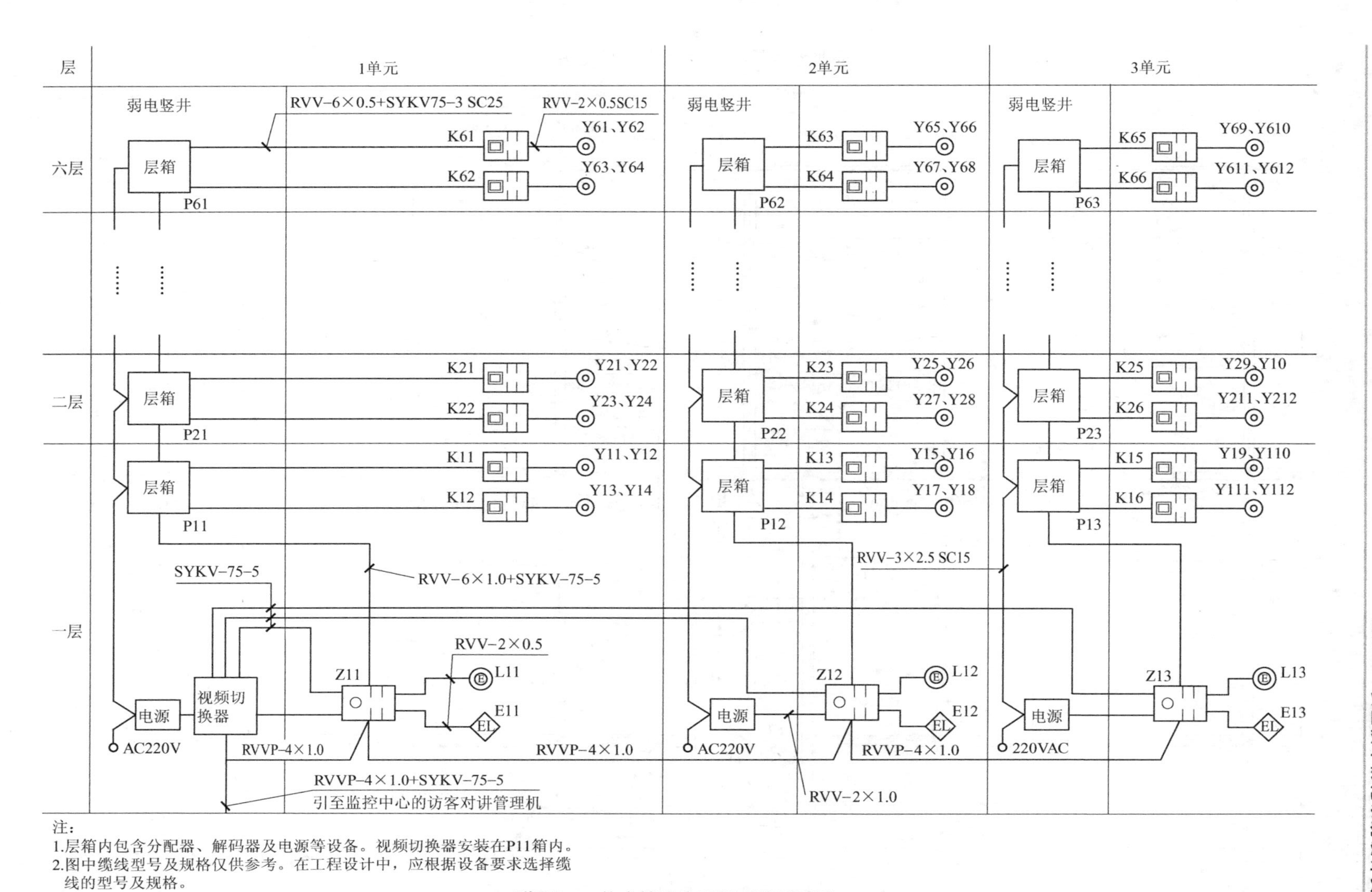

注：
1.层箱内包含分配器、解码器及电源等设备。视频切换器安装在P11箱内。
2.图中缆线型号及规格仅供参考。在工程设计中，应根据设备要求选择缆线的型号及规格。

附图4.8 住宅楼访客可视对讲系统图

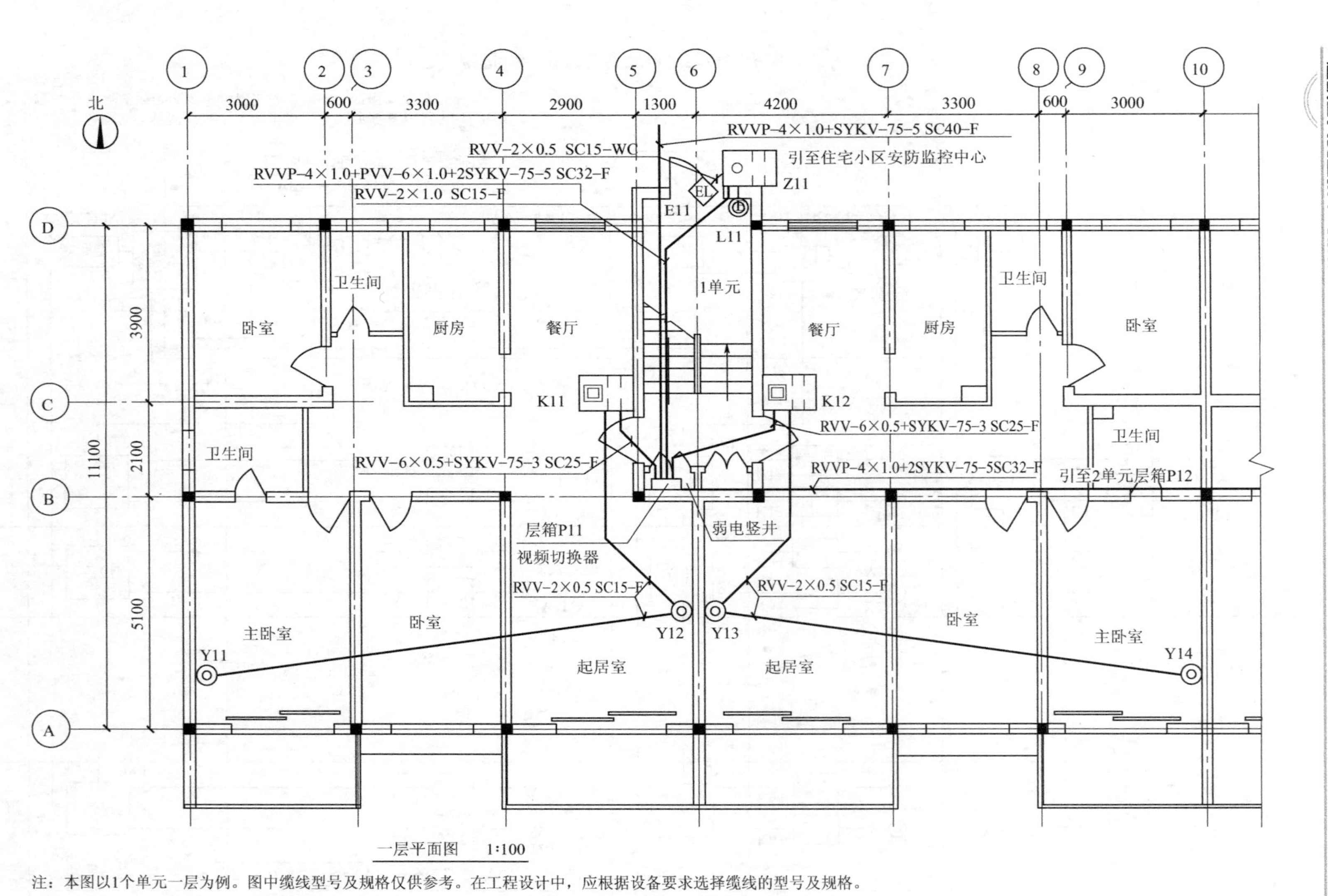

注：本图以1个单元一层为例。图中缆线型号及规格仅供参考。在工程设计中，应根据设备要求选择缆线的型号及规格。

附图4.9 访客可视对讲系统平面图

参 考 文 献

[1] 中华人民共和国公安部．建筑设计防火规范（GB 50016—2014）[S]．北京：中国计划出版社，2014.

[2] 中华人民共和国公安部．火灾自动报警系统设计规范（GB 50116—2013）[S]．北京：中国计划出版社，2014.

[3] 中华人民共和国住房和城乡建设部．智能建筑设计标准（GB 50314—2015）[S]．北京：中国计划出版社，2015.

[4] 中华人民共和国住房和城乡建设部．民用建筑电气设计规范（JGJ 16—2008）[S]．北京：中国建筑工业出版社，2008

[5] 中华人民共和国公安部．安全防范工程设计规范（GB 50348—2004）[S]．北京：中国计划出版社，2004.

[6] 中华人民共和国公安部．入侵报警系统工程设计规范（GB 50394—2007）[S]．北京：中国计划出版社，2007.

[7] 中华人民共和国公安部．视频安防监控系统工程设计（GB 50395—2007）[S]．北京：中国计划出版社，2007.

[8] 中华人民共和国公安部．出入口控制系统工程设计规范（GB 50396—2007）[S]．北京：中国计划出版社，2007.

[9] 公安部沈阳消防研究所．城市消防远程监控系统技术规范（GB 50440—2007）[S]．北京：中国计划出版社，2007.

[10] 公安部消防局．消防安全技术实务 [M]．北京：机械工业出版社，2016.

[11] 公安部消防局．消防安全技术综合能力 [M]．北京：机械工业出版社，2016.

[12] 公安部消防局．建筑消防设施工程技术 [M]．北京：新华出版社，1998.

[13] 而师玛乃·花铁森．火灾报警器 [M]．北京：原子能出版社，1995.

[14] 吴龙标，方俊，谢启源．火灾探测与信息处理 [M]．北京：化学工业出版社，2006.

[15] 殷德军，张晶明，等．安全技术防范原理、设备与工程系统 [M]．北京：电子工业出版社，2001.

[16] 中国建筑标准设计研究院．火灾自动报警系统设计规范图示 [M]．北京：中国计划出版社，2014.

[17] 中国建筑标准设计研究院．安全防范系统设计与安装 [M]．北京：中国计划出版社，2006.

北京大学出版社土木建筑系列教材(已出版)

序号	书名	主编	定价	序号	书名	主编	定价
1	*房屋建筑学(第3版)	聂洪达	56.00	53	特殊土地基处理	刘起霞	50.00
2	房屋建筑学	宿晓萍　隋艳娥	43.00	54	地基处理	刘起霞	45.00
3	房屋建筑学(上：民用建筑)(第2版)	钱　坤	40.00	55	*工程地质(第3版)	倪宏革　周建波	40.00
4	房屋建筑学(下：工业建筑)(第2版)	钱　坤	36.00	56	工程地质(第2版)	何培玲　张　婷	26.00
5	土木工程制图(第2版)	张会平	45.00	57	土木工程地质	陈文昭	32.00
6	土木工程制图习题集(第2版)	张会平	28.00	58	*土力学(第2版)	高向阳	45.00
7	土建工程制图(第2版)	张黎骅	38.00	59	土力学(第2版)	肖仁成　俞　晓	25.00
8	土建工程制图习题集(第2版)	张黎骅	34.00	60	土力学	曹卫平	34.00
9	*建筑材料	胡新萍	49.00	61	土力学	杨雪强	40.00
10	土木工程材料	赵志曼	38.00	62	土力学教程(第2版)	孟祥波	34.00
11	土木工程材料(第2版)	王春阳	50.00	63	土力学	贾彩虹	38.00
12	土木工程材料(第2版)	柯国军	45.00	64	土力学(中英双语)	郎煜华	38.00
13	*建筑设备(第3版)	刘源全　张国军	52.00	65	土质学与土力学	刘红军	36.00
14	土木工程测量(第2版)	陈久强　刘文生	40.00	66	土力学试验	孟云梅	32.00
15	土木工程专业英语	霍俊芳　姜丽云	35.00	67	土工试验原理与操作	高向阳	25.00
16	土木工程专业英语	宿晓萍　赵庆明	40.00	68	砌体结构(第2版)	何培玲　尹维新	26.00
17	土木工程基础英语教程	陈　平　王凤池	32.00	69	混凝土结构设计原理(第2版)	邵永健	52.00
18	工程管理专业英语	王竹芳	24.00	70	混凝土结构设计原理习题集	邵永健	32.00
19	建筑工程管理专业英语	杨云会	36.00	71	结构抗震设计(第2版)	祝英杰	37.00
20	*建设工程监理概论(第4版)	巩天真　张泽平	48.00	72	建筑抗震与高层结构设计	周锡武　朴福顺	36.00
21	工程项目管理(第2版)	仲景冰　王红兵	45.00	73	荷载与结构设计方法(第2版)	许成祥　何培玲	30.00
22	工程项目管理	董良峰　张瑞敏	43.00	74	建筑结构优化及应用	朱杰江	30.00
23	工程项目管理	王　华	42.00	75	钢结构设计原理	胡习兵	30.00
24	工程项目管理	邓铁军　杨亚频	48.00	76	钢结构设计	胡习兵　张再华	42.00
25	土木工程项目管理	郑文新	41.00	77	特种结构	孙　克	30.00
26	工程项目投资控制	曲　娜　陈顺良	32.00	78	建筑结构	苏明会　赵　亮	50.00
27	建设项目评估	黄明知　尚华艳	38.00	79	*工程结构	金恩平	49.00
28	建设项目评估(第2版)	王　华	46.00	80	土木工程结构试验	叶成杰	39.00
29	工程经济学(第2版)	冯为民　付晓灵	42.00	81	土木工程试验	王吉民	34.00
30	工程经济学	都沁军	42.00	82	*土木工程系列实验综合教程	周瑞荣	56.00
31	工程经济与项目管理	都沁军	45.00	83	土木工程CAD	王玉岚	42.00
32	工程合同管理	方　俊　胡向真	23.00	84	土木建筑CAD实用教程	王文达	30.00
33	建设工程合同管理	余群舟	36.00	85	建筑结构CAD教程	崔钦淑	36.00
34	*建设法规(第3版)	潘安平　肖　铭	40.00	86	工程设计软件应用	孙香红	39.00
35	建设法规	刘红霞　柳立生	36.00	87	土木工程计算机绘图	袁　果　张渝生	28.00
36	工程招标投标管理(第2版)	刘昌明	30.00	88	有限单元法(第2版)	丁　科　殷水平	30.00
37	建设工程招投标与合同管理实务(第2版)	崔东红	49.00	89	*BIM应用：Revit建筑案例教程	林标锋	58.00
38	工程招投标与合同管理(第2版)	吴　芳　冯　宁	43.00	90	*BIM建模与应用教程	曾浩	39.00
39	土木工程施工	石海均　马　哲	40.00	91	工程事故分析与工程安全(第2版)	谢征勋　罗　章	38.00
40	土木工程施工	邓寿昌　李晓目	42.00	92	建设工程质量检验与评定	杨建明	40.00
41	土木工程施工	陈泽世　凌平平	58.00	93	建筑工程安全管理与技术	高向阳	40.00
42	建筑工程施工	叶　良	55.00	94	大跨桥梁	王解军　周先雁	30.00
43	*土木工程施工与管理	李华锋　徐　芸	65.00	95	桥梁工程(第2版)	周先雁　王解军	37.00
44	高层建筑施工	张厚先　陈德方	32.00	96	交通工程基础	王富	24.00
45	高层与大跨建筑结构施工	王绍君	45.00	97	道路勘测与设计	凌平平　余婵娟	42.00
46	地下工程施工	江学良　杨　慧	54.00	98	道路勘测设计	刘文生	43.00
47	建筑工程施工组织与管理(第2版)	余群舟　宋会莲	31.00	99	建筑节能概论	余晓平	34.00
48	工程施工组织	周国恩	28.00	100	建筑电气	李　云	45.00
49	高层建筑结构设计	张仲先　王海波	23.00	101	空调工程	战乃岩　王建辉	45.00
50	基础工程	王协群　章宝华	32.00	102	*建筑公共安全技术与设计	陈继斌	49.00
51	基础工程	曹　云	43.00	103	水分析化学	宋吉娜	42.00
52	土木工程概论	邓友生	34.00	104	水泵与水泵站	张　伟　周书葵	35.00

序号	书名	主编	定价	序号	书名	主编	定价
105	工程管理概论	郑文新　李献涛	26.00	130	*安装工程计量与计价	冯　钢	58.00
106	理论力学(第 2 版)	张俊彦　赵荣国	40.00	131	室内装饰工程预算	陈祖建	30.00
107	理论力学	欧阳辉	48.00	132	*工程造价控制与管理(第 2 版)	胡新萍　王　芳	42.00
108	材料力学	章宝华	36.00	133	建筑学导论	裘　鞠　常　悦	32.00
109	结构力学	何春保	45.00	134	建筑美学	邓友生	36.00
110	结构力学	边亚东	42.00	135	建筑美术教程	陈希平	45.00
111	结构力学实用教程	常伏德	47.00	136	色彩景观基础教程	阮正仪	42.00
112	工程力学(第 2 版)	罗迎社　喻小明	39.00	137	建筑表现技法	冯　柯	42.00
113	工程力学	杨云芳	42.00	138	建筑概论	钱　坤	28.00
114	工程力学	王明斌　庞永平	37.00	139	建筑构造	宿晓萍　隋艳娥	36.00
115	房地产开发	石海均　王　宏	34.00	140	建筑构造原理与设计(上册)	陈玲玲	34.00
116	房地产开发与管理	刘　薇	38.00	141	建筑构造原理与设计(下册)	梁晓慧　陈玲玲	38.00
117	房地产策划	王直民	42.00	142	城市与区域规划实用模型	郭志恭	45.00
118	房地产估价	沈良峰	45.00	143	城市详细规划原理与设计方法	姜　云	36.00
119	房地产法规	潘安平	36.00	144	中外城市规划与建设史	李合群	58.00
120	房地产测量	魏德宏	28.00	145	中外建筑史	吴　薇	36.00
121	工程财务管理	张学英	38.00	146	外国建筑简史	吴　薇	38.00
122	工程造价管理	周国恩	42.00	147	城市与区域认知实习教程	邹　君	30.00
123	建筑工程施工组织与概预算	钟吉湘	52.00	148	城市生态与城市环境保护	梁彦兰　阎　利	36.00
124	建筑工程造价	郑文新	39.00	149	幼儿园建筑设计	龚兆先	37.00
125	工程造价管理	车春鹂　杜春艳	24.00	150	园林与环境景观设计	董　智　曾　伟	46.00
126	土木工程计量与计价	王翠琴　李春燕	35.00	151	室内设计原理	冯　柯	28.00
127	建筑工程计量与计价	张叶田	50.00	152	景观设计	陈玲玲	49.00
128	市政工程计量与计价	赵志曼　张建平	38.00	153	中国传统建筑构造	李合群	35.00
129	园林工程计量与计价	温日琨　舒美英	45.00	154	中国文物建筑保护及修复工程学	郭志恭	45.00

标*号为高等院校土建类专业"互联网+"创新规划教材。

如您需要更多教学资源如电子课件、电子样章、习题答案等，请登录北京大学出版社第六事业部官网 www.pup6.cn 搜索下载。

如您需要浏览更多专业教材，请扫下面的二维码，关注北京大学出版社第六事业部官方微信（微信号：pup6book），随时查询专业教材、浏览教材目录、内容简介等信息，并可在线申请纸质样书用于教学。

感谢您使用我们的教材，欢迎您随时与我们联系，我们将及时做好全方位的服务。联系方式：010-62750667，donglu2004@163.com，pup_6@163.com，lihu80@163.com，欢迎来电来信。客户服务 QQ 号：1292552107，欢迎随时咨询。